普通高等教育“十二五”规划教材
普通高等院校数学精品教材

模糊数学方法及其应用

（第四版）

谢季坚　刘承平

U0431921

华中科技大学出版社
中国·武汉

内 容 简 介

本书讲述了模糊数学方法及其应用，主要内容包括模糊集合及其运算、模糊统计方法、模糊聚类分析、模糊模型识别、模糊决策(含层次分析法)、模糊线性规划、模糊控制以及它们在科学技术与经济管理中的应用等.

本书的编写兼顾了"数学概念、方法"与"应用技术、模型"两个方面，本书的特点是具有较好的通俗性、应用性和可操作性.

本书可作为大学本科生、研究生的教材或参考书，也可供广大科技工作者使用.

本书还配有作者制作的教学课件，需要的任课教师可与责任编辑联系(Tel:027-87548431，Email:xuzhengda@163.com.

图书在版编目(CIP)数据

模糊数学方法及其应用(第四版)/谢季坚，刘承平. —武汉：华中科技大学出版社，2013.2(2022.4 重印)

ISBN 978-7-5609-8671-5

Ⅰ.①模…　Ⅱ.①谢…　②刘…　Ⅲ.①模糊数学-高等学校-教材　Ⅳ.①O159

中国版本图书馆 CIP 数据核字(2013)第 016067 号

模糊数学方法及其应用(第四版)　　谢季坚　刘承平

责任编辑：徐正达
封面设计：潘　群
责任校对：周　娟
责任监印：张正林
出版发行：华中科技大学出版社(中国·武汉)　电话：(027)81321913
　　　　　武汉市东湖新技术开发区华工科技园　邮编：430223
录　　排：武汉市洪山区佳年华文印部
印　　刷：武汉科源印刷设计有限公司
开　　本：710mm×1000mm　1/16
印　　张：16.25
字　　数：337 千字
版　　次：2022 年 4 月第 4 版第11次印刷
定　　价：48.00 元

前　　言

本书第一版由谢季坚教授编写，从第二版开始刘承平副教授参与编写，先后增加了模糊线性规划、模糊控制、层次分析法及部分算法的 MATLAB 源代码程序等内容.

近些年，有许多科技工作者将模糊数学方法应用到自己的研究领域，有许多应用模糊数学方法的优秀论文在正规期刊上公开发表. 这些都推动了模糊数学方法及其应用的发展. 我们在本教材的第四版中，对如何确定满意的分类做了一点探讨，在附录中增加了 MATLAB 编程简介，对原来的应用程序做了较大的修改，这是为了更方便读者阅读和加快程序运行速度，并新增了几个应用程序，同时更新了一些例子和习题.

由于模糊数学方法应用的灵活性，作者很难兼顾到对所有应用方法进行编程，因此特别增加了 MATLAB 编程简介. 要想创新，要么在自己的研究领域内有所突破，要么寻求能够解决问题的新计算方法. MATLAB 编程方法是最容易入门、计算能力最强的编程方法之一.

本书第三版获得中国大学出版社图书奖首届优秀教材二等奖.

本书具有通俗性、应用性和可操作性等特点，自 1993 年出版以来，印刷多次，长销不衰，受到广大读者的欢迎. 一些热心读者还给我们提出了许多修改意见，在此表示感谢，特别感谢中国人民解放军防化指挥工程学院基础部数学教研室孙建建老师. 本书虽然经过多次修订，但由于作者水平所限，难免还有缺点和错误，恳请读者批评指正.

本书的出版，得到华中科技大学出版社的热心支持和大力帮助，在此表示衷心的感谢！

编　者

2012 年 10 月 1 日于武汉

目　　录

第 1 章　模糊集的基本概念 …… (1)
1.1　模糊数学概述 …… (1)
1.2　模糊理论的数学基础 …… (3)
1.2.1　经典集 …… (3)
1.2.2　映射与扩张 …… (5)
1.2.3　二元关系 …… (8)
1.2.4　格 …… (13)
1.3　模糊子集及其运算 …… (15)
1.3.1　模糊子集的概念 …… (15)
1.3.2　模糊集的运算 …… (18)
1.3.3　模糊集的其他运算 …… (21)
1.4　模糊集的基本定理 …… (23)
1.4.1　λ-截集 …… (23)
1.4.2　分解定理 …… (25)
1.4.3　扩张原理 …… (28)
1.5　隶属函数的确定 …… (29)
1.5.1　隶属度的客观存在性 …… (29)
1.5.2　隶属函数的确定方法 …… (30)
1.6　模糊集的应用 …… (37)
习题 1 …… (40)
第 2 章　模糊聚类分析 …… (45)
2.1　模糊矩阵 …… (45)
2.1.1　模糊矩阵的概念 …… (45)
2.1.2　模糊矩阵的运算及其性质 …… (45)
2.1.3　模糊矩阵的基本定理 …… (51)
2.2　模糊关系 …… (52)
2.2.1　模糊关系的定义 …… (52)
2.2.2　模糊关系的合成 …… (54)
2.2.3　模糊等价关系 …… (56)
2.3　模糊等价矩阵 …… (56)

2.3.1　模糊等价矩阵及其性质……………………………………………………（56）
2.3.2　模糊相似矩阵及其性质……………………………………………………（59）
2.4　模糊聚类分析方法…………………………………………………………（62）
2.4.1　模糊聚类分析的一般步骤…………………………………………………（62）
2.4.2　最佳阈值 λ 的确定……………………………………………………（74）
2.5　模糊聚类分析的应用………………………………………………………（75）
习题 2 ………………………………………………………………………………（88）
第 3 章　模糊模型识别 ……………………………………………………………（92）
3.1　模糊模型识别简介…………………………………………………………（92）
3.1.1　模型识别……………………………………………………………………（92）
3.1.2　模糊模型识别的概念………………………………………………………（92）
3.2　第一类模糊模型识别………………………………………………………（93）
3.2.1　模糊向量……………………………………………………………………（93）
3.2.2　最大隶属原则………………………………………………………………（94）
3.2.3　阈值原则 ……………………………………………………………………（100）
3.3　第二类模糊模型识别 ………………………………………………………（101）
3.3.1　贴近度 ………………………………………………………………………（101）
3.3.2　择近原则 ……………………………………………………………………（104）
3.3.3　多个特性的择近原则 ………………………………………………………（105）
3.3.4　贴近度的改进 ………………………………………………………………（106）
3.4　模糊模型识别的应用 ………………………………………………………（113）
习题 3 ………………………………………………………………………………（123）
第 4 章　模糊决策……………………………………………………………………（128）
4.1　模糊意见集中决策 …………………………………………………………（128）
4.1.1　问题的数学提法 ……………………………………………………………（128）
4.1.2　模糊意见集中决策的方法与步骤 …………………………………………（128）
4.2　模糊二元对比决策 …………………………………………………………（130）
4.2.1　模糊优先关系排序决策 ……………………………………………………（131）
4.2.2　模糊相似优先比决策 ………………………………………………………（137）
4.2.3　模糊相对比较决策 …………………………………………………………（141）
4.3　模糊综合评判决策 …………………………………………………………（143）
4.3.1　经典的综合评判决策 ………………………………………………………（144）
4.3.2　模糊映射与模糊变换 ………………………………………………………（144）
4.3.3　模糊综合评判决策的数学模型 ……………………………………………（149）
4.3.4　模糊综合评判决策模型的改进 ……………………………………………（156）

4.4 权重的确定方法 …………………………………………………………… (164)
4.4.1 确定权重的统计方法 …………………………………………………… (164)
4.4.2 模糊协调决策法 ………………………………………………………… (167)
4.4.3 模糊关系方程法 ………………………………………………………… (169)
4.4.4 层次分析法 ……………………………………………………………… (176)
4.5 模糊决策的应用 ……………………………………………………………… (181)
习题 4 ……………………………………………………………………………… (193)
第 5 章 模糊线性规划 …………………………………………………………… (197)
5.1 线性规划模型简介 …………………………………………………………… (197)
5.1.1 线性规划问题的数学模型 ……………………………………………… (197)
5.1.2 线性规划问题的常用软件求解方法 …………………………………… (198)
5.2 模糊环境下的条件极值 ……………………………………………………… (199)
5.3 模糊线性规划模型 …………………………………………………………… (202)
5.3.1 资源限量带有模糊性 …………………………………………………… (202)
5.3.2 多目标线性规划 ………………………………………………………… (206)
5.3.3 价值系数带有模糊性 …………………………………………………… (207)
5.4 模糊线性规划的应用 ………………………………………………………… (211)
习题 5 ……………………………………………………………………………… (213)
第 6 章 模糊控制 ………………………………………………………………… (215)
6.1 现代控制系统简介 …………………………………………………………… (215)
6.1.1 连续时间控制模型 ……………………………………………………… (215)
6.1.2 无约束最优控制问题的求解方法 ……………………………………… (217)
6.1.3 离散时间控制模型 ……………………………………………………… (218)
6.2 模糊控制器 …………………………………………………………………… (221)
6.2.1 模糊量化处理 …………………………………………………………… (222)
6.2.2 模糊控制规则 …………………………………………………………… (222)
6.2.3 单输入变量的模糊判别 ………………………………………………… (223)
6.2.4 多输入变量的模糊判别 ………………………………………………… (224)
6.3 单输入单输出模糊控制器的设计 …………………………………………… (224)
6.3.1 模糊控制器的设计(一) ………………………………………………… (225)
6.3.2 模糊控制器的设计(二) ………………………………………………… (227)
习题 6 ……………………………………………………………………………… (229)

部分习题参考答案 ………………………………………………………………… (230)
参考文献 …………………………………………………………………………… (235)
附录 MATLAB 编程简介及本书中部分算法的源代码程序 ……………………… (237)

第 1 章　模糊集的基本概念

模糊集(也称为模糊集合)是模糊数学的基础,模糊数学则是研究和处理模糊性现象的数学方法.本章着重介绍模糊集的基本概念、运算法则、基本定理及其简单的应用.

1.1　模糊数学概述

1965 年,美国加利福尼亚大学控制论专家扎德(L. A. Zadeh)教授在《信息与控制》杂志上发表了一篇开创性论文《模糊集合》[1],这标志着模糊数学的诞生.扎德是世界公认的在系统理论及其应用领域贡献最大的人之一,被誉为"模糊集之父"[2,3].

与其他学科一样,模糊数学也是因实践的需要而产生的.在日常生活中,模糊概念(或现象)处处存在,例如厚、薄,快、慢,大、小,长、短,轻、重,高、低,稀、稠,贵、贱,强、弱,软、硬,锐、钝,深、浅,美、丑,白天、黑夜,早晨、中午、傍晚,黎明、黄昏,多云、晴天、阴天、雨天,中雨、暴雨、大暴雨,等等.在科学技术、经济管理领域中,模糊概念(或现象)也比比皆是,例如感冒、胃病、心脏病,红壤、黄壤、棕壤,蔬菜、水果,动物、植物、微生物,通货膨胀、经济繁荣、经济萧条,失业、就业,劳动密集型企业、知识密集型企业,信得过产品、合格品、次品,贫困、温饱、小康、富裕,等等.当代科技发展的趋势之一,就是各个学科领域都要求定量化、数学化,当然也迫切要求将模糊概念(或现象)定量化、数学化.这就促使人们必须寻找一种研究和处理模糊概念(或现象)的数学方法.

众所周知,经典数学是以精确性为特征的.然而,与精确性相悖的模糊性并不完全是消极的、没有价值的.甚至可以这样说,有时模糊性比精确性还要好.例如,要你去迎接一个"大胡子、高个子、长头发、戴宽边黑色眼镜的中年男人",尽管这里只提供了一个精确信息——男人,而其他信息——大胡子、高个子、长头发、宽边黑色眼镜、中年等都是模糊的,但是,你将这些模糊概念经过头脑的综合分析判断,就可以找到这个人.如果这个问题用计算机精确地处理,那么,就要求将此人的准确年龄与身高,胡子、头发的准确长度与根数,眼镜边的宽度、黑色的程度等一一输入计算机,才可以找到这个人.如果这个人的头发中途掉了一根的话,计算机就可能找不到这个人了.由此可见,有时太精确了未必一定是好事.

模糊数学绝不是把数学变成模模糊糊的东西,它也具有数学的共性:条理分明,一丝不苟,即使描述模糊概念(或现象),也会描述得清清楚楚.由扎德教授创立的模糊数学是继经典数学、统计数学之后,数学学科的一个新的发展方向.统计数学将数学的应用范围从必然现象领域扩大到偶然现象领域,模糊数学则把数学的应用范围从精确现象领域扩大到模糊现象领域.

在人类社会和各个科学领域中,人们所遇到的各种量大体上可以分成两大类,即确定性的与不确定性的,而不确定性又可分为随机性和模糊性.人们正是用经典数学、随机数学、模糊数学来分别研究客观世界中不同的量[4],其对应关系如下:

量 ╱ 确定性 —— 经典数学
量 ╲ 不确定性 ╱ 随机性 —— 随机数学
不确定性 ╲ 模糊性 —— 模糊数学

在这种框架内,数学模型也可以分为三大类.

第一类是确定性数学模型.这类模型研究的对象具有确定性,对象之间具有必然的关系,最典型的就是用微分法、微分方程、差分方程所建立的数学模型.

第二类是随机性数学模型.这类模型研究的对象具有随机性,对象之间具有偶然的关系,如用概率分布方法、马尔可夫(Markov)链所建立的数学模型.

第三类是模糊性数学模型.这类模型所研究的对象与对象之间的关系具有模糊性.这就是本书所要讨论的模型.

为了弄清两种不确定性,下面介绍两种不确定性之间的区别.

随机性的不确定性,也就是概率的不确定性.例如,"明天有雨"、"掷一骰子出现 6 点"等,它们的发生是一种偶然现象,具有不确定性.在这里,事件本身是确定的,而事件的发生不确定.只要时间过去,到了明天,"明天有雨"是否发生就变成确定的了."掷一骰子出现 6 点",只要实际做一次实验,它就变成确定的了.而模糊性的不确定性,即使时间过去了,或者实际做了一次实验,它们仍然是不确定的.这主要是因为事件本身(如"年轻人"、"高个子"等)是不确定的,具有模糊性,是由概念、语言的模糊性产生的.

模糊数学从诞生至今,已经四十多年了.早在 1978 年,国际上第一本以模糊数学为主题的学术刊物《Fuzzy Sets and Systems》在欧洲创刊.模糊数学自 1976 年传入我国后得到了迅速发展:1980 年成立了中国模糊数学与模糊系统学会,1981 年华中工学院(现华中科技大学)创办了《模糊数学》杂志,1987 年国防科学技术大学创办了《模糊系统与数学》杂志.我国已经成为模糊数学研究的四大中心(美国、西欧、日本、中国)之一.北京师范大学汪培庄、四川大学刘应明等教授对模糊数学的研究取得了显著成绩.

模糊数学在实际中的应用几乎涉及国民经济的各个领域,尤其在科学技术、经济管理、社会科学方面得到了广泛而又成功的应用. 比如，在生物学发展史上，由于科学技术的不断进步，人们发现在动物与植物之间存在着"中介状态"，于是又分出一类微生物. 将生物分成三类后，又发现还存在着"中介状态"，于是又有人主张将生物分为五类、六类. 这一现象用模糊集就可得到合理的解释. 再如，对某个领域的经济发展水平的评价，往往划分为富裕型、小康型、温饱型、贫困型，这些都是模糊的，只有通过模糊性数学模型才能得到合乎实际的评价.

特别值得一提的是，模糊理论在智能计算机的开发与应用上起到了重要作用. 20 世纪 80 年代以来，空调器、电冰箱、洗衣机、洗碗机等家用电器中已广泛采用了模糊控制技术. 日本在这方面已走在世界前列，我国也于 20 世纪 90 年代初在杭州生产了第一台模糊控制洗衣机. 由此看来，模糊数学已逐步进入寻常百姓家了.

1.2 模糊理论的数学基础

1.2.1 经典集

1. 集合及其表示

集合是现代数学的一个基础概念. 一些不同对象的全体称为集合，简称为集，常用大写英文字母 A,B,X,Y 等表示. 本书有时称集合为经典集合(经典集)，这是为了区别于模糊集合(模糊集). 集合内的每个对象称为集合的元素，常用小写英文字母 $a,b,c,\cdots$ 表示. "a 属于 A"记为 $a\in A$，"a 不属于 A"记为 $a\notin A$.

不含任何元素的集合称为空集，记为$\varnothing$.

只含有限个元素的集合称为有限集，有限集所含元素的个数称为集合的基数. 包含无限个元素的集合称为无限集. 以集合作为元素所组成的集合称为集合族. 所谓论域，是指所论及对象的全体，它也是一个集合，也称为全集，常用大写英文字母 X,Y,U,V 等表示.

集合的表示法主要有两种.

1° 枚举法. 如由 20 以内的质数组成的集合可表示为

$$A=\{2,3,5,7,11,13,17,19\},$$

自然数集可表示为

$$\mathbf{N}=\{0,1,2,3,\cdots\}.$$

2° 描述法. 使 $P(x)$成立的一切 x 组成的集合可表示为$\{x\mid P(x)\}$. 如实数集可表示为$\{x\mid -\infty<x<+\infty\}$，记为 $\mathbf{R}$；$B=\{x\mid x^2-1=0,x\in\mathbf{R}\}$实际上是由元素 -1 与 1 组成的集合.

经典集具有两条最基本的属性：元素彼此相异，范围边界分明. 一个元素 x 与集合 A 的关系是，要么 x 属于 A，要么 x 不属于 A，二者必居其一.

例如,设论域 $U=\{某班学生\}$,把某班男生组成的集合记为 A,即 $A=\{男生\}$,那么,这个班的每个学生之间彼此不相同,而且可以判明每个学生是否属于 A. 如果以某班"高个子"学生为元素,就不能组成一个经典集,因为是否"高个子"无分明的界限.

2. 集合的包含

集合的包含概念是集合之间的一种重要关系.

定义 1.2.1 设有集合 A 和 B,若集合 A 的每个元素都属于集合 B,即 $x\in A\Rightarrow x\in B$,则称 A 是 B 的子集,记为 $A\subseteq B$ 或 $B\supseteq A$,读作"A 包含于 B 中"或"B 包含 A".

显然 $A\subseteq A$. 空集 $\varnothing$ 是任意集合 A 的子集,即 $\varnothing\subseteq A$. 若 $A\subseteq B$,$B\subseteq C$,则 $A\subseteq C$.

定义 1.2.2 设有集合 A 和 B,若 $A\subseteq B$ 且 $B\subseteq A$,则称集合 A 与集合 B 相等,记为 $A=B$.

定义 1.2.3 设有集合 U,对于任意集合 A,总有 $A\subseteq U$,则称 U 为全集.

全集是个具有相对性的概念. 例如,实数集对整数集、有理数集而言是全集,而整数集对偶数集、奇数集而言是全集.

定义 1.2.4 设有集合 A,A 的所有子集所组成的集合称为 A 的幂集,记为 $\mathscr{P}(A)$,即 $\mathscr{P}(A)=\{B\mid B\subseteq A\}$.

例 1.2.1 设 $A=\{a,b\}$,则 A 的幂集为 $\mathscr{P}(A)=\{\varnothing,\{a\},\{b\},\{a,b\}\}$.

由定义 1.2.4 知,幂集是集合族.

3. 集合的运算

定义 1.2.5 设 $A,B\in\mathscr{P}(U)$,U 是论域,规定:

$A\cup B\xlongequal{\text{def}}\{x\mid x\in A \text{ 或 } x\in B\}$,称为 A 与 B 的并集;

$A\cap B\xlongequal{\text{def}}\{x\mid x\in A \text{ 且 } x\in B\}$,称为 A 与 B 的交集;

$A^C\xlongequal{\text{def}}\{x\mid x\in U \text{ 且 } x\notin A\}$,称为 A 的余集*.

4. 集合运算(并、交、余)的性质

定理 1.2.1 设 $A,B,C\in\mathscr{P}(U)$,U 是论域,则有:

1° 幂等律 $A\cup A=A$, $A\cap A=A$;

2° 交换律 $A\cup B=B\cup A$, $A\cap B=B\cap A$;

3° 结合律 $(A\cup B)\cup C=A\cup(B\cup C)$, $(A\cap B)\cap C=A\cap(B\cap C)$;

4° 吸收律 $A\cup(A\cap B)=A$, $A\cap(A\cup B)=A$;

5° 分配律 $(A\cup B)\cap C=(A\cap C)\cup(B\cap C)$,

---

* 国家标准规定 A 的余集用 $\complement A$ 表示,为了与大多数教材呼应,本书仍用 A^C 表示.

$(A\cap B)\cup C=(A\cup C)\cap(B\cup C)$；

6° 0-1律 $A\cup U=U$， $A\cap U=A$， $A\cup\varnothing=A$， $A\cap\varnothing=\varnothing$；

7° 还原律 $(A^C)^C=A$；

8° 对偶律 $(A\cup B)^C=A^C\cap B^C$， $(A\cap B)^C=A^C\cup B^C$；

9° 排中律 $A\cup A^C=U$， $A\cap A^C=\varnothing$.

这些性质均可由并、交、余的定义直接推出. 上述两个集合的并、交运算可推广到任意多个集合的并、交运算.

5. 集合的直积

在日常生活中，有许多事物是成对出现的，且具有一定的顺序，例如上、下，左、右，平面上点的坐标等. 任意两个元素 x 与 y 配成一个有序的对 (x,y)，称为 x 与 y 的序对. 有序是指当 $x\neq y$ 时，$(x,y)\neq(y,x)$，$(x,y)=(x',y')\Leftrightarrow x=x',y=y'$.

定义 1.2.6 设 X,Y 是两个集合，由 X 的元素与 Y 的元素配成的全体序对组成一个集合，称为 X 与 Y 的直积（或笛卡儿(Descartes)积），记为 $X\times Y$，即

$$X\times Y=\{(x,y)\mid x\in X,y\in Y\}.$$

例 1.2.2 设 $X=\{1,2\}$，$Y=\{0,2\}$，则

$$X\times Y=\{(1,0),(1,2),(2,0),(2,2)\},$$

$$Y\times X=\{(0,1),(0,2),(2,1),(2,2)\}.$$

一般地，有

$$X\times Y\neq Y\times X.$$

1.2.2 映射与扩张

1. 映射

定义 1.2.7 设 X 与 Y 是两个非空集，如果存在一个对应规则 f，使得对于任意元素 $x\in X$，有唯一元素 $y\in Y$ 与之对应，则称 f 是从 X 到 Y 的映射，记为

$$f:X\to Y,$$

$$x\mapsto f(x)=y\in Y.$$

y 称为 x 在映射 f 下的像，x 称为原像.

集合 X 称为映射 f 的定义域，记为 $D(f)$. 集合

$$f(X)=\{f(x)\mid x\in X\}$$

称为映射 f 的值域，记为 $R(f)$. 一般地，$f(X)\subseteq Y$. 若 $f(X)=Y$，则称 f 是从 X 到 Y 上的映射或从 X 到 Y 的满映射.

映射概念是函数概念的推广. 微积分中定义在区间 $[a,b]\subseteq\mathbf{R}$ 上的一元函数 $f(x)$，就是从 $[a,b]$ 到 $\mathbf{R}$ 的映射，即

$$f:[a,b]\to\mathbf{R},$$

$$x\mapsto f(x)=y.$$

定义 1.2.8 如果映射 $f:X\to Y$，对于任意 $x_1,x_2\in X$，有 $x_1\neq x_2\Rightarrow f(x_1)\neq$

$f(x_2)$,则称 f 是从 X 到 Y 的 1—1 映射. 如果 $f:X\to Y$ 是 1—1 的满映射,则称 f 为从 X 到 Y 的 1—1 对应.

例 1.2.3 设映射 $f:\mathbf{R}\to\mathbf{R}$, $f(x)=\sin x$,则 f 不是 $\mathbf{R}$ 到 $\mathbf{R}$ 的满映射,而是 $\mathbf{R}$ 到区间$[-1,1]$的满映射.

例 1.2.4 设 $C[a,b]$是定义在$[a,b]$上的实连续函数集. 定义$C[a,b]$到 $\mathbf{R}$ 上的一个映射

$$f:\ \varphi(x)\to\int_a^b\varphi(x)\mathrm{d}x,\ \varphi(x)\in C[a,b].$$

这是一个满映射,但不是 1—1 映射.

例 1.2.5 设 $X=\{a,b,c,d\}$, $Y=\{1,2,3,4\}$, f 是从 X 到 Y 的映射, $f=\{(a,1),(b,3),(c,4),(d,2)\}$,则 f 是满映射,又是 1—1 映射,所以 f 是从 X 到 Y 的 1—1 对应.

2. 集合的特征函数

定义 1.2.9 设 $A\in\mathscr{T}(U)$, U 是论域,具有如下性质的映射

$$\chi_A:U\to\{0,1\},$$

$$x\mapsto\chi_A(x)=\begin{cases}1, & x\in A,\\ 0, & x\notin A,\end{cases}$$

$\chi_A(x)$称为集合 A 的特征函数(图 1.1).

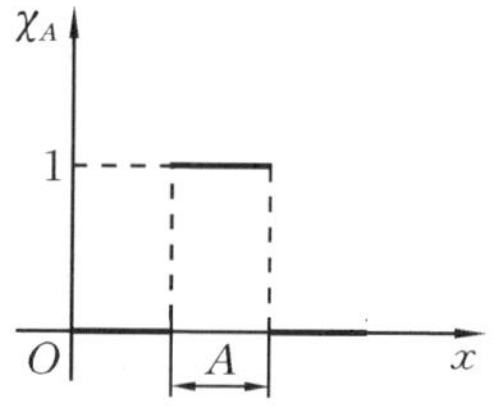

图 1.1

由定义 1.2.9 可知,集合 A 由特征函数 $\chi_A(x)$唯一确定. 例如,论域 U 为实数集,则集合

$$A=\{x\,\big|\,|x|\leqslant 1\}$$

的特征函数为

$$\chi_A(x)=\begin{cases}1, & |x|\leqslant 1,\\ 0, & |x|>1.\end{cases}$$

请读者画出此特征函数的图形.

由此看出,特征函数与集合是互相决定的,是一个事物从不同角度给出的描述. 下面是特征函数与集合之间的几个基本关系:

1° $A=U\Leftrightarrow\chi_A(x)=1$, $A=\varnothing\Leftrightarrow\chi_A(x)=0$;

2° $A\subseteq B\in\mathscr{T}(U)\Leftrightarrow\chi_A(x)\leqslant\chi_B(x)$;

3° $A=B\in\mathscr{T}(U)\Leftrightarrow\chi_A(x)=\chi_B(x)$.

基本关系 3°表明, U 的任一子集 A 完全由它的特征函数确定.

特征函数还具有下列运算性质:

$$\chi_{A\cup B}(x)=\chi_A(x)\vee\chi_B(x),\quad \chi_{A\cap B}(x)=\chi_A(x)\wedge\chi_B(x),$$

$$\chi_{A^C}(x)=1-\chi_A(x).$$

此处“∨”、“∧”分别是取大、取小运算，即

$$a \vee b = \max(a,b), \quad a \wedge b = \min(a,b).$$

上述性质表明，应用特征函数同样可以方便地讨论集合间的关系和运算.

3. 映射的扩张

上述映射概念实际上是把点 x 映射为点 $y=f(x)$，但在实际中往往需要将点映射为集合（图1.2）.

定义 1.2.10　设 $f:X\to Y, x\mapsto f(x)$，则称映射

$$f:X \to \mathscr{T}(Y),$$
$$x \mapsto f(x) = B \in \mathscr{T}(Y)$$

为 X 到 Y 的点集映射.

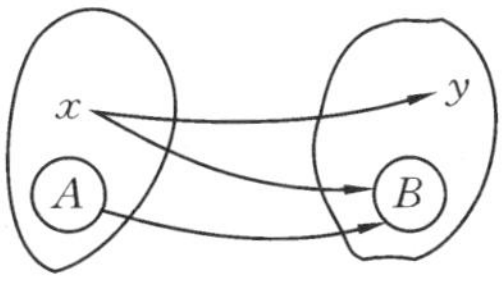

图 1.2

定义 1.2.11　设 $T:X\to Y, x\mapsto f(x)$，则称映射

$$T:\mathscr{T}(X) \to \mathscr{T}(Y),$$
$$A \mapsto T(A)$$

为 X 到 Y 的集合变换.

例 1.2.6　设 $X=\{a,b\}, Y=\{1,2,3\}$，则

$$\mathscr{T}(X)=\{\varnothing, X, \{a\}, \{b\}\},$$
$$\mathscr{T}(Y)=\{\varnothing, Y, \{1\}, \{2\}, \{3\}, \{1,2\}, \{1,3\}, \{2,3\}\}.$$

令
$$f:X\to\mathscr{T}(Y), a\mapsto\{1\}, b\mapsto\{2,3\},$$
$$T:\mathscr{T}(X)\to\mathscr{T}(Y), \varnothing\mapsto\varnothing, \{a\}\mapsto\{1,2\}, \{b\}\mapsto\{1\}, X\mapsto Y,$$

则 f 为 X 到 Y 的点集映射，而 T 是 X 到 Y 的集合变换.

定义 1.2.12（经典扩张原理）　设映射 $f:X\to Y, x\mapsto f(x)=y$. 对于任意 $A\in\mathscr{T}(X)$，令

$$f(A) = \{y \in Y \mid y = f(x), x \in A\},$$

则集合 $f(A)\in\mathscr{T}(Y)$ 称为集合 A 在 f 下的像；对于任意 $B\in\mathscr{T}(Y)$，令

$$f^{-1}(B) = \{x \in X \mid f(x) \in B\},$$

则集合 $f^{-1}(B)\in\mathscr{T}(X)$ 称为集合 B 在 f 下的原像（图 1.3）.

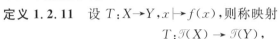

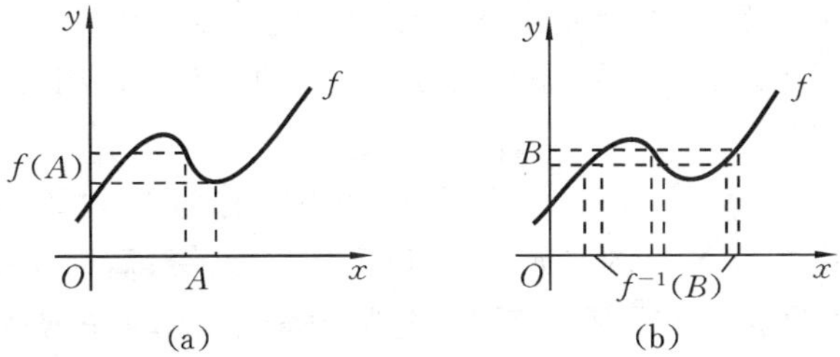

图 1.3

于是，映射 $f:X\to Y, x\mapsto f(x)=y$ 诱导出映射

$$f:\mathcal{T}(X)\to\mathcal{T}(Y),$$
$$A\mapsto f(A)\in\mathcal{T}(Y),$$
$$f^{-1}:\mathcal{T}(Y)\to\mathcal{T}(X),$$
$$B\mapsto f^{-1}(B)\in\mathcal{T}(X).$$

其特征函数分别为

$$\chi_{f(A)}(y)=\bigvee_{f(x)=y}\chi_A(x),\quad \chi_{f^{-1}(B)}(x)=\chi_B(f(x)).$$

这就是扩张原理,它实际上是一个定义.

例 1.2.7 设 $X=\{1,2\}$,$Y=\{1,3,4\}$,映射 $f:X\to Y$ 定义为 $f(x)=x^2$,则

$$\mathcal{T}(X)=\{\varnothing,\{1\},\{2\},X\},$$
$$\mathcal{T}(Y)=\{\varnothing,\{1\},\{3\},\{4\},\{1,3\},\{1,4\},\{3,4\},Y\}.$$

在映射 f 下的扩张原理为

$$f:\mathcal{T}(X)\to\mathcal{T}(Y),$$
$$A\mapsto f(A)=\{y\mid y=f(x)=x^2,x\in A\}.$$

例如
$$\{x\}\mapsto f(\{x\})=\{y\mid y=f(x)=x^2,x\in\{x\}\}=\{f(x)\}=\{x^2\},$$
$$f(\varnothing)=\varnothing,\quad f(\{1\})=\{f(1)\}=\{1\},$$
$$f(\{2\})=\{f(2)\}=\{4\},\quad f(X)=\{f(1),f(2)\}=\{1,4\}\in\mathcal{T}(Y);$$
$$f^{-1}:\mathcal{T}(Y)\to\mathcal{T}(X),$$
$$B\mapsto f^{-1}(B)=\{x\mid x=f^{-1}(y)=\sqrt{y},y\in B\},$$
$$f^{-1}(\varnothing)=\varnothing,\quad f^{-1}(\{1\})=\{f^{-1}(1)\}=\{1\},$$
$$f^{-1}(\{4\})=\{f^{-1}(4)\}=\{2\},\quad f^{-1}(\{1,4\})=\{1,2\}=X.$$

但 $f^{-1}(\{3\})$,$f^{-1}(\{3,4\})$,$f^{-1}(\{1,3\})$,$f^{-1}(Y)$ 在 f 下没有原像.因此,当 $B=\{3\},\{1,3\},\{3,4\},Y$ 时,f^{-1} 均不是 B 到 $f^{-1}(B)$ 的映射.

1.2.3 二元关系

1. 二元关系的概念

关系是一个基本概念.在日常生活中有“朋友”关系、“师生”关系等,在数学上有“大于”关系、“等于”关系等,而序对又可以表达两个对象之间的关系.于是,引进下面的定义.

定义 1.2.13 设 $X,Y\in\mathcal{T}(U)$,$X\times Y$ 的子集 R 称为 X 到 Y 的二元关系,特别地,当 $X=Y$ 时,称之为 X 上的二元关系.以后把二元关系简称为关系.

若 $(x,y)\in R$,则称 x 与 y 有关系 R,记为 xRy;若 $(x,y)\notin R$,则称 x 与 y 没有关系 R,记为 $x\overline{R}y$. R 的特征函数为

$$\chi_R(x,y)=\begin{cases}1, & \text{当 } xRy \text{ 时},\\ 0, & \text{当 } x\overline{R}y \text{ 时}.\end{cases}$$

例 1.2.8　设 $X=\{1,4,7,8\}$，$Y=\{2,3,6\}$，定义关系 $R=\{(x,y)\mid x<y, x\in X, y\in Y\}$，称 R 为"小于"关系. 于是

$$R=\{(1,2),(1,3),(1,6),(4,6)\}.$$

这表明"小于"关系 R 是直积 $X\times Y$ 的子集.

例 1.2.9　设 $X=\mathbf{R}$，则子集

$$R=\{(x,y)\mid (x,y)\in \mathbf{R}\times\mathbf{R}, y=x\}$$

是 $\mathbf{R}$ 上元素间的"相等"关系.

关系的性质主要有自反性、对称性和传递性.

定义 1.2.14　设 R 是 X 上的关系.

1° 对于任意 $x\in X$，若有 xRx，即 $\chi_R(x,x)=1$，则称 R 是自反的.

2° 对于任意 $x,y\in X$，若 $xRy\Rightarrow yRx$，即 $\chi_R(x,y)=\chi_R(y,x)$，则称 R 是对称的.

3° 对于任意 $x,y,z\in X$，若 $xRy, yRz\Rightarrow xRz$，即 $\chi_R(x,y)=1, \chi_R(y,z)=1\Rightarrow \chi_R(x,z)=1$，则称 R 是传递的.

例 1.2.10　设 $\mathbf{N}$ 为自然数集，$\mathbf{N}$ 上的关系"$<$"具有传递性，但不具有自反性和对称性.

例 1.2.11　设 $\mathscr{T}(X)$ 为 X 的幂集，$\mathscr{T}(X)$ 上的关系"$\subseteq$"具有自反性和传递性，但不具有对称性.

2. 关系的矩阵表示法

关系的表示方法很多，除了用直积的子集表示外，对于有限论域情形，用矩阵表示在运算上更为方便.

定义 1.2.15　设两个有限集 $X=\{x_1,x_2,\cdots,x_m\}$，$Y=\{y_1,y_2,\cdots,y_n\}$，R 是 X 到 Y 的二元关系，即

R	y_1	y_2	$\cdots$	y_n
x_1	r_{11}	r_{12}	$\cdots$	r_{1n}
x_2	r_{21}	r_{22}	$\cdots$	r_{2n}
$\vdots$	$\vdots$	$\vdots$		$\vdots$
x_m	r_{m1}	r_{m2}	$\cdots$	r_{mn}

，

其中

$$r_{ij}=\begin{cases}1, & \text{当 } x_iRy_j \text{ 时},\\ 0, & \text{当 } x_i\overline{R}y_j \text{ 时}.\end{cases}$$

称 $m\times n$ 矩阵 $\boldsymbol{R}=(r_{ij})_{m\times n}$ 为 R 的关系矩阵，记为

$$\boldsymbol{R}=\begin{pmatrix} r_{11} & r_{12} & \cdots & r_{1n}\\ r_{21} & r_{22} & \cdots & r_{2n}\\ \vdots & \vdots & & \vdots\\ r_{m1} & r_{m2} & \cdots & r_{mn}\end{pmatrix}.$$

由定义 1.2.15 可知,关系矩阵中的元素或是 0 或是 1. 在数学上把诸元素只是 0 或 1 的矩阵称为布尔(Boole)矩阵. 因此,任何关系矩阵都是布尔矩阵.

例 1.2.12 例 1.2.8 中"<"关系 R 的关系矩阵为 $\boldsymbol{R}=\begin{pmatrix}1&1&1\\0&0&1\\0&0&0\\0&0&0\end{pmatrix}$.

3. 关系的合成

通俗地讲,若"兄妹"关系记为 R_1,"母子"关系记为 R_2,即 x 与 y 有"兄妹"关系 xR_1y,y 与 z 有"母子"关系 yR_2z,那么 x 与 z 有"舅甥"关系. 这就是关系 R_1 与 R_2 的合成,记为 $R_1\circ R_2$.

定义 1.2.16 设 R_1 是 X 到 Y 的关系,R_2 是 Y 到 Z 的关系,则称 $R_1\circ R_2$ 为关系 R_1 与 R_2 的合成,表示为

$$R_1\circ R_2=\{(x,z)\mid \exists y\in Y,\text{使得}(x,y)\in R_1,(y,z)\in R_2\}.$$

$R_1\circ R_2$ 是直积 $X\times Z$ 的一个子集,其特征函数为

$$\chi_{R_1\circ R_2}(x,z)\xlongequal{\text{def}}\bigvee_{y\in Y}[\chi_{R_1}(x,y)\wedge\chi_{R_2}(y,z)].$$

例 1.2.13 设 $X=\{1,2,3,4\}$,$Y=\{2,3,4\}$,$Z=\{1,2,3\}$,R_1 是 X 到 Y 的关系,R_2 是 Y 到 Z 的关系,即

$$R_1=\{(x,y)\mid x+y=6\}=\{(2,4),(3,3),(4,2)\},$$

$$R_2=\{(y,z)\mid y-z=1\}=\{(2,1),(3,2),(4,3)\},$$

则 R_1 与 R_2 的合成

$$R_1\circ R_2=\{(x,z)\mid x+z=5\}=\{(2,3),(3,2),(4,1)\}.$$

关系的合成也可以用矩阵来表示.

设 $X=\{x_1,x_2,\cdots,x_m\}$,$Y=\{y_1,y_2,\cdots,y_n\}$,$Z=\{z_1,z_2,\cdots,z_s\}$,X 到 Y 的关系 R_1 的关系矩阵 $\boldsymbol{R}_1=(r_{ij})_{m\times n}$,$Y$ 到 Z 的关系 R_2 的关系矩阵 $\boldsymbol{R}_2=(p_{ij})_{n\times s}$,则 X 到 Z 的关系 $R_1\circ R_2$ 的关系矩阵

$$\boldsymbol{R}_1\circ\boldsymbol{R}_2=(c_{ij})_{m\times s},$$

其中
$$c_{ij}=\bigvee_{k=1}^{n}(r_{ik}\wedge p_{kj}),\quad i=1,2,\cdots,m;j=1,2,\cdots,s.$$

下面将例 1.2.13 用关系矩阵来表示. 设

$$\boldsymbol{R}_1=\begin{pmatrix}0&0&0\\0&0&1\\0&1&0\\1&0&0\end{pmatrix},\quad \boldsymbol{R}_2=\begin{pmatrix}1&0&0\\0&1&0\\0&0&1\end{pmatrix},$$

则
$$\boldsymbol{R}_1 \circ \boldsymbol{R}_2 = \begin{pmatrix} 0 & 0 & 0 \\ 0 & 0 & 1 \\ 0 & 1 & 0 \\ 1 & 0 & 0 \end{pmatrix} \circ \begin{pmatrix} 1 & 0 & 0 \\ 0 & 1 & 0 \\ 0 & 0 & 1 \end{pmatrix} = \begin{pmatrix} 0 & 0 & 0 \\ 0 & 0 & 1 \\ 0 & 1 & 0 \\ 1 & 0 & 0 \end{pmatrix},$$
这就是例 1.2.13 的矩阵表示式.

4. 等价关系·划分

为了将集合的元素进行分类，下面引进一个重要的关系——等价关系.

定义 1.2.17　若集合 X 上的二元关系 R 具有自反性、对称性和传递性，则称 R 是 X 上的等价关系，此时 xRy 又称为 x 等价于 y，记为 $x \simeq y$.

比如，年龄相同是等价关系，数学上的"＝"也是等价关系；但同学关系不是等价关系，因为它不具有传递性.

集合 X 上等价关系的重要性在于可以将集合 X 分成适当的子集(实际上就是将集合 X 进行分类)，为此又引进下面的定义.

定义 1.2.18　设 X 是非空集，X_i 是 X 的非空子集，若 $\bigcup\limits_i X_i = X$，且 $X_i \cap X_j = \varnothing\ (i \neq j)$，则称集合族 $\{\cdots, X_i, \cdots\}$ 为 X 的一个划分，称集 X_i 为这个划分的一个类. 以 Π 表示为
$$\Pi = \{X_i \mid X_i \subseteq X，且\ \forall x \in X\ 恰属于一个\ X_i\}.$$
划分 Π 的每个元素都称为一个块，也称为划分的一个类.

当划分的块数为有限时，划分 Π 可表示为
$$\Pi = \{X_1, X_2, \cdots, X_n\}，n\ 为块数.$$
显然，对有限集而言，它的划分块数一定是有限的.

例 1.2.14　设 $X = \{1,2,3,4\}$，则
$$\Pi_1 = \{\{1\},\{2\},\{3\},\{4\}\}, \quad \Pi_2 = \{\{1,2\},\{3\},\{4\}\},$$
$$\Pi_3 = \{\{1,2,3\},\{4\}\}, \quad \Pi_4 = \{\{1,2\},\{3,4\}\}, \quad \Pi_5 = \{\{1,2,3,4\}\}$$
等都是 X 的划分，但 $\Pi' = \{\{1\},\{2,3\}\}$，$\Pi'' = \{\{1\},\{2,3\},\{2,4\}\}$ 等不是 X 的划分.

集合 X 上的等价关系与 X 的划分有密切联系. 为了阐明这种联系，先引进等价类的概念，再叙述一个结论(定理 1.2.2). 此结论证明从略.

定义 1.2.19　设 R 是集合 X 上的等价关系，对于 X 中的每个元素 x，与 x 等价的元素所成的集合称为由 x 生成的等价类，记为 $[x]_R$，即
$$[x]_R \xlongequal{\text{def}} \{y \mid y \in X, y \simeq x\}.$$
显然，等价类 $[x]_R$ 满足：

1° $X = \bigcup [x]_R$；

2° $[x]_R \neq [z]_R \Rightarrow [x]_R \cap [z]_R = \varnothing$.

例 1.2.15 设论域 $X=\{1,2,3,\cdots,30,31\}$(某月的天数),在 X 上建立模 7 的同余关系 R:对 $a,b\in X$,有 $7|a-b$,记为 $a\equiv b(\mathrm{mod}7)$,它表示正整数 a,b 分别用 7 去除,所得的余数相同.由同余性质可知,同余关系 R 是 X 上的等价关系,则由 X 中的元素生成的等价类为

$$[0]_R=\{7,14,21,28\},\qquad [1]_R=\{1,8,15,22,29\},$$
$$[2]_R=\{2,9,16,23,30\},\qquad [3]_R=\{3,10,17,24,31\},$$
$$[4]_R=\{4,11,18,25\},\qquad [5]_R=\{5,12,19,26\},$$
$$[6]_R=\{6,13,20,27\}.$$

根据上述等价类可以制作 2018 年 10 月的日历,如表 1.1 所示.

表 1.1

日	一	二	三	四	五	六
	1	2	3	4	5	6
7	8	9	10	11	12	13
14	15	16	17	18	19	20
21	22	23	24	25	26	27
28	29	30	31			

下面的定理说明了集合 X 上的等价关系与划分(即分类)之间的联系.

定理 1.2.2 集合 X 上的任一等价关系可以确定 X 的一个划分(即分类);反过来,集合 X 的任一划分(即分类)可以确定 X 上的一个等价关系.

下面举例说明.

例 1.2.16 设论域 $X=\{$某高校全体本科生(四年制)$\}$,在 X 上定义关系 $R_1=\{$同年级$\}$,显然,R_1 是一个等价关系.因此,关系 R_1 把 X 划分为四个不同年级,即

$$X=\{X_1,X_2,X_3,X_4\},$$

其中 X_i 表示 i 年级,$i=1,2,3,4$.这就表明,论域 X 上的等价关系 R_1(同年级)可以确定一个划分(分类):

$$X=\{X_1,X_2,X_3,X_4\}.$$

例 1.2.17 设论域 $X=\{$某高校学生$\}$,在 X 上有一个划分(分类)

$$X=\{男生,女生\}=\{Y_1,Y_2\},$$

因为这个划分(分类)是按性别划分的,所以这个划分(分类)可以确定 X 上的一个关系 $R_2=\{$同性别$\}$,显然,R_2 也是一个等价关系.

5. 相似关系

与等价关系一样,相似关系的应用也是非常广泛的.

定义 1.2.20 设 R 是集合 X 上的关系,若 R 是自反的、对称的,则称 R 是相

似关系.

例如,朋友关系、同学关系都是相似关系.

例 1.2.18　设 $X=\{1244,157,287,456,690\}$,定义在 X 上的关系

$$R=\{(x,y)\mid x,y\in X,x\text{ 与 }y\text{ 有相同的数字}\},$$

则 R 为相似关系,其相似矩阵为

$$\boldsymbol{R}=\begin{pmatrix}1&1&1&1&0\\1&1&1&1&0\\1&1&1&0&0\\1&1&0&1&1\\0&0&0&1&1\end{pmatrix}.$$

定义 1.2.21　设$\underline{R}$是集合 X 上的相似关系,若 $C\subseteq X$,对于任意 $x,y\in C$,有 $x\underline{R}y$,则称 C 是由相似关系$\underline{R}$产生的相似类,记为$[x]_{\underline{R}}$,即

$$[x]_{\underline{R}}=\{y\mid x,y\in C,x\underline{R}y\}.$$

显然满足:$X=\bigcup[x]_{\underline{R}}$,但$[x]_{\underline{R}}\neq[z]_{\underline{R}}$时,$[x]_{\underline{R}}\cap[z]_{\underline{R}}\neq\varnothing$. 这是因为不满足传递性.

例 1.2.19　在例 1.2.18 中相似关系 R 产生的相似类为$\{1244,157,287\}$,$\{1244,157,456\}$,$\{456,690\}$.

易知 $X=\{1244,157,287\}\cup\{456,690\}$.

1.2.4　格

1. 格的概念

定义 1.2.22　设在集合 L 中规定了两种运算$\vee$,$\wedge$,即 $a\vee b=\sup\{a,b\}$,$a\wedge b=\inf\{a,b\}$,并满足下列运算性质:

幂等律　$a\vee a=a$,　$a\wedge a=a$,

交换律　$a\vee b=b\vee a$,　$a\wedge b=b\wedge a$,

结合律　$(a\vee b)\vee c=a\vee(b\vee c)$,　$(a\wedge b)\wedge c=a\wedge(b\wedge c)$,

吸收律　$(a\vee b)\wedge a=a$,　$(a\wedge b)\vee a=a$,

则称 L 是一个格,记为$(L,\vee,\wedge)$.

定义 1.2.23　设$(L,\vee,\wedge)$是一个格.

1° 若$(L,\vee,\wedge)$还满足:

分配律　$(a\vee b)\wedge c=(a\wedge c)\vee(b\wedge c)$,　$(a\wedge b)\vee c=(a\vee c)\wedge(b\vee c)$,

则称$(L,\vee,\wedge)$为分配格.

2° 若$(L,\vee,\wedge)$还满足:

0-1 律　在 L 中存在两个元素 0 与 1,且

$$a\vee 0=a,\quad a\wedge 0=0,\quad a\vee 1=1,\quad a\wedge 1=a,$$

则称$(L,\vee,\wedge)$有最小元0与最大元1,此时又称$(L,\vee,\wedge)$为完全格.

3° 若在具有最小元0与最大元1的分配格$(L,\vee,\wedge)$中规定一种余运算^C,满足:

复原律　$(a^C)^C=a$,

互余律　$a\vee a^C=1$,　$a\wedge a^C=0$,

则称$(L,\vee,\wedge,^C)$为一个布尔代数.

4° 若在具有最小元0与最大元1的分配格$(L,\vee,\wedge)$中规定一种余运算,满足:

复原律　$(a^C)^C=a$,

对偶律　$(a\vee b)^C=a^C\wedge b^C$,　$(a\wedge b)^C=a^C\vee b^C$,

则称$(L,\vee,\wedge,^C)$为一个软代数.

例 1.2.20　任一集合A的幂集$\mathscr{T}(A)$是一个完全格,格中的最大元为A(全集),最小元为$\varnothing$(空集).

例 1.2.21　记(0,1)内的有理数集为**Q**,在**Q**上定义有理数的大小关系"$\leqslant$",则$(\mathbf{Q},\leqslant)$是一个格,但不是完全格.

2. 扎德算子($\vee,\wedge$)

定义 1.2.24　对于任意$a,b\in[0,1]$,定义

$$a\vee b\xlongequal{\text{def}}\max(a,b),\quad a\wedge b\xlongequal{\text{def}}\min(a,b),$$

则称$\vee,\wedge$为扎德算子.

本书以下再出现的符号$\vee,\wedge$,都为扎德算子,分别表示取大、取小的意思.

定理 1.2.3　对于任意$a,b,c\in[0,1]$,扎德算子$\vee,\wedge$具有如下性质:

1° 幂等律　$a\vee a=a$,　$a\wedge a=a$;

2° 交换律　$a\vee b=b\vee a$,　$a\wedge b=b\wedge a$;

3° 结合律　$(a\vee b)\vee c=a\vee(b\vee c)$,　$(a\wedge b)\wedge c=a\wedge(b\wedge c)$;

4° 吸收律　$(a\vee b)\wedge a=a$,　$(a\wedge b)\vee a=a$;

5° 分配律　$(a\vee b)\wedge c=(a\wedge c)\vee(b\wedge c)$,　$(a\wedge b)\vee c=(a\vee c)\wedge(b\vee c)$;

6° 0-1律　$a\vee 0=a$,　$a\wedge 0=0$,　$a\vee 1=1$,　$a\wedge 1=a$;

7° 对偶律　$1-(a\vee b)=(1-a)\wedge(1-b)$,　$1-(a\wedge b)=(1-a)\vee(1-b)$.

根据扎德算子$\vee,\wedge$的定义,并比较a,b,c的大小,不难证明定理1.2.3.这些性质表明,[0,1]上全体实数集合与扎德算子$\vee,\wedge$一起构成一个具有分配律的完全格.如果在[0,1]上定义余运算

$$a^C\xlongequal{\text{def}}1-a,$$

则$([0,1],\vee,\wedge,^C)$是一个软代数.

定理 1.2.4　设$a,b,c,d\in[0,1]$,若$a\leqslant b$,$c\leqslant d$,则$a\vee c\leqslant b\vee d$,$a\wedge c\leqslant b\wedge d$.

证　因为$a\leqslant b\leqslant b\vee d$,$c\leqslant d\leqslant b\vee d$,所以$a\vee c\leqslant b\vee d$.

类似地可证 $a\wedge c\leqslant b\wedge d$.

推论 设 $a,b,c\in L$,若 $b\leqslant c$,则 $a\vee b\leqslant a\vee c, a\wedge b\leqslant a\wedge c$,这个性质称为格的保序性.

定理 1.2.5 设 $a,b\in L$,则有

$$a\leqslant b \Leftrightarrow a\wedge b=a \Leftrightarrow a\vee b=b.$$

定理 1.2.6 设 $a,b,c\in L$,则有

$$a-(b\wedge c)=(a-b)\vee(a-c),$$

$$a-(b\vee c)=(a-b)\wedge(a-c).$$

1.3 模糊子集及其运算

1.3.1 模糊子集的概念

由 1.2 节知,经典集 A 可由其特征函数 $\chi_A(x)$ 唯一确定,即映射

$$\chi_A: X\to\{0,1\}, x\mapsto\chi_A(x)=\begin{cases}1, & x\in A,\\ 0, & x\notin A\end{cases}$$

确定了 X 上的经典子集 A. $\chi_A(x)$ 表明 x 对 A 的隶属程度,不过仅有两种状态:一个元素 x 要么属于 A,要么不属于 A. 它确切地、数量化地描述了“非此即彼”现象. 但现实世界中并非完全如此. 比如,在生物学发展的历史上,曾把所有生物分为动物与植物两大类. 牛、羊、鸡、犬划为动物,这是无疑的. 而有一些生物,如猪笼草、捕蝇草、茅膏菜等,一方面能捕食昆虫,分泌液体消化昆虫,像动物一样;另一方面又长有叶片,能进行光合作用,自制养料,像植物一样. 类似这样的生物并不能完全由“非动物即植物”来界定,因此,不能简单地一刀切. 可见在动物与植物之间存在“中介状态”.

1. 模糊子集的直观描述与定义

我们先从直观上来描述这种“中介状态”. 设论域 U(图 1.4),取具有单位长度的线段,把 U 上的模糊集记为 $\underset{\sim}{A}$. 若元素 x(线段)位于 $\underset{\sim}{A}$(圆圈)的内部,记为 1;若元素 x 位于 $\underset{\sim}{A}$ 的外部,记为 0;若元素 x 部分在 $\underset{\sim}{A}$ 内又部分在 $\underset{\sim}{A}$ 外,则表示隶属的“中介状态”,元素 x 位于 $\underset{\sim}{A}$ 内部的长度则表示了 x 对于 $\underset{\sim}{A}$ 的隶属程度. 为了描述这种“中介状态”,必须把元素对集合的绝对隶属关系(要么属于 A,要么不属于 A)扩展为各种不同程度的隶属关系,这就需要将经典集 A 的特征函数 $\chi_A(x)$ 的值域 $\{0,1\}$ 推广到闭区间 $[0,1]$ 上. 这样一来,经典集的特征函数就扩展为模糊集的隶属函

图 1.4

数了.

定义 1.3.1 设 U 是论域,称映射

$$\mu_{\underset{\sim}{A}}: U \to [0,1],$$
$$x \mapsto \mu_{\underset{\sim}{A}}(x) \in [0,1]$$

确定了一个 U 上的模糊子集$\underset{\sim}{A}$. 映射 $\mu_{\underset{\sim}{A}}$ 称为$\underset{\sim}{A}$的隶属函数,$\mu_{\underset{\sim}{A}}(x)$称为 x 对$\underset{\sim}{A}$的隶属程度. 使 $\mu_{\underset{\sim}{A}}(x)=0.5$ 的点 x 称为$\underset{\sim}{A}$的过渡点,此时该点最具模糊性.

由定义 1.3.1 可以看出,模糊子集$\underset{\sim}{A}$是由隶属函数 $\mu_{\underset{\sim}{A}}$ 唯一确定的,以后总是把模糊子集$\underset{\sim}{A}$与隶属函数 $\mu_{\underset{\sim}{A}}$ 看成是等同的. 还应指出,隶属程度的思想是模糊数学的基本思想.

当 $\mu_{\underset{\sim}{A}}$的值域为$\{0,1\}$时,模糊子集$\underset{\sim}{A}$就是经典子集,而 $\mu_{\underset{\sim}{A}}$ 就是它的特征函数. 可见经典子集是模糊子集的特殊情形.

U 上所有模糊子集所组成的集合称为 U 的模糊幂集,记为$\mathcal{F}(U)$.

为简便起见,今后用$\underset{\sim}{A}(x)$来代替 $\mu_{\underset{\sim}{A}}(x)$. 模糊子集简称为模糊集,隶属程度简称为隶属度.

例 1.3.1 由于人种、地理环境等条件不同,人们对个子高矮的理解也不同. 设论域 $U=\{x_1(140),x_2(150),x_3(160),x_4(170),x_5(180),x_6(200)\}$(单位:cm)表示人的身高,那么"高个子"($\underset{\sim}{A}$)、"中等个子"($\underset{\sim}{B}$)、"矮个子"($\underset{\sim}{C}$)就是 U 上的三个模糊集.

$\underset{\sim}{A}$(高个子): $x_1 \mapsto \underset{\sim}{A}(x_1)=0,\quad x_2 \mapsto \underset{\sim}{A}(x_2)=0.1,$

$x_3 \mapsto \underset{\sim}{A}(x_3)=0.4,\quad x_4 \mapsto \underset{\sim}{A}(x_4)=0.5,$

$x_5 \mapsto \underset{\sim}{A}(x_5)=0.8,\quad x_6 \mapsto \underset{\sim}{A}(x_6)=1;$

$\underset{\sim}{B}$(中等个子): $x_1 \mapsto \underset{\sim}{B}(x_1)=0.1,\quad x_2 \mapsto \underset{\sim}{B}(x_2)=0.3,$

$x_3 \mapsto \underset{\sim}{B}(x_3)=0.6,\quad x_4 \mapsto \underset{\sim}{B}(x_4)=1,$

$x_5 \mapsto \underset{\sim}{B}(x_5)=0.6,\quad x_6 \mapsto \underset{\sim}{B}(x_6)=0.1;$

$\underset{\sim}{C}$(矮个子): $x_1 \mapsto \underset{\sim}{C}(x_1)=0.9,\quad x_2 \mapsto \underset{\sim}{C}(x_2)=0.7,$

$x_3 \mapsto \underset{\sim}{C}(x_3)=0.6,\quad x_4 \mapsto \underset{\sim}{C}(x_4)=0.4,$

$x_5 \mapsto \underset{\sim}{C}(x_5)=0.2,\quad x_6 \mapsto \underset{\sim}{C}(x_6)=0.$

例 1.3.2 设论域 $U=[0,200]$(单位:岁)表示人的年龄,扎德给出"年轻"($\underset{\sim}{Y}$)与"年老"($\underset{\sim}{O}$)两个模糊集,其隶属函数(图 1.5)分别为

$$\underset{\sim}{Y}(x)=\begin{cases} 1, & 0 \leqslant x \leqslant 25, \\ \left[1+\left(\dfrac{x-25}{5}\right)^2\right]^{-1}, & 25 < x \leqslant 200; \end{cases}$$

$$\underset{\sim}{Q}(x)=\begin{cases}0, & 0\leqslant x\leqslant 50,\\ \left[1+\left(\dfrac{x-50}{5}\right)^{-2}\right]^{-1}, & 50<x\leqslant 200.\end{cases}$$

不难计算出：$\underset{\sim}{Y}(30)=0.5$，$\underset{\sim}{Y}(35)=0.2$；$\underset{\sim}{Q}(55)=0.5$，$\underset{\sim}{Q}(60)=0.8$. 这表明，30 岁的年龄属于“年轻”的隶属度为 50%，并称点 $x=30$ 是“年轻”的过渡点；60 岁的年龄属于“年老”的隶属度为 80%；等等.

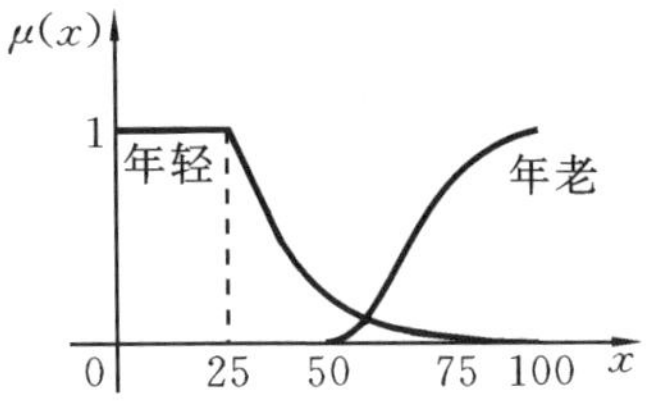

图 1.5

2. 模糊集的表示法

论域 $U=\{x_1,x_2,\cdots,x_n\}$ 是有限集，U 上的任一模糊集 $\underset{\sim}{A}$，其隶属函数为 $\{\underset{\sim}{A}(x_i)\}$ $(i=1,2,\cdots,n)$.

1° 扎德表示法：

$$\underset{\sim}{A}=\frac{\underset{\sim}{A}(x_1)}{x_1}+\frac{\underset{\sim}{A}(x_2)}{x_2}+\cdots+\frac{\underset{\sim}{A}(x_n)}{x_n}.$$

这里“$\underset{\sim}{A}(x_i)/x_i$”不是分数，“+”也不表示求和，只有符号意义，它表示点 x_i 对模糊集 $\underset{\sim}{A}$ 的隶属度是 $\underset{\sim}{A}(x_i)$.

2° 序偶表示法：

$$\underset{\sim}{A}=\{(x_1,\underset{\sim}{A}(x_1)),(x_2,\underset{\sim}{A}(x_2)),\cdots,(x_n,\underset{\sim}{A}(x_n))\}.$$

3° 向量表示法：

$$\boldsymbol{\underset{\sim}{A}}=(\underset{\sim}{A}(x_1),\underset{\sim}{A}(x_2),\cdots,\underset{\sim}{A}(x_n)).$$

一般地，若 $0\leqslant a_i\leqslant 1$，$i=1,2,\cdots,n$，则称 $\boldsymbol{a}=(a_1,a_2,\cdots,a_n)$ 为模糊向量. 由此可知，模糊向量 $\boldsymbol{a}=(a_1,a_2,\cdots,a_n)$ 可以表示论域 $U=\{x_1,x_2,\cdots,x_n\}$ 上的模糊集 $\underset{\sim}{A}$.

例 1.3.1 中 $\underset{\sim}{A}$ =“高个子”可表示为

$$\underset{\sim}{A}=\frac{0}{x_1}+\frac{0.1}{x_2}+\frac{0.4}{x_3}+\frac{0.5}{x_4}+\frac{0.8}{x_5}+\frac{1}{x_6},$$

或者

$$\underset{\sim}{A}=(0,\ 0.1,\ 0.4,\ 0.5,\ 0.8,\ 1).$$

又如，论域 $U=\{x_1,x_2,\cdots,x_n\}$ 表示 n 个企业. 若以 a_i 记企业 x_i 的生产成本中劳动力所占比重，则

$$\underset{\sim}{A}=(a_1,a_2,\cdots,a_n)$$

就是表示劳动密集型企业的模糊集.

注意，经典集也可用扎德方法表示，例如，论域 $U=\{x_1,x_2,\cdots,x_n\}$ 可表示为

$$U=\frac{1}{x_1}+\frac{1}{x_2}+\cdots+\frac{1}{x_n}.$$

这表明 $x_1,x_2,\cdots,x_n$ 绝对地属于 U，即 x_i $(i=1,2,\cdots,n)$ 对 U 的隶属度为 1.

论域 U 是无限集时，U 上的模糊集 $\underset{\sim}{A}$ 表示为

$$\underset{\sim}{A}=\int_{x\in U}\frac{\underset{\sim}{A}(x)}{x},$$

这里，“$\int$”不是积分符号，“$\underset{\sim}{A}(x)/x$”也不是分数.

例 1.3.2 中的 $\underset{\sim}{Y}$(年轻)、$\underset{\sim}{Q}$(年老)可分别表示为

$$\underset{\sim}{Y}=\int_{0\leqslant x\leqslant 25}\frac{1}{x}+\int_{25<x\leqslant 200}\frac{\left[1+\left(\frac{x-25}{5}\right)^{2}\right]^{-1}}{x},$$

$$\underset{\sim}{Q}=\int_{0\leqslant x\leqslant 50}\frac{0}{x}+\int_{50<x\leqslant 200}\frac{\left[1+\left(\frac{x-50}{5}\right)^{-2}\right]^{-1}}{x}.$$

1.3.2 模糊集的运算

现将经典集的运算推广到模糊集. 由于模糊集中没有点和集之间的绝对属于关系，所以其运算的定义只能以隶属函数间的关系来确定.

定义 1.3.2 设 $\underset{\sim}{A},\underset{\sim}{B}\in\mathcal{F}(U)$，定义：

包含 $\underset{\sim}{A}\subseteq\underset{\sim}{B}\Leftrightarrow\underset{\sim}{A}(x)\leqslant\underset{\sim}{B}(x)$， $\forall x\in U$；

相等 $\underset{\sim}{A}=\underset{\sim}{B}\Leftrightarrow\underset{\sim}{A}(x)=\underset{\sim}{B}(x)$， $\forall x\in U$.

定义 1.3.3 设 $\underset{\sim}{A},\underset{\sim}{B}\in\mathcal{F}(U)$，定义(图 1.6)：

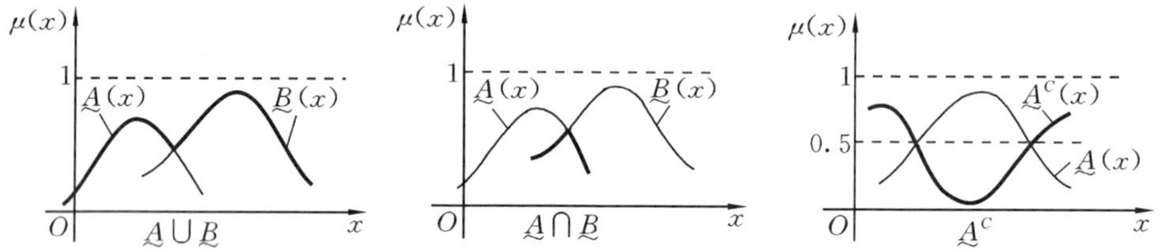

(a)　　(b)　　(c)

图 1.6

1° 并 $\underset{\sim}{A}\cup\underset{\sim}{B}$ 的隶属函数 $\mu(x)$ 为

$$(\underset{\sim}{A}\cup\underset{\sim}{B})(x)\overset{\text{def}}{=\!=}\underset{\sim}{A}(x)\vee\underset{\sim}{B}(x),\quad\forall x\in U;$$

2° 交 $\underset{\sim}{A}\cap\underset{\sim}{B}$ 的隶属函数 $\mu(x)$ 为

$$(\underset{\sim}{A}\cap\underset{\sim}{B})(x)\overset{\text{def}}{=\!=}\underset{\sim}{A}(x)\wedge\underset{\sim}{B}(x),\quad\forall x\in U;$$

3° 余 $\underset{\sim}{A}^{C}$ 的隶属函数 $\mu(x)$ 为

$$\underset{\sim}{A}^{C}(x)\overset{\text{def}}{=\!=}1-\underset{\sim}{A}(x),\quad\forall x\in U.$$

模糊集$\underset{\sim}{A}$与$\underset{\sim}{B}$的并、交、余的计算公式如下：

1° 论域$U=\{x_1,x_2,\cdots,x_n\}$为有限集，且

$$\underset{\sim}{A}=\sum_{i=1}^{n}\frac{\underset{\sim}{A}(x_i)}{x_i},\quad \underset{\sim}{B}=\sum_{i=1}^{n}\frac{\underset{\sim}{B}(x_i)}{x_i},$$

则

$$\underset{\sim}{A}\cup\underset{\sim}{B}=\sum_{i=1}^{n}\frac{\underset{\sim}{A}(x_i)\vee\underset{\sim}{B}(x_i)}{x_i},\quad \underset{\sim}{A}\cap\underset{\sim}{B}=\sum_{i=1}^{n}\frac{\underset{\sim}{A}(x_i)\wedge\underset{\sim}{B}(x_i)}{x_i},\quad \underset{\sim}{A}^C=\sum_{i=1}^{n}\frac{1-\underset{\sim}{A}(x_i)}{x_i}.$$

2° 论域U为无限集，且

$$\underset{\sim}{A}=\int_U\frac{\underset{\sim}{A}(x)}{x},\quad \underset{\sim}{B}=\int_U\frac{\underset{\sim}{B}(x)}{x},$$

则

$$\underset{\sim}{A}\cup\underset{\sim}{B}=\int_U\frac{\underset{\sim}{A}(x)\vee\underset{\sim}{B}(x)}{x},\quad \underset{\sim}{A}\cap\underset{\sim}{B}=\int_U\frac{\underset{\sim}{A}(x)\wedge\underset{\sim}{B}(x)}{x},\quad \underset{\sim}{A}^C=\int_U\frac{1-\underset{\sim}{A}(x)}{x}.$$

例 1.3.3　设论域$U=\{x_1,x_2,x_3,x_4,x_5\}$(商品集)，在$U$上定义两个模糊集：$\underset{\sim}{A}$="商品质量好"，$\underset{\sim}{B}$="商品质量差"，并设

$$\underset{\sim}{A}=(0.80,0.55,0,0.30,1),\quad \underset{\sim}{B}=(0.10,0.21,0.86,0.60,0),$$

那么，"商品质量不好"的模糊集为

$$\underset{\sim}{A}^C=(0.20,0.45,1,0.70,0),$$

容易算得　　$\underset{\sim}{A}\cup\underset{\sim}{A}^C=(0.80,0.55,1,0.70,1)$.

可知，$\underset{\sim}{A}\cup\underset{\sim}{A}^C\neq U$. 同样，$\underset{\sim}{A}\cap\underset{\sim}{A}^C\neq\varnothing$.

值得注意的是，$\underset{\sim}{A}^C\neq\underset{\sim}{B}$，即"商品质量不好"并不等同于"商品质量差". 这正表明，用模糊集描述这些概念比用经典集好，模糊集能够很好表现这两个概念的差异.

例 1.3.4　计算例 1.3.2 中模糊集$\underset{\sim}{Y}$与$\underset{\sim}{Q}$的并、交和余.

先求二曲线的交点，即解方程

$$\left[1+\left(\frac{x-25}{5}\right)^2\right]^{-1}=\left[1+\left(\frac{x-50}{5}\right)^{-2}\right]^{-1},$$

得近似解$x^*=51$，于是

$$\underset{\sim}{Y}\cup\underset{\sim}{Q}=\int_{0\leqslant x\leqslant 25}\frac{1}{x}+\int_{25<x\leqslant 51}\frac{\left[1+\left(\frac{x-25}{5}\right)^2\right]^{-1}}{x}$$

$$+\int_{51<x\leqslant 200}\frac{\left[1+\left(\frac{x-50}{5}\right)^{-2}\right]^{-1}}{x};$$

$$\underset{\sim}{Y}\cap\underset{\sim}{Q}=\int_{0\leqslant x\leqslant 50}\frac{0}{x}+\int_{50<x\leqslant 51}\frac{\left[1+\left(\frac{x-50}{5}\right)^{-2}\right]^{-1}}{x}$$

$$+\int_{51<x\leqslant 200}\frac{\left[1+\left(\frac{x-25}{5}\right)^2\right]^{-1}}{x};$$

$$\underset{\sim}{Y}^C=\int_{0\leqslant x\leqslant 25}\frac{0}{x}+\int_{25<x\leqslant 200}\frac{1-\left[1+\left(\frac{x-25}{5}\right)^2\right]^{-1}}{x};$$

$$\underset{\sim}{Q}^C=\int_{0\leqslant x\leqslant 50}\frac{1}{x}+\int_{50<x\leqslant 200}\frac{1-\left[1+\left(\frac{x-50}{5}\right)^{-2}\right]^{-1}}{x}.$$

模糊集的并、交、余运算的性质.

定理 1.3.1 $(\mathscr{T}(U),\cup,\cap,{}^c)$具有如下性质：

1° 幂等律 $\underset{\sim}{A}\cup\underset{\sim}{A}=\underset{\sim}{A}$， $\underset{\sim}{A}\cap\underset{\sim}{A}=\underset{\sim}{A}$；

2° 交换律 $\underset{\sim}{A}\cup\underset{\sim}{B}=\underset{\sim}{B}\cup\underset{\sim}{A}$， $\underset{\sim}{A}\cap\underset{\sim}{B}=\underset{\sim}{B}\cap\underset{\sim}{A}$；

3° 结合律 $(\underset{\sim}{A}\cup\underset{\sim}{B})\cup\underset{\sim}{C}=\underset{\sim}{A}\cup(\underset{\sim}{B}\cup\underset{\sim}{C})$， $(\underset{\sim}{A}\cap\underset{\sim}{B})\cap\underset{\sim}{C}=\underset{\sim}{A}\cap(\underset{\sim}{B}\cap\underset{\sim}{C})$；

4° 吸收律 $\underset{\sim}{A}\cap(\underset{\sim}{A}\cup\underset{\sim}{B})=\underset{\sim}{A}$， $\underset{\sim}{A}\cup(\underset{\sim}{A}\cap\underset{\sim}{B})=\underset{\sim}{A}$；

5° 分配律 $(\underset{\sim}{A}\cup\underset{\sim}{B})\cap\underset{\sim}{C}=(\underset{\sim}{A}\cap\underset{\sim}{C})\cup(\underset{\sim}{B}\cap\underset{\sim}{C})$，

$(\underset{\sim}{A}\cap\underset{\sim}{B})\cup\underset{\sim}{C}=(\underset{\sim}{A}\cup\underset{\sim}{C})\cap(\underset{\sim}{B}\cup\underset{\sim}{C})$；

6° 0-1 律 $\underset{\sim}{A}\cup\varnothing=\underset{\sim}{A}$， $\underset{\sim}{A}\cap\varnothing=\varnothing$， $U\cup\underset{\sim}{A}=U$， $U\cap\underset{\sim}{A}=\underset{\sim}{A}$；

7° 还原律 $(\underset{\sim}{A}^c)^c=\underset{\sim}{A}$；

8° 对偶律 $(\underset{\sim}{A}\cup\underset{\sim}{B})^c=\underset{\sim}{A}^c\cap\underset{\sim}{B}^c$， $(\underset{\sim}{A}\cap\underset{\sim}{B})^c=\underset{\sim}{A}^c\cup\underset{\sim}{B}^c$.

证 仅以对偶律为例. 对于任意 $x\in U$，有

$$\begin{aligned}(\underset{\sim}{A}\cup\underset{\sim}{B})^c(x)&=1-(\underset{\sim}{A}\cup\underset{\sim}{B})(x)=1-[\underset{\sim}{A}(x)\vee\underset{\sim}{B}(x)]\\&=[1-\underset{\sim}{A}(x)]\wedge[1-\underset{\sim}{B}(x)]=\underset{\sim}{A}^c(x)\wedge\underset{\sim}{B}^c(x)\\&=(\underset{\sim}{A}^c\cap\underset{\sim}{B}^c)(x),\end{aligned}$$

由定义 1.3.3 知，$(\underset{\sim}{A}\cup\underset{\sim}{B})^c=\underset{\sim}{A}^c\cap\underset{\sim}{B}^c$.

注意 从定理 1.3.1 可以看出，模糊集保留了经典集的许多重要性质，但与经典集相比又有一些根本性的区别. 在模糊集里，排中律不再成立(例 1.3.3 也表明了这一点)，说明模糊集不再具有“非此即彼”的特点. 这正是模糊性的本质特征.

上述两个模糊集的并、交运算，由于结合律成立，可以推广到有限多个与任意多个模糊集情形.

对于有限个模糊集，有定义 1.3.4.

定义 1.3.4 $\bigcup\limits_{i=1}^{n}\underset{\sim}{A}_i$ 与 $\bigcap\limits_{i=1}^{n}\underset{\sim}{A}_i$ 的隶属函数分别定义为

$$\left(\bigcup_{i=1}^{n}\underset{\sim}{A}_i\right)(x)\overset{\text{def}}{=\!=}\bigvee_{i=1}^{n}\underset{\sim}{A}_i(x),\quad\left(\bigcap_{i=1}^{n}\underset{\sim}{A}_i\right)(x)\overset{\text{def}}{=\!=}\bigwedge_{i=1}^{n}\underset{\sim}{A}_i(x).$$

对于任意多个模糊集，有定义 1.3.5.

定义 1.3.5　$\bigcup\limits_{t\in T}\underset{\sim}{A}_t$ 与 $\bigcap\limits_{t\in T}\underset{\sim}{A}_t$ 的隶属函数分别定义为

$$\Big(\bigcup_{t\in T}\underset{\sim}{A}_t\Big)(x)\overset{\text{def}}{=\!=}\bigvee_{t\in T}\underset{\sim}{A}_t(x),\quad \Big(\bigcap_{t\in T}\underset{\sim}{A}_t\Big)(x)\overset{\text{def}}{=\!=}\bigwedge_{t\in T}\underset{\sim}{A}_t(x).$$

1.3.3　模糊集的其他运算

由于扎德算子∨，∧是对隶属度进行取大(max，∨)和取小(min，∧)运算，这样可能丢掉许多信息，根据需要，人们引进了新算子.

1. 环和乘积算子($\hat{+}$，·)

定义 1.3.6　设$\underset{\sim}{A}$，$\underset{\sim}{B}\in\mathscr{T}(U)$，定义：

1° 环和($\hat{+}$)

$$(\underset{\sim}{A}\hat{+}\underset{\sim}{B})(x)\overset{\text{def}}{=\!=}\underset{\sim}{A}(x)+\underset{\sim}{B}(x)-\underset{\sim}{A}(x)\cdot\underset{\sim}{B}(x),\quad\forall x\in U;$$

2° 乘积(·)

$$(\underset{\sim}{A}\cdot\underset{\sim}{B})(x)\overset{\text{def}}{=\!=}\underset{\sim}{A}(x)\cdot\underset{\sim}{B}(x),\quad\forall x\in U.$$

定理 1.3.2　($\mathscr{T}(U)$，$\hat{+}$，·，^{C})具有如下性质：

1° 交换律　$\underset{\sim}{A}\hat{+}\underset{\sim}{B}=\underset{\sim}{B}\hat{+}\underset{\sim}{A}$，　$\underset{\sim}{A}\cdot\underset{\sim}{B}=\underset{\sim}{B}\cdot\underset{\sim}{A}$；

2° 结合律　$(\underset{\sim}{A}\hat{+}\underset{\sim}{B})\hat{+}\underset{\sim}{C}=\underset{\sim}{A}\hat{+}(\underset{\sim}{B}\hat{+}\underset{\sim}{C})$，　$(\underset{\sim}{A}\cdot\underset{\sim}{B})\cdot\underset{\sim}{C}=\underset{\sim}{A}\cdot(\underset{\sim}{B}\cdot\underset{\sim}{C})$；

3° 0-1 律　$\underset{\sim}{A}\hat{+}U=U$，　$\underset{\sim}{A}\cdot U=\underset{\sim}{A}$，　$\underset{\sim}{A}\hat{+}\varnothing=\underset{\sim}{A}$，　$\underset{\sim}{A}\cdot\varnothing=\varnothing$；

4° 对偶律　$(\underset{\sim}{A}\hat{+}\underset{\sim}{B})^C=\underset{\sim}{A}^C\cdot\underset{\sim}{B}^C$，　$(\underset{\sim}{A}\cdot\underset{\sim}{B})^C=\underset{\sim}{A}^C\hat{+}\underset{\sim}{B}^C$.

环和乘积运算不满足分配律、吸收律、幂等律和排中律.

证　只证对偶律的前一式，其他留给读者完成.

因为　$$\begin{aligned}(\underset{\sim}{A}\hat{+}\underset{\sim}{B})^C(x)&=1-(\underset{\sim}{A}\hat{+}\underset{\sim}{B})(x)=1-[\underset{\sim}{A}(x)+\underset{\sim}{B}(x)-\underset{\sim}{A}(x)\cdot\underset{\sim}{B}(x)]\\&=[1-\underset{\sim}{A}(x)][1-\underset{\sim}{B}(x)]=\underset{\sim}{A}^C(x)\cdot\underset{\sim}{B}^C(x)\\&=(\underset{\sim}{A}^C\cdot\underset{\sim}{B}^C)(x),\end{aligned}$$

所以　$$(\underset{\sim}{A}\hat{+}\underset{\sim}{B})^C=\underset{\sim}{A}^C\cdot\underset{\sim}{B}^C.$$

2. 有界算子(⊕，⊡)

定义 1.3.7　设$\underset{\sim}{A}$，$\underset{\sim}{B}\in\mathscr{T}(U)$，定义：

1° 有界和(⊕)

$$(\underset{\sim}{A}\oplus\underset{\sim}{B})(x)\overset{\text{def}}{=\!=}1\wedge[\underset{\sim}{A}(x)+\underset{\sim}{B}(x)],\ \forall x\in U;$$

2° 有界积(⊡)

$$(\underset{\sim}{A}\boxdot\underset{\sim}{B})(x)\overset{\text{def}}{=\!=}0\vee[\underset{\sim}{A}(x)+\underset{\sim}{B}(x)-1],\ \forall x\in U.$$

定理 1.3.3　($\mathscr{T}(U)$，⊕，⊡，^{C})具有如下性质：

1° 交换律　$\underset{\sim}{A}\oplus\underset{\sim}{B}=\underset{\sim}{B}\oplus\underset{\sim}{A}$，　$\underset{\sim}{A}\boxdot\underset{\sim}{B}=\underset{\sim}{B}\boxdot\underset{\sim}{A}$；

2° 结合律　$(\underset{\sim}{A}\oplus\underset{\sim}{B})\oplus\underset{\sim}{C}=\underset{\sim}{A}\oplus(\underset{\sim}{B}\oplus\underset{\sim}{C})$，　$(\underset{\sim}{A}\boxdot\underset{\sim}{B})\boxdot\underset{\sim}{C}=\underset{\sim}{A}\boxdot(\underset{\sim}{B}\boxdot\underset{\sim}{C})$；

3° 0-1 律　$\underset{\sim}{A}\oplus U=U$，　$\underset{\sim}{A}\boxdot U=\underset{\sim}{A}$，　$\underset{\sim}{A}\oplus\varnothing=\underset{\sim}{A}$，　$\underset{\sim}{A}\boxdot\varnothing=\varnothing$；

4° 对偶律　$(\underset{\sim}{A}\oplus\underset{\sim}{B})^C=\underset{\sim}{A}^C\boxdot\underset{\sim}{B}^C$，$(\underset{\sim}{A}\boxdot\underset{\sim}{B})^C=\underset{\sim}{A}^C\oplus\underset{\sim}{B}^C$；

5° 排中律　$\underset{\sim}{A}\oplus\underset{\sim}{A}^C=U$，　$\underset{\sim}{A}\boxdot\underset{\sim}{A}^C=\varnothing$.

有界和与有界积不满足分配律、幂等律和吸收律.

证　只证对偶律的第一式和排中律，其他留给读者完成.

因为
$$\begin{aligned}(\underset{\sim}{A}\oplus\underset{\sim}{B})^C(x)&=1-(\underset{\sim}{A}\oplus\underset{\sim}{B})(x)=1-[1\wedge(\underset{\sim}{A}(x)+\underset{\sim}{B}(x))]\\&=(1-1)\vee[1-\underset{\sim}{A}(x)-\underset{\sim}{B}(x)]\\&=0\vee[1-\underset{\sim}{A}(x)+1-\underset{\sim}{B}(x)-1]\\&=0\vee[\underset{\sim}{A}^C(x)+\underset{\sim}{B}^C(x)-1]=(\underset{\sim}{A}^C\boxdot\underset{\sim}{B}^C)(x),\end{aligned}$$
所以
$$(\underset{\sim}{A}\oplus\underset{\sim}{B})^C=\underset{\sim}{A}^C\boxdot\underset{\sim}{B}^C;$$
因为　$(\underset{\sim}{A}\oplus\underset{\sim}{A}^C)(x)=1\wedge[\underset{\sim}{A}(x)+\underset{\sim}{A}^C(x)]=1\wedge[\underset{\sim}{A}(x)+1-\underset{\sim}{A}(x)]=1\wedge1=1$，

所以
$$\underset{\sim}{A}\oplus\underset{\sim}{A}^C=U;$$
因为
$$\begin{aligned}(\underset{\sim}{A}\boxdot\underset{\sim}{A}^C)(x)&=0\vee[\underset{\sim}{A}(x)+\underset{\sim}{A}^C(x)-1]\\&=0\vee[\underset{\sim}{A}(x)+1-\underset{\sim}{A}(x)-1]=0\vee0=0,\end{aligned}$$
所以
$$\underset{\sim}{A}\boxdot\underset{\sim}{A}^C=\varnothing.$$

还有其他的一些算子，为查阅方便，列举如下($a,b\in[0,1]$).

3. 取大乘积算子($\vee,\cdot$)

$$a\vee b\xlongequal{\text{def}}\max(a,b),\quad a\cdot b=ab.$$

4. 有界和取小算子($\oplus,\wedge$)

$$a\oplus b\xlongequal{\text{def}}\min(1,a+b),\quad a\wedge b\xlongequal{\text{def}}\min(a,b).$$

5. 有界和乘积算子($\oplus,\cdot$)

$$a\oplus b\xlongequal{\text{def}}\min(1,a+b),\quad a\cdot b=ab.$$

6. Einstain **算子**($\overset{+}{\varepsilon},\dot{\varepsilon}$)

$$a\overset{+}{\varepsilon}b\xlongequal{\text{def}}\frac{a+b}{1+ab},\quad a\dot{\varepsilon}b\xlongequal{\text{def}}\frac{ab}{1+(1-a)(1-b)}.$$

7. Hamacher **算子**($\overset{+}{r},\dot{r}$)

$$\begin{cases}a\overset{+}{r}b\xlongequal{\text{def}}\dfrac{a\hat{+}b-(1-r)ab}{r+(1-r)(1-ab)},\\[2ex] a\dot{r}b\xlongequal{\text{def}}\dfrac{ab}{r+(1-r)(a\hat{+}b)},\end{cases}\quad r\in(0,+\infty).$$

当 $r=1$ 时，($\overset{+}{r},\dot{r}$)化为($\hat{+},\cdot$)；当 $r=2$ 时，($\overset{+}{r},\dot{r}$)化为($\overset{+}{\varepsilon},\dot{\varepsilon}$).

8. Yager **算子**(Y,人)

$$\begin{cases} a \curlyvee b \overset{\text{def}}{=\!=\!=} \min\{1, (a^{\nu}+b^{\nu})^{1/\nu}\}, \\ a \curlywedge b \overset{\text{def}}{=\!=\!=} 1-\min\{1, [(1-a)^{\nu}+(1-b)^{\nu}]^{1/\nu}\}, \end{cases} \quad \nu \in [1, +\infty).$$

当 $\nu=1$ 时,(Y,人)化为($\oplus$,$\boxdot$);当 $\nu \to +\infty$ 时,(Y,人)化为($\vee$,$\wedge$).

综观上述各种算子,最后指出两点:

1° 上述算子各有所长,在实际中应根据不同的研究对象,选用适当的算子来描述.

2° 在上述算子中,扎德算子 $\vee$,$\wedge$ 具有最好的代数性质,运算也简单,尽管它有某些缺陷,人们还是乐于选用它.

1.4 模糊集的基本定理

模糊集的基本定理,主要是指分解定理和扩张原理,它们在模糊数学中起着重要作用.

1.4.1 λ-截集

分解定理是联系经典集与模糊集的桥梁,而模糊集的截集正是建造这个桥梁的一种较理想的工具.

定义 1.4.1 设$\underset{\sim}{A} \in \mathscr{F}(U)$,对于任意 $\lambda \in [0,1]$,记

$$(\underset{\sim}{A})_{\lambda} = A_{\lambda} \overset{\text{def}}{=\!=\!=} \{x \mid \underset{\sim}{A}(x) \geqslant \lambda\}.$$

称 A_λ 为$\underset{\sim}{A}$的 λ-截集,其中 λ 称为阈值或置信水平.

由定义 1.4.1 知,模糊集的 λ-截集 A_λ 是一个经典集,由隶属度不小于 λ 的成员构成.它的特征函数为

$$\chi_{A_\lambda}(x) = \begin{cases} 1, & \underset{\sim}{A}(x) \geqslant \lambda, \\ 0, & \underset{\sim}{A}(x) < \lambda. \end{cases}$$

例 1.4.1 关于学生成绩的 λ-截集 设论域 $U=\{u_1,u_2,u_3,u_4,u_5,u_6\}$,$u_i$ 表示学生,他们某门功课的分数依次是 50,60,70,85,90,95. $\underset{\sim}{A}$="学习成绩好的学生",他们所得的分数除以 100 后,即为各自对$\underset{\sim}{A}$的隶属度,即

$$\underset{\sim}{A} = \frac{0.5}{u_1} + \frac{0.6}{u_2} + \frac{0.7}{u_3} + \frac{0.85}{u_4} + \frac{0.9}{u_5} + \frac{0.95}{u_6}.$$

要确定"学习成绩好的学生"实际上就是要将模糊集$\underset{\sim}{A}$转化为经典集,即先确定一个阈值 λ ($0 \leqslant \lambda \leqslant 1$),然后将隶属度$\underset{\sim}{A}(x) \geqslant \lambda$ 的元素找出来.当 λ 取 0.9,0.8,0.6,0.5 时,有

$$A_{0.9}(90\text{ 分以上者}) = \{u_5, u_6\},$$
$$A_{0.8}(80\text{ 分以上者}) = \{u_4, u_5, u_6\},$$
$$A_{0.6}(60\text{ 分以上者}) = \{u_2, u_3, u_4, u_5, u_6\},$$
$$A_{0.5}(50\text{ 分以上者}) = \{u_1, u_2, u_3, u_4, u_5, u_6\}.$$

由此可见,可将一个模糊集$\underset{\sim}{A}$转化为经典集 A_λ,λ 越小,λ-截集 A_λ 包含的元素越多;反之亦然.模糊集的 λ-截集实际上是一组经典集组成的"集合套":

$$\{u_5, u_6\} \subseteq \{u_4, u_5, u_6\} \subseteq \{u_2, u_3, u_4, u_5, u_6\} \subseteq U.$$

例 1.4.2 设$\underset{\sim}{A} \in \mathscr{F}(U)$,**R** 表示实数集.

$$\underset{\sim}{A}(x) = \exp\left[-\frac{(x-a)^2}{\sigma^2}\right],\ x \in \mathbf{R},$$

其中 $a \in \mathbf{R}$,$\sigma > 0$(图 1.7).称 A 为以(a,σ)为参数的正态模糊集.对于$0 < \lambda \leqslant 1$,试求 A_λ.

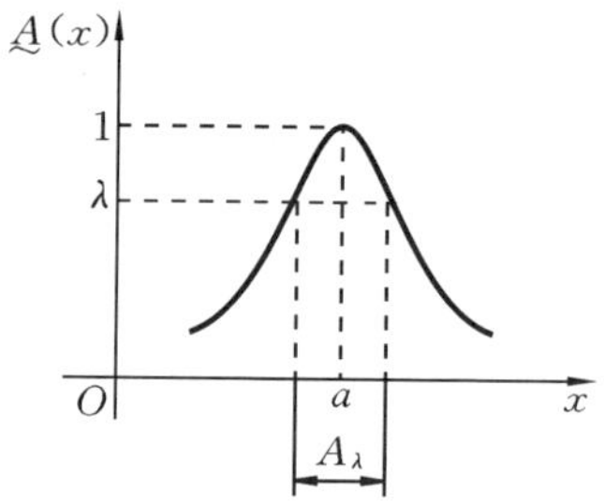

图 1.7

解 关键在于求解不等式$\underset{\sim}{A}(x) \geqslant \lambda$.

$$\underset{\sim}{A}(x) \geqslant \lambda \Leftrightarrow -\frac{(x-a)^2}{\sigma^2} \geqslant \ln\lambda$$
$$\Leftrightarrow (x-a)^2 \leqslant -\sigma^2 \ln\lambda$$
$$\Leftrightarrow a - \sqrt{-\sigma^2 \ln\lambda} \leqslant x \leqslant a + \sqrt{-\sigma^2 \ln\lambda},$$

因此 $$A_\lambda = \{x \mid a - \sqrt{-\sigma^2 \ln\lambda} \leqslant x \leqslant a + \sqrt{-\sigma^2 \ln\lambda}\},$$

即 $$A_\lambda = [a - \sqrt{-\sigma^2 \ln\lambda}, a + \sqrt{-\sigma^2 \ln\lambda}].$$

这是一个闭区间.当 $\lambda = 1$ 时,$A_1 = [a, a] = \{a\}$.

以后将会看到,正态模糊集有着广泛的应用,它表示"在数 a 的左右"这样的模糊概念.

λ-截集具有以下定理所述的性质.

定理 1.4.1 设$\underset{\sim}{A}, \underset{\sim}{B} \in \mathscr{F}(U)$,$\lambda, \mu \in [0,1]$,于是有:

1° 若$\underset{\sim}{A} \subseteq \underset{\sim}{B}$,则 $A_\lambda \subseteq B_\lambda$;

2° 若 $\lambda \leqslant \mu$,则 $A_\lambda \supseteq A_\mu$;

3° $(\underset{\sim}{A} \cup \underset{\sim}{B})_\lambda = A_\lambda \cup B_\lambda$, $(\underset{\sim}{A} \cap \underset{\sim}{B})_\lambda = A_\lambda \cap B_\lambda$.

证 只证性质 2°和 3°,性质 1°的证明留给读者自己完成.

性质 2° $\lambda \leqslant \mu \Rightarrow A_\mu = \{x \mid \underset{\sim}{A}(x) \geqslant \mu\} \subseteq \{x \mid \underset{\sim}{A}(x) \geqslant \lambda\} = A_\lambda$.

性质 3° $x \in (\underset{\sim}{A} \cup \underset{\sim}{B})_\lambda \Leftrightarrow (\underset{\sim}{A} \cup \underset{\sim}{B})(x) \geqslant \lambda \Leftrightarrow \underset{\sim}{A}(x) \vee \underset{\sim}{B}(x) \geqslant \lambda$

$$\Leftrightarrow \underset{\sim}{A}(x) \geqslant \lambda \text{ 或 } \underset{\sim}{B}(x) \geqslant \lambda \Leftrightarrow x \in A_\lambda \text{ 或 } x \in B_\lambda$$
$$\Leftrightarrow x \in A_\lambda \cup B_\lambda.$$

类似地可证第二个等式.

性质 2°从理论上回答了"λ 值越小,A_λ 包含的元素越多"的问题.这种让 λ 由大到小取值，而 A_λ 所含元素则由少到多的过程，实际上是一种分类过程. λ 取值越大，A_λ 包含元素就越少，分出的类就越多，分类也就越细；反之，λ 取值越小，A_λ 包含元素就越多，分类也就越粗. 这正是以后学习模糊聚类分析的基础.

为了后面的应用，现引进几个常用术语.

定义 1.4.2　设 $\underset{\sim}{A}\in\mathscr{F}(U)$，则有如下术语：

1° 称集合 $\text{Supp}\,\underset{\sim}{A}=\{x\,|\,\underset{\sim}{A}(x)>0\}$ 为 $\underset{\sim}{A}$ 的支集，记 $\text{Supp}\,\underset{\sim}{A}=A_0$.

2° 称集合 $\text{Ker}\,\underset{\sim}{A}=\{x\,|\,\underset{\sim}{A}(x)=1\}$ 为 $\underset{\sim}{A}$ 的核，记 $\text{Ker}\,\underset{\sim}{A}=A_1$. 若 $\text{Ker}\,\underset{\sim}{A}\neq\varnothing$，则称 $\underset{\sim}{A}$ 为正规模糊集.

3° 称集合 $\text{Bd}\,\underset{\sim}{A}=\{x\,|\,0<\underset{\sim}{A}(x)<1\}$ 为 $\underset{\sim}{A}$ 的边界，即 $\text{Bd}\,\underset{\sim}{A}=\text{Supp}\,\underset{\sim}{A}-\text{Ker}\,\underset{\sim}{A}$.

所谓核 A_1，是由使 $\underset{\sim}{A}(x)=1$ 的元素构成的，即由完全属于 $\underset{\sim}{A}$ 的元素构成. 随着 λ 由 1 变到 0，A_λ 从 A_1 出发不断扩大，收进的元素越来越多，最后达到 $\text{Supp}\,\underset{\sim}{A}$.

$$\text{Supp}\,\underset{\sim}{A}=A_0=\{x\,|\,\underset{\sim}{A}(x)>0\}$$

是隶属度大于 0 的元素的最大集合. $\underset{\sim}{A}$ 的边界 $\text{Bd}\,\underset{\sim}{A}$ 则是介于完全属于 $\underset{\sim}{A}$ 与完全不属于 $\underset{\sim}{A}$ 之间的元素的全体. 这正表明了 $\underset{\sim}{A}$ 的边界是不分明的(图 1.8).

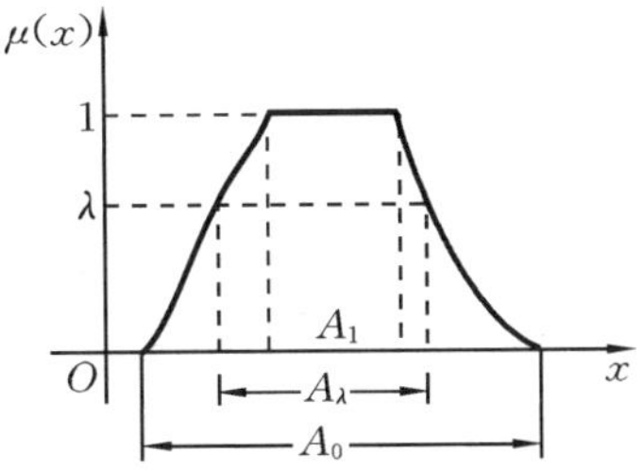

图 1.8

例 1.4.3　关于古代史分期的 λ-截集　古代史分期(指划分奴隶社会和封建社会的界限)是模糊的，若记

$$\underset{\sim}{A}(\text{奴隶社会})=\frac{1}{\text{夏}}+\frac{1}{\text{商}}+\frac{0.9}{\text{西周}}+\frac{0.7}{\text{春秋}}+\frac{0.5}{\text{战国}}+\frac{0.4}{\text{秦}}+\frac{0.3}{\text{西汉}}+\frac{0.1}{\text{东汉}},$$

则由于 $\underset{\sim}{A}(\text{战国})=0.5$，所以 $\underset{\sim}{A}(\text{奴隶社会})$ 的过渡点是战国，这表明要判明战国到底是奴隶社会还是封建社会是最有争议的.

$\text{Supp}\,\underset{\sim}{A}=\{$夏，商，西周，春秋，战国，秦，西汉，东汉$\}$，

$\text{Ker}\,\underset{\sim}{A}=\{$夏，商$\}$，

$\text{Bd}\,\underset{\sim}{A}=\{$西周，春秋，战国，秦，西汉，东汉$\}$.

1.4.2　分解定理

为了叙述分解定理，首先介绍一种新运算，即数 $\lambda\in[0,1]$ 与模糊子集 $\underset{\sim}{A}$ 的乘积 $\lambda\underset{\sim}{A}$.

定义 1.4.3　设 $\lambda\in[0,1]$，$\underset{\sim}{A}\in\mathscr{F}(U)$，规定 $\lambda\underset{\sim}{A}\in\mathscr{F}(U)$，其隶属函数为

$$(\lambda\underset{\sim}{A})(x)\overset{\text{def}}{=\!=}\lambda\wedge\underset{\sim}{A}(x),$$

并称 $\lambda\underset{\sim}{A}$ 为数 λ 与模糊集 $\underset{\sim}{A}$ 的乘积. 可见 $\lambda\underset{\sim}{A}$ 是一模糊子集.

特别地,若 A 是 U 的一个经典集,则 λA 表示由 λ 和 A 所确定的一个模糊集,其隶属函数为

$$(\lambda A)(x) \xlongequal{\text{def}} \lambda \wedge \chi_A(x) = \begin{cases} \lambda, & x \in A, \\ 0, & x \notin A. \end{cases}$$

这个模糊集 λA 称为 λ 与 A 的"积". 由此可以看出,当 $x \in A$ 时,x 对于 λA 的隶属度等于 λ.

数 λ 与模糊子集 $\underset{\sim}{A}$ 的乘积运算的性质如下:

1° $\lambda_1 < \lambda_2 \Rightarrow \lambda_1 \underset{\sim}{A} \subseteq \lambda_2 \underset{\sim}{A}$;

2° $\underset{\sim}{A} \subseteq \underset{\sim}{B} \Rightarrow \lambda \underset{\sim}{A} \subseteq \lambda \underset{\sim}{B}$.

证　只证性质 2°,性质 1° 留给读者自己证明.

因为 $\underset{\sim}{A} \subseteq \underset{\sim}{B}$,所以 $\underset{\sim}{A}(x) \leqslant \underset{\sim}{B}(x)$,由 1.2 节中格的保序性知

$$\lambda \wedge \underset{\sim}{A}(x) \leqslant \lambda \wedge \underset{\sim}{B}(x), \quad (\lambda \underset{\sim}{A})(x) \leqslant (\lambda \underset{\sim}{B})(x),$$

因此

$$\lambda \underset{\sim}{A} \subseteq \lambda \underset{\sim}{B}.$$

定理 1.4.2(分解定理)　设 $\underset{\sim}{A} \in \mathscr{T}(U)$,则

$$\underset{\sim}{A} = \bigcup_{\lambda \in [0,1]} \lambda A_\lambda.$$

定理 1.4.2 表明,模糊集可由经典集表示,这反映了模糊集和经典集的密切关系,建立了模糊集与经典集的转化关系.

证　只证 $\underset{\sim}{A}(x) = (\bigcup\limits_{\lambda \in [0,1]} \lambda A_\lambda)(x)$ 即可.

由定义 1.4.3 可知

$$(\lambda A_\lambda)(x) = \begin{cases} \lambda, & x \in A_\lambda : \underset{\sim}{A}(x) \geqslant \lambda, \\ 0, & x \notin A_\lambda : \underset{\sim}{A}(x) < \lambda. \end{cases}$$

$$\begin{aligned} (\bigcup_{\lambda \in [0,1]} \lambda A_\lambda)(x) &= \bigvee_{0 \leqslant \lambda \leqslant 1} (\lambda A_\lambda)(x) \\ &= [\bigvee_{0 \leqslant \lambda \leqslant \underset{\sim}{A}(x)} (\lambda A_\lambda)(x)] \vee [\bigvee_{\underset{\sim}{A}(x) < \lambda \leqslant 1} (\lambda A_\lambda)(x)] \\ &= [\bigvee_{0 \leqslant \lambda \leqslant \underset{\sim}{A}(x)} [\lambda]] \vee [\bigvee_{\underset{\sim}{A}(x) < \lambda \leqslant 1} [0]] = \underset{\sim}{A}(x), \end{aligned}$$

故

$$\underset{\sim}{A} = \bigcup_{\lambda \in [0,1]} \lambda A_\lambda.$$

例 1.4.4　设　$U = \{u_1, u_2, u_3, u_4\}$, $\underset{\sim}{A} \in \mathscr{T}(U)$,

$$\underset{\sim}{A} = \frac{0.7}{u_1} + \frac{0.8}{u_2} + \frac{0.2}{u_3} + \frac{1}{u_4}.$$

根据分解定理,$\underset{\sim}{A}$ 可分解为

$$\underset{\sim}{A} = 1A_1 \cup 0.8A_{0.8} \cup 0.7A_{0.7} \cup 0.2A_{0.2},$$

同时,可以验证,右端的并就是 $\underset{\sim}{A}$. 事实上

$$A_1 = \{u_4\} = \frac{1}{u_4}, \quad 1A_1 = \frac{1}{u_4};$$

$$A_{0.8}=\{u_2,u_4\}=\frac{1}{u_2}+\frac{1}{u_4},\quad 0.8A_{0.8}=\frac{0.8}{u_2}+\frac{0.8}{u_4};$$

$$A_{0.7}=\{u_1,u_2,u_4\}=\frac{1}{u_1}+\frac{1}{u_2}+\frac{1}{u_4},\quad 0.7A_{0.7}=\frac{0.7}{u_1}+\frac{0.7}{u_2}+\frac{0.7}{u_4};$$

$$A_{0.2}=\{u_1,u_2,u_3,u_4\}=\frac{1}{u_1}+\frac{1}{u_2}+\frac{1}{u_3}+\frac{1}{u_4},$$

$$0.2A_{0.2}=\frac{0.2}{u_1}+\frac{0.2}{u_2}+\frac{0.2}{u_3}+\frac{0.2}{u_4}.$$

$$\begin{aligned}&1A_1\cup 0.8A_{0.8}\cup 0.7A_{0.7}\cup 0.2A_{0.2}\\&=\frac{1}{u_4}\vee\left(\frac{0.8}{u_2}+\frac{0.8}{u_4}\right)\vee\left(\frac{0.7}{u_1}+\frac{0.7}{u_2}+\frac{0.7}{u_4}\right)\vee\left(\frac{0.2}{u_1}+\frac{0.2}{u_2}+\frac{0.2}{u_3}+\frac{0.2}{u_4}\right)\\&=\frac{0.7\vee 0.2}{u_1}+\frac{0.8\vee 0.7\vee 0.2}{u_2}+\frac{0.2}{u_3}+\frac{1\vee 0.8\vee 0.7\vee 0.2}{u_4}\\&=\frac{0.7}{u_1}+\frac{0.8}{u_2}+\frac{0.2}{u_3}+\frac{1}{u_4}=\underset{\sim}{A}.\end{aligned}$$

由上述证明立即可得分解定理的另一形式.

推论1 设$\underset{\sim}{A}\in\mathcal{F}(U)$,则

$$\underset{\sim}{A}(x)=\bigvee_{\lambda\in[0,1]}[\lambda\wedge\chi_{A_\lambda}(x)].$$

由上述证明可知,x对$\underset{\sim}{A}$的隶属度还可以用下列推论所述的方式表示.

推论2 设$\underset{\sim}{A}\in\mathcal{F}(U)$,对于任意$x\in U$,有

$$\underset{\sim}{A}(x)=\bigvee\{\lambda\in[0,1];x\in A_\lambda\}.$$

推论2表明:若已知模糊集$\underset{\sim}{A}$的所有λ-截集,则可反过来求出模糊集$\underset{\sim}{A}$.

例1.4.5 设论域$U=\{1,2,3,4,5,6\}$,且

$$A_{0.1}=\{1,2,3,4,5,6\},\quad A_{0.4}=\{2,3,4,5,6\},$$
$$A_{0.8}=\{3,4,5\},\quad A_1=\{4\},$$

试求$\underset{\sim}{A}$.

解 由推论2知

$$\underset{\sim}{A}(1)=\bigvee\{0.1\}=0.1,$$

$$\underset{\sim}{A}(2)=\underset{\sim}{A}(6)=\bigvee\{0.1,0.4\}=0.4,$$

$$\underset{\sim}{A}(3)=\underset{\sim}{A}(5)=\bigvee\{0.1,0.4,0.8\}=0.8,$$

$$\underset{\sim}{A}(4)=\bigvee\{0.1,0.4,0.8,1\}=1,$$

故
$$\underset{\sim}{A}=\frac{0.1}{1}+\frac{0.4}{2}+\frac{0.8}{3}+\frac{1}{4}+\frac{0.8}{5}+\frac{0.4}{6},$$

$\underset{\sim}{A}$可解释为“靠近4的数”.

1.4.3 扩张原理

在 1.3 节中曾叙述过经典扩张原理,它实际上表示一个集合变换.现在的问题是,在普通映射 $f:U\rightarrow V$ 下,若 $\underset{\sim}{A}\in\mathscr{T}(U)$,那么问:$f(\underset{\sim}{A})$是什么? 这就是扎德教授提出的扩张原理.

定义 1.4.4(扩张原理) 设映射 $f:U\rightarrow V$,称映射

$$f:\mathscr{T}(U)\rightarrow\mathscr{T}(V),$$
$$\underset{\sim}{A}\mapsto f(\underset{\sim}{A})$$

为从映射 f 扩张的模糊变换,其隶属函数为

$$f(\underset{\sim}{A})(v)\overset{\text{def}}{=\!=}\bigvee_{f(u)=v}\underset{\sim}{A}(u).$$

称映射

$$f^{-1}:\mathscr{T}(V)\rightarrow\mathscr{T}(U),$$
$$\underset{\sim}{B}\mapsto f^{-1}(\underset{\sim}{B})$$

为从映射 f 扩张的反向模糊变换,其隶属函数为

$$f^{-1}(\underset{\sim}{B})(u)\overset{\text{def}}{=\!=}\underset{\sim}{B}(f(u)).$$

称 $f(\underset{\sim}{A})$为$\underset{\sim}{A}$的像,称 $f^{-1}(\underset{\sim}{B})$为$\underset{\sim}{B}$的原像.

例 1.4.6 设论域 $U=\{1,2,3,4,5,6\}$到 $V=\{a,b,c,d\}$的映射 f 定义如下:

$$f(u)=\begin{cases}a, & u=1,2,3,\\ b, & u=4,5,\\ c, & u=6.\end{cases}$$

(1) 设$\underset{\sim}{A}=\frac{1}{1}+\frac{0.2}{3}+\frac{0.1}{5}+\frac{0.9}{6}$,试求 $f(\underset{\sim}{A})$;

(2) 设$\underset{\sim}{B}=\frac{0.7}{a}+\frac{0.2}{b}+\frac{0.9}{c}+\frac{0}{d}$,试求 $f^{-1}(\underset{\sim}{B})$.

解 (1) 由扩张原理知

$$f(\underset{\sim}{A})(a)=\bigvee_{f(u)=a}\underset{\sim}{A}(u)=\vee\left[\underset{\sim}{A}(1),\underset{\sim}{A}(2),\underset{\sim}{A}(3)\right]=1,$$
$$f(\underset{\sim}{A})(b)=\bigvee_{f(u)=b}\underset{\sim}{A}(u)=\vee\left[\underset{\sim}{A}(4),\underset{\sim}{A}(5)\right]=0.1,$$
$$f(\underset{\sim}{A})(c)=\bigvee_{f(u)=c}\underset{\sim}{A}(u)=\vee\left[\underset{\sim}{A}(6)\right]=0.9,$$
$$f(\underset{\sim}{A})(d)=\bigvee_{f(u)=d}\underset{\sim}{A}(u)=0,$$

所以

$$f(\underset{\sim}{A})=\frac{1}{a}+\frac{0.1}{b}+\frac{0.9}{c}+\frac{0}{d}.$$

(2) 由 $f^{-1}(\underset{\sim}{B})(u)=\underset{\sim}{B}(f(u))$可直接得出

$$f^{-1}(\underset{\sim}{B})=\frac{\underset{\sim}{B}(f(1))}{1}+\frac{\underset{\sim}{B}(f(2))}{2}+\frac{\underset{\sim}{B}(f(3))}{3}+\frac{\underset{\sim}{B}(f(4))}{4}+\frac{\underset{\sim}{B}(f(5))}{5}+\frac{\underset{\sim}{B}(f(6))}{6}$$
$$=\frac{0.7}{1}+\frac{0.7}{2}+\frac{0.7}{3}+\frac{0.2}{4}+\frac{0.2}{5}+\frac{0.9}{6}.$$

设$\underset{\sim}{A}\in\mathscr{T}(U)$，$\underset{\sim}{B}\in\mathscr{T}(V)$，在映射 $f:U\to V$ 下，$f(\underset{\sim}{A})$和$f^{-1}(\underset{\sim}{B})$又如何分解呢？下面的定义回答了这一问题.

定义 1.4.5　设映射 $f:U\to V$.

映射

$$f:\mathscr{T}(U)\to\mathscr{T}(V),$$

$$\underset{\sim}{A}\mapsto f(\underset{\sim}{A})\overset{\text{def}}{=\!=}\bigcup_{\lambda\in[0,1]}\lambda f(A_\lambda);$$

映射

$$f^{-1}:\mathscr{T}(V)\to\mathscr{T}(U),$$

$$\underset{\sim}{B}\mapsto f^{-1}(\underset{\sim}{B})\overset{\text{def}}{=\!=}\bigcup_{\lambda\in[0,1]}\lambda f^{-1}(B_\lambda).$$

称 $f(\underset{\sim}{A})$为$\underset{\sim}{A}$的像，$f^{-1}(\underset{\sim}{B})$为$\underset{\sim}{B}$的原像.

这实际上给出了 $f(\underset{\sim}{A})$，$f^{-1}(\underset{\sim}{B})$的分解定理.

1.5　隶属函数的确定

前面曾经指出过，隶属度的思想是模糊数学的基本思想. 元素属于模糊集的隶属度是主观臆造的，还是客观存在的，这是本节首先要讨论的一个问题. 应用模糊数学方法的关键在于建立符合实际的隶属函数，然而，这是至今尚未完全解决的问题. 我国学者汪培庄教授提出的随机集落影理论对相当一部分模糊集的隶属函数的客观实在性给出了满意的解释，基于这一理论的模糊统计方法是确定一类模糊集的隶属度的有效方法. 为了使读者便于操作，本节主要介绍确定隶属度与隶属函数所常用的方法.

1.5.1　隶属度的客观存在性

对隶属度的确定存在不同的观点与处理方法. 为了说明隶属度的客观存在性，先介绍模糊统计试验.

1. 模糊统计试验

所谓模糊统计试验包含四个要素：

1° 论域 U.

2° U 中的一个固定元素 u_0.

3° U 中的一个随机运动集合 A^*（经典集）.

4° U 中的一个以 A^* 作为弹性边界的模糊子集$\underset{\sim}{A}$，制约着 A^* 的运动. A^* 可以覆盖 u_0，也可以不覆盖 u_0，因而 u_0 对$\underset{\sim}{A}$的隶属关系是不确定的.

模糊统计试验特点是：在各次试验中，u_0 是固定的，而 A^* 在随机变动.

2. 隶属度的客观存在性

在模糊统计试验中，u_0 是固定的，A^* 是变动的，A^* 是对$\underset{\sim}{A}$的一次近似. A^* 可

以盖住 u_0,也可以不盖住 u_0,这就使得 u_0 对 A 的隶属关系是不确定的. 这种不确定性,正是由$\underset{\sim}{A}$的模糊性产生的.

设做 n 次试验,可算出 A^* 覆盖 u_0 的次数,即

$$u_0\text{ 对 }\underset{\sim}{A}\text{ 的隶属频率} = \frac{u_0 \in A^*\text{ 的次数}}{n}.$$

实践证明,随着 n 的增大,隶属频率呈现出稳定性,频率稳定值称为 u_0 对 A 的隶属度,即

$$\underset{\sim}{A}(u_0)=\lim_{n\to\infty}\frac{u_0 \in A^*\text{ 的次数}}{n}.$$

这里隶属频率呈现出的稳定性正表明了隶属度的客观存在性.

1.5.2 隶属函数的确定方法

1. 模糊统计方法

为了便于操作,下面通过实例说明模糊统计方法.

例 1.5.1 年轻人的模糊统计 为了建立模糊集$\underset{\sim}{A}$="年轻人"的隶属函数,以及 $u_0=27$ 岁属于模糊集$\underset{\sim}{A}$的隶属度. 以人的年龄作论域 $U=[0,100]$,张南纶[5]等进行过一次较大的模糊统计试验. 他们在武汉某高校进行抽样调查,要求被抽取的大学生在独立认真考虑了"年轻人"的含义后,给出"年轻人"的年龄区间,最后随机地抽取了 129 人,相应得到了"年轻人"的 129 个年龄区间——样本值(表 1.2).

表 1.2

18～25	17～30	17～28	18～25	16～35	14～25	18～30
18～35	18～35	16～25	15～30	18～35	17～30	18～25
18～35	20～30	18～30	16～30	20～35	18～30	18～25
18～35	15～25	18～30	15～28	16～28	18～30	18～30
16～30	18～35	18～25	18～30	16～28	18～30	16～30
16～28	18～35	18～35	17～27	16～28	15～28	18～25
19～28	15～30	15～26	17～25	15～36	18～30	17～30
18～35	16～35	16～30	15～25	18～28	16～30	15～28
18～35	18～30	17～28	18～35	15～28	15～25	15～25
15～25	18～30	16～24	15～25	16～32	15～27	18～35
16～25	18～30	16～28	18～30	18～35	18～30	18～30
17～30	18～30	18～35	16～30	18～28	17～25	15～30
18～25	17～30	14～25	18～26	18～29	18～35	18～28
18～35	18～25	16～35	17～29	18～25	17～30	16～28
18～30	16～28	15～30	18～30	16～30	20～30	20～30
16～25	17～30	15～30	18～30	16～30	18～28	15～35
16～30	15～30	18～35	18～35	18～30	17～30	16～35
17～30	15～25	18～35	15～30	15～25	15～30	18～30
17～25	18～29	18～28				

为了确定 $u_0=27$ 岁属于模糊集 $\underset{\sim}{A}$ 的隶属度，对 $u_0=27$ 作统计处理，结果如表 1.3 所示. 其中 n 表示样本总数，m 为样本区间盖住 27 的频数，而 $f=m/n$ 为隶属频率. 以 n 为横坐标，隶属频率 f 为纵坐标，绘制图形(图 1.9).

表 1.3

n	10	20	30	40	50	60	70	80	90	100	110	120	129
m	6	14	23	31	39	47	53	62	68	76	85	95	101
f	0.60	0.70	0.77	0.78	0.78	0.78	0.76	0.78	0.76	0.76	0.77	0.79	0.78

统计结果表明，27 的隶属度稳定在 0.78 附近，因此

$$\underset{\sim}{A}(27)=0.78.$$

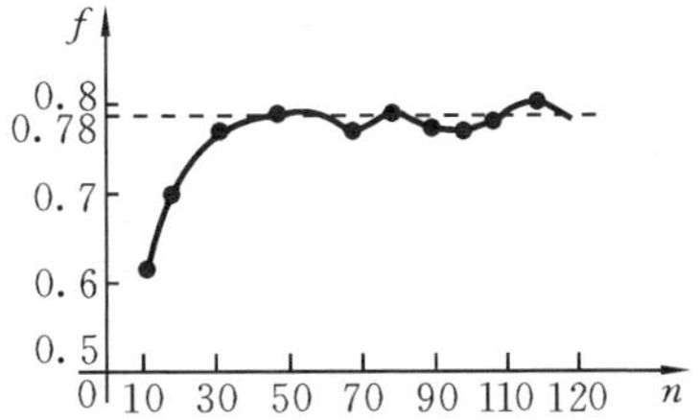

图 1.9

为了作出 $\underset{\sim}{A}$ 的隶属函数 $\underset{\sim}{A}(x)$，采用“方框图法”. 根据表 1.2 可知，最小数据是 14，最大数据是 36. 于是，以 13.5 岁为起点，36.5 岁为终点，以 1 为长度，作 23 个区间的划分，数据如表1.4 所示.

表 1.4

序号	年龄分组	频数	相对频数
1	13.5～14.5	2	0.0155
2	14.5～15.5	27	0.2093
3	15.5～16.5	51	0.3953
4	16.5～17.5	67	0.5194
5	17.5～18.5	124	0.9612
6	18.5～19.5	125	0.9690
7	19.5～20.5	129	1
8	20.5～21.5	129	1
9	21.5～22.5	129	1
10	22.5～23.5	129	1
11	23.5～24.5	129	1
12	24.5～25.5	128	0.9922
13	25.5～26.5	103	0.7984
14	26.5～27.5	101	0.7829
15	27.5～28.5	99	0.7674
16	28.5～29.5	80	0.6202
17	29.5～30.5	77	0.5969
18	30.5～31.5	27	0.2093
19	31.5～32.5	27	0.2093
20	32.5～33.5	26	0.2016
21	33.5～34.5	26	0.2016

续表

序号	年龄分组	频数	相对频数
22	34.5～35.5	26	0.2016
23	35.5～36.5	1	0.0078
$\sum$	—	129	13.6589

以年龄为横坐标，相对频率为纵坐标，绘出$\underset{\sim}{A}(x)$的曲线，如图 1.10 所示. 由图可以求出，$\underset{\sim}{A}(27)=0.78$. 这表明 27 岁对于$\underset{\sim}{A}$的隶属度是 0.78.

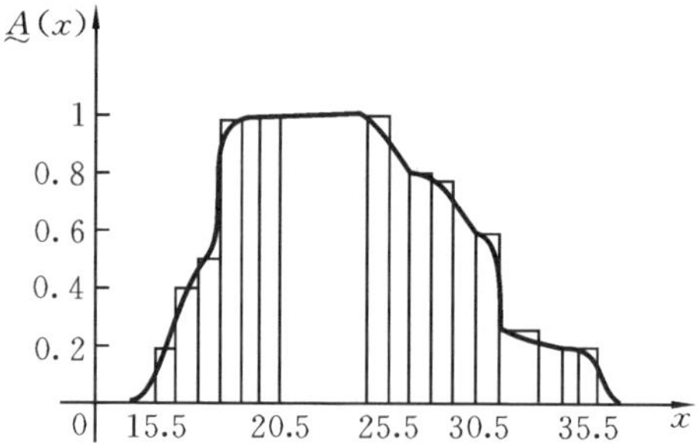

图 1.10

模糊统计与概率统计的区别是:若把概率统计比喻为"变动的点"是否落在"不动的圈"内(如图 1.11(a)，试验 A 固定，ω 随机变化)，则可把模糊统计比喻为"变动的圈"是否盖住"不动的点"(如图 1.11(b)，试验 u_0 固定，A^* 随机变化).

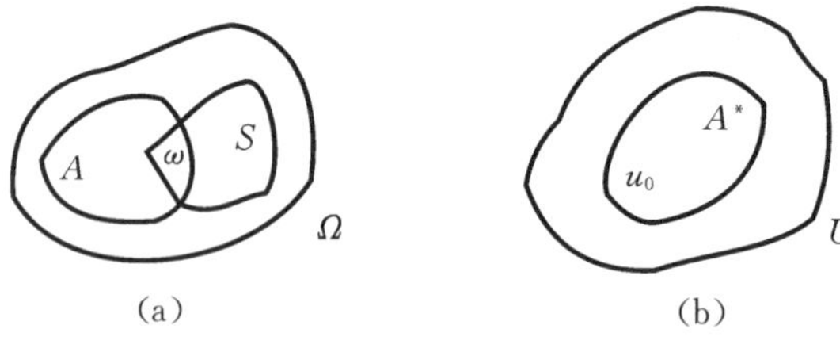

图 1.11

2. 指派方法

指派隶属函数的方法普遍被认为是一种主观的方法，它可以把人们的实践经验考虑进去. 若模糊集定义在实数域 **R** 上，则模糊集的隶属函数便称为模糊分布. 所谓指派方法，就是根据问题的性质套用现成的某些形式的模糊分布，然后根据测量数据确定分布中所含的参数. 常用的模糊分布如表 1.5 所示.

为了便于读者操作，根据实际描述的对象，在这里给出指派(或选择)的大致方向.

偏小型模糊分布适合描述像"小"、"冷"、"年轻"以及颜色的"淡"等偏向小的一

表 1.5

模糊分布	类型：偏小型	类型：中间型	类型：偏大型
矩形分布	$\underset{\sim}{A}(x)=\begin{cases}1, & x\leqslant a,\\ 0, & x>a.\end{cases}$ 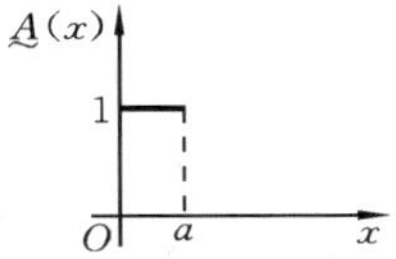	$\underset{\sim}{A}(x)=\begin{cases}0, & x<a \text{ 或 } x>b,\\ 1, & a\leqslant x\leqslant b.\end{cases}$ 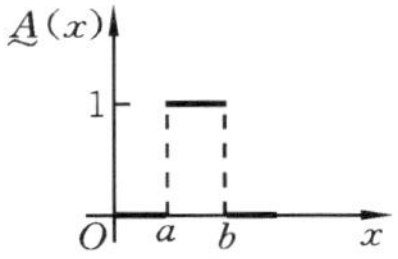	$\underset{\sim}{A}(x)=\begin{cases}0, & x<a,\\ 1, & x\geqslant a.\end{cases}$ 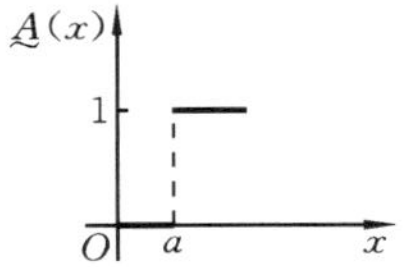
正态分布	$\underset{\sim}{A}(x)=\begin{cases}1, & x\leqslant a,\\ \mathrm{e}^{-\left(\frac{x-a}{\sigma}\right)^2}, & x>a.\end{cases}$ 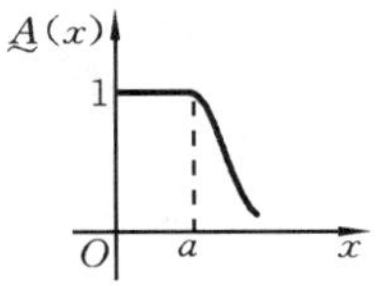	$\underset{\sim}{A}(x)=\mathrm{e}^{-\left(\frac{x-a}{\sigma}\right)^2}.$ 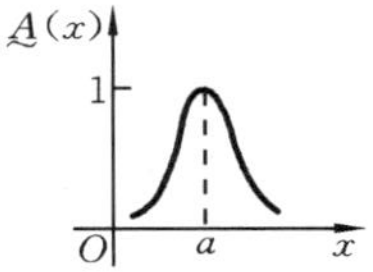	$\underset{\sim}{A}(x)=\begin{cases}0, & x\leqslant a,\\ 1-\mathrm{e}^{-\left(\frac{x-a}{\sigma}\right)^2}, & x>a.\end{cases}$ 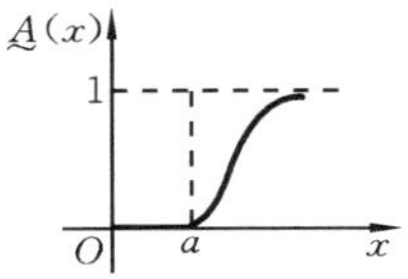
柯西分布	$\underset{\sim}{A}(x)=\begin{cases}1, & x\leqslant a,\\ \dfrac{1}{1+\alpha(x-a)^{\beta}}, & x>a\end{cases}$ $(\alpha>0,\beta>0).$ 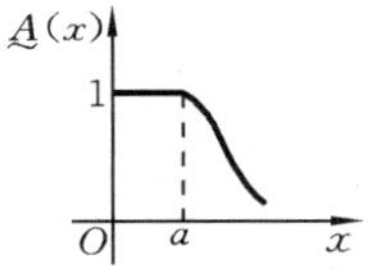	$\underset{\sim}{A}(x)=\dfrac{1}{1+\alpha(x-a)^{\beta}}$ ($\alpha>0,\beta$ 为正偶数). 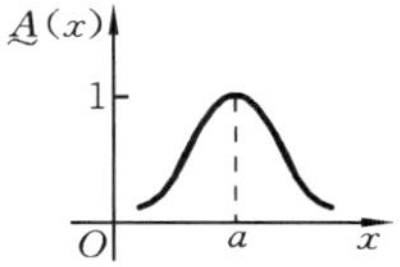	$\underset{\sim}{A}(x)=\begin{cases}0, & x\leqslant a,\\ \dfrac{1}{1+\alpha(x-a)^{-\beta}}, & x>a\end{cases}$ $(\alpha>0,\beta>0).$ 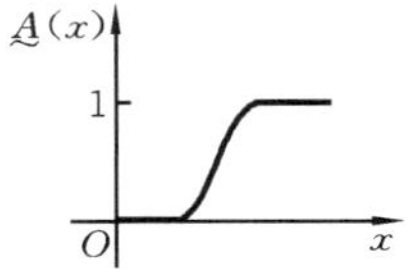

续表

模糊分布	类型		
	偏小型	中间型	偏大型
梯形分布	$\underset{\sim}{A}(x)=\begin{cases}1, & x\leqslant a,\\ \frac{b-x}{b-a}, & a<x<b,\\ 0, & x\geqslant b.\end{cases}$ 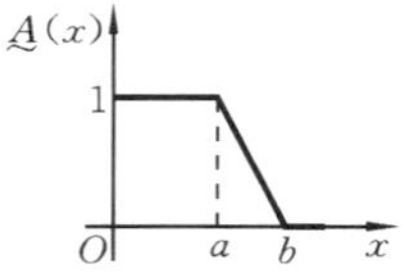	$\underset{\sim}{A}(x)=\begin{cases}0, & x\leqslant a,\\ \frac{x-a}{b-a}, & a<x<b,\\ 1, & b\leqslant x\leqslant c,\\ \frac{d-x}{d-c}, & c<x<d,\\ 0, & x\geqslant d.\end{cases}$ 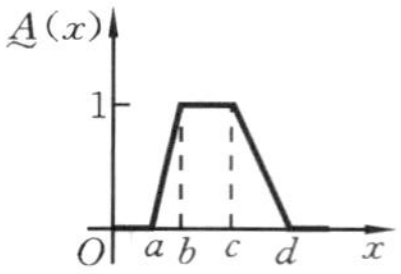	$\underset{\sim}{A}(x)=\begin{cases}0, & x\leqslant a,\\ \frac{x-a}{b-a}, & a<x<b,\\ 1, & x\geqslant b.\end{cases}$ 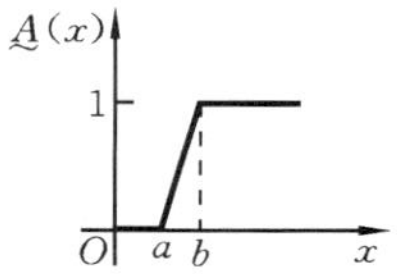
k 次抛物形分布	$\underset{\sim}{A}(x)=\begin{cases}1, & x\leqslant a,\\ \left(\frac{b-x}{b-a}\right)^k, & a<x<b,\\ 0, & x\geqslant b.\end{cases}$ 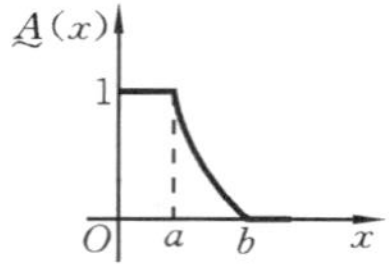	$\underset{\sim}{A}(x)=\begin{cases}0, & x\leqslant a,\\ \left(\frac{x-a}{b-a}\right)^k, & a<x<b,\\ 1, & b\leqslant x\leqslant c,\\ \left(\frac{d-x}{d-c}\right)^k, & c<x<d,\\ 0, & x\geqslant d.\end{cases}$ 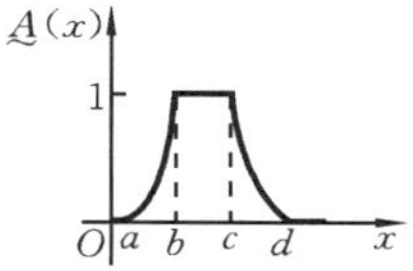	$\underset{\sim}{A}(x)=\begin{cases}0, & x\leqslant a,\\ \left(\frac{x-a}{b-a}\right)^k, & a<x<b,\\ 1, & x\geqslant b.\end{cases}$ 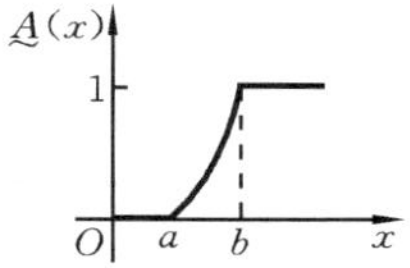

续表

模糊分布	类型：偏小型	类型：中间型	类型：偏大型
Γ 分布	$\underset{\sim}{A}(x)=\begin{cases}1, & x\leqslant a,\\ \exp[-k(x-a)], & x>a\ (k>0).\end{cases}$ 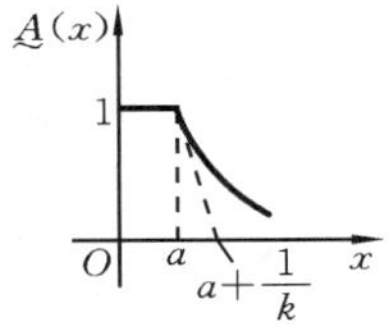	$\underset{\sim}{A}(x)=\begin{cases}\exp[k(x-a)], & x<a,\\ 1, & a\leqslant x\leqslant b\ (k>0),\\ \exp[-k(x-b)], & x>b.\end{cases}$ 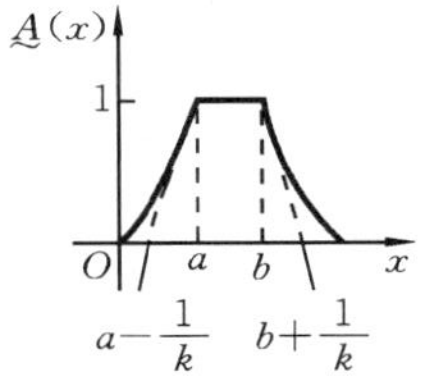	$\underset{\sim}{A}(x)=\begin{cases}0, & x\leqslant a,\\ 1-\exp[-k(x-a)], & x>a\end{cases}(k>0),$ 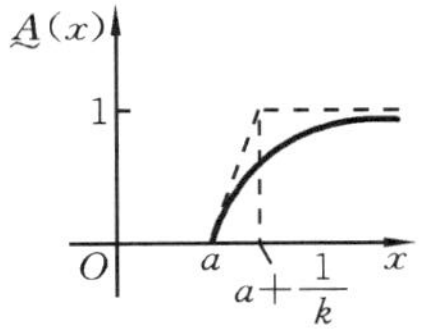
岭形分布	$\underset{\sim}{A}(x)=\begin{cases}1, & x\leqslant a_1,\\ \frac{1}{2}-\frac{1}{2}\sin\frac{\pi}{a_2-a_1}\left(x-\frac{a_1+a_2}{2}\right), & a_1<x<a_2,\\ 0, & x\geqslant a_2.\end{cases}$ 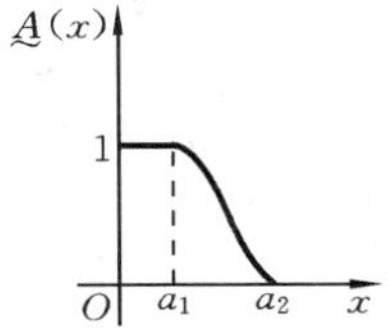	$\underset{\sim}{A}(x)=\begin{cases}0, & x\leqslant a_1,\\ \frac{1}{2}+\frac{1}{2}\sin\frac{\pi}{a_2-a_1}\left(x-\frac{a_1+a_2}{2}\right), & a_1<x<a_2,\\ 1, & a_2\leqslant x\leqslant a_3,\\ \frac{1}{2}-\frac{1}{2}\sin\frac{\pi}{a_4-a_3}\left(x-\frac{a_3+a_4}{2}\right), & a_3<x<a_4,\\ 0, & x\geqslant a_4.\end{cases}$ 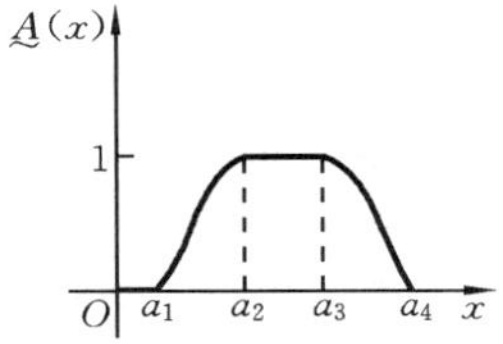	$\underset{\sim}{A}(x)=\begin{cases}0, & x\leqslant a_1,\\ \frac{1}{2}+\frac{1}{2}\sin\frac{\pi}{a_2-a_1}\left(x-\frac{a_1+a_2}{2}\right), & a_1<x<a_2,\\ 1, & x\geqslant a_2.\end{cases}$ 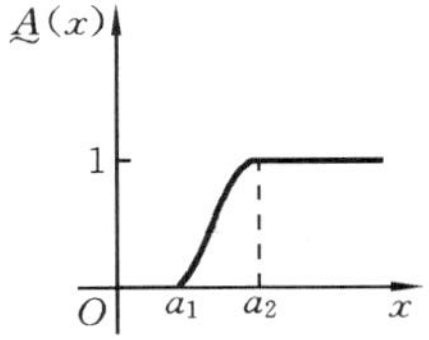

方的模糊现象,其隶属函数的一般形式为

$$\underset{\sim}{A}(x)=\begin{cases}1, & x\leqslant a,\\ f(x), & x>a.\end{cases}$$

其中 a 为常数,而 $f(x)$为非增函数.

偏大型模糊分布适合描述像“大”、“热”、“年老”以及颜色的“浓”等偏向大的一方的模糊现象,其隶属函数的一般形式为

$$\underset{\sim}{A}(x)=\begin{cases}0, & x\leqslant a,\\ f(x), & x>a.\end{cases}$$

其中 a 为常数,而 $f(x)$是非减函数.

中间型模糊分布适合描述像“中”、“暖和”、“中年”等处于中间状态的模糊现象,其隶属函数可以通过中间型模糊分布表示.

需要指出的是,确定模糊集的隶属函数的方法是多样的,但这些方法所给出的隶属函数只是近似的. 因此需要在实践中不断地通过学习加以修改,使之逐步完善. 例如在论域 $U=\{1,2,\cdots,9\}$上确定$\underset{\sim}{A}$=“靠近 5 的数”的隶属函数,用指派方法易知,选用中间型$\underset{\sim}{A}(x)=\dfrac{1}{1+(x-5)^2}$,容易算得

$$\underset{\sim}{A}=\frac{0.06}{1}+\frac{0.1}{2}+\frac{0.2}{3}+\frac{0.5}{4}+\frac{1}{5}+\frac{0.5}{6}+\frac{0.2}{7}+\frac{0.1}{8}+\frac{0.06}{9}.$$

$\underset{\sim}{A}(4)=\underset{\sim}{A}(6)=0.5$,不符合实际.

若将其隶属函数修改为$\underset{\sim}{A}(x)=\dfrac{1}{1+\frac{1}{5}(x-5)^2}$,则

$$\underset{\sim}{A}=\frac{0.24}{1}+\frac{0.36}{2}+\frac{0.56}{3}+\frac{0.83}{4}+\frac{1}{5}+\frac{0.83}{6}+\frac{0.56}{7}+\frac{0.36}{8}+\frac{0.24}{9},$$

这表明修改后的隶属函数有所改善.

若再次修改为$\underset{\sim}{A}(x)=\dfrac{1}{1+\frac{1}{10}(x-5)^2}$,则

$$\underset{\sim}{A}=\frac{0.38}{1}+\frac{0.53}{2}+\frac{0.71}{3}+\frac{0.91}{4}+\frac{1}{5}+\frac{0.91}{6}+\frac{0.71}{7}+\frac{0.53}{8}+\frac{0.38}{9},$$

这表明再次修改后的隶属函数比较符合实际. 因此,$\underset{\sim}{A}$=“靠近 5 的数”的隶属函数可确定为

$$\underset{\sim}{A}(x)=\frac{1}{1+\frac{1}{10}(x-5)^2}.$$

即使最后确定的一个隶属函数,也仍是近似的,只是近似程度要好些.

例 1.5.2　评价成绩的隶属函数　设论域 $U=[0,100]$(分数),在 U 上建立评

价学生成绩的三个模糊集$\underset{\sim}{A}$="优"，$\underset{\sim}{B}$="良"，$\underset{\sim}{C}$="差". 用指派方法，它们分别是偏大型、中间型、偏小型，采用梯形分布，容易从表 1.4 中选择出模糊集$\underset{\sim}{A}$，$\underset{\sim}{B}$，$\underset{\sim}{C}$的隶属函数(图 1.12).

$$\underset{\sim}{A}(x)=\begin{cases}0, & 0\leqslant x\leqslant 85,\\ (x-85)/10, & 85<x<95,\\ 1, & 95\leqslant x\leqslant 100;\end{cases}$$

$$\underset{\sim}{B}(x)=\begin{cases}0, & 0\leqslant x\leqslant 70,\\ (x-70)/10, & 70<x<80,\\ 1, & 80\leqslant x\leqslant 85,\\ (95-x)/10, & 85<x<95,\\ 0, & 95\leqslant x\leqslant 100;\end{cases}$$

$$\underset{\sim}{C}(x)=\begin{cases}1, & 0\leqslant x\leqslant 70,\\ (80-x)/10, & 70<x<80,\\ 0, & 80\leqslant x\leqslant 100.\end{cases}$$

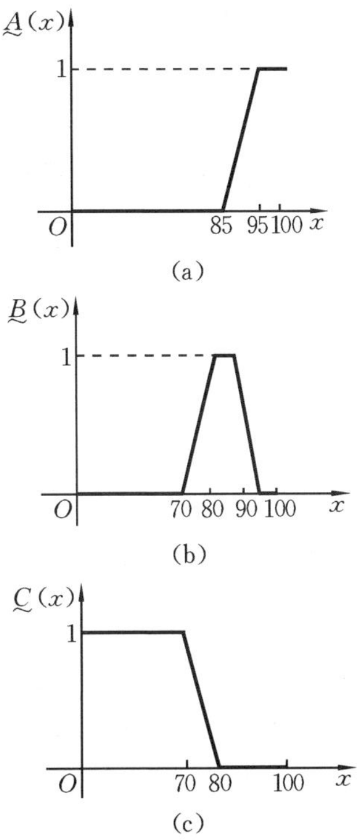

图 1.12

3. 借用已有的"客观"尺度

在经济管理、社会科学中，可以直接借用已有的尺度(经济指标)作为模糊集的隶属度.

比如，在论域 U(设备)上定义模糊集$\underset{\sim}{A}$="设备完好"，以设备完好率作为隶属度来表示"设备完好"这个模糊集是十分恰当的. 在论域 U(产品)上定义模糊集$\underset{\sim}{B}$="质量稳定"，可用产品的正品率作为产品属于"质量稳定"的隶属度. 在论域 U(家庭)上定义模糊集$\underset{\sim}{C}$="贫困家庭"，可用恩格尔(Engel)系数$=\dfrac{\text{食品消费支出}}{\text{总消费}}$作为隶属度来表示家庭贫困程度.

4. 二元对比排序法

对于有些模糊集，很难直接给出隶属度，但通过两两比较，容易确定两个元素相应隶属度的大小. 先排序，再用数学方法加工得到隶属函数. 实际上，这是隶属函数(模糊分布)的一种离散表示法(详见 4.2 节).

1.6　模糊集的应用

在 1.1 节中曾经讲过，模糊数学在实际中的应用几乎涉及国民经济的各个领域. 本节主要介绍模糊数学在科学技术、经济管理中的应用.

例 1.6.1　自然界的模糊集　自然界是由生物与非生物组成的. 一切具有生命、能表现出各种生命现象——新陈代谢、生长发育和繁殖、感应性和适应性、遗传变异——的都是生物.自古以来,人类把生物划分为动物和植物两大类,记$\underset{\sim}{A}$=“动物”,$\underset{\sim}{B}$=“植物”,在自然界中取一些生物构成论域

U={u_1(牛),u_2(羊),u_3(稻),u_4(麦),u_5(海绵),u_6(海葵),u_7(黏菌),u_8(衣藻),u_9(眼虫藻),u_{10}(小麦秆锈病菌),u_{11}(稻瘟病菌),u_{12}(蘑菇),u_{13}(木耳)},

则

$$\underset{\sim}{A}(\text{动物})=\frac{1}{u_1}+\frac{1}{u_2}+\frac{0}{u_3}+\frac{0}{u_4}+\frac{0.9}{u_5}+\frac{0.9}{u_6}+\frac{0.5}{u_7}+\frac{0.5}{u_8}+\frac{0.5}{u_9}+\frac{0.2}{u_{10}}+\frac{0.2}{u_{11}}+\frac{0.1}{u_{12}}+\frac{0.1}{u_{13}},$$

$$\underset{\sim}{B}(\text{植物})=\frac{0}{u_1}+\frac{0}{u_2}+\frac{1}{u_3}+\frac{1}{u_4}+\frac{0.1}{u_5}+\frac{0.1}{u_6}+\frac{0.5}{u_7}+\frac{0.5}{u_8}+\frac{0.5}{u_9}+\frac{0.7}{u_{10}}+\frac{0.7}{u_{11}}+\frac{0.8}{u_{12}}+\frac{0.8}{u_{13}}.$$

上述两式的意义是:u_1(牛),u_2(羊)绝对地属于$\underset{\sim}{A}$(动物);u_3(稻),u_4(麦)绝对地属于$\underset{\sim}{B}$(植物);u_7,u_8,u_9 属于$\underset{\sim}{A}$(或$\underset{\sim}{B}$)的程度为0.5,这表明 u_7,u_8,u_9 最具模糊性,它们既不能完全属于动物又不能完全属于植物.

$$\underset{\sim}{A}\cup\underset{\sim}{B}(\text{动物或植物})=\frac{1}{u_1}+\frac{1}{u_2}+\frac{1}{u_3}+\frac{1}{u_4}+\frac{0.9}{u_5}+\frac{0.9}{u_6}+\frac{0.5}{u_7}+\frac{0.5}{u_8}+\frac{0.5}{u_9}+\frac{0.7}{u_{10}}+\frac{0.7}{u_{11}}+\frac{0.8}{u_{12}}+\frac{0.8}{u_{13}}.$$

$\underset{\sim}{A}\cup\underset{\sim}{B}$的意义是表示“或是动物或是植物”的一类生物.在 U 中,只有 u_1,u_2,u_3,u_4 才是这一类生物.

$$\underset{\sim}{A}\cap\underset{\sim}{B}(\text{动物且植物})=\frac{0}{u_1}+\frac{0}{u_2}+\frac{0}{u_3}+\frac{0}{u_4}+\frac{0.1}{u_5}+\frac{0.1}{u_6}+\frac{0.5}{u_7}+\frac{0.5}{u_8}+\frac{0.5}{u_9}+\frac{0.2}{u_{10}}+\frac{0.2}{u_{11}}+\frac{0.1}{u_{12}}+\frac{0.1}{u_{13}}.$$

$\underset{\sim}{A}\cap\underset{\sim}{B}$的意义是表示“既是动物又是植物”的一类生物.$u_1$,$u_2$,$u_3$,$u_4$ 绝对地不属于这一类生物,只有 u_7,u_8,u_9 才是既像动物又像植物的一类生物.

$$\underset{\sim}{A}^C=\frac{0}{u_1}+\frac{0}{u_2}+\frac{1}{u_3}+\frac{1}{u_4}+\frac{0.1}{u_5}+\frac{0.1}{u_6}+\frac{0.5}{u_7}+\frac{0.5}{u_8}+\frac{0.5}{u_9}+\frac{0.8}{u_{10}}+\frac{0.8}{u_{11}}+\frac{0.9}{u_{12}}+\frac{0.9}{u_{13}}.$$

$\underset{\sim}{A}^C$ 的意义是:u_1,u_2 绝对地不属于非动物一类,u_3,u_4 绝对地属于非动物一类,u_{10},u_{11},u_{12},u_{13}属于非动物一类的程度较高,只有 u_7,u_8,u_9 最具模糊性.

由上述模糊集运算看出,u_7(黏菌),u_8(衣藻),u_9(眼虫藻)既不能划归动物也不能划归植物,u_7,u_8,u_9 就是微生物.因此,有了模糊集的概念之后,生物学发展史上在分类中存在的矛盾现象,得到了合乎情理的解释.

λ-截集的意义是:令 $\lambda=0.9$,得截集 $A_{0.9}=\{u_1,u_2,u_5,u_6\}$,$A_{0.9}$是在水平 $\lambda=$

0.9之下的一类动物，它们的性状是比较接近的.

分解定理的意义是：

$$\underset{\sim}{A}=\bigcup_{\lambda\in[0,1]}\lambda A_{\lambda}=1A_{1}\cup 0.9A_{0.9}\cup 0.6A_{0.6}\cup 0.5A_{0.5}\cup 0.2A_{0.2}\cup 0.1A_{0.1}\cup 0A_{0}.$$

此式表明，$\underset{\sim}{A}$(动物)可由不同水平下的各类“动物”构成.

例 1.6.2　年老的隶属函数　设论域 $U=[0,200]$，在 U 上定义一个“年老”模糊集 $\underset{\sim}{A}$. 按现代社会的生活水平，不超过 50 岁肯定不是“年老”，超过了 70 岁，大家会认为是“年老”，而在年龄区间[50,70]则是一个过渡期. 为了简化，可令 $\underset{\sim}{A}(x)$ 是一个线性函数，且是 x 的增函数(即偏大型)，如图 1.13所示. 其解析表达式为

$$\underset{\sim}{A}(x)=\begin{cases}0, & 0\leqslant x\leqslant 50,\\ \dfrac{1}{20}(x-50), & 50<x<70,\\ 1, & x\geqslant 70.\end{cases}$$

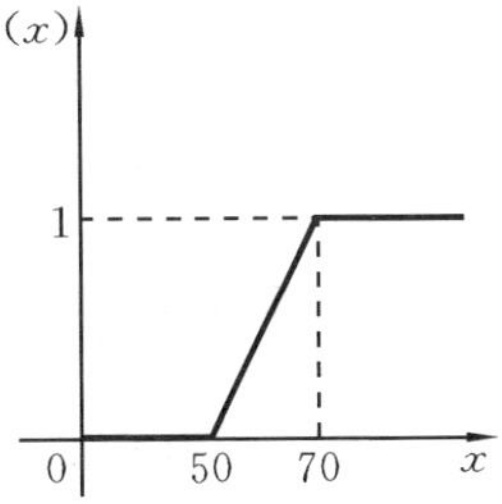

图 1.13

当然，这里给出的“年老”隶属函数是比较粗糙的.

例 1.6.3　高产水稻的隶属函数　设论域 $U=\{$水稻$\}$，试用模糊统计试验建立 $\underset{\sim}{A}=$“高产水稻”的隶属函数. 由于全国各地的自然条件、生产水平不同，人们对模糊概念“高产”的理解也不一样. 现在一般认为水稻(一季)亩产500 kg就算高产了. 我们向来自全国各地农村的 123 名学生进行问卷调查，在说明高产水稻的含义以后，请他们填写表 1.6(注：1 亩≈666.7 m^2).

表 1.6

亩产/kg	100	150	200	250	300	350	400	450	500	550	600	650	700	750	800
在你认为的高产界限下打“√”															

在收回询问表后作出统计，结果如表 1.7 所示.

表 1.7

亩产/kg	100	150	200	250	300	350	400	450
频　数	1	2	5	10	15	18	25	20
累计频数	1	3	8	18	33	51	76	96
累计频率	0.01	0.02	0.07	0.15	0.27	0.41	0.62	0.78
亩产/kg	500	550	600	650	700	750	800	
频　数	15	3	3	2	2	1	1	
累计频数	111	114	117	119	121	122	123	
累计频率	0.90	0.93	0.95	0.97	0.98	0.99	1	

按表 1.7 的累计频率可以作出$\underset{\sim}{A}$(高产水稻)的隶属函数(图 1.14).

例 1.6.4　经济学中的模糊集　在经济领域还没有引进模糊集时,人们只好把本来互相衔接的属性,如繁荣、衰退、萧条等分割开来.某些经济学家用 GNP(国民生产总值)持续下降 6 个月来规定“经济衰退”.这样一来,奇怪的现象就出现了:如果 GNP 从元旦开始持续下降,而今天正好是 7 月 1 日,那么,昨天经济形势还挺好,今天突然变成衰退.

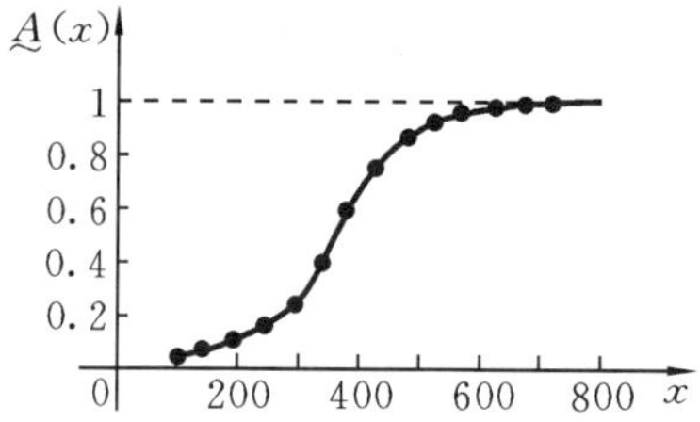

图 1.14

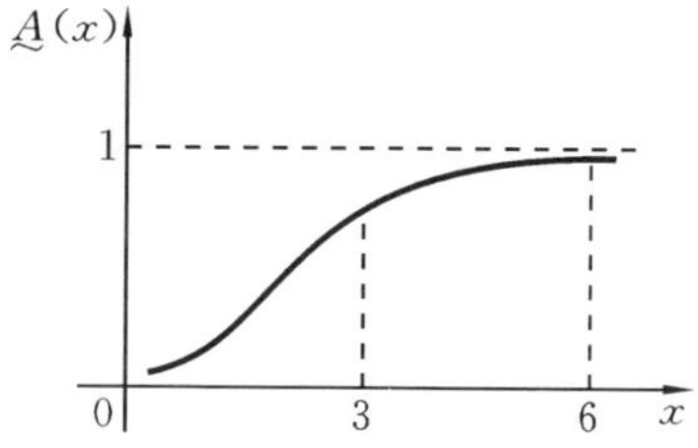

图 1.15

事实上,“经济衰退”是一个模糊概念.现在引进模糊集,在论域 $U=\{\text{GNP}\}$ 上定义一个模糊集$\underset{\sim}{A}$=“经济衰退”.采用指派方法,用 x 表示 GNP 下降的月数,容易选择偏大型模糊分布作为$\underset{\sim}{A}$(经济衰退)的隶属函数(图 1.15),即

$$\underset{\sim}{A}(x)=1-\exp\left(-\frac{x^2}{3.6^2}\right)\ (x>0).$$

习　题　1

1. 试举出几个你所学专业中的模糊概念或模糊性现象.

2. 写出下列集合 U 的幂集 $\mathcal{P}(U)$:

(1) $U=\{0,1\}$;　　(2) $U=\{$红,绿,黄$\}$.

3. 用特征函数表示下列集合,并作特征函数图形:

(1) 大于 2 小于 5 的实数;　　(2) 小于 10 的素数;

(3) 圆 $x^2+y^2=1$ 及圆内的点.

4. 给出实数集 $\mathbf{R}$ 的子集 $A=\{x\mid x>10\}$,$B=\{x\mid x<8\}$,求 $\chi_{A\cup B}(6)$,$\chi_{A\cap B}(6)$,$\chi_{A^C}(6)$.

5. 设集合 $E=\{x|x\in\mathbf{N}$,且 $1\leqslant x\leqslant 10\}$,其中 $\mathbf{N}$ 为自然数集.

映射

$$f:E\to\mathbf{N},$$
$$x\mapsto f(x)=x\quad(x\text{ 为奇数}),$$
$$x\mapsto f(x)=x-1\quad(x\text{ 为偶数}).$$

(1) 试确定映射的定义域 A^*,值域 B^*;

(2) 具体写出映射的集合 G.

6. 设集合 $A=\{1,2,3,4,5,6\}$,f 是如下定义的:

$$f: x \in A \rightarrow f(x) = 6/x \in A.$$

(1) 试确定定义域; (2) 试求 f 的集合 G; (3) 讨论 f^{-1}.

7. 设 $A=\{0,2,3,4,13,15\}$,$B=\{3,5,7,9,12,13\}$,记 $a\in A$,$b\in B$,试用 $A\times B$ 的子集表示关系 $R=\{(a,b)|a$ 整除 $b\}$.

8. 根据整数集 **Z** 上定义的二元关系 R,在表 1.8 中填上"是"或"否".

表 1.8

	二元关系	自反性	对称性	传递性
xRy:	x 整除 y			
xRy:	x,y 同为正或负			
xRy:	$\|x-y\|=1$			

9. 设 P_n 表示十进位制中 n 位自然数的集. 试证:$P=\{P_1,P_2,P_3,\cdots\}$ 是自然数集 **N** 的一个划分.

10. 设$(L,\vee,\wedge)$是一个格,在格中,若 $a\leqslant b\leqslant c$,试证:

(1) $a\vee b=b\wedge c$; (2) $(a\wedge b)\vee(b\wedge c)=(a\vee b)\wedge(b\vee c)$.

11. 设$(L,\vee,\wedge)$是一个格,试证对于任意元素 $a,b,c\in L$,有

$$a \vee [(a \vee b) \wedge (a \vee c)] = (a \vee b) \wedge (a \vee c).$$

12. 试举出专业类群中三个模糊集的例子.

13. 举出专业类群中表现模糊概念的模糊集 $\underset{\sim}{A}$ 的例子,计算 $\underset{\sim}{A}^C$,说明 $\underset{\sim}{A}\cup\underset{\sim}{A}^C\neq U$,$\underset{\sim}{A}\cap\underset{\sim}{A}^C\neq\varnothing$,并解释其实际意义.

14. 论域 $U=\{1,2,3,\cdots,10\}$,定义

$$\text{“大”}=\underset{\sim}{A}=\frac{0.2}{4}+\frac{0.4}{5}+\frac{0.6}{6}+\frac{0.8}{7}+\frac{1}{8}+\frac{1}{9}+\frac{1}{10},$$

$$\text{“小”}=\underset{\sim}{B}=\frac{1}{1}+\frac{0.8}{2}+\frac{0.6}{3}+\frac{0.4}{4}+\frac{0.2}{5},$$

试求 $\underset{\sim}{C}$="不大",$\underset{\sim}{D}$="不小",$\underset{\sim}{E}$="或大或小",$\underset{\sim}{F}$="不大也不小".

15. 设 $X=[0,1]$,$\underset{\sim}{A}(x)=x$,试求$(\underset{\sim}{A}\cup\underset{\sim}{A}^C)(x)$,$(\underset{\sim}{A}\cap\underset{\sim}{A}^C)(x)$,并作出解释.

16. 设 $U=\mathbf{R}$(实数集),对于任意 $x\in\mathbf{R}$,有

$$\underset{\sim}{A}(x) = \exp\left[-\left(\frac{x-1}{2}\right)^2\right], \quad \underset{\sim}{B}(x) = \exp\left[-\left(\frac{x-2}{2}\right)^2\right].$$

试求 $\underset{\sim}{A}^C$,$\underset{\sim}{A}\cup\underset{\sim}{B}$,$\underset{\sim}{A}\cap\underset{\sim}{B}$,并画出图形.

17. 设论域 $U=\{u_1,u_2,\cdots,u_8\}$(商品的商标),在 U 上定义模糊集

$$\underset{\sim}{A}(\text{商誉高})=(0.8,0.6,0.4,0.7,0.6,0.5,0.4,0.3),$$

$$\underset{\sim}{B}(\text{价格合理})=(0.7,0.4,0.6,0.8,0.4,0.5,0.6,0.7).$$

试求模糊集“商誉高且价格合理”、“商誉高或价格合理”.

18. 设 6 种商品的集合为 $U=\{u_1,u_2,u_3,u_4,u_5,u_6\}$,$U$ 上的滞销商品模糊集为

$$\underset{\sim}{A}=\frac{1}{u_1}+\frac{0.1}{u_2}+\frac{0}{u_3}+\frac{0.6}{u_4}+\frac{0.5}{u_5}+\frac{0.4}{u_6},$$

脱销商品模糊集为

$$\underset{\sim}{B}=\frac{0}{u_1}+\frac{0.1}{u_2}+\frac{0.6}{u_3}+\frac{0}{u_4}+\frac{0}{u_5}+\frac{0.05}{u_6},$$

畅销商品模糊集为

$$\underset{\sim}{C}=\frac{0}{u_1}+\frac{0.8}{u_2}+\frac{1}{u_3}+\frac{0.4}{u_4}+\frac{0.4}{u_5}+\frac{0.5}{u_6}.$$

(1) 求不滞销商品模糊集 $\underset{\sim}{D}$.

(2) 求 $\underset{\sim}{D}$ 与 $\underset{\sim}{C}$ 的关系.

(3) 求又滞销又畅销的商品模糊集.

(4) 当 $\lambda=0.5$ 时,分别求滞销、脱销和畅销商品;当 $\lambda=0.7$ 时的情形呢?

19. 设 $U=\{a,b,c,d,e,f\}$,$\underset{\sim}{A}=\frac{0.9}{a}+\frac{0.5}{b}+\frac{0.7}{c}+\frac{1}{d}+\frac{0.6}{e}+\frac{0.2}{f}$,试求截集 $A_{0.1}$,$A_{0.6}$,$A_{0.9}$.

20. 设 U 为无限域,$\underset{\sim}{A}=\int_U \frac{\mathrm{e}^{-x^2}}{x}$,试求截集 $A_{1/\mathrm{e}}$,A_1,A_0.

21. 设 $u\in U$,$\underset{\sim}{A}(u)=\frac{1}{1+4u^2}$,试求 $A_{0.75}$.

22. 设 $\underset{\sim}{A}=\underset{\sim}{B}$,试证,对于任意 $\lambda\in[0,1]$,有 $A_\lambda=B_\lambda$.

23. 设 $\underset{\sim}{A},\underset{\sim}{B}\in\mathcal{F}(U)$,$\underset{\sim}{A}\subseteq\underset{\sim}{B}$,$\lambda\in[0,1]$,试证 $A_\lambda\subseteq B_\lambda$.

24. 设 $\lambda_1,\lambda_2\in[0,1]$,$\lambda_1<\lambda_2$,则 $\lambda_1\underset{\sim}{A}\subseteq\lambda_2\underset{\sim}{A}$.

25. 举例说明 $(\underset{\sim}{A}^C)_\lambda=(A_\lambda)^C$ 不成立.

26. 设论域 $U=\{2,1,7,6,9\}$,$\underset{\sim}{A}=\frac{0.1}{2}+\frac{0.3}{1}+\frac{0.5}{7}+\frac{0.9}{6}+\frac{1}{9}$,应用分解定理将模糊集 $\underset{\sim}{A}$ 进行分解.

27. 已知 $\underset{\sim}{A}$ 的 λ-截集分别为

$$A_{0.1}=\{u_1,u_2,u_3,u_4,u_5,u_6,u_7,u_8\},\quad A_{0.2}=\{u_2,u_3,u_4,u_6,u_7,u_8\},$$

$$A_{0.3}=\{u_2,u_3,u_6,u_7\},\quad A_{0.9}=\{u_3,u_6,u_7\},\quad A_1=\{u_6\},$$

试用分解定理求出模糊集$\underset{\sim}{A}$.

28. 设 $X=\{x_1,x_2,x_3,x_4,x_5,x_6\}$和 $Y=\{y_1,y_2,y_3\}$，$f:X\to Y$.

$$f(x)=\begin{cases} y_1, & x=x_1,x_2,x_4, \\ y_2, & x=x_3,x_5,x_6. \end{cases}$$

再设两个模糊集

$$\underset{\sim}{A}=\frac{0.8}{x_1}+\frac{0.5}{x_2}+\frac{0.9}{x_3}+\frac{0.2}{x_4}+\frac{0.7}{x_5}+\frac{0.4}{x_6},$$

$$\underset{\sim}{B}=\frac{0.6}{y_1}+\frac{0.9}{y_2}+\frac{0.8}{y_3}.$$

试利用扩张原理求出 $f(\underset{\sim}{A})$，$f^{-1}(\underset{\sim}{B})$，$f^{-1}(f(\underset{\sim}{A}))$及 $f(f^{-1}(\underset{\sim}{B}))$.

29. 论域 $U=[0,24]$表示时间(单位:h)，试根据你的经验绘出表现“拂晓”、“中午”、“傍晚”三个模糊概念的模糊集的隶属函数.

30. 在一个荧光屏上，用一光点的上下运动快慢来代表15种不同的运动速度，记 $V=\{1,2,\cdots,15\}$，主试者随机地给出15种速率让被试者按“快”、“中”、“慢”进行判断分类，每种速率共给出320次，判断结果如表1.9所示.

(1) 试用频率作为隶属度，确定模糊概念“快”、“中”、“慢”在 V 中所表现的模糊集；

(2) 画出上述变量的离散型分布密度函数图，作为它们在 V 上的隶属函数图；

(3) 将图中离散点用折线连起来，作为区间 $V=[0,15]$上三个模糊集的隶属函数曲线.

表 1.9

	1	2	3	4	5	6	7	8	9	10	11	12	13	14	15
快	0	0	0	0	0	0	0	0	0	84	218	261	320	320	320
中	0	0	0	15	190	319	320	320	320	236	102	59	0	0	0
慢	320	320	320	305	130	1	0	0	0	0	0	0	0	0	0

31. 高个子的隶属度　由于人种不同，地理条件的差异，人们对“高个子”的理解也不同. 设论域 $U=\{$人群$\}$，在 U 上定义模糊集$\underset{\sim}{A}=$“高个子”，并设定身高1.80 m以上者必为高个子，而身高1.60 m以下者都不是高个子. 用 x 表示身高，给出$\underset{\sim}{A}$的隶属函数$\underset{\sim}{A}(x)$为

$$\underset{\sim}{A}(x)=\begin{cases} 0, & x<1.60, \\ 2\left(\dfrac{x-1.60}{0.2}\right)^2, & 1.60\leqslant x<1.70, \\ 1-2\left(\dfrac{x-1.80}{0.2}\right)^2, & 1.70\leqslant x<1.80, \\ 1, & x\geqslant 1.80. \end{cases}$$

试求$\underset{\sim}{A}(1.65)$,$\underset{\sim}{A}(1.70)$,$\underset{\sim}{A}(1.75)$,并解释其实际意义.

32. 设论域$U=\{0,1,2,3,\cdots,40\}$,u_i 为一个人每周工作的时数,试用模糊集表示"失业"这个模糊概念,并画出隶属函数的图形(隶属度按各自理解的给出).

33. "文盲"是一个模糊概念.按规定:识字 500 以下者为文盲,识字 500~1000 者为半文盲,识字 1000 以上者为非文盲.设论域$U=\mathbf{R}$(实数集),试建立模糊集$\underset{\sim}{A}$="文盲"的隶属函数,并画图.

第 2 章　模糊聚类分析

第 1 章介绍了经典集上的关系，它实际上是一个直积上的子集. 本章将介绍模糊关系. 如前所述，有限论域上的关系可用布尔矩阵表示. 同样，有限论域上的模糊关系也可以用所谓模糊矩阵来表示. 由于矩阵具有直观性、可操作性，因此，首先介绍模糊矩阵的一些基本知识，然后介绍模糊关系(特别是模糊等价关系)，最后介绍它们的应用——模糊聚类分析.

2.1　模糊矩阵

2.1.1　模糊矩阵的概念

定义 2.1.1　如果对于任意 $i=1,2,\cdots,m;j=1,2,\cdots,n$，都有 $r_{ij}\in[0,1]$，则称矩阵 $\boldsymbol{R}=(r_{ij})_{m\times n}$ 为模糊矩阵. 例如

$$\boldsymbol{R}=\begin{pmatrix}1 & 0 & 0.1\\ 0.5 & 0.7 & 0.3\end{pmatrix}$$

就是一个 2×3 模糊矩阵. 若 $r_{ij}\in\{0,1\}$，则模糊矩阵变成布尔矩阵.

为了方便，我们用 $\mathscr{M}_{m\times n}$ 表示 $m\times n$ 模糊矩阵全体，若 $\boldsymbol{R}$ 是一个 $m\times n$ 模糊矩阵，则记为 $\boldsymbol{R}\in\mathscr{M}_{m\times n}$.

下面介绍几个特殊的模糊矩阵.

定义 2.1.2　矩阵

$$\boldsymbol{O}=\begin{pmatrix}0 & 0 & \cdots & 0\\ 0 & 0 & \cdots & 0\\ \vdots & \vdots & & \vdots\\ 0 & 0 & \cdots & 0\end{pmatrix}_{m\times n},\quad \boldsymbol{I}=\begin{pmatrix}1 & 0 & \cdots & 0\\ 0 & 1 & \ddots & \vdots\\ \vdots & \ddots & \ddots & 0\\ 0 & \cdots & 0 & 1\end{pmatrix}_{n\times n},$$

$$\boldsymbol{U}=\begin{pmatrix}1 & 1 & \cdots & 1\\ 1 & 1 & \cdots & 1\\ \vdots & \vdots & & \vdots\\ 1 & 1 & \cdots & 1\end{pmatrix}_{m\times n}$$

分别称为零矩阵、单位矩阵、全称矩阵.

2.1.2　模糊矩阵的运算及其性质

1. 模糊矩阵间的关系

定义 2.1.3　设 $\boldsymbol{A},\boldsymbol{B}\in\mathscr{M}_{m\times n}$，记 $\boldsymbol{A}=(a_{ij})$，$\boldsymbol{B}=(b_{ij})$，定义：

1° 相等 $\boldsymbol{A}=\boldsymbol{B}\Leftrightarrow a_{ij}=b_{ij}$， $i=1,2,\cdots,m;j=1,2,\cdots,n.$

2° 包含 $\boldsymbol{A}\leqslant\boldsymbol{B}\Leftrightarrow a_{ij}\leqslant b_{ij}$， $i=1,2,\cdots,m;j=1,2,\cdots,n.$

因此，对于任意 $\boldsymbol{R}\in\mathscr{M}_{m\times n}$，总有

$$\boldsymbol{O}\leqslant\boldsymbol{R}\leqslant\boldsymbol{U}.$$

2. 模糊矩阵的并、交、余运算

定义 2.1.4 设 $\boldsymbol{A}=(a_{ij})$，$\boldsymbol{B}=(b_{ij})\in\mathscr{M}_{m\times n}$，定义：

1° 并 $\boldsymbol{A}\cup\boldsymbol{B}\xlongequal{\text{def}}(a_{ij}\vee b_{ij})_{m\times n}$，

2° 交 $\boldsymbol{A}\cap\boldsymbol{B}\xlongequal{\text{def}}(a_{ij}\wedge b_{ij})_{m\times n}$，

3° 余 $\boldsymbol{A}^C\xlongequal{\text{def}}(1-a_{ij})_{m\times n}$.

例 2.1.1 设

$$\boldsymbol{A}=\begin{pmatrix}1 & 0.1\\0.3 & 0.5\end{pmatrix},\quad \boldsymbol{B}=\begin{pmatrix}0.7 & 0\\0.4 & 0.9\end{pmatrix},$$

则

$$\boldsymbol{A}\cup\boldsymbol{B}=\begin{pmatrix}1\vee 0.7 & 0.1\vee 0\\0.3\vee 0.4 & 0.5\vee 0.9\end{pmatrix}=\begin{pmatrix}1 & 0.1\\0.4 & 0.9\end{pmatrix},$$

$$\boldsymbol{A}\cap\boldsymbol{B}=\begin{pmatrix}1\wedge 0.7 & 0.1\wedge 0\\0.3\wedge 0.4 & 0.5\wedge 0.9\end{pmatrix}=\begin{pmatrix}0.7 & 0\\0.3 & 0.5\end{pmatrix},$$

$$\boldsymbol{A}^C=\begin{pmatrix}1-1 & 1-0.1\\1-0.3 & 1-0.5\end{pmatrix}=\begin{pmatrix}0 & 0.9\\0.7 & 0.5\end{pmatrix}.$$

模糊矩阵的并、交、余运算($\cup$，$\cap$，^{C})的性质如下.

设 $\boldsymbol{A},\boldsymbol{B},\boldsymbol{C}\in\mathscr{M}_{m\times n}$，则有：

1° 幂等律 $\boldsymbol{A}\cup\boldsymbol{A}=\boldsymbol{A}$， $\boldsymbol{A}\cap\boldsymbol{A}=\boldsymbol{A}$；

2° 交换律 $\boldsymbol{A}\cup\boldsymbol{B}=\boldsymbol{B}\cup\boldsymbol{A}$， $\boldsymbol{A}\cap\boldsymbol{B}=\boldsymbol{B}\cap\boldsymbol{A}$；

3° 结合律 $(\boldsymbol{A}\cup\boldsymbol{B})\cup\boldsymbol{C}=\boldsymbol{A}\cup(\boldsymbol{B}\cup\boldsymbol{C})$， $(\boldsymbol{A}\cap\boldsymbol{B})\cap\boldsymbol{C}=\boldsymbol{A}\cap(\boldsymbol{B}\cap\boldsymbol{C})$；

4° 吸收律 $\boldsymbol{A}\cap(\boldsymbol{A}\cup\boldsymbol{B})=\boldsymbol{A}$， $\boldsymbol{A}\cup(\boldsymbol{A}\cap\boldsymbol{B})=\boldsymbol{A}$；

5° 分配律 $(\boldsymbol{A}\cup\boldsymbol{B})\cap\boldsymbol{C}=(\boldsymbol{A}\cap\boldsymbol{C})\cup(\boldsymbol{B}\cap\boldsymbol{C})$，

$(\boldsymbol{A}\cap\boldsymbol{B})\cup\boldsymbol{C}=(\boldsymbol{A}\cup\boldsymbol{C})\cap(\boldsymbol{B}\cup\boldsymbol{C})$；

6° 0-1 律 $\boldsymbol{A}\cup\boldsymbol{O}=\boldsymbol{A}$， $\boldsymbol{A}\cap\boldsymbol{O}=\boldsymbol{O}$，

$\boldsymbol{A}\cup\boldsymbol{U}=\boldsymbol{U}$， $\boldsymbol{A}\cap\boldsymbol{U}=\boldsymbol{A}$；

7° 还原律 $(\boldsymbol{A}^C)^C=\boldsymbol{A}$；

8° 对偶律 $(\boldsymbol{A}\cup\boldsymbol{B})^C=\boldsymbol{A}^C\cap\boldsymbol{B}^C$， $(\boldsymbol{A}\cap\boldsymbol{B})^C=\boldsymbol{A}^C\cup\boldsymbol{B}^C$.

此外，还有以下包含性质. 设 $\boldsymbol{A},\boldsymbol{B},\boldsymbol{C},\boldsymbol{D}\in\mathscr{M}_{m\times n}$，则有：

9° $\boldsymbol{A}\leqslant\boldsymbol{B}\Rightarrow\boldsymbol{A}\cup\boldsymbol{B}=\boldsymbol{B},\boldsymbol{A}\cap\boldsymbol{B}=\boldsymbol{A},\boldsymbol{A}^C\geqslant\boldsymbol{B}^C$；

10° $\boldsymbol{A}\leqslant\boldsymbol{B},\boldsymbol{C}\leqslant\boldsymbol{D}\Rightarrow\boldsymbol{A}\cup\boldsymbol{C}\leqslant\boldsymbol{B}\cup\boldsymbol{D},\boldsymbol{A}\cap\boldsymbol{C}\leqslant\boldsymbol{B}\cap\boldsymbol{D}.$

只证明上述性质中的一部分，其余留给读者完成.

证 性质 8° 对于任意 i,j,有

$$(\boldsymbol{A}\cup\boldsymbol{B})^C=(a_{ij}\vee b_{ij})^C_{m\times n}=[1-(a_{ij}\vee b_{ij})]_{m\times n}$$
$$=[(1-a_{ij})\wedge(1-b_{ij})]_{m\times n}=\boldsymbol{A}^C\cap\boldsymbol{B}^C.$$

性质 9° 因为 $\boldsymbol{A}\leqslant\boldsymbol{B}$,所以

$$a_{ij}\leqslant b_{ij},\quad 1-a_{ij}\geqslant 1-b_{ij},$$

故
$$\boldsymbol{A}^C=(1-a_{ij})_{m\times n}\geqslant(1-b_{ij})_{m\times n}=\boldsymbol{B}^C.$$

性质 10° 因为 $\boldsymbol{A}\leqslant\boldsymbol{B},\boldsymbol{C}\leqslant\boldsymbol{D}$,所以

$$a_{ij}\leqslant b_{ij},\quad c_{ij}\leqslant d_{ij}.$$

由 1.2 节格的运算性质,有

$$a_{ij}\vee c_{ij}\leqslant b_{ij}\vee d_{ij},$$

所以
$$\boldsymbol{A}\cup\boldsymbol{C}\leqslant\boldsymbol{B}\cup\boldsymbol{D};$$

又
$$a_{ij}\wedge c_{ij}\leqslant b_{ij}\wedge d_{ij},$$

所以
$$\boldsymbol{A}\cap\boldsymbol{C}\leqslant\boldsymbol{B}\cap\boldsymbol{D}.$$

注意 模糊矩阵的 $\cup$,$\cap$ 运算不满足排中律,即 $\boldsymbol{A}\cup\boldsymbol{A}^C\neq\boldsymbol{U}$,$\boldsymbol{A}\cap\boldsymbol{A}^C\neq\boldsymbol{O}$. 请研究例子 $\boldsymbol{A}=\begin{pmatrix}1 & 0.1 & 0.2\\ 0.8 & 0.5 & 0\end{pmatrix}$.

3. 模糊矩阵的合成运算

模糊矩阵的合成运算相当于矩阵的乘法运算.

定义 2.1.5 设 $\boldsymbol{A}=(a_{ij})_{m\times s}$,$\boldsymbol{B}=(b_{ij})_{s\times n}$,称模糊矩阵

$$\boldsymbol{A}\circ\boldsymbol{B}=(c_{ij})_{m\times n}$$

为 $\boldsymbol{A}$ 与 $\boldsymbol{B}$ 的合成,其中 $c_{ij}=\bigvee\limits_{k=1}^{s}(a_{ik}\wedge b_{kj})$. 因此,这种合成运算通常称为 max-min 合成运算.

例 2.1.2 设

$$\boldsymbol{A}=\begin{pmatrix}0.4 & 0.7 & 0\\ 1 & 0.8 & 0.5\end{pmatrix}_{2\times 3},\quad \boldsymbol{B}=\begin{bmatrix}1 & 0.7\\ 0.4 & 0.6\\ 0 & 0.3\end{bmatrix}_{3\times 2},$$

则

$$\boldsymbol{A}\circ\boldsymbol{B}=\begin{pmatrix}(0.4\wedge 1)\vee(0.7\wedge 0.4)\vee(0\wedge 0) & (0.4\wedge 0.7)\vee(0.7\wedge 0.6)\vee(0\wedge 0.3)\\ (1\wedge 1)\vee(0.8\wedge 0.4)\vee(0.5\wedge 0) & (1\wedge 0.7)\vee(0.8\wedge 0.6)\vee(0.5\wedge 0.3)\end{pmatrix}$$
$$=\begin{pmatrix}0.4 & 0.6\\ 1 & 0.7\end{pmatrix}_{2\times 2},$$

同样可算得
$$\boldsymbol{B}\circ\boldsymbol{A}=\begin{bmatrix}0.7 & 0.7 & 0.5\\ 0.6 & 0.6 & 0.5\\ 0.3 & 0.3 & 0.3\end{bmatrix}_{3\times 3}.$$

可知,合成运算不满足交换律,即 $\boldsymbol{A}\circ\boldsymbol{B}\neq\boldsymbol{B}\circ\boldsymbol{A}$. 还应注意,同普通矩阵乘法一样,只有 $\boldsymbol{A}$ 的列数与 $\boldsymbol{B}$ 的行数相等时,合成运算 $\boldsymbol{A}\circ\boldsymbol{B}$ 才有意义.

定义 2.1.6(模糊方阵的幂) 设 $\boldsymbol{A}\in\mathscr{M}_{n\times n}$,模糊方阵的幂定义为

$$\boldsymbol{A}^2\xlongequal{\text{def}}\boldsymbol{A}\circ\boldsymbol{A},\ \boldsymbol{A}^3\xlongequal{\text{def}}\boldsymbol{A}^2\circ\boldsymbol{A},\ \cdots,\ \boldsymbol{A}^n\xlongequal{\text{def}}\boldsymbol{A}^{n-1}\circ\boldsymbol{A}.$$

合成(∘)运算的性质如下:

1° 结合律 $(\boldsymbol{A}\circ\boldsymbol{B})\circ\boldsymbol{C}=\boldsymbol{A}\circ(\boldsymbol{B}\circ\boldsymbol{C})$.

2° $\boldsymbol{A}^k\circ\boldsymbol{A}^l=\boldsymbol{A}^{k+l}$, $(\boldsymbol{A}^m)^n=\boldsymbol{A}^{m\cdot n}$.

3° 分配律 $\boldsymbol{A}\circ(\boldsymbol{B}\cup\boldsymbol{C})=(\boldsymbol{A}\circ\boldsymbol{B})\cup(\boldsymbol{A}\circ\boldsymbol{C})$, $(\boldsymbol{B}\cup\boldsymbol{C})\circ\boldsymbol{A}=(\boldsymbol{B}\circ\boldsymbol{A})\cup(\boldsymbol{C}\circ\boldsymbol{A})$.

并(∪)的分配律可以推广到无限多个并的运算中去,即

$$\boldsymbol{A}\circ\Big(\bigcup_{t\in T}\boldsymbol{B}^{(t)}\Big)=\bigcup_{t\in T}(\boldsymbol{A}\circ\boldsymbol{B}^{(t)}),$$

$$\Big(\bigcup_{t\in T}\boldsymbol{B}^{(t)}\Big)\circ\boldsymbol{A}=\bigcup_{t\in T}(\boldsymbol{B}^{(t)}\circ\boldsymbol{A}).$$

4° 0-1 律 $\boldsymbol{O}\circ\boldsymbol{A}=\boldsymbol{A}\circ\boldsymbol{O}=\boldsymbol{O}$, $\boldsymbol{I}\circ\boldsymbol{A}=\boldsymbol{A}\circ\boldsymbol{I}=\boldsymbol{A}$.

5° $\boldsymbol{A}\leqslant\boldsymbol{B},\boldsymbol{C}\leqslant\boldsymbol{D}\Rightarrow\boldsymbol{A}\circ\boldsymbol{C}\leqslant\boldsymbol{B}\circ\boldsymbol{D}$.

6° $\boldsymbol{A}\leqslant\boldsymbol{B}\Rightarrow\boldsymbol{A}\circ\boldsymbol{C}\leqslant\boldsymbol{B}\circ\boldsymbol{C}$, $\boldsymbol{C}\circ\boldsymbol{A}\leqslant\boldsymbol{C}\circ\boldsymbol{B}$, $\boldsymbol{A}^n\leqslant\boldsymbol{B}^n$.

只证明上述性质中的一部分,其余留给读者完成.

证 性质 5° 因为

$$\boldsymbol{A}\leqslant\boldsymbol{B},\quad \boldsymbol{C}\leqslant\boldsymbol{D},$$

所以对于任意 i,j,k,有

$$a_{ik}\leqslant b_{ik},\quad c_{kj}\leqslant d_{kj},$$

于是对于任意 k,有

$$a_{ik}\wedge c_{kj}\leqslant b_{ik}\wedge d_{kj},\quad \bigvee_k(a_{ik}\wedge c_{kj})\leqslant\bigvee_k(b_{ik}\wedge d_{kj}),$$

因此

$$\boldsymbol{A}\circ\boldsymbol{C}\leqslant\boldsymbol{B}\circ\boldsymbol{D}.$$

性质 6° 用数学归纳法证明.

当 $n=1$ 时,$\boldsymbol{A}\leqslant\boldsymbol{B}$ 显然成立.

设 $n=k$ 时,$\boldsymbol{A}^k\leqslant\boldsymbol{B}^k$ 成立,要证 $n=k+1$ 命题成立.

事实上,$\boldsymbol{A}\leqslant\boldsymbol{B},\boldsymbol{A}^k\leqslant\boldsymbol{B}^k$,由性质 5°得

$$\boldsymbol{A}^k\circ\boldsymbol{A}\leqslant\boldsymbol{B}^k\circ\boldsymbol{B},\quad \boldsymbol{A}^{k+1}\leqslant\boldsymbol{B}^{k+1},$$

故

$$\boldsymbol{A}^n\leqslant\boldsymbol{B}^n.$$

合成(∘)运算要注意两点:

1° 交(∩)的分配律不成立,即

$$(\boldsymbol{A}\cap\boldsymbol{B})\circ\boldsymbol{C}\neq(\boldsymbol{A}\circ\boldsymbol{C})\cap(\boldsymbol{B}\circ\boldsymbol{C}).$$

试研究例子

$$\boldsymbol{A}=\begin{pmatrix}0.1 & 0.3\\0.2 & 0.1\end{pmatrix},\quad \boldsymbol{B}=\begin{pmatrix}0.2 & 0.1\\0.3 & 0.2\end{pmatrix},\quad \boldsymbol{C}=\begin{pmatrix}0.5 & 0.1\\0.3 & 0.2\end{pmatrix},$$

$$(\boldsymbol{A}\cap\boldsymbol{B})\circ\boldsymbol{C}=\begin{pmatrix}0.1&0.1\\0.2&0.1\end{pmatrix},\quad(\boldsymbol{A}\circ\boldsymbol{C})\cap(\boldsymbol{B}\circ\boldsymbol{C})=\begin{pmatrix}0.2&0.1\\0.2&0.1\end{pmatrix},$$

可见
$$(\boldsymbol{A}\cap\boldsymbol{B})\circ\boldsymbol{C}\neq(\boldsymbol{A}\circ\boldsymbol{C})\cap(\boldsymbol{B}\circ\boldsymbol{C}).$$

2° $\boldsymbol{A}\circ\boldsymbol{A}\neq\boldsymbol{A}$，而有 $\boldsymbol{A}\circ\boldsymbol{A}\overset{\text{def}}{=\!=}\boldsymbol{A}^2$（幂的定义）.

4. 模糊矩阵的转置

模糊矩阵的转置定义与线性代数中矩阵的转置定义是相同的.

定义 2.1.7　设 $\boldsymbol{A}=(a_{ij})_{m\times n}$，称 $\boldsymbol{A}^{\mathrm{T}}=(a_{ij}^{\mathrm{T}})_{n\times m}$ 为 $\boldsymbol{A}$ 的转置矩阵，其中

$$a_{ij}^{\mathrm{T}}=a_{ji},\quad i=1,2,\cdots,m;j=1,2,\cdots,n.$$

模糊矩阵的转置有如下性质：

1° $(\boldsymbol{A}^{\mathrm{T}})^{\mathrm{T}}=\boldsymbol{A}$；

2° $(\boldsymbol{A}\cup\boldsymbol{B})^{\mathrm{T}}=\boldsymbol{A}^{\mathrm{T}}\cup\boldsymbol{B}^{\mathrm{T}}$，　$(\boldsymbol{A}\cap\boldsymbol{B})^{\mathrm{T}}=\boldsymbol{A}^{\mathrm{T}}\cap\boldsymbol{B}^{\mathrm{T}}$；

3° $(\boldsymbol{A}\circ\boldsymbol{B})^{\mathrm{T}}=\boldsymbol{B}^{\mathrm{T}}\circ\boldsymbol{A}^{\mathrm{T}}$，　$(\boldsymbol{A}^n)^{\mathrm{T}}=(\boldsymbol{A}^{\mathrm{T}})^n$；

4° $(\boldsymbol{A}^{C})^{\mathrm{T}}=(\boldsymbol{A}^{\mathrm{T}})^{C}$；

5° $\boldsymbol{A}\leqslant\boldsymbol{B}\Leftrightarrow\boldsymbol{A}^{\mathrm{T}}\leqslant\boldsymbol{B}^{\mathrm{T}}$.

上述性质的证明比较容易，只证明性质 3°，其余留给读者完成.

证　设
$$\boldsymbol{A}=(a_{ik})_{m\times s},\quad \boldsymbol{B}=(b_{kj})_{s\times n},$$

则
$$\boldsymbol{A}_{m\times s}\circ\boldsymbol{B}_{s\times n}=\boldsymbol{C}_{m\times n}=(c_{ij})_{m\times n},$$

其中
$$c_{ij}=\bigvee_{k=1}^{s}(a_{ik}\wedge b_{kj}).$$

一方面，$(\boldsymbol{A}\circ\boldsymbol{B})^{\mathrm{T}}=\boldsymbol{C}^{\mathrm{T}}{}_{n\times m}=(c_{ij}^{\mathrm{T}})_{n\times m}=(c_{ji})_{n\times m}$，因为按定义，$c_{ij}^{\mathrm{T}}=c_{ji}$.

记　$\boldsymbol{A}^{\mathrm{T}}=(a_{ik}^{\mathrm{T}})_{s\times m}$，其中 $a_{ik}^{\mathrm{T}}=a_{ki}$；　$\boldsymbol{B}^{\mathrm{T}}=(b_{kj}^{\mathrm{T}})_{n\times s}$，其中 $b_{kj}^{\mathrm{T}}=b_{jk}$.

另一方面，

$$\begin{aligned}\boldsymbol{B}^{\mathrm{T}}\circ\boldsymbol{A}^{\mathrm{T}}&=\Big(\bigvee_{k=1}^{s}(b_{ik}^{\mathrm{T}}\wedge a_{kj}^{\mathrm{T}})\Big)_{n\times m}=\Big(\bigvee_{k=1}^{s}(b_{ki}\wedge a_{jk})\Big)_{n\times m}\\&=\Big(\bigvee_{k=1}^{s}(a_{jk}\wedge b_{ki})\Big)_{n\times m}=(c_{ji})_{n\times m},\end{aligned}$$

故
$$(\boldsymbol{A}\circ\boldsymbol{B})^{\mathrm{T}}=\boldsymbol{B}^{\mathrm{T}}\circ\boldsymbol{A}^{\mathrm{T}}.$$

用数学归纳法证明 $(\boldsymbol{A}^n)^{\mathrm{T}}=(\boldsymbol{A}^{\mathrm{T}})^n$.

当 $n=1$ 时，$\boldsymbol{A}^{\mathrm{T}}=\boldsymbol{A}^{\mathrm{T}}$.

当 $n=2$ 时，$(\boldsymbol{A}^2)^{\mathrm{T}}=(\boldsymbol{A}\circ\boldsymbol{A})^{\mathrm{T}}=\boldsymbol{A}^{\mathrm{T}}\circ\boldsymbol{A}^{\mathrm{T}}=(\boldsymbol{A}^{\mathrm{T}})^2$.

设当 $n=k$ 时，$(\boldsymbol{A}^k)^{\mathrm{T}}=(\boldsymbol{A}^{\mathrm{T}})^k$ 成立，则当 $n=k+1$ 时，有

$$(\boldsymbol{A}^{k+1})^{\mathrm{T}}=(\boldsymbol{A}^k\circ\boldsymbol{A})^{\mathrm{T}}=\boldsymbol{A}^{\mathrm{T}}\circ(\boldsymbol{A}^k)^{\mathrm{T}}=\boldsymbol{A}^{\mathrm{T}}\circ(\boldsymbol{A}^{\mathrm{T}})^k=(\boldsymbol{A}^{\mathrm{T}})^{k+1}.$$

因此
$$(\boldsymbol{A}^n)^{\mathrm{T}}=(\boldsymbol{A}^{\mathrm{T}})^n.$$

5. 模糊矩阵的 λ-截矩阵

定义 2.1.8　设 $\boldsymbol{A}=(a_{ij})\in\mathscr{M}_{m\times n}$，对于任意 $\lambda\in[0,1]$，称 $\boldsymbol{A}_\lambda=(a_{ij}^{(\lambda)})$ 为模糊矩阵 $\boldsymbol{A}=(a_{ij})$ 的 λ-截矩阵，其中

$$a_{ij}^{(\lambda)}=\begin{cases}1, & a_{ij}\geqslant\lambda,\\ 0, & a_{ij}<\lambda.\end{cases}$$

显然,截矩阵为布尔矩阵.

例 2.1.3 设
$$\boldsymbol{A}=\begin{pmatrix}1 & 0.5 & 0.2 & 0\\ 0.5 & 1 & 0.1 & 0.3\\ 0.2 & 0.1 & 1 & 0.8\\ 0 & 0.3 & 0.8 & 1\end{pmatrix},$$

则当 $\lambda=0.5$ 时的 λ-截矩阵

$$\boldsymbol{A}_{0.5}=\begin{pmatrix}1 & 1 & 0 & 0\\ 1 & 1 & 0 & 0\\ 0 & 0 & 1 & 1\\ 0 & 0 & 1 & 1\end{pmatrix}.$$

截矩阵的性质如下.

对于任意 $\lambda\in[0,1]$,有:

1° $\boldsymbol{A}\leqslant\boldsymbol{B}\Leftrightarrow\boldsymbol{A}_\lambda\leqslant\boldsymbol{B}_\lambda$;

2° $(\boldsymbol{A}\cup\boldsymbol{B})_\lambda=\boldsymbol{A}_\lambda\cup\boldsymbol{B}_\lambda$, $(\boldsymbol{A}\cap\boldsymbol{B})_\lambda=\boldsymbol{A}_\lambda\cap\boldsymbol{B}_\lambda$;

3° $(\boldsymbol{A}\circ\boldsymbol{B})_\lambda=\boldsymbol{A}_\lambda\circ\boldsymbol{B}_\lambda$;

4° $(\boldsymbol{A}^{\mathrm{T}})_\lambda=(\boldsymbol{A}_\lambda)^{\mathrm{T}}$.

只证明性质 1°和性质 3°,性质 2°和性质 4°的证明留给读者完成.

证 性质 1° 因为 $\boldsymbol{A}\leqslant\boldsymbol{B}$,所以对于任意 i,j,有 $a_{ij}\leqslant b_{ij}$.

于是,对于任意 $\lambda\in[0,1]$,若 $\lambda\leqslant a_{ij}\leqslant b_{ij}$,则 $a_{ij}^{(\lambda)}=b_{ij}^{(\lambda)}=1$;若 $a_{ij}<\lambda\leqslant b_{ij}$,则 $a_{ij}^{(\lambda)}=0,b_{ij}^{(\lambda)}=1$;若 $a_{ij}\leqslant b_{ij}<\lambda$,则 $a_{ij}^{(\lambda)}=b_{ij}^{(\lambda)}=0$.

综上所述,$a_{ij}^{(\lambda)}\leqslant b_{ij}^{(\lambda)}$,故 $\boldsymbol{A}_\lambda\leqslant\boldsymbol{B}_\lambda$.

已知对于任意 $\lambda\in[0,1]$,$\boldsymbol{A}_\lambda\leqslant\boldsymbol{B}_\lambda$. 假定 $\boldsymbol{A}\leqslant\boldsymbol{B}$ 不成立,存在 (i_0,j_0),使得 $a_{i_0j_0}>b_{i_0j_0}$. 取 $\lambda=a_{i_0j_0}$,$\lambda>b_{i_0j_0}$,且 $a_{i_0j_0}^{(\lambda)}=1,b_{i_0j_0}^{(\lambda)}=0$,即 $a_{i_0j_0}^{(\lambda)}>b_{i_0j_0}^{(\lambda)}$,$\boldsymbol{A}_\lambda\leqslant\boldsymbol{B}_\lambda$ 不成立,与已知条件矛盾,故 $\boldsymbol{A}\leqslant\boldsymbol{B}$.

性质 3° 记

$$\boldsymbol{A}=(a_{ik})_{m\times s},\quad \boldsymbol{B}=(b_{kj})_{s\times n},\quad \boldsymbol{A}\circ\boldsymbol{B}=\boldsymbol{C}=(c_{ij})_{m\times n},$$

对于任意 i,j,k,有

$$\begin{aligned}c_{ij}^{(\lambda)}=1&\Leftrightarrow c_{ij}\geqslant\lambda\Leftrightarrow\bigvee_{k=1}^{s}(a_{ik}\wedge b_{kj})\geqslant\lambda\\ &\Leftrightarrow(\exists k)(a_{ik}\wedge b_{kj})\geqslant\lambda\Leftrightarrow(\exists k)(a_{ik}\geqslant\lambda\text{ 且 }b_{kj}\geqslant\lambda)\\ &\Leftrightarrow(\exists k)(a_{ik}^{(\lambda)}=1\text{ 且 }b_{kj}^{(\lambda)}=1)\Leftrightarrow\bigvee_{k=1}^{s}(a_{ik}^{(\lambda)}\wedge b_{kj}^{(\lambda)})=1;\end{aligned}$$

$$c_{ij}^{(\lambda)}=0\Leftrightarrow c_{ij}<\lambda\Leftrightarrow\bigvee_{k=1}^{s}(a_{ik}\wedge b_{kj})<\lambda$$

$$\Leftrightarrow (\forall k)(a_{ik} \wedge b_{kj}) < \lambda \Leftrightarrow (\forall k)(a_{ik} < \lambda \text{ 或 } b_{kj} < \lambda)$$

$$\Leftrightarrow (\forall k)(a_{ik}^{(\lambda)} = 0 \text{ 或 } b_{kj}^{(\lambda)} = 0) \Leftrightarrow \bigvee_{k=1}^{s} (a_{ik}^{(\lambda)} \wedge b_{kj}^{(\lambda)}) = 0.$$

所以
$$c_{ij}^{(\lambda)} = \bigvee_{k=1}^{s} (a_{ik}^{(\lambda)} \wedge b_{kj}^{(\lambda)}).$$

2.1.3　模糊矩阵的基本定理

定义 2.1.9　设 $\boldsymbol{A} \in \mathscr{M}_{n\times n}$，若模糊矩阵 $\boldsymbol{A}$ 满足 $\boldsymbol{A} \geqslant \boldsymbol{I}$（$\boldsymbol{A}$ 的主对角线元素 $a_{ii} = 1$），则称 $\boldsymbol{A}$ 为模糊自反矩阵.

例如
$$\boldsymbol{A} = \begin{pmatrix} 1 & 0.2 \\ 0.5 & 1 \end{pmatrix} > \begin{pmatrix} 1 & 0 \\ 0 & 1 \end{pmatrix} = \boldsymbol{I},$$

$\boldsymbol{A}$ 是模糊自反矩阵.

定义 2.1.10　设 $\boldsymbol{A} \in \mathscr{M}_{n\times n}$，若模糊矩阵 $\boldsymbol{A}$ 满足 $\boldsymbol{A}^{\mathrm{T}} = \boldsymbol{A}$（$\Leftrightarrow a_{ij} = a_{ji}$），则称 $\boldsymbol{A}$ 为模糊对称矩阵.

例如，$\boldsymbol{A} = \begin{pmatrix} 0 & 0.3 & 0.5 \\ 0.3 & 1 & 0.1 \\ 0.5 & 0.1 & 0.9 \end{pmatrix}$ 是模糊对称矩阵.

定义 2.1.11　设 $\boldsymbol{A} \in \mathscr{M}_{n\times n}$，若模糊矩阵 $\boldsymbol{A}$ 满足 $\boldsymbol{A}^2 \leqslant \boldsymbol{A}$（$\Leftrightarrow \bigvee_{k=1}^{n} (a_{ik} \wedge a_{kj}) \leqslant a_{ij}$），则称 $\boldsymbol{A}$ 为模糊传递矩阵.

例如
$$\boldsymbol{A} = \begin{pmatrix} 0.1 & 0.2 & 0.3 \\ 0 & 0.1 & 0.2 \\ 0 & 0 & 0.1 \end{pmatrix}, \quad \boldsymbol{A}^2 = \begin{pmatrix} 0.1 & 0.1 & 0.2 \\ 0 & 0.1 & 0.1 \\ 0 & 0 & 0.1 \end{pmatrix} \leqslant \boldsymbol{A},$$

$\boldsymbol{A}$ 是模糊传递矩阵.

定义 2.1.12　设 $\boldsymbol{Q}, \boldsymbol{S}, \boldsymbol{A} \in \mathscr{M}_{n\times n}$，满足：

1° $\boldsymbol{S} \geqslant \boldsymbol{A}$（$\boldsymbol{S}^2 \leqslant \boldsymbol{S}$），

2° 对于任意 $\boldsymbol{Q} \geqslant \boldsymbol{A}$（$\boldsymbol{Q}^2 \leqslant \boldsymbol{Q}$），总有 $\boldsymbol{Q} \geqslant \boldsymbol{S}$，

则称 $\boldsymbol{S}$ 为 $\boldsymbol{A}$ 的传递闭包，记为 $t(\boldsymbol{A})$，即 $\boldsymbol{S} = t(\boldsymbol{A})$.

定义 2.1.12 的意思是：包含 $\boldsymbol{A}$ 而且被任何包含 $\boldsymbol{A}$ 的传递矩阵所包含的传递矩阵称为 $\boldsymbol{A}$ 的传递闭包，或包含 $\boldsymbol{A}$ 的最小的模糊传递矩阵称为 $\boldsymbol{A}$ 的传递闭包. 显然，$\boldsymbol{A}$ 的传递闭包 $t(\boldsymbol{A})$ 满足：

1° $t(\boldsymbol{A}) \circ t(\boldsymbol{A}) \leqslant t(\boldsymbol{A})$　（传递性）；

2° $t(\boldsymbol{A}) \geqslant \boldsymbol{A}$；

3° 对于任意 $\boldsymbol{Q} \geqslant \boldsymbol{A}$（$\boldsymbol{Q} \circ \boldsymbol{Q} \leqslant \boldsymbol{Q}$），总有 $\boldsymbol{Q} \geqslant t(\boldsymbol{A})$　（最小性）.

定理 2.1.1　设 $\boldsymbol{A} \in \mathscr{M}_{n\times n}$ 是模糊自反矩阵，则有

$$\boldsymbol{A} \leqslant \boldsymbol{A}^2 \leqslant \boldsymbol{A}^3 \leqslant \cdots \leqslant \boldsymbol{A}^{n-1} \leqslant \boldsymbol{A}^n \leqslant \cdots.$$

证 因为 $\boldsymbol{A}$ 是模糊自反矩阵,$\boldsymbol{A}\geqslant\boldsymbol{I}$,所以由合成运算的性质 4°和性质 6°,得

$$\boldsymbol{I}\circ\boldsymbol{A}\leqslant\boldsymbol{A}\circ\boldsymbol{A}, \quad \text{即} \quad \boldsymbol{I}\leqslant\boldsymbol{A}\leqslant\boldsymbol{A}^2;$$

继续下去,得

$$\boldsymbol{I}\leqslant\boldsymbol{A}\leqslant\boldsymbol{A}^2\leqslant\boldsymbol{A}^3\leqslant\cdots,$$

故

$$\boldsymbol{I}\leqslant\boldsymbol{A}\leqslant\boldsymbol{A}^2\leqslant\boldsymbol{A}^3\leqslant\cdots\leqslant\boldsymbol{A}^{n-1}\leqslant\boldsymbol{A}^n\leqslant\cdots.$$

定理 2.1.2 设 $\boldsymbol{A}\in\mathscr{M}_{n\times n}$,则传递闭包

$$t(\boldsymbol{A})=\boldsymbol{A}\cup\boldsymbol{A}^2\cup\cdots\cup\boldsymbol{A}^n\cup\cdots=\bigcup_{k=1}^{\infty}\boldsymbol{A}^k.$$

证 1°

$$\bigcup_{k=1}^{\infty}\boldsymbol{A}^k\circ\bigcup_{j=1}^{\infty}\boldsymbol{A}^j=\bigcup_{k=1}^{\infty}\left(\boldsymbol{A}^k\circ\bigcup_{j=1}^{\infty}\boldsymbol{A}^j\right)=\bigcup_{k=1}^{\infty}\bigcup_{j=1}^{\infty}(\boldsymbol{A}^k\circ\boldsymbol{A}^j)$$
$$=\bigcup_{k=1}^{\infty}\bigcup_{j=1}^{\infty}\boldsymbol{A}^{k+j}=\bigcup_{m=2}^{\infty}\boldsymbol{A}^m\leqslant\bigcup_{m=1}^{\infty}\boldsymbol{A}^m;$$

2°

$$\bigcup_{k=1}^{\infty}\boldsymbol{A}^k\geqslant\boldsymbol{A};$$

3° 对于任意 $\boldsymbol{Q}\geqslant\boldsymbol{A}$,由合成(∘)运算的性质 6°,则对于任意 $k\in\mathbf{N}$,有 $\boldsymbol{Q}^k\geqslant\boldsymbol{A}^k$.

又因为

$$\boldsymbol{Q}^2\leqslant\boldsymbol{Q}, \quad \boldsymbol{Q}^3=\boldsymbol{Q}^2\circ\boldsymbol{Q}\leqslant\boldsymbol{Q}\circ\boldsymbol{Q}\leqslant\boldsymbol{Q}, \ \cdots, \ \boldsymbol{Q}^k\leqslant\boldsymbol{Q},$$

所以,对于任意 $k\in\mathbf{N}$,有 $\boldsymbol{Q}\geqslant\boldsymbol{Q}^k\geqslant\boldsymbol{A}^k$,故

$$\boldsymbol{Q}\geqslant\bigcup_{k=1}^{\infty}\boldsymbol{A}^k.$$

定理 2.1.2 的重要性在于给出了任意模糊矩阵 $\boldsymbol{A}$ 的传递闭包的表达式. 但是,实际操作是无法实现的,因为这要求做无穷多次并运算. 因此,人们设法改进了这一结论.

定理 2.1.3 设 $\boldsymbol{A}\in\mathscr{M}_{n\times n}$,则传递闭包 $t(\boldsymbol{A})=\bigcup_{k=1}^{n}\boldsymbol{A}^k$.(证明略.)

定理 2.1.3 表明,当 $\boldsymbol{A}$ 是 n 阶矩阵时,至多用 n 次并运算便可表示出 $\boldsymbol{A}$ 的传递闭包. 以后将会看到,对所谓模糊相似矩阵,其传递闭包的表达式会更简单些,也便于操作.

2.2 模糊关系

与模糊子集是经典集的推广一样,模糊关系是普通关系的推广. 例如,“父子”关系是普通关系,而两人之间彼此“熟悉”的关系则是模糊关系.

2.2.1 模糊关系的定义

定义 2.2.1 设有论域 U,V,称 $U\times V$ 的一个模糊子集 $\underset{\sim}{R}\in\mathscr{F}(U\times V)$ 为 U 到 V 的模糊关系,记为 $U\xrightarrow{\underset{\sim}{R}}V$. 其隶属函数为映射

$$\mathscr{M}_{\underset{\sim}{R}}: U\times V \to [0,1]$$

$$(x,y) \mapsto \mathscr{M}_{\underset{\sim}{R}}(x,y) \xlongequal{\text{记为}} \underset{\sim}{R}(x,y),$$

并称隶属度$\underset{\sim}{R}(x,y)$为(x,y)关于模糊关系$\underset{\sim}{R}$的相关程度.

例 2.2.1　身高的模糊关系　设身高论域 $U=\{140,150,160,170,180\}$(单位:cm),体重论域 $V=\{40,50,60,70,80\}$(单位:kg).表 2.1 给出了人的身高与体重之间的模糊关系.

表 2.1

U	V				
	40	50	60	70	80
140	1	0.8	0.2	0.1	0
150	0.8	1	0.8	0.2	0.1
160	0.2	0.8	1	0.8	0.2
170	0.1	0.2	0.8	1	0.8
180	0	0.1	0.2	0.8	1

$\underset{\sim}{R}(160,50)=0.8$,$\underset{\sim}{R}(180,60)=0.2$,这表明身高 160 cm 与体重 50 kg 的相关程度为 80%,身高 180 cm 与体重 60 kg 的相关程度为 20%.

例 2.2.2　实数的模糊关系　设 $X=Y$ 是实数集,直积 $X\times Y$ 是整个平面.关系 $R:x>y$是一个普通关系,即平面上的集合 R,如图 2.1 所示.

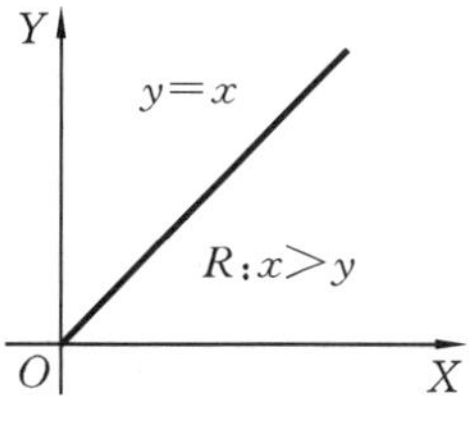

图 2.1

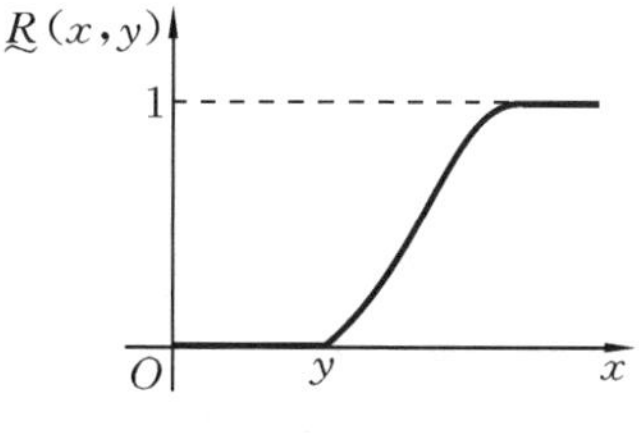

图 2.2

现在考虑"x 远远大于 y"的关系,这是一个模糊关系$\underset{\sim}{R}$,记为$\underset{\sim}{R}\xlongequal{\text{def}}$"$x\gg y$",其隶属函数定义为

$$\underset{\sim}{R}(x,y)=\begin{cases} 0, & x\leqslant y, \\ \left[1+\dfrac{100}{(x-y)^2}\right]^{-1}, & x>y, \end{cases}$$

如图 2.2 所示.当 $x=1000$,$y=100$ 时,$\underset{\sim}{R}(x,y)=0.9990$;当 $x=20$,$y=10$ 时,$\underset{\sim}{R}(x,y)=0.5000$;当 $x=20$,$y=18$ 时,$\underset{\sim}{R}(x,y)=0.0385$.

由于模糊关系$\underset{\sim}{R}$就是直积 $U\times V$ 的一个模糊子集,因此,模糊关系同样具有模糊子集的运算及性质.

定义 2.2.2　设$\underset{\sim}{R}$,$\underset{\sim}{R}_1$,$\underset{\sim}{R}_2$ 为 U 到 V 的模糊关系,定义:

1° 相等　$\underset{\sim}{R}_1=\underset{\sim}{R}_2 \Leftrightarrow \underset{\sim}{R}_1(x,y)=\underset{\sim}{R}_2(x,y)$；

2° 包含　$\underset{\sim}{R}_1 \subseteq \underset{\sim}{R}_2 \Leftrightarrow \underset{\sim}{R}_1(x,y) \leqslant \underset{\sim}{R}_2(x,y)$；

3° 并　$\underset{\sim}{R}_1 \cup \underset{\sim}{R}_2$，其隶属函数为

$$(\underset{\sim}{R}_1 \cup \underset{\sim}{R}_2)(x,y)=\underset{\sim}{R}_1(x,y) \vee \underset{\sim}{R}_2(x,y);$$

4° 交　$\underset{\sim}{R}_1 \cap \underset{\sim}{R}_2$，其隶属函数为

$$(\underset{\sim}{R}_1 \cap \underset{\sim}{R}_2)(x,y)=\underset{\sim}{R}_1(x,y) \wedge \underset{\sim}{R}_2(x,y);$$

5° 余　$\underset{\sim}{R}^C$，其隶属函数为

$$\underset{\sim}{R}^C(x,y)=1-\underset{\sim}{R}(x,y).$$

$(\underset{\sim}{R}_1 \cup \underset{\sim}{R}_2)(x,y)$表示$(x,y)$对模糊关系"$\underset{\sim}{R}_1$或$\underset{\sim}{R}_2$"的相关程度，$(\underset{\sim}{R}_1 \cap \underset{\sim}{R}_2)(x,y)$表示$(x,y)$对"$\underset{\sim}{R}_1$且$\underset{\sim}{R}_2$"的相关程度，$\underset{\sim}{R}^C(x,y)$表示$(x,y)$对"非$\underset{\sim}{R}$"的相关程度.

对于有限论域$U=\{x_1,x_2,\cdots,x_m\}$，$V=\{y_1,y_2,\cdots,y_n\}$，U到V的模糊关系$\underset{\sim}{R}$可用$m \times n$模糊矩阵表示，即

$$\boldsymbol{R}=(r_{ij})_{m\times n},$$

其中$r_{ij}=\underset{\sim}{R}(x_i,y_j)\in[0,1]$表示$(x_i,y_j)$对模糊关系$\underset{\sim}{R}$的相关程度.

例 2.2.1 中的身高与体重之间的模糊关系$\underset{\sim}{R}$可用模糊矩阵$\boldsymbol{R}$表示，即

$$\boldsymbol{R}=\begin{pmatrix} 1 & 0.8 & 0.2 & 0.1 & 0 \\ 0.8 & 1 & 0.8 & 0.2 & 0.1 \\ 0.2 & 0.8 & 1 & 0.8 & 0.2 \\ 0.1 & 0.2 & 0.8 & 1 & 0.8 \\ 0 & 0.1 & 0.2 & 0.8 & 1 \end{pmatrix}.$$

这样一来，在有限论域之间，普通关系与布尔矩阵建立了 1－1 对应关系，模糊关系与模糊矩阵建立了1－1 对应关系. 于是，以后总是把相互对应的模糊关系和模糊矩阵视为等同的，而且由于模糊矩阵比较直观，又便于运算，故总是将模糊关系转化为模糊矩阵.

在模糊关系的运算中，除了上述按模糊集进行的以外，还有其独特的运算——模糊关系的合成.

2.2.2　模糊关系的合成

定义 2.2.3　设有X,Y,Z三个论域，$\underset{\sim}{R}_1$是X到Y的模糊关系，$\underset{\sim}{R}_2$是Y到Z的模糊关系，定义$\underset{\sim}{R}_1$与$\underset{\sim}{R}_2$的合成$\underset{\sim}{R}_1 \circ \underset{\sim}{R}_2$是$X$到$Z$的一个模糊关系，其隶属函数为

$$(\underset{\sim}{R}_1 \circ \underset{\sim}{R}_2)(x,y)=\bigvee_{y\in Y}(\underset{\sim}{R}_1(x,y) \wedge \underset{\sim}{R}_2(y,z)).$$

若$\underset{\sim}{R}\in\mathcal{T}(X\times X)$，定义$\underset{\sim}{R}^2=\underset{\sim}{R}\circ\underset{\sim}{R}$，$\underset{\sim}{R}^n=\underset{\sim}{R}^{n-1}\circ\underset{\sim}{R}$.

当论域为有限时，模糊关系的合成转化为模糊矩阵的合成.

设 $X=\{x_1,x_2,\cdots,x_m\}$,$Y=\{y_1,y_2,\cdots,y_s\}$,$Z=\{z_1,z_2,\cdots,z_n\}$为有限论域,且

$$\boldsymbol{R}_1=(a_{ik})_{m\times s}\in\mathcal{T}(X\times Y),\quad \boldsymbol{R}_2=(b_{kj})_{s\times n}\in\mathcal{T}(Y\times Z),$$

则 $\boldsymbol{R}_1$ 与 $\boldsymbol{R}_2$ 的合成为

$$\boldsymbol{R}_1\circ\boldsymbol{R}_2=C=(c_{ij})_{m\times n}\in\mathcal{T}(X\times Z),$$

其中 $c_{ij}=\bigvee\limits_{k=1}^{s}(a_{ik}\wedge b_{kj})$.

例 2.2.3 生物群落间的模糊关系 设生物群落论域 $X=\{x_1,x_2,x_3\}$,$U=\{a,b,c\}$,$Y=\{y_1,y_2,y_3\}$. 以 $X\xrightarrow{\underset{\sim}{R}_1}U$ 表示两生物群落间的密切关系,记为

$$\boldsymbol{R}_1=\begin{pmatrix}0.2&0.9&0.5\\0.4&0.1&0.8\\0.6&0.7&0.3\end{pmatrix}.$$

例如,其中 $r'_{13}=0.5$ 表示种群 x_1 与种群 c 之间的密切程度.

以 $U\xrightarrow{\underset{\sim}{R}_2}Y$ 表示另两生物群落间的密切关系,记为

$$\boldsymbol{R}_2=\begin{pmatrix}0.9&0.5&0.2\\0.4&0.8&0.7\\0.6&0.3&0.1\end{pmatrix}.$$

例如,其中 $r''_{23}=0.7$ 表示种群 b 与种群 y_3 之间的密切程度,则生物群落 X 与 Y 之间的密切程度是指模糊关系的合成,即模糊矩阵的合成 $\boldsymbol{R}_1\circ\boldsymbol{R}_2$,且

$$\boldsymbol{R}_1\circ\boldsymbol{R}_2=\begin{pmatrix}0.2&0.9&0.5\\0.4&0.1&0.8\\0.6&0.7&0.3\end{pmatrix}\circ\begin{pmatrix}0.9&0.5&0.2\\0.4&0.8&0.7\\0.6&0.3&0.1\end{pmatrix}=\begin{pmatrix}0.5&0.8&0.7\\0.6&0.4&0.2\\0.6&0.7&0.7\end{pmatrix},$$

即

$\underset{\sim}{R}_1\circ\underset{\sim}{R}_2$	y_1	y_2	y_3
x_1	0.5	0.8	0.7
x_2	0.6	0.4	0.2
x_3	0.6	0.7	0.7

.

这就表明了生物群落 $X=\{x_1,x_2,x_3\}$与 $Y=\{y_1,y_2,y_3\}$之间的密切程度.

例 2.2.4 设 k 为大于零的常数. $\underset{\sim}{R}_1$是 $X\times Y$ 上的模糊关系,其隶属函数为 $\underset{\sim}{R}_1(x,y)=\exp[-k(x-y)^2]$;$\underset{\sim}{R}_2$是 $Y\times Z$ 上的模糊关系,其隶属函数为$\underset{\sim}{R}_2(y,z)=\exp[-k(y-z)^2]$. 试求模糊关系$\underset{\sim}{R}_1$与$\underset{\sim}{R}_2$的合成$\underset{\sim}{R}_1\circ\underset{\sim}{R}_2$.

解 由定义 2.2.3 得

$$\begin{aligned}(\underset{\sim}{R}_1\circ\underset{\sim}{R}_2)(x,z)&=\bigvee_{y\in Y}[\underset{\sim}{R}_1(x,y)\wedge\underset{\sim}{R}_2(y,z)]\\&=\bigvee_{y\in Y}[\exp[-k(x-y)^2]\wedge\exp[-k(y-z)^2]].\end{aligned}$$

先求两曲线的交点(图 2.3),有

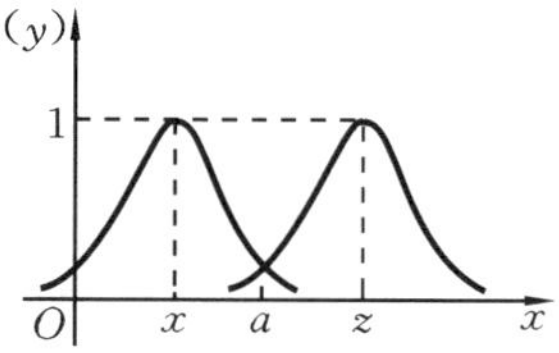

图 2.3

$$\exp[-k(x-y)^2]=\exp[-k(y-z)^2],$$
$$(x-y)^2=(y-z)^2.$$

求得交点横坐标 $y^*=\dfrac{x+z}{2}=a$(另一解舍去).

当 $y=y^*$ 时,

$$\bigvee_{y\in Y}(\exp[-k(x-y)^2]\wedge\exp[-k(y-z)^2])$$
$$=\exp[-k(x-y^*)^2],$$

故 $$(\underset{\sim}{R}_1\circ\underset{\sim}{R}_2)(x,z)=\exp\left[-k\left(x-\frac{x+z}{2}\right)^2\right]=\exp\left[-k\left(\frac{x-z}{2}\right)^2\right].$$

模糊关系合成具有如下性质(这些性质在有限论域情况下,就是模糊矩阵合成运算的性质):

1° 结合律 $(\underset{\sim}{A}\circ\underset{\sim}{B})\circ\underset{\sim}{C}=\underset{\sim}{A}\circ(\underset{\sim}{B}\circ\underset{\sim}{C})$;

2° 分配律 $\underset{\sim}{A}\circ(\underset{\sim}{B}\cup\underset{\sim}{C})=(\underset{\sim}{A}\circ\underset{\sim}{B})\cup(\underset{\sim}{A}\circ\underset{\sim}{C})$,

$(\underset{\sim}{B}\cup\underset{\sim}{C})\circ\underset{\sim}{A}=(\underset{\sim}{B}\circ\underset{\sim}{A})\cup(\underset{\sim}{C}\circ\underset{\sim}{A})$;

3° $(\underset{\sim}{A}\circ\underset{\sim}{B})^{\mathrm{T}}=\underset{\sim}{B}^{\mathrm{T}}\circ\underset{\sim}{A}^{\mathrm{T}}$;

4° $\underset{\sim}{A}\subseteq\underset{\sim}{B},\underset{\sim}{C}\subseteq\underset{\sim}{D}\Rightarrow\underset{\sim}{A}\circ\underset{\sim}{C}\subseteq\underset{\sim}{B}\circ\underset{\sim}{D}$;

5° $\underset{\sim}{A}\subseteq\underset{\sim}{B}\Rightarrow\underset{\sim}{A}\circ\underset{\sim}{C}\subseteq\underset{\sim}{B}\circ\underset{\sim}{C},\underset{\sim}{C}\circ\underset{\sim}{A}\subseteq\underset{\sim}{C}\circ\underset{\sim}{B},\underset{\sim}{A}^n\subseteq\underset{\sim}{B}^n$.

2.2.3 模糊等价关系

在 1.2 节中曾讲过,论域 X 上的普通等价关系可以确定 X 的一个划分(即 X 的一个分类).同样,模糊等价关系也可用于分类.

定义 2.2.4 若模糊关系$\underset{\sim}{R}\in\mathscr{T}(X\times X)$满足:

1° 自反性 $\underset{\sim}{R}(x,x)=1$,

2° 对称性 $\underset{\sim}{R}(x,y)=\underset{\sim}{R}(y,x)$,

3° 传递性 $\underset{\sim}{R}\circ\underset{\sim}{R}\subseteq\underset{\sim}{R}$,

则称$\underset{\sim}{R}$是 X 上的一个模糊等价关系.其中隶属度$\underset{\sim}{R}(x,y)$表示(x,y)的相关程度.

2.3 模糊等价矩阵

当论域$U=\{x_1,x_2,\cdots,x_n\}$为有限论域时,U 的模糊等价关系可表示为 $n\times n$ 模糊等价矩阵.

2.3.1 模糊等价矩阵及其性质

定义 2.3.1 设论域$U=\{x_1,x_2,\cdots,x_n\}$,$\boldsymbol{R}\in\mathscr{M}_{n\times n}$,$\boldsymbol{I}$ 为单位矩阵,若 $\boldsymbol{R}$ 满足:

1° 自反性　$\boldsymbol{I}\leqslant\boldsymbol{R}(\Leftrightarrow r_{ii}=1)$，

2° 对称性　$\boldsymbol{R}^{\mathrm{T}}=\boldsymbol{R}(\Leftrightarrow r_{ij}=r_{ji})$，

3° 传递性　$\boldsymbol{R}\circ\boldsymbol{R}\leqslant\boldsymbol{R}(\Leftrightarrow\bigvee_{k=1}^{n}(r_{ik}\wedge r_{kj})\leqslant r_{ij})$，

则称 $\boldsymbol{R}$ 为模糊等价矩阵.

由定义 2.3.1 可知，因自反性 $r_{ii}=1$ 成立，故有

$$\bigvee_{k=1}^{n}(r_{ik}\wedge r_{kj})\geqslant r_{ii}\wedge r_{ij}=r_{ij},$$

又因传递性 $\bigvee_{k=1}^{n}(r_{ik}\wedge r_{kj})\leqslant r_{ij}$ 成立，故有

$$\bigvee_{k=1}^{n}(r_{ik}\wedge r_{kj})=r_{ij}.$$

因此
$$\boldsymbol{R}\circ\boldsymbol{R}=\boldsymbol{R}.$$

例 2.3.1　设 $U=\{x_1,x_2,x_3\}$，$\boldsymbol{R}=\begin{pmatrix}1&0.2&0.2\\0.2&1&0.3\\0.2&0.3&1\end{pmatrix}$ 具有自反性、对称性，又

$$\boldsymbol{R}\circ\boldsymbol{R}=\begin{pmatrix}1&0.2&0.2\\0.2&1&0.3\\0.2&0.3&1\end{pmatrix}\circ\begin{pmatrix}1&0.2&0.2\\0.2&1&0.3\\0.2&0.3&1\end{pmatrix}=\begin{pmatrix}1&0.2&0.2\\0.2&1&0.3\\0.2&0.3&1\end{pmatrix}=\boldsymbol{R},$$

故 $\boldsymbol{R}$ 是模糊等价矩阵.

模糊等价矩阵具有如下定理所述的性质.

定理 2.3.1　$\boldsymbol{R}$ 是模糊等价矩阵 $\Leftrightarrow\forall\lambda\in[0,1]$，$\boldsymbol{R}_\lambda$ 是等价的布尔矩阵.

证　1° $\boldsymbol{R}$ 的自反性，$\boldsymbol{I}\leqslant\boldsymbol{R}\Leftrightarrow\forall\lambda\in[0,1]$，$\boldsymbol{I}_\lambda\leqslant\boldsymbol{R}_\lambda$，即 $\boldsymbol{I}\leqslant\boldsymbol{R}_\lambda$（2.1 节中的截矩阵性质 1°），表明 $\boldsymbol{R}_\lambda$ 具有自反性；

2° $\boldsymbol{R}$ 的对称性，$\boldsymbol{R}^{\mathrm{T}}=\boldsymbol{R}\Leftrightarrow(\boldsymbol{R}^{\mathrm{T}})_\lambda=\boldsymbol{R}_\lambda$，即 $(\boldsymbol{R}_\lambda)^{\mathrm{T}}=\boldsymbol{R}_\lambda$（2.1 节中的截矩阵性质 4°），表明 $\boldsymbol{R}_\lambda$ 具有对称性；

3° $\boldsymbol{R}$ 的传递性，$\boldsymbol{R}\circ\boldsymbol{R}\leqslant\boldsymbol{R}\Leftrightarrow\boldsymbol{R}_\lambda\circ\boldsymbol{R}_\lambda\leqslant\boldsymbol{R}_\lambda$（2.1 节中的截矩阵的性质 3°及性质 1°），表明 $\boldsymbol{R}_\lambda$ 具有传递性.

定理 2.3.1 的重要性在于将模糊等价矩阵转化为等价的布尔矩阵 $\Leftrightarrow$ 有限论域上的普通等价关系，而等价关系是可以分类的. 因此，当 λ 在 $[0,1]$ 上变动时，由 R_λ 得到不同的分类. 这些分类之间的联系则由下面的定理给出.

定理 2.3.2　设 $\boldsymbol{R}\in\mathscr{M}_{n\times n}$ 是模糊等价矩阵，则对 $\lambda,\mu\in[0,1]$，且 $\lambda<\mu$，R_μ 所决定的分类中的每一个类是 $\boldsymbol{R}_\lambda$ 决定的分类中的某个类的子类.

证　设
$$\boldsymbol{R}_\lambda=(r_{ij}^{(\lambda)})_{n\times n},\quad\boldsymbol{R}_\mu=(r_{ij}^{(\mu)})_{n\times n},$$

对于任意 $\lambda,\mu\in[0,1]$，$\lambda<\mu$，有

$$r_{ij}^{(\mu)}=1\Leftrightarrow r_{ij}\geqslant\mu\Rightarrow r_{ij}>\lambda\Leftrightarrow r_{ij}^{(\lambda)}=1.$$

这就是说，如果 i,j 按 $\boldsymbol{R}_\mu$ 分在一类，则按 $\boldsymbol{R}_\lambda$ 也必分在一类，即 $\boldsymbol{R}_\mu$ 所决定的分

类中的每个类是 $\boldsymbol{R}_\lambda$ 决定的分类中的某个类的子类.

定理 2.3.2 表明,当 $\lambda<\mu$ 时,$\boldsymbol{R}_\mu$ 的分类是 $\boldsymbol{R}_\lambda$ 分类的加细.因此,当 λ 由 1 变到 0 时,$\boldsymbol{R}_\lambda$ 的分类由细变粗,形成一个动态的聚类图,称之为模糊分类.下面举例说明这种动态的聚类过程.

例 2.3.2 设 $$U=\{x_1,x_2,x_3,x_4,x_5\},$$

$$\boldsymbol{R}=\begin{pmatrix}1 & 0.4 & 0.8 & 0.5 & 0.5\\ 0.4 & 1 & 0.4 & 0.4 & 0.4\\ 0.8 & 0.4 & 1 & 0.5 & 0.5\\ 0.5 & 0.4 & 0.5 & 1 & 0.6\\ 0.5 & 0.4 & 0.5 & 0.6 & 1\end{pmatrix}.$$

容易验证,$r_{ii}=1,r_{ij}=r_{ji}$,$\boldsymbol{R}$ 具有自反性与对称性.又

$$\boldsymbol{R}\circ\boldsymbol{R}=\begin{pmatrix}1 & 0.4 & 0.8 & 0.5 & 0.5\\ 0.4 & 1 & 0.4 & 0.4 & 0.4\\ 0.8 & 0.4 & 1 & 0.5 & 0.5\\ 0.5 & 0.4 & 0.5 & 1 & 0.6\\ 0.5 & 0.4 & 0.5 & 0.6 & 1\end{pmatrix}=\boldsymbol{R},$$

所以 $\boldsymbol{R}$ 具有传递性,故 $\boldsymbol{R}$ 是模糊等价矩阵.

取 $\lambda=1$,得 $$\boldsymbol{R}_1=\begin{pmatrix}1 & 0 & 0 & 0 & 0\\ 0 & 1 & 0 & 0 & 0\\ 0 & 0 & 1 & 0 & 0\\ 0 & 0 & 0 & 1 & 0\\ 0 & 0 & 0 & 0 & 1\end{pmatrix},$$

U 分为 5 类:$\{x_1\},\{x_2\},\{x_3\},\{x_4\},\{x_5\}$.

取 $\lambda=0.8$,得 $$\boldsymbol{R}_{0.8}=\begin{pmatrix}1 & 0 & 1 & 0 & 0\\ 0 & 1 & 0 & 0 & 0\\ 1 & 0 & 1 & 0 & 0\\ 0 & 0 & 0 & 1 & 0\\ 0 & 0 & 0 & 0 & 1\end{pmatrix},$$

U 分为 4 类:$\{x_1,x_3\},\{x_2\},\{x_4\},\{x_5\}$.

取 $\lambda=0.6$,得 $$\boldsymbol{R}_{0.6}=\begin{pmatrix}1 & 0 & 1 & 0 & 0\\ 0 & 1 & 0 & 0 & 0\\ 1 & 0 & 1 & 0 & 0\\ 0 & 0 & 0 & 1 & 1\\ 0 & 0 & 0 & 1 & 1\end{pmatrix},$$

U 分为 3 类:$\{x_1,x_3\},\{x_2\},\{x_4,x_5\}$.

取 $\lambda=0.5$，得

$$\boldsymbol{R}_{0.5}=\begin{pmatrix}1&0&1&1&1\\0&1&0&0&0\\1&0&1&1&1\\1&0&1&1&1\\1&0&1&1&1\end{pmatrix},$$

U 分为 2 类：$\{x_1,x_3,x_4,x_5\}$，$\{x_2\}$.

取 $\lambda=0.4$，得

$$\boldsymbol{R}_{0.4}=\begin{pmatrix}1&1&1&1&1\\1&1&1&1&1\\1&1&1&1&1\\1&1&1&1&1\\1&1&1&1&1\end{pmatrix},$$

U 分为 1 类：$\{x_1,x_2,x_3,x_4,x_5\}$.

于是，得到动态的聚类图(图 2.4).

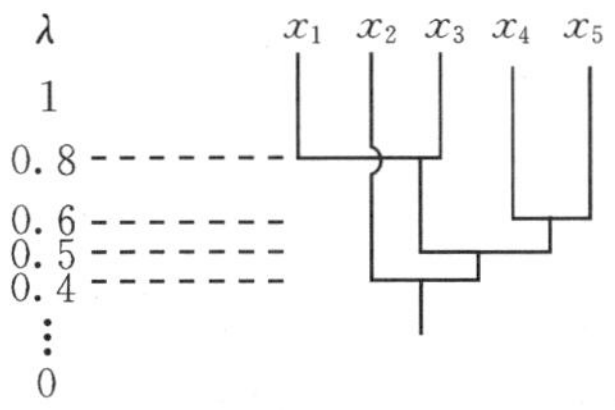

图 2.4

聚类图的直观解释是：严格地说($\lambda=1$)，各元素自成一类. 如果条件放宽一些，不要求完全相同，只要"八分像"($\lambda=0.8$)，则 x_1 与 x_3 归成一类，其他 x_2,x_4,x_5 达不到要求仍各成一类. 把条件再放宽一点，只要"六分像"($\lambda=0.6$)，则 x_4 与 x_5 可归成一类，x_2 仍单列，整体分成三类. 而当把条件放宽到"四分像"($\lambda=0.4$)，即 40% 的相似都算相似，此时所有元素归成一类.

需要指出的是，在实际应用问题中要建立一个模糊等价关系或模糊等价矩阵往往是不容易的，这主要是由于传递性不易满足，但是，要建立一个自反的、对称的模糊关系或自反的、对称的模糊矩阵(称之为模糊相似矩阵)，则是比较容易的. 然后将它改造成满足传递性而又保持自反性与对称性的模糊等价关系或模糊等价矩阵，就可以进行分类. 下面就讨论这方面的问题.

2.3.2　模糊相似矩阵及其性质

定义 2.3.2　若模糊关系 $\underset{\sim}{R}\in\mathscr{T}(U\times U)$ 满足：

1° 自反性　$\underset{\sim}{R}(x,x)=1$，

2° 对称性　$\underset{\sim}{R}(x,y)=\underset{\sim}{R}(y,x)$，

则称 $\underset{\sim}{R}$ 为 U 上的模糊相似关系. 其中隶属度 $\underset{\sim}{R}(x,y)$ 表示 x,y 的相似程度.

例 2.3.3　彼此熟悉的模糊相似关系　设论域 $U=\{x_1,x_2\}$ 表示两个人的集合. 两个人之间彼此"熟悉"的模糊关系 $\underset{\sim}{R}$ 就是一种模糊相似关系，因为 $\underset{\sim}{R}(x_1,x_1)=1$，$\underset{\sim}{R}(x_1,x_2)=\underset{\sim}{R}(x_2,x_1)$，但是 $\underset{\sim}{R}$ 不满足传递性，故 $\underset{\sim}{R}$ 不是模糊等价关系.

当 U 为有限论域时,模糊相似关系 $\underset{\sim}{R}$ 可用模糊相似矩阵 $\boldsymbol{R}$ 表示.

定义 2.3.3 设论域 $U=\{x_1,x_2,\cdots,x_n\}$,$\boldsymbol{R}\in\mathscr{M}_{n\times n}$,$\boldsymbol{I}$ 为单位矩阵,若 $\boldsymbol{R}$ 满足:

1° 自反性 $\boldsymbol{I}\leqslant\boldsymbol{R}(\Leftrightarrow r_{ii}=1)$,

2° 对称性 $\boldsymbol{R}^{\mathrm{T}}=\boldsymbol{R}(\Leftrightarrow r_{ij}=r_{ji})$,

则称 $\boldsymbol{R}$ 为模糊相似矩阵.

例 2.3.4 设

$$\boldsymbol{R}=\begin{pmatrix}1 & 0.2 & 0.5\\ 0.2 & 1 & 0.8\\ 0.5 & 0.8 & 1\end{pmatrix},\quad \boldsymbol{Q}=\begin{pmatrix}1 & 0.2 & 0.3\\ 0.2 & 0.1 & 0.7\\ 0.3 & 0.7 & 0\end{pmatrix},$$

则 $\boldsymbol{R}$ 是模糊相似矩阵. $\boldsymbol{Q}$ 具有对称性,但不具有自反性,故 $\boldsymbol{Q}$ 不是模糊相似矩阵.

例 2.3.5 在育种工作中,以某个品种(系)作为材料,考察它的 n 个性状,则由遗传标准差与遗传协方差的估计值可求得遗传相关系数的估计值

$$\hat{r}_{ij}=\frac{\hat{\sigma}_{g_{ij}}}{\hat{\sigma}_{g_i}\cdot\hat{\sigma}_{g_j}}\quad(i,j=1,2,\cdots,n),$$

其中 $\hat{\sigma}_{g_i}^2$,$\hat{\sigma}_{g_j}^2$ 分别为第 i 个、第 j 个性状的遗传方差的估计值,$\hat{\sigma}_{g_{ij}}$ 为第 i,j 个性状的遗传协方差的估计值.

显然 $|\hat{r}_{ij}|\in[0,1]$. 由于 $\hat{r}_{ij}$ 中可能出现负数,则可令 $r_{ij}=\dfrac{\hat{r}_{ij}+1}{2}$,则 $r_{ij}\in[0,1]$. 此时得到的遗传相关系数矩阵 $\boldsymbol{R}$ 就是一个模糊相似矩阵,即

$$\boldsymbol{R}=\begin{pmatrix}1 & r_{12} & \cdots & r_{1n}\\ r_{21} & 1 & \ddots & \vdots\\ \vdots & \ddots & \ddots & r_{n-1,n}\\ r_{n1} & \cdots & r_{n,n-1} & 1\end{pmatrix},$$

其中 $r_{ii}=1,r_{ij}=r_{ji}$.

模糊相似矩阵具有如下定理所述的性质.

定理 2.3.3 设 $\boldsymbol{R}\in\mathscr{M}_{m\times m}$ 是模糊相似矩阵,则对于 $k\in\mathbf{N}$,$\boldsymbol{R}^k$ 也是模糊相似矩阵.

证 用数学归纳法证明.

当 $k=1$ 时,$\boldsymbol{R}^k=\boldsymbol{R}$ 是模糊相似矩阵.

设 $k=n$ 时,$\boldsymbol{R}^k=\boldsymbol{R}^n$ 是模糊相似矩阵,要证 $k=n+1$ 时,$\boldsymbol{R}^{n+1}$ 也是模糊相似矩阵,即需证:

1° 自反性 $r_{ii}^{(n+1)}=1$; 2° 对称性 $r_{ij}^{(n+1)}=r_{ji}^{(n+1)}$.

事实上,有:

1° 因为 $$\boldsymbol{R}^{n+1}=\boldsymbol{R}^n\circ\boldsymbol{R}=\boldsymbol{R}\circ\boldsymbol{R}^n,$$

所以
$$r_{ij}^{(n+1)}=\bigvee_{k=1}^{m}(r_{ik}^{(n)}\wedge r_{kj}),$$

令 $j=i$,则
$$r_{ii}^{(n+1)}=\bigvee_{k=1}^{m}(r_{ik}^{(n)}\wedge r_{ki})\geqslant r_{ii}^{(n)}\wedge r_{ii}=1\wedge 1=1.$$

又 $r_{ii}^{(n+1)}\leqslant 1$,故有 $r_{ii}^{(n+1)}=1$.

2° $$r_{ij}^{(n+1)}=\bigvee_{k=1}^{m}(r_{ik}^{(n)}\wedge r_{kj})=\bigvee_{k=1}^{m}(r_{ki}^{(n)}\wedge r_{jk})=\bigvee_{k=1}^{m}(r_{jk}\wedge r_{ki}^{(n)})=r_{ji}^{(n+1)}.$$

因此,$\boldsymbol{R}^{n+1}$是模糊相似矩阵.

对于 $k\in\mathbf{N}$,$\boldsymbol{R}^{k}$ 也是模糊相似矩阵.

前面曾经指出,我们希望能将模糊相似矩阵改造成模糊等价矩阵,以便进行分类.根据2.1节中模糊矩阵的基本理论,只要能求出模糊相似矩阵的传递闭包就行了,下面的定理2.3.4回答了这一问题.

定理 2.3.4 设 $\boldsymbol{R}\in\mathscr{M}_{n\times n}$是模糊相似矩阵,则存在一个最小自然数 k $(k\leqslant n)$,使得传递闭包 $t(\boldsymbol{R})=\boldsymbol{R}^{k}$,对于一切大于 k 的自然数 l,恒有 $\boldsymbol{R}^{l}=\boldsymbol{R}^{k}$.此时,$t(\boldsymbol{R})$为模糊等价矩阵.

证 因为 $\boldsymbol{R}$ 是模糊相似矩阵(当然具有自反性),根据定理2.1.1,有 $\boldsymbol{A}\leqslant\boldsymbol{A}^{2}\leqslant\boldsymbol{A}^{3}\leqslant\cdots$.又根据定理2.1.3,有 $t(\boldsymbol{R})=\bigcup_{m=1}^{n}\boldsymbol{R}^{m}=\boldsymbol{R}^{n}$.

由于 n 为有限数,因此存在最小自然数 $k\leqslant n$,使得
$$t(\boldsymbol{R})=\boldsymbol{R}^{k}.$$

对于 $l>k$,有
$$t(\boldsymbol{R})=\boldsymbol{R}^{k}\subseteq\boldsymbol{R}^{l}\subseteq\bigcup_{m=1}^{\infty}\boldsymbol{R}^{m}=t(\boldsymbol{R}),$$

因此,$\boldsymbol{R}^{l}=\boldsymbol{R}^{k}$.

再根据定理2.3.3,$\boldsymbol{R}^{k}$ 是模糊相似矩阵,传递闭包 $t(\boldsymbol{R})=\boldsymbol{R}^{k}$ 具有传递性,故 $t(\boldsymbol{R})=\boldsymbol{R}^{k}$ 是模糊等价矩阵.

定理2.3.4表明,通过求传递闭包 $t(\boldsymbol{R})$,可将模糊相似矩阵改造成为模糊等价矩阵,它具有传递性,同时又保留了自反性与对称性.下面介绍一个简捷、实用的方法——二次方法,求传递闭包$t(\boldsymbol{R})$.

从模糊相似矩阵 $\boldsymbol{R}$ 出发,依次求二次方,即
$$\boldsymbol{R}\to\boldsymbol{R}^{2}\to\boldsymbol{R}^{4}\to\cdots\to\boldsymbol{R}^{2^{i}}\to\cdots,$$

当第一次出现 $\boldsymbol{R}^{k}\circ\boldsymbol{R}^{k}=\boldsymbol{R}^{k}$ 时(表明 $\boldsymbol{R}^{k}$ 具有传递性),$\boldsymbol{R}^{k}$ 就是所求的传递闭包$t(\boldsymbol{R})$.

例 2.3.6 设 $\boldsymbol{R}=\begin{pmatrix}1&0.1&0.2\\0.1&1&0.3\\0.2&0.3&1\end{pmatrix}$,求传递闭包 $t(\boldsymbol{R})$.

解 容易验证,$\boldsymbol{R}$ 是模糊相似矩阵,用二次方法求其传递闭包$t(\boldsymbol{R})$.

$$\boldsymbol{R}\circ\boldsymbol{R}=\begin{pmatrix}1&0.1&0.2\\0.1&1&0.3\\0.2&0.3&1\end{pmatrix}\circ\begin{pmatrix}1&0.1&0.2\\0.1&1&0.3\\0.2&0.3&1\end{pmatrix}=\begin{pmatrix}1&0.2&0.2\\0.2&1&0.3\\0.2&0.3&1\end{pmatrix}=\boldsymbol{R}^2,$$

$$\boldsymbol{R}^2\circ\boldsymbol{R}^2=\begin{pmatrix}1&0.2&0.2\\0.2&1&0.3\\0.2&0.3&1\end{pmatrix}\circ\begin{pmatrix}1&0.2&0.2\\0.2&1&0.3\\0.2&0.3&1\end{pmatrix}=\begin{pmatrix}1&0.2&0.2\\0.2&1&0.3\\0.2&0.3&1\end{pmatrix}=\boldsymbol{R}^2,$$

故传递闭包
$$t(\boldsymbol{R})=\boldsymbol{R}^2=\begin{pmatrix}1&0.2&0.2\\0.2&1&0.3\\0.2&0.3&1\end{pmatrix}.$$

由定理 2.3.4 还可知道,若经过 i 次求得 $n\times n$ 模糊相似矩阵 $\boldsymbol{R}$ 的传递闭包 $t(\boldsymbol{R})=\boldsymbol{R}^{2^i}$,则必有 $\boldsymbol{R}^{2^i}\leqslant\boldsymbol{R}^n$,即 $2^i\leqslant n$,$i\leqslant\log_2 n$. 因此,至多计算$[\log_2 n]+1$ 步,便可求得$t(\boldsymbol{R})$.

2.4 模糊聚类分析方法

在科学技术、经济管理中常常需要按一定的标准(相似程度或亲疏关系)进行分类. 例如,根据生物的某些性状可对生物分类,根据土壤的性质可对土壤分类等. 对所研究的事物按一定标准进行分类的数学方法称为聚类分析,它是多元统计“物以类聚”的一种分类方法. 由于科学技术、经济管理中的分类界限往往不分明,因此采用模糊聚类方法通常比较符合实际.

2.4.1 模糊聚类分析的一般步骤

1. 第一步:数据标准化

(1) 数据矩阵

设论域 $U=\{x_1,x_2,\cdots,x_n\}$ 为被分类的对象,每个对象又由 m 个指标表示其性状,即

$$x_i=(x_{i1},x_{i2},\cdots,x_{im})\ (i=1,2,\cdots,n),$$

于是,得到原始数据矩阵为

$$\begin{pmatrix}x_{11}&x_{12}&\cdots&x_{1m}\\x_{21}&x_{22}&\cdots&x_{2m}\\\vdots&\vdots&&\vdots\\x_{n1}&x_{n2}&\cdots&x_{nm}\end{pmatrix}.$$

(2) 数据标准化

在实际问题中,不同的数据一般有不同的量纲. 为了使有不同的量纲的量也能

进行比较，通常需要对数据作适当的变换．但是，即使这样，得到的数据也不一定在区间[0,1]上．因此，这里所说的数据标准化，就是要根据模糊矩阵的要求，将数据压缩到区间[0,1]上．

通常需要作如下几种变换：

1° 平移·标准差变换．

$$x'_{ik}=\frac{x_{ik}-\overline{x_k}}{s_k}\quad(i=1,2,\cdots,n;k=1,2,\cdots,m),$$

其中
$$\overline{x_k}=\frac{1}{n}\sum_{i=1}^{n}x_{ik},\quad s_k=\sqrt{\frac{1}{n}\sum_{i=1}^{n}(x_{ik}-\overline{x_k})^2}.$$

经过变换后，每个变量的均值为0，标准差为1，且消除了量纲的影响．但是，这样得到的 x'_{ik} 还不一定在区间[0,1]上．

2° 平移·极差变换．

$$x''_{ik}=\frac{x'_{ik}-\min\limits_{1\leqslant i\leqslant n}\{x'_{ik}\}}{\max\limits_{1\leqslant i\leqslant n}\{x'_{ik}\}-\min\limits_{1\leqslant i\leqslant n}\{x'_{ik}\}}\quad(k=1,2,\cdots,m),$$

显然有 $0\leqslant x''_{ik}\leqslant 1$，而且也消除了量纲的影响．

3° 对数变换．

$$x'_{ik}=\lg x_{ik}\ (i=1,2,\cdots,n;k=1,2,\cdots,m),$$

取对数以缩小变量间的数量级．

2. 第二步：标定（建立模糊相似矩阵）

设论域 $U=\{x_1,x_2,\cdots,x_n\}$，$x_i=\{x_{i1},x_{i2},\cdots,x_{im}\}$，依照传统的聚类方法确定相似系数，建立模糊相似矩阵和 x_i 与 x_j 的相似程度 $r_{ij}=R(x_i,x_j)$．确定 $r_{ij}=R(x_i,x_j)$的方法主要是借用传统聚类分析的相似系数法、距离法及其他方法．具体用什么方法，可根据问题的性质，选取下列方法之一计算 r_{ij}．

(1) 相似系数法

1° 数量积法．

$$r_{ij}=\begin{cases}1, & i=j,\\ \dfrac{1}{M}\sum\limits_{k=1}^{m}x_{ik}\cdot x_{jk}, & i\neq j,\end{cases}$$

其中
$$M=\max_{i\neq j}\Big(\sum_{k=1}^{m}x_{ik}\cdot x_{jk}\Big).$$

显然 $|r_{ij}|\in[0,1]$，若 r_{ij} 中出现负值，也可采用以下方法将 r_{ij} 压缩到[0,1]上：令 $r'_{ij}=\dfrac{r_{ij}+1}{2}$，则 $r'_{ij}\in[0,1]$．

当然也可用上述的平移·极差变换完成．

2° 夹角余弦法.

$$r_{ij}=\frac{\sum_{k=1}^{m}x_{ik}\cdot x_{jk}}{\sqrt{\sum_{k=1}^{m}x_{ik}^2}\cdot\sqrt{\sum_{k=1}^{m}x_{jk}^2}}.$$

3° 相关系数法.

$$r_{ij}=\frac{\sum_{k=1}^{m}|x_{ik}-\overline{x_i}||x_{jk}-\overline{x_j}|}{\sqrt{\sum_{k=1}^{m}(x_{ik}-\overline{x_i})^2}\cdot\sqrt{\sum_{k=1}^{m}(x_{jk}-\overline{x_j})^2}},$$

其中
$$\overline{x_i}=\frac{1}{m}\sum_{k=1}^{m}x_{ik},\quad \overline{x_j}=\frac{1}{m}\sum_{k=1}^{m}x_{jk}.$$

4° 指数相似系数法.

$$r_{ij}=\frac{1}{m}\sum_{k=1}^{m}\exp\left[-\frac{3}{4}\cdot\frac{(x_{ik}-x_{jk})^2}{s_k^2}\right],$$

其中
$$s_k^2=\frac{1}{n}\sum_{i=1}^{n}(x_{ik}-\overline{x}_{ik})^2,$$

而
$$\overline{x}_k=\frac{1}{n}\sum_{i=1}^{n}x_{ik}\quad(k=1,2,\cdots,m).$$

注意 相关系数法与指数相似系数法中的统计指标的内容是不同的.

在相关系数法中,$x_i=(x_{i1},x_{i2},\cdots,x_{im})$中的 m 个坐标是取自同一母体 X_i 的 m 个样本,r_{ij} 表示两个母体 X_i 与 X_j 的相关程度.反映在原始数据矩阵 X 上,当 X 的不同的行是来自不同的母体时,采用相关系数法.这一点,由 $\overline{x}_i=\frac{1}{m}\sum_{k=1}^{m}x_{ik}$ 也可以看出.

在指数相似系数法中,$x_1,x_2,\cdots,x_n$ 是取自同一 m 维母体 $X=(X_1,X_2,\cdots,X_m)$ 的 n 个 m 维样本.这时 r_{ij} 反映的是两个样本间的相似程度.反映在原始数据矩阵 X 上,当 X 的不同的列是来自不同的母体时,采用指数相似系数法.这一点,由 $\overline{x_k}=\frac{1}{n}\sum_{i=1}^{n}x_{ik}$ 也可以看出.

5° 最大最小法.

$$r_{ij}=\frac{\sum_{k=1}^{m}(x_{ik}\wedge x_{jk})}{\sum_{k=1}^{m}(x_{ik}\vee x_{jk})}.$$

6° 算术平均最小法.

$$r_{ij}=\frac{2\sum_{k=1}^{m}(x_{ik}\wedge x_{jk})}{\sum_{k=1}^{m}(x_{ik}+x_{jk})}.$$

7° 几何平均最小法.

$$r_{ij}=\frac{\sum_{k=1}^{m}(x_{ik}\wedge x_{jk})}{\sum_{k=1}^{m}\sqrt{x_{ik}\cdot x_{jk}}}.$$

上述5°、6°、7°三种方法均要求 $x_{ij}>0$，否则，也要作适当变换.

(2) 距离法

1° 直接距离法.

$$r_{ij}=1-cd(x_i,x_j),$$

其中 c 为适当选取的参数，它使得 $0\leqslant r_{ij}\leqslant 1$，$d(x_i,x_j)$ 表示 x_i 与 x_j 的距离. 经常采用的距离有以下三种：

· 海明(Hamming)距离

$$d(x_i,x_j)=\sum_{k=1}^{m}|x_{ik}-x_{jk}|;$$

· 欧几里得(Euclid)距离

$$d(x_i,x_j)=\sqrt{\sum_{k=1}^{m}(x_{ik}-x_{jk})^2};$$

· 切比雪夫(Chebyshev)距离

$$d(x_i,x_j)=\bigvee_{k=1}^{m}|x_{ik}-x_{jk}|.$$

2° 倒数距离法.

$$r_{ij}=\begin{cases}1, & i=j,\\ \dfrac{M}{d(x_i,x_j)}, & i\neq j,\end{cases}$$

其中 M 为适当选取的参数，使得 $0\leqslant r_{ij}\leqslant 1$.

3° 指数距离法.

$$r_{ij}=\exp[-d(x_i,x_j)].$$

在上述三种距离法中，若采用海明距离，则它们又分别称为绝对值减数法、绝对值倒数法、绝对值指数法. 附录中给出了用上述各种方法建立模糊相似矩阵的 MATLAB 源代码程序 F_JlR.m.

(3) 主观评分法

请专家或有实际经验者直接对 x_i 与 x_j 的相似程度评分，作为 r_{ij} 的值. 例如，

请 N 个专家组成专家组 $\{p_1, p_2, \cdots, p_N\}$,每一位专家 p_k $(k=1,2,\cdots,N)$ 考虑对象 x_i 与 x_j 的相似程度,在有刻度的单位线段上标记:

相似度

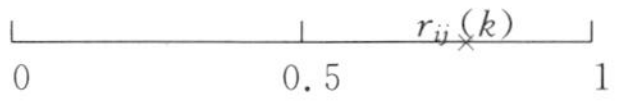

自信度

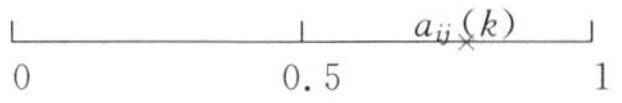

其中,$r_{ij}(k)$ 为第 k 个专家 p_k 所做标记的相似度,$a_{ij}(k)$ 为 p_k 对自己所做标记的自信度(有把握的程度),则相似系数定义为

$$r_{ij} = \frac{\sum_{k=1}^{N} a_{ij}(k) \cdot r_{ij}(k)}{\sum_{k=1}^{N} a_{ij}(k)}.$$

究竟选择上述诸方法中的哪一种,需要根据问题的性质及使用方便与否来定.

3. 第三步:聚类(求动态聚类图)

(1) 基于模糊等价矩阵聚类方法

1° 传递闭包法.

根据标定所得的模糊矩阵,只是一个模糊相似矩阵 $\boldsymbol{R}$,不一定具有传递性,即 $\boldsymbol{R}$ 不一定是模糊等价矩阵. 为了进行分类,还需要将 $\boldsymbol{R}$ 改造成模糊等价矩阵 $\boldsymbol{R}^*$. 根据定理 2.3.4,用二次方法求 $\boldsymbol{R}$ 的传递闭包 $t(\boldsymbol{R})$,$t(\boldsymbol{R})$ 就是所求的模糊等价矩阵 $\boldsymbol{R}^*$,即 $t(\boldsymbol{R})=\boldsymbol{R}^*$. 再让 λ 由大变到小,就可形成动态聚类图.

例 2.4.1 设论域 $U=\{x_1, x_2, \cdots, x_{10}\}$ 表示农业小区域,已知每个小区域的气候取决于 4 个指标:热量、水分、霜冻、霜雹,即

$$x_i = (x_{i1}, x_{i2}, x_{i3}, x_{i4}) \quad (i = 1,2,\cdots,10),$$

其数值如表 2.2 所示.

表 2.2

指标	农业小区域									
	x_1	x_2	x_3	x_4	x_5	x_6	x_7	x_8	x_9	x_{10}
热量(x_{i1})	1	2	2	3	3	5	6	6	5	4
水分(x_{i2})	3.5	2.5	3.5	3	3	0.5	1.5	1.5	3	3
霜冻(x_{i3})	1	2	1	3	1	5	4	4	2	1
霜雹(x_{i4})	0	2	1	1	1	2	0	1	2	2

由于所给数据 $x_{ij}>0$,且没有单位,所以直接选取数量积法建立模糊相似矩阵 $\boldsymbol{R}$,无须作变换.

· 用公式
$$r_{ij}=\begin{cases}1, & i=j,\\ \dfrac{1}{M}\sum\limits_{k=1}^{4}x_{ik}\cdot x_{jk}, & i\neq j\end{cases}$$
选取 M,使得对一切 i,j,有 $0\leqslant r_{ij}\leqslant 1$. 在本例中取 $M=55.25$. 于是,得到的模糊相似矩阵 $\boldsymbol{R}$ 为

$$\begin{pmatrix}
1 & 0.231 & 0.276 & 0.299 & 0.262 & 0.213 & 0.276 & 0.276 & 0.317 & 0.281\\
0.231 & 1 & 0.303 & 0.389 & 0.317 & 0.457 & 0.430 & 0.466 & 0.462 & 0.389\\
0.276 & 0.303 & 1 & 0.371 & 0.335 & 0.339 & 0.385 & 0.403 & 0.443 & 0.389\\
0.299 & 0.389 & 0.371 & 1 & 0.398 & 0.606 & 0.624 & 0.643 & 0.579 & 0.471\\
0.262 & 0.317 & 0.335 & 0.398 & 1 & 0.425 & 0.480 & 0.498 & 0.507 & 0.434\\
0.213 & 0.457 & 0.339 & 0.606 & 0.425 & 1 & 0.919 & 0.955 & 0.733 & 0.552\\
0.276 & 0.430 & 0.385 & 0.624 & 0.480 & 0.919 & 1 & 0.982 & 0.769 & 0.588\\
0.276 & 0.466 & 0.403 & 0.643 & 0.498 & 0.955 & 0.982 & 1 & 0.805 & 0.624\\
0.317 & 0.462 & 0.443 & 0.579 & 0.507 & 0.733 & 0.769 & 0.805 & 1 & 0.633\\
0.281 & 0.389 & 0.389 & 0.471 & 0.434 & 0.552 & 0.588 & 0.624 & 0.633 & 1
\end{pmatrix}.$$

· 用二次方法求 $\boldsymbol{R}$ 的传递闭包 $t(\boldsymbol{R})$:$\boldsymbol{R}\to\boldsymbol{R}^2\to\boldsymbol{R}^4$,$\boldsymbol{R}^4\circ\boldsymbol{R}^4=\boldsymbol{R}^4$,得模糊等价矩阵 $t(\boldsymbol{R})=\boldsymbol{R}^4=\boldsymbol{R}^*$ 为

$$\begin{pmatrix}
1 & 0.317 & 0.317 & 0.317 & 0.317 & 0.317 & 0.317 & 0.317 & 0.317 & 0.317\\
0.317 & 1 & 0.443 & 0.466 & 0.466 & 0.466 & 0.466 & 0.466 & 0.466 & 0.466\\
0.317 & 0.443 & 1 & 0.443 & 0.443 & 0.443 & 0.443 & 0.443 & 0.443 & 0.443\\
0.317 & 0.466 & 0.443 & 1 & 0.507 & 0.643 & 0.643 & 0.643 & 0.643 & 0.633\\
0.317 & 0.466 & 0.443 & 0.507 & 1 & 0.507 & 0.507 & 0.507 & 0.507 & 0.507\\
0.317 & 0.466 & 0.443 & 0.643 & 0.507 & 1 & 0.955 & 0.955 & 0.805 & 0.633\\
0.317 & 0.466 & 0.443 & 0.643 & 0.507 & 0.955 & 1 & 0.982 & 0.805 & 0.633\\
0.317 & 0.466 & 0.443 & 0.643 & 0.507 & 0.955 & 0.982 & 1 & 0.805 & 0.633\\
0.317 & 0.466 & 0.443 & 0.643 & 0.507 & 0.805 & 0.805 & 0.805 & 1 & 0.633\\
0.317 & 0.466 & 0.443 & 0.633 & 0.507 & 0.633 & 0.633 & 0.633 & 0.633 & 1
\end{pmatrix}.$$

· 将 λ 由大到小进行聚类.

取 $\lambda=1$,U 分为 10 类:$\{x_1\},\{x_2\},\{x_4\},\{x_6\},\{x_7\},\{x_8\},\{x_9\},\{x_{10}\},\{x_5\},\{x_3\}$.

取 $\lambda=0.982$,U 分为 9 类:$\{x_1\},\{x_2\},\{x_4\},\{x_6\},\{x_7,x_8\},\{x_9\},\{x_{10}\},\{x_5\},\{x_3\}$.

取 $\lambda=0.955$,U 分为 8 类:$\{x_1\},\{x_2\},\{x_4\},\{x_6,x_7,x_8\},\{x_9\},\{x_{10}\},\{x_5\},\{x_3\}$.

取 $\lambda=0.805$,U 分为 7 类:$\{x_1\},\{x_2\},\{x_4\},\{x_6,x_7,x_8,x_9\},\{x_{10}\},\{x_5\},\{x_3\}$.

取 $\lambda=0.633$,U 分为 5 类:$\{x_1\},\{x_2\},\{x_4,x_6,x_7,x_8,x_9,x_{10}\},\{x_5\},\{x_3\}$.

取 $\lambda=0.443$,U 分为 2 类:$\{x_1\},\{x_2,x_4,x_6,x_7,x_8,x_9,x_{10},x_5,x_3\}$.

取 $\lambda=0.317$,U 为 1 类:$\{x_1,x_2,x_4,x_6,x_7,x_8,x_9,x_{10},x_5,x_3\}$.

动态聚类图如图 2.5 所示.

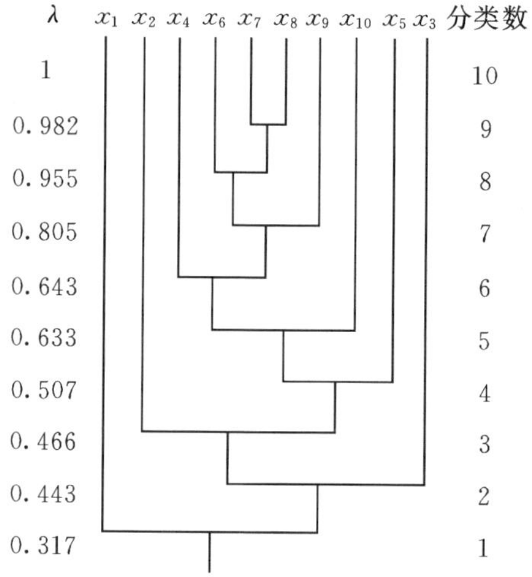

图 2.5

2° 布尔矩阵法[6].

布尔矩阵法的基本思想是:设 $\boldsymbol{R}$ 是论域 $U=\{x_1,x_2,\cdots,x_n\}$ 上的模糊相似矩阵,若要得到 U 的元素在 λ 水平上的分类,则可直接由相似矩阵 $\boldsymbol{R}$ 作其 λ-截矩阵 $\boldsymbol{R}_\lambda$,显然 $\boldsymbol{R}_\lambda$ 为布尔矩阵. 若 $\boldsymbol{R}_\lambda$ 为等价矩阵,则由定理 2.3.1 知,$\boldsymbol{R}$ 也为等价矩阵,当然也可以分类;若 $\boldsymbol{R}_\lambda$ 不是等价矩阵,则按下述方法将 $\boldsymbol{R}_\lambda$ 改造成一个等价的布尔矩阵,然后再分类.

布尔矩阵法的理论依据是下面的定理 2.4.1.

定理 2.4.1 设 $\boldsymbol{R}$ 是 $U=\{x_1,x_2,\cdots,x_n\}$ 上的一个相似的布尔矩阵,则 $\boldsymbol{R}$ 具有传递性(当 $\boldsymbol{R}$ 是等价布尔矩阵时)$\Leftrightarrow$矩阵 $\boldsymbol{R}$ 在任一排列下的矩阵都没有形如 $\begin{pmatrix}1 & 1\\1 & 0\end{pmatrix}$,$\begin{pmatrix}1 & 1\\0 & 1\end{pmatrix}$,$\begin{pmatrix}1 & 0\\1 & 1\end{pmatrix}$,$\begin{pmatrix}0 & 1\\1 & 1\end{pmatrix}$的特殊子矩阵.(证明从略.)

定理 2.4.1 提供了从矩阵上判别一个布尔矩阵是否为等价矩阵的方法.

布尔矩阵法的具体步骤如下:

1° 求模糊相似矩阵的 λ-截矩阵 $\boldsymbol{R}_\lambda$.

2° 若 $\boldsymbol{R}_\lambda$ 按定理 2.4.1 判定为等价的,则由 $\boldsymbol{R}_\lambda$ 可得 U 在 λ 水平上的分类. 若 $\boldsymbol{R}_\lambda$ 按定理 2.4.1 判定为不是等价的,则 $\boldsymbol{R}_\lambda$ 在某一排列下含有上述形式的特殊子矩阵,此时只要将 $\boldsymbol{R}_\lambda$ 中上述形式的特殊子矩阵的“0”一律改为“1”,直到不再产生上述形式的特殊子矩阵为止即可. 如此得到的 $\boldsymbol{R}_\lambda^*$ 为等价矩阵. 因此,由 $\boldsymbol{R}_\lambda^*$ 可得在 λ 水平上的分类.

例 2.4.2 环境单元分类 每个环境单元可以包括空气、水分、土壤、作物 4 个要素,环境单元的污染状况由污染物在 4 个要素中含量的超限度来描述. 设论域

$U=\{x_1,x_2,x_3,x_4,x_5\}$为 5 个单元,它们的污染数据如表 2.3 所示.

表 2.3

环境单元	指标			
	空气(x_{i1})	水分(x_{i2})	土壤(x_{i3})	作物(x_{i4})
x_1	5	5	3	2
x_2	2	3	4	5
x_3	5	5	2	3
x_4	1	5	3	1
x_5	2	4	5	1

按绝对值减数法进行标定,取 $c=0.1$,由

$$r_{ij}=1-0.1\times\sum_{k=1}^{4}|x_{ik}-x_{jk}|,$$

得模糊相似矩阵

$$\boldsymbol{R}=\begin{pmatrix}1&0.1&0.8&0.5&0.3\\0.1&1&0.1&0.2&0.4\\0.8&0.1&1&0.3&0.1\\0.5&0.2&0.3&1&0.6\\0.3&0.4&0.1&0.6&1\end{pmatrix}.$$

用布尔矩阵法分类:

取 $\lambda=1$,得
$$\boldsymbol{R}_1=\begin{pmatrix}1&0&0&0&0\\0&1&0&0&0\\0&0&1&0&0\\0&0&0&1&0\\0&0&0&0&1\end{pmatrix},$$

U 分为 5 类:$\{x_1\},\{x_2\},\{x_3\},\{x_4\},\{x_5\}$.

取 $\lambda=0.8$,得
$$\boldsymbol{R}_{0.8}=\begin{pmatrix}1&0&1&0&0\\0&1&0&0&0\\1&0&1&0&0\\0&0&0&1&0\\0&0&0&0&1\end{pmatrix},$$

U 分为 4 类:$\{x_1,x_3\},\{x_2\},\{x_4\},\{x_5\}$.

取 $\lambda=0.6$,得
$$\boldsymbol{R}_{0.6}=\begin{pmatrix}1&0&1&0&0\\0&1&0&0&0\\1&0&1&0&0\\0&0&0&1&1\\0&0&0&1&1\end{pmatrix},$$

U 分为 3 类:$\{x_1,x_3\},\{x_2\},\{x_4,x_5\}$.

取 $\lambda=0.5$,得

$$R_{0.5}=\begin{pmatrix}1&0&1&1&0\\0&1&0&0&0\\1&0&1&0&0\\1&0&0&1&1\\0&0&0&1&1\end{pmatrix},$$

先互换 $R_{0.5}$ 的第 1、第 2 行,再互换第 1、第 2 列,得

$$R'_{0.5}=\begin{array}{c}\begin{pmatrix}1&0&0&0&0\\0&1&1&1&0\\0&1&1&0&0\\0&1&0&1&1\\0&0&0&1&1\end{pmatrix}\begin{matrix}x_2\\x_1\\x_3\\x_4\\x_5\end{matrix}\\ \begin{matrix}x_2&x_1&x_3&x_4&x_5\end{matrix}\end{array},$$

再按布尔矩阵法进行改造,得

$$R^*_{0.5}=\begin{pmatrix}1&0&0&0&0\\0&1&1&1&1\\0&1&1&1&1\\0&1&1&1&1\\0&1&1&1&1\end{pmatrix},$$

U 分为 2 类:$\{x_2\},\{x_1,x_3,x_4,x_5\}$.

取 $\lambda=0.4$,得

$$R_{0.4}=\begin{pmatrix}1&0&1&1&0\\0&1&0&0&1\\1&0&1&0&0\\1&0&0&1&1\\0&1&0&1&1\end{pmatrix},$$

互换 $R_{0.4}$ 的第 1、第 2 行,得

$$R'_{0.4}=\begin{pmatrix}0&1&0&0&1\\1&0&1&1&0\\1&0&1&0&0\\1&0&0&1&1\\0&1&0&1&1\end{pmatrix},$$

再按布尔矩阵法进行改造,得

$$R^*_{0.4}=\begin{pmatrix}1&1&1&1&1\\1&1&1&1&1\\1&1&1&1&1\\1&1&1&1&1\\1&1&1&1&1\end{pmatrix},$$

U 为1类：$\{x_1,x_2,x_3,x_4,x_5\}$.

注意 1° 布尔矩阵法中“在任一排列下”是指按行或按列的任一排列，在按 $\lambda=0.5$ 水平分类时就看到了这一点.

2° 按定理2.3.1，$\boldsymbol{R}_1,\boldsymbol{R}_{0.8},\boldsymbol{R}_{0.6}$ 都是等价的布尔矩阵，可以直接分类.

可以证明：布尔矩阵法与传递闭包法的分类结果是一致的.

(2) 直接聚类法

所谓直接聚类法，是指在建立模糊相似矩阵之后，不去求传递闭包 $t(\boldsymbol{R})$，也不用布尔矩阵法，而是直接从模糊相似矩阵出发求得聚类图. 其步骤如下：

1° 取 $\lambda_1=1$（最大值），对每个 x_i 作相似类 $[x_i]_R$，且

$$[x_i]_R=\{x_j \mid r_{ij}=1\},$$

即将满足 $r_{ij}=1$ 的 x_i 与 x_j 放在一类，构成相似类. 相似类与等价类的不同之处是，不同的相似类可能有公共元素，可出现

$$[x_i]_R=\{x_i,x_k\},\quad [x_j]_R=\{x_j,x_k\},\quad [x_i]\cap[x_j]\neq\varnothing.$$

此时只要将有公共元素的相似类合并，即可得 $\lambda_1=1$ 水平上的等价分类.

2° 取 λ_2 为次大值，从 $\boldsymbol{R}$ 中直接找出相似程度为 λ_2 的元素对 (x_i,x_j)（即 $r_{ij}=\lambda_2$），将对应于 $\lambda_1=1$ 的等价分类中 x_i 所在的类与 x_j 所在的类合并，将所有这些情况合并后，即得对应于 λ_2 的等价分类.

3° 取 λ_3 为第三大值，从 $\boldsymbol{R}$ 中直接找出相似程度为 λ_3 的元素对 (x_i,x_j)（即 $r_{ij}=\lambda_3$），类似地将对应于 λ_2 的等价分类中 x_i 所在类与 x_j 所在类合并，将所有这些情况合并后，即得对应 λ_3 的等价分类.

4° 依此类推，直到合并到 U 成为一类为止.

例 2.4.3 设 $U=\{x_1,x_2,x_3,x_4,x_5,x_6,x_7\}$，给出模糊相似矩阵

$$\boldsymbol{R}=\begin{pmatrix}1 & 0.8 & 1 & 0.2 & 0.8 & 0.5 & 0.3\\ & 1 & 0.4 & 0.3 & 0.7 & 0.6 & 0.3\\ & & 1 & 0.7 & 1 & 0.6 & 0.5\\ & & & 1 & 0.5 & 0.8 & 0.6\\ & & & & 1 & 0.2 & 0.7\\ & & & & & 1 & 0.8\\ & & & & & & 1\end{pmatrix}$$

（因为 $r_{ij}=r_{ji}$，故只写出主对角线上方的元素 r_{ij}）.

取 $\lambda_1=1.0$，由于 $r_{13}=r_{35}=1$，$\{x_1,x_3\}$，$\{x_3,x_5\}$ 为相似类，有公共元素 x_3 的相似类 $\{x_1,x_3,x_5\}$，因此，在 $\lambda_1=1$ 水平上的等价类为

$$\{x_1,x_3,x_5\},\{x_2\},\{x_4\},\{x_6\},\{x_7\}.$$

取 $\lambda_2=0.8$（$\boldsymbol{R}$ 中的次大值），由于 $r_{12}=r_{15}=r_{46}=r_{67}=0.8$，$\{x_1,x_2\}$，$\{x_1,x_5\}$，$\{x_4,x_6\}$，$\{x_6,x_7\}$ 为相似类，合并为等价类 $\{x_1,x_2,x_5\}$，$\{x_4,x_6,x_7\}$. 再与在 $\lambda_1=1$

水平上的等价类中 x_1 所在类与 x_2 所在类合并，即得在 $\lambda_2=0.8$ 水平上的等价类为

$$\{x_1, x_2, x_3, x_5\}, \{x_4, x_6, x_7\}.$$

取 $\lambda=0.7$($\boldsymbol{R}$ 中的第三大值)，由于 $r_{34}=r_{25}=r_{57}=0.7$，故应将 $\lambda_2=0.8$ 水平上的等价类中 x_3 所在类与 x_4 所在类合并，即得在 $\lambda=0.7$ 水平上的等价类为

$$\{x_1, x_2, x_3, x_4, x_5, x_6, x_7\}.$$

图 2.6 为动态聚类图.

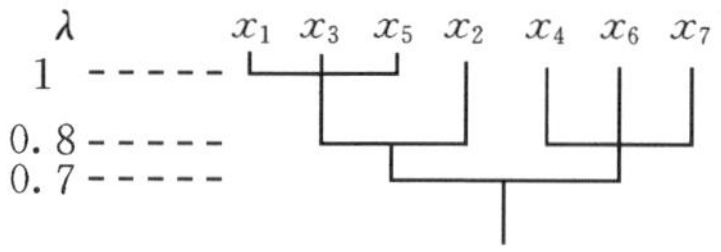

图 2.6

直接聚类法与传递闭包法、布尔矩阵法所得的结果是一样的.直接聚类法明显简便一些.建议读者用直接聚类法再去求解例 2.4.1 和例 2.4.2.

下面介绍直接聚类法的图形化与表格化方法，即最大树法和编网法.

(3) 最大树法

所谓最大树法，就是画出以被分类元素为顶点，以相似矩阵 $\boldsymbol{R}$ 的元素 r_{ij} 为权重的一棵最大的树，取定 $\lambda\in[0,1]$，砍断权重低于 λ 的枝，得到一个不连通的图，各个连通的分支便构成了在 λ 水平上的分类.

下面介绍求最大树的克鲁克(Kruskal)法.

设 $U=\{x_1, x_2, \cdots, x_n\}$，先画出所有顶点 x_i $(i=1,2,\cdots,n)$，从模糊相似矩阵 $\boldsymbol{R}$ 中按 r_{ij} 从大到小的顺序依次画枝，并标上权重，要求不产生圈，直到所有顶点连通为止，这就得到一棵最大树(最大树可以不唯一).

例 2.4.4 用最大树法求例 2.4.2 环境单元的分类.

解 论域 $U=\{x_1, x_2, x_3, x_4, x_5\}$，模糊相似矩阵

$$\boldsymbol{R}=\begin{pmatrix} 1 & 0.1 & 0.8 & 0.5 & 0.3 \\ 0.1 & 1 & 0.1 & 0.2 & 0.4 \\ 0.8 & 0.1 & 1 & 0.3 & 0.1 \\ 0.5 & 0.2 & 0.3 & 1 & 0.6 \\ 0.3 & 0.4 & 0.1 & 0.6 & 1 \end{pmatrix},$$

画出最大树，如图 2.7 所示.

砍去最大树权重低于 λ 的枝，即得在 λ 水平上的分类.

取 $\lambda=1$，U 分为 5 类：$\{x_1\}, \{x_2\}, \{x_3\}, \{x_4\}, \{x_5\}$，如图 2.8 所示.

取 $\lambda=0.8$，U 分为 4 类：$\{x_1, x_3\}, \{x_2\}, \{x_4\}, \{x_5\}$，如图 2.9 所示.

取 $\lambda=0.6$，U 分为 3 类：$\{x_1, x_3\}, \{x_2\}, \{x_4, x_5\}$，如图 2.10 所示.

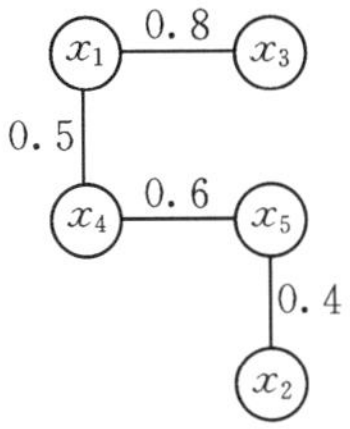

图 2.7

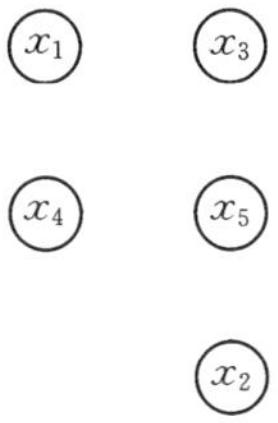

图 2.8

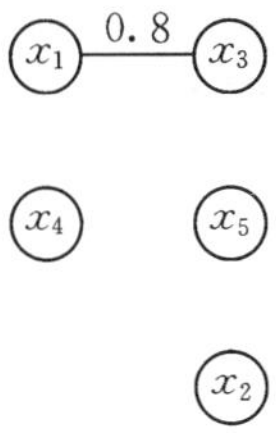

图 2.9

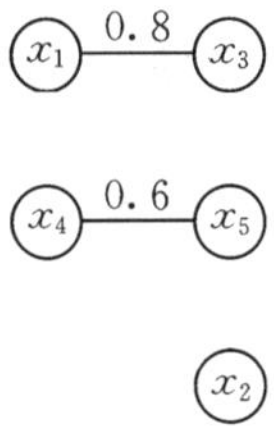

图 2.10

取 $\lambda=0.5$,U 分为 2 类:$\{x_1,x_3,x_4,x_5\}$,$\{x_2\}$,如图 2.11 所示.

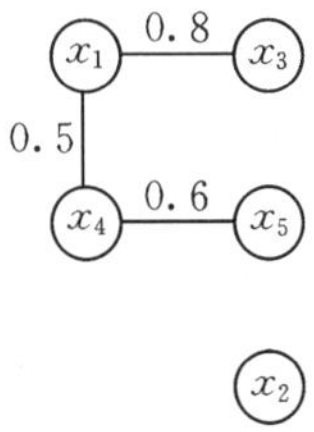

图 2.11

取 $\lambda=0.4$,U 为 1 类:$\{x_1,x_2,x_3,x_4,x_5\}$,如图 2.7 所示.

最大树法所得的结果与布尔矩阵法分类结果是一致的.

(4) 编网法

所谓编网法,就是取定 λ 水平,对模糊相似矩阵 $\boldsymbol{R}$ 作λ-截矩阵 $\boldsymbol{R}_\lambda$,在 $\boldsymbol{R}_\lambda$ 的主对角线上填入元素的符号. 在主对角线下方,以星号"$*$"代替 1,以空格代替 0. 再由"$*$"所在位置向上引纵线,向右引横线. 凡能互相联系的点均属于同类,从而实现了分类.

例 2.4.5 用编网法求例 2.4.2 环境单元的分类.

解 取 $\lambda=0.6$,得 λ-截矩阵

$$\boldsymbol{R}_{0.6}=\begin{pmatrix}1&0&1&0&0\\0&1&0&0&0\\1&0&1&0&0\\0&0&0&1&1\\0&0&0&1&1\end{pmatrix},$$

再按编网法,如表 2.4 所示,把元素分为 3 类:$\{x_1,x_3\}$,$\{x_2\}$,$\{x_4,x_5\}$,与最大树法的分类结果一致.

表 2.4

$R_{0.6}$	x_1	x_2	x_3	x_4	x_5
x_1	x_1				
x_2		x_2			
x_3	$*$		x_3		
x_4				x_4	
x_5				$*$	x_5

上述聚类方法各有优劣. 使用传递闭包法分类,当矩阵阶数较高时,手工计算量较大,但在计算机上还是容易实现的(附录中 F_JlDtjl. m). 因此,人们还是乐于使用它. 当矩阵阶数不高时,后面几个方法均较直观,也便于操作,适合推广应用.

2.4.2 最佳阈值 λ 的确定

在模糊聚类分析中，对于各个不同的 $\lambda\in[0,1]$，可得到不同的分类，从而形成一种动态聚类图，这对全面了解样本的分类情况是比较形象和直观的．但许多实际问题需要选择某个阈值 λ，来确定样本的一个具体分类．这就提出了如何确定阈值 λ 的问题．现介绍下面两种方法：

1° 按照实际需要，在动态聚类图中，调整 λ 的值以得到适当的分类，而不需要事先准确地估计好样本应分成几类．当然，也可由具有丰富经验的专家结合专业知识来确定 λ，从而得出在 λ 水平上的等价分类．

2° 用 F 统计量确定 λ 最佳值．

设论域 $U=\{x_1,x_2,\cdots,x_n\}$ 为样本空间(样本总数为 n)，而每个样本 x_i 有 m 个特征(即由试验或观察得到的 m 个数据)：$\boldsymbol{x}_i=(x_{i1},x_{i2},\cdots,x_{im})$ $(i=1,2,\cdots,n)$．于是得到原始数据矩阵，如表 2.5 所示，其中 $\overline{x_k}=\dfrac{1}{n}\sum\limits_{i=1}^{n}x_{ik}$ $(k=1,2,\cdots,m)$，$\overline{\boldsymbol{x}}$ 称为总体样本的中心向量．

表 2.5

样本	指标					
	1	2	$\cdots$	k	$\cdots$	m
x_1	x_{11}	x_{12}	$\cdots$	x_{1k}	$\cdots$	x_{1m}
x_2	x_{21}	x_{22}	$\cdots$	x_{2k}	$\cdots$	x_{2m}
$\vdots$	$\vdots$	$\vdots$		$\vdots$		$\vdots$
x_i	x_{i1}	x_{i2}	$\cdots$	x_{ik}	$\cdots$	x_{im}
$\vdots$	$\vdots$	$\vdots$		$\vdots$		$\vdots$
x_n	x_{n1}	x_{n2}	$\cdots$	x_{nk}	$\cdots$	x_{nm}
$\overline{\boldsymbol{x}}$	$(\overline{x_1}$	$\overline{x_2}$	$\cdots$	$\overline{x_k}$	$\cdots$	$\overline{x_m})$

设对应于 λ 值的分类数为 r，第 j 类的样本数为 n_j，第 j 类的样本记为：$\boldsymbol{x}_1^{(j)}$，$\boldsymbol{x}_2^{(j)}$，$\cdots$，$\boldsymbol{x}_{n_j}^{(j)}$，第 j 类的聚类中心为向量 $\overline{\boldsymbol{x}}^{(j)}=(\overline{x}_1^{(j)},\overline{x}_2^{(j)},\cdots,\overline{x}_m^{(j)})$，其中 $\overline{x}_k^{(j)}$ 为第 k 个特征的平均值，即

$$\overline{x}_k^{(j)}=\frac{1}{n_j}\sum_{i=1}^{n_j}x_{ik}^{(j)}\quad(k=1,2,\cdots,m),$$

作 F 统计量

$$F=\frac{\sum\limits_{j=1}^{r}n_j\parallel\overline{\boldsymbol{x}}^{(j)}-\overline{\boldsymbol{x}}\parallel^2/(r-1)}{\sum\limits_{j=1}^{r}\sum\limits_{i=1}^{n_j}\parallel\boldsymbol{x}_i^{(j)}-\overline{\boldsymbol{x}}^{(j)}\parallel^2/(n-r)},\tag{2.1}$$

其中

$$\parallel\overline{\boldsymbol{x}}^{(j)}-\overline{\boldsymbol{x}}\parallel=\sqrt{\sum_{k=1}^{m}(\overline{x}_k^{(j)}-\overline{x}_k)^2}$$

为$\overline{x}^{(j)}$与$\overline{x}$间的距离，$\| x_i^{(j)}-\overline{x}^{(j)} \|$为第 j 类中第 i 个样本 $x_i^{(j)}$ 与其中心$\overline{x}^{(j)}$间的距离. 称式(2.1)为 F 统计量，它遵从自由度为 $r-1, n-r$ 的 F 分布. 它的分子表征类与类之间的距离，分母表征类内样本间的距离. 因此，F 值越大，说明类与类之间的距离越大；类与类间的差异越大，分类就越好.

如果 $F>F_\alpha(r-1,n-r)$ $(\alpha=0.05)$，则根据数理统计方差分析理论知道，类与类之间差异是显著的，说明分类比较合理. 如果满足不等式 $F>F_\alpha(r-1,n-r)$ 的 F 值不止一个，则可进一步考查差比例式$(F-F_\alpha)/F_\alpha$ 的大小，从较大者中找一个满意的 F 值就行了.

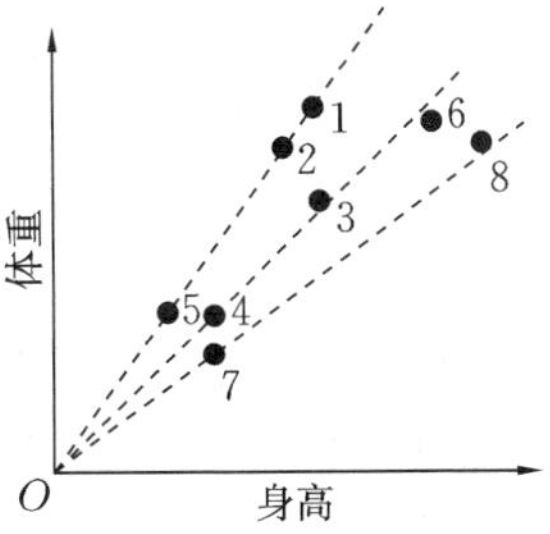

图 2.12

在用 F 统计量确定 λ 时，如果两个向量之间的距离改用与建立模糊相似矩阵的方法相一致的距离，那么选择的分类应该更符合实际情况（与建立模糊相似矩阵的方法有关）一些. 例如，设论域 $U=\{1,2,\cdots,8\}$ 表示 8 个人，现要将这 8 个人按胖瘦进行分类，每个人用身高和体重两个指标表示其特征，它们所处的位置如图 2.12 所示. 从图可以直观看到，若用欧几里得距离法建立模糊相似关系，则选择的最佳分类应为$\{1,2,3\}$，$\{4,5,7\}$，$\{6,8\}$；若用夹角余弦法建立模糊相似关系，则选择的最佳分类应为$\{1,2,5\}$，$\{3,4,6\}$，$\{7,8\}$. 从实际情况来看，按$\{1,2,5\}$，$\{3,4,6\}$，$\{7,8\}$分类比按$\{1,2,3\}$，$\{4,5,7\}$，$\{6,8\}$分类合理.

如果在选择最佳分类过程中，计算 F 统计量时都只采用欧几里得距离法，而与选择建立模糊相似矩阵的方法无关，那么选择的最佳分类与实际情况可能不相符合.

2.5　模糊聚类分析的应用

从目前文献看，模糊聚类分析是模糊数学中应用最多、最活跃的一个分支，几乎涉及各个学科领域，科技工作者在其中做了大量的工作. 限于篇幅，下面仅举若干例子介绍模糊聚类在科学技术及经济管理方面的应用.

例 2.5.1　DNA 序列分类*　2000 年 6 月，人类基因组计划中 DNA 全序列草图完成，在完成精确的全序列草图后，人类将拥有一本记录着自身生老病死及遗传进化的全部信息的“天书”. 这本大自然写成的“天书”是由 4 个字符 A、T、C、G 按一定顺序排成的长约 30 亿个字符的序列，其中没有“断句”也没有“标点符号”. 除了这 4 个字符表示 4 种碱基以外，人们对它包含的“内容”知之甚少，“天书”难以

---

* 本题选自 2000 年网易杯全国大学生数学建模竞赛 A 题.

读懂. 破译这部世界上最巨量信息的"天书"是21世纪最重要的任务之一. 在这个目标中,研究DNA全序列具有什么结构,由这4个字符排成的看似随机的序列中隐藏着什么规律,又是解读这部"天书"的基础,是生物信息学(bioinformatics)最重要的课题之一.

人类虽然对这部"天书"知之甚少,但也发现了DNA序列中的一些规律性和结构. 例如:在全序列中有一些是用于编码蛋白质的序列片段,即由这4个字符组成的64种不同的3字符串,其中大多数用于编码构成蛋白质的20种氨基酸;在不用于编码蛋白质的序列片段中,A和T的量特别大,于是以某些碱基特别丰富作为特征去研究DNA序列的结构也取得了一些成果. 此外,利用统计的方法还发现序列的某些片段之间具有相关性等等. 这些发现让人们相信,DNA序列中存在着局部的和全局性的结构,充分发掘序列的结构对理解DNA全序列是十分有意义的. 目前在这项研究中最普通的思想是省略序列的某些细节,突出特征,然后将其表示成适当的数学对象. 这种被称为粗粒化和模型化的方法往往有助于研究规律性和结构.

作为研究DNA序列的结构的尝试,提出以下对序列集合进行分类的问题.

有20个已知类别的人工制造的序列*,其中序列标号1~10为A类,11~20为B类. 请从中提取特征、构造分类方法,并用这些已知类别的序列,衡量你的方法是否足够好. 然后用你认为满意的方法,对另外20个未标明类别的人工序列(标号21~40)进行分类,判断哪些属于A类,哪些属于B类,哪些既不属于A类也不属于B类.

解 1° 问题的分析.

由于DNA序列均是由A、T、C、G组成,且长短不一,所以采用提取DNA序列中A、T、C、G的百分率这一特征来对DNA序列进行模糊分类.

表2.6和表2.7分别列出了已知DNA和未知DNA序列中含A、T、C、G的个数(A类编号为1~10, B类编号为11~20,未知DNA序列编号为21~40).

2° DNA序列的模糊分类.

提取已知类别的1~20和未知类别的21~40共40条DNA序列中A、T、C、

表2.6 已知DNA序列含碱基(A、T、C、G)的个数

No.	1	2	3	4	5	6	7	8	9	10	11	12	13	14	15	16	17	18	19	20
A	33	30	30	47	26	39	39	31	23	20	39	36	28	33	32	40	39	32	24	22
T	15	17	7	32	12	14	21	21	17	15	55	55	57	55	71	51	29	55	62	62
C	19	18	24	12	26	14	11	18	23	30	5	3	11	9	0	9	27	13	16	19
G	44	46	50	20	47	44	40	41	48	45	11	16	14	13	7	10	15	10	8	7

* 数据来源:www.csiam.edu.cn/mcm.

表 2.7　未知 DNA 序列含碱基(A、T、C、G)的个数

No.	21	22	23	24	25	26	27	28	29	30	31	32	33	34	35	36	37	38	39	40
A	31	30	18	24	26	25	24	30	15	31	27	19	30	24	25	24	22	26	29	23
T	41	23	19	47	23	44	24	52	19	27	40	36	37	17	21	22	21	51	25	50
C	22	25	26	22	24	24	21	17	22	26	20	25	21	24	22	32	26	20	30	23
G	19	26	39	22	32	21	35	18	45	23	25	29	23	37	35	27	34	20	22	20

G 的百分率(表 2.8)构成如下矩阵：$\boldsymbol{X}=(x_{ij})_{40\times 4}$，其中 x_{i1}，x_{i2}，x_{i3}，x_{i4} 分别表示第 i 条 DNA 序列中的 A、T、C、G 的百分率.

表 2.8　DNA 序列中的 A、T、C、G 的百分率

No.	A	T	C	G
1	0.2973	0.1351	0.1712	0.3964
2	0.2703	0.1532	0.1622	0.4144
3	0.2703	0.0631	0.2162	0.4505
4	0.4234	0.2883	0.1081	0.1802
5	0.2342	0.1081	0.2342	0.4234
6	0.3514	0.1261	0.1261	0.3964
7	0.3514	0.1892	0.0991	0.3604
8	0.2793	0.1892	0.1622	0.3694
9	0.2072	0.1532	0.2072	0.4324
10	0.1818	0.1364	0.2727	0.4091
11	0.3545	0.5000	0.0455	0.1000
12	0.3273	0.5000	0.0273	0.1455
13	0.2545	0.5182	0.1000	0.1273
14	0.3000	0.5000	0.0818	0.1182
15	0.2909	0.6455	0.0000	0.0636
16	0.3636	0.4636	0.0818	0.0909
17	0.3545	0.2636	0.2455	0.1364
18	0.2909	0.5000	0.1182	0.0909
19	0.2182	0.5636	0.1455	0.0727
20	0.2000	0.5636	0.1727	0.0636
21	0.2743	0.3628	0.1947	0.1681
22	0.2885	0.2212	0.2404	0.2500
23	0.1765	0.1863	0.2549	0.3824
24	0.2087	0.4087	0.1913	0.1913
25	0.2476	0.2190	0.2286	0.3048
26	0.2193	0.3860	0.2105	0.1842
27	0.2308	0.2308	0.2019	0.3365
28	0.2564	0.4444	0.1453	0.1538
29	0.1485	0.1881	0.2178	0.4455
30	0.2897	0.2523	0.2430	0.2150
31	0.2411	0.3571	0.1786	0.2232
32	0.1743	0.3303	0.2294	0.2661

续表

No.	A	T	C	G
33	0.2703	0.3333	0.1892	0.2072
34	0.2353	0.1667	0.2353	0.3627
35	0.2427	0.2039	0.2136	0.3398
36	0.2286	0.2095	0.3048	0.2571
37	0.2136	0.2039	0.2524	0.3301
38	0.2222	0.4359	0.1709	0.1709
39	0.2736	0.2358	0.2830	0.2075
40	0.1983	0.4310	0.1983	0.1724

采用欧几里得距离法,有

$$r_{ij}=1-0.5773\sqrt{\sum_{k=1}^{4}(x_{ik}-x_{jk})^2},\ i,j=1,2,\cdots,40,$$

建立模糊相似矩阵 $\boldsymbol{R}=(r_{ij})_{40\times 40}$,然后用传递闭包法进行聚类. 在 MATLAB 工作空间中调用附录中的 M 函数 F_Jlfx (0,8,X),得到动态聚类图(图 2.13).

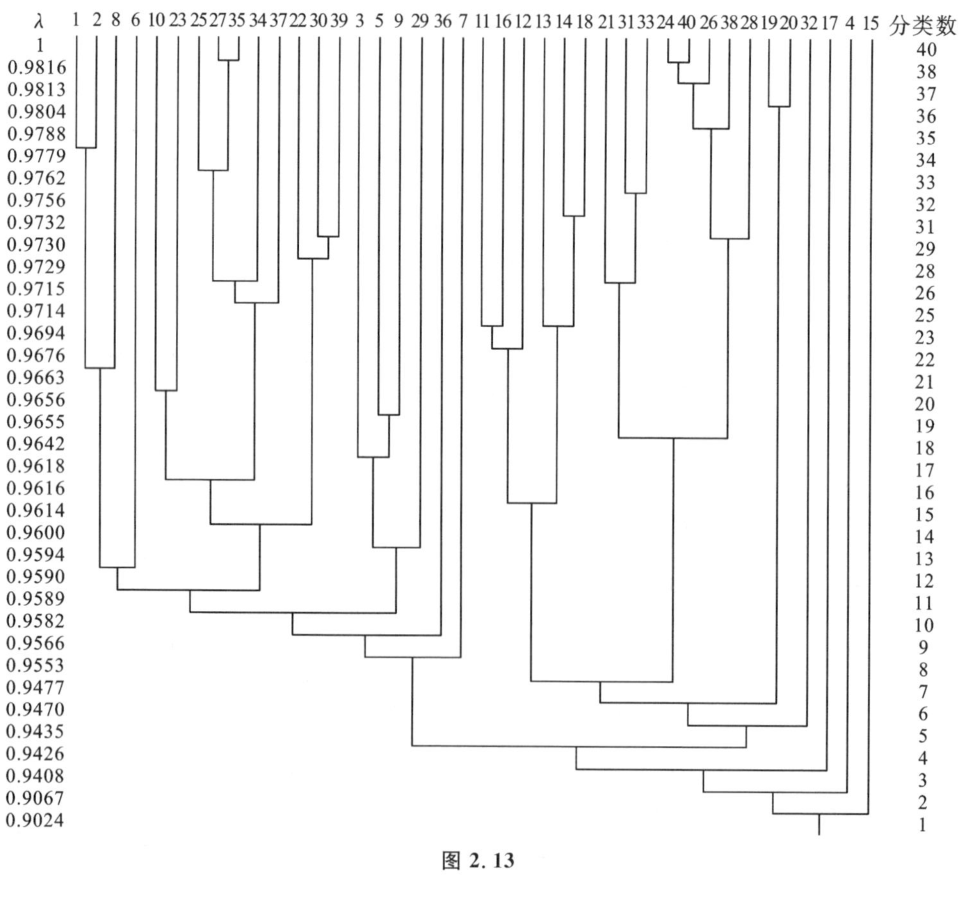

图 2.13

3° 用 F 统计量确定满意分类.

从图 2.13 看出，当分类数不小于 5 时，没有将 A 类和 B 类的 DNA 聚在一起，应该说上述方法是比较满意的. 下面再用 F 统计方法加以确认.

用原始数据矩阵 $\boldsymbol{X}$ 分别计算部分分类所对应的 F 统计量的值，相应的临界值 $F_\alpha(\alpha=0.05)$ 和相对差值 $(F-F_\alpha)/F_\alpha$ 如表 2.9 所示.

表 2.9

分类数	F 值	临界值	相对差值	分类数	F 值	临界值	相对差值
38	98.532	19.469	4.061	19	61.605	2.123	28.015
37	72.717	8.602	7.454	18	48.623	2.114	22.003
36	78.277	5.729	12.662	17	48.738	2.109	22.114
35	65.675	4.481	13.657	16	42.358	2.108	19.097
34	68.960	3.796	17.167	15	40.545	2.111	18.205
33	67.451	3.367	19.033	14	27.281	2.119	11.874
32	69.175	3.075	21.498	13	28.098	2.132	12.177
31	69.494	2.864	23.268	12	30.451	2.151	13.155
29	52.902	2.582	19.492	11	23.614	2.177	9.848
28	53.073	2.484	20.367	10	21.203	2.211	8.591
26	49.663	2.341	20.217	9	22.703	2.255	9.068
25	51.864	2.288	21.669	8	24.096	2.313	9.419
23	56.139	2.208	24.421	7	19.276	2.389	7.067
22	54.650	2.179	24.079	6	20.667	2.494	7.288
21	56.081	2.155	25.018	5	23.521	2.641	7.904
20	58.691	2.137	26.464	2	4.241	4.098	0.035

从表 2.9 可以看出，分成 5 类、6 类……都是满意的分类. 这里，当 $\lambda=0.9470$ 时，即在 0.9470 的水平上，可将 40 条 DNA 序列划分为 6 类：

$$\{1,2,8,6,10,23,25,27,35,34,37,22,30,39,3,5,9,29,36,7\},$$
$$\{11,16,12,13,14,18,21,31,33,24,40,26,38,28,19,20\},\{32\},\{17\},\{15\},\{4\}$$

由此得：

属于 A 类的序号为 22, 23, 25, 27, 29, 30, 34, 35, 36, 37, 39；

属于 B 类的序号为 21, 24, 26, 28, 31, 33, 38, 40；

既不属于 A 类也不属于 B 类的序号为 32.

例 2.5.2　研究生招生中的模糊聚类分析[8]　高等学校的研究生招生工作与学科建设有着密切关系，所以，我们应该把招生工作当做一项系统工程来对待，认真加以研究. 同时，招生工作也是一项政策性很强的工作. 在招生过程中，其一，必须坚持公开、公平、公正的原则；其二，必须坚持原则性与灵活性的必要结合，特别是表现在破格录取的考生方面.

从应用数学的角度来看,招生工作本质上就是一项排名的工作. 为了使排名录取更合理、可信、科学,我们综合录取单位决策过程中的模糊信息,建立模糊数学模型,利用模糊聚类分析方法,根据聚类结果来确定每位考生的排名结果.

下面针对某年报考北京师范大学数学系基础数学专业硕士研究生的 26 位考生的 5 科成绩(表 2.10)来说明模型的建立过程及排名结果.

解 1° 问题的分析.

模糊聚类分析方法的排名原则是,越先聚为一类的人,名次越靠近. 如果有一名考生,他的每科成绩都不低于这 26 位考生中的任何一位,很显然他应当在录取名单中排列第一. 现在虚设这样一名考生(编号记为 27),其 5 科成绩分别是 68,73,97,100,96,然后按照与这名虚设考生聚为一类的先后次序确定录取排名顺序.

表 2.10 报考北京师范大学数学系基础数学专业硕士研究生成绩表

考生编号	考生成绩					总分
1	36	41	63	65	60	265
2	60	48	66	80	63	317
3	51	54	81	81	94	361
4	64	56	86	85	83	374
5	51	50	35	31	37	204
6	39	57	65	68	70	299
7	60	59	97	100	96	412
8	62	58	94	97	91	402
9	66	51	83	85	86	371
10	50	38	17	52	18	175
11	43	18	43	40	16	160
12	68	67	65	89	79	368
13	55	60	23	66	66	270
14	39	38	15	15	38	145
15	45	44	29	70	45	233
16	61	48	63	72	65	309
17	49	73	65	82	64	333
18	59	59	65	67	62	312
19	54	62	47	80	95	338
20	41	33	9	10	32	125
21	56	59	77	75	92	359
22	30	43	77	67	75	292
23	46	50	24	36	25	181
24	20	37	17	54	40	168
25	57	53	41	78	60	289
26	55	28	35	60	36	214

2° 模糊聚类.

将 5 科成绩作为考生的特征数据,数据矩阵 $\boldsymbol{X}=(x_{ij})_{27\times 5}$,其中 x_{i1}, x_{i2}, x_{i3}, x_{i4}, x_{i5}分别表示编号为 i 的考生的 5 科成绩. 采用数量积法,有

$$r_{ij}=\begin{cases}1, & i=j,\\ \dfrac{1}{M}\sum_{k=1}^{5}x_{ik}\cdot x_{jk}, & i\neq j,\end{cases}\quad i,j=1,2,\cdots,27,$$

建立模糊相似矩阵 $\boldsymbol{R}=(r_{ij})_{27\times 27}$，其中 $M=\max\limits_{i\neq j}\left(\sum_{k=1}^{5}x_{ik}\cdot x_{jk}\right)^{*}$，然后用传递闭包法进行聚类．在 MATLAB 工作空间中调用附录中的 M 函数 F_Jlfx (0,1,X)，得到动态聚类图如图 2.14 所示．

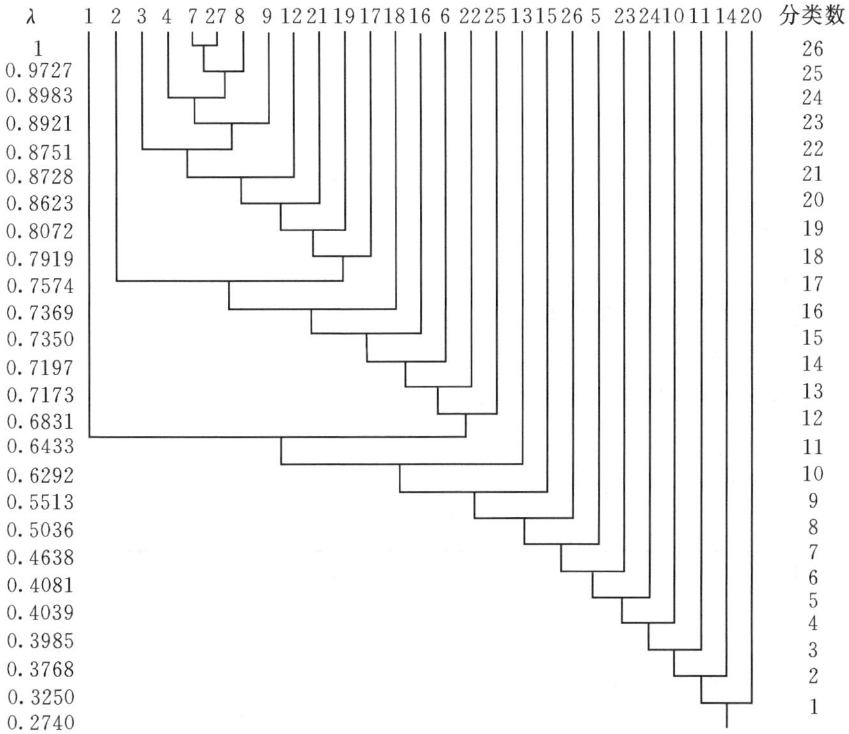

图 2.14

3° 确定研究生招生录取次序．

根据问题的分析及模糊聚类结果(图 2.14)，研究生招生的录取次序为 7，8，4，9，3，12，21，19，17，2，18，16，6，22，25，1，13，15，26，5，23，24，10，11，14，20．

这种方法既考虑了考生的总分，又考虑了各科成绩是否均衡这个因素，即各科成绩是否接近各科最好成绩．因此，就这 26 位考生 5 科成绩来说，这个录取次序是比较合理、比较可信、比较科学的．

例 2.5.3　亚洲玉米螟测报的数学模型[9]　亚洲玉米螟(asian corn borer)是

* 附录中的 M 函数 F_JlR.m 是用 $M+1$ 替代 M 的．

影响我国玉米生产的主要害虫之一.过去,人们对玉米螟种群动态的研究一般仅考虑时间因子,即研究种群随时间变化的规律,也有从玉米螟空间格局加以研究的.而本例是把种群的数量动态与空间格局联系起来加以研究的.同时还应指出,玉米螟的种群动态是一个具有模糊性的问题,玉米螟对玉米的危害程度也具有模糊性.因此,本例利用模糊数学方法,建立亚洲玉米螟测报的数学模型.

解 1° 采集样本,确定主要因子,建立数据矩阵.

设论域 $U=\{x_1,x_2,\cdots,x_{26}\}$是武汉地区 1951—1985 年间的历史资料(26 个样本),每个样本由 8 个主要指标来描述,即

$$x_i=(x_{i1},x_{i2},\cdots,x_{i8})\ (i=1,2,\cdots,26).$$

8 个主要指标的含义如下:

x_{i1}表示上年 7 月、8 月的平均气温;

x_{i2}表示上年 12 月,当年 1 月、2 月的平均气温;

x_{i3}表示当年 4 月温湿系数;

x_{i4}表示当年 4 月雨日数(降水量不小于 0.1 mm 的天数);

x_{i5}表示当年 4 月日照数(h);

x_{i6}表示当年 4 月风速($m\cdot s^{-1}$);

x_{i7}表示当年 5 月上旬的温湿系数;

x_{i8}表示当年 5 月第一次田间调查的玉米螟卵块数.

由历史资料提供的原始数据如表 2.11 所示.

表 2.11

样本号	指标							
	x_{i1}	x_{i2}	x_{i3}	x_{i4}	x_{i5}	x_{i6}	x_{i7}	x_{i8}
1	28.5	3.5	5.90	18	85.5	2.6	20.3	5.6
2	28.7	5.2	4.52	10	192.3	3.4	20.6	7.9
3	27.9	4.4	4.81	11	161.1	2.9	22.8	6.3
4	30.0	4.9	5.35	18	97.1	2.8	19.4	1.7
5	28.7	5.2	4.48	9	185.9	2.8	20.1	3.4
6	28.4	2.7	4.91	19	122.1	2.7	16.3	8.1
7	28.3	5.4	4.71	17	146.5	3.0	18.5	4.1
8	28.6	5.3	4.44	9	177.7	3.0	19.0	8.6
9	31.0	5.4	5.33	12	140.8	2.7	17.4	1.6
10	28.5	4.6	4.46	12	159.5	2.9	20.8	4.1
11	29.8	4.9	5.59	16	146.2	2.7	17.4	2.1
12	28.6	4.5	5.63	15	110.3	2.7	17.5	1.5
13	27.8	5.2	5.58	16	126.3	2.7	21.6	6.5
14	29.6	3.4	5.62	19	121.2	2.9	19.7	6.1
15	27.7	2.8	5.29	15	148.2	3.6	23.5	6.8
16	27.8	4.6	5.59	16	190.1	2.4	20.7	7.0
17	28.4	4.7	5.19	12	126.4	3.1	18.9	4.1
18	29.3	3.0	5.47	15	149.5	3.1	22.7	3.9

续表

样本号	指标							
	x_{i1}	x_{i2}	x_{i3}	x_{i4}	x_{i5}	x_{i6}	x_{i7}	x_{i8}
19	28.1	5.2	4.63	16	158.0	3.7	20.2	7.8
20	28.5	3.9	3.93	10	187.1	2.9	18.9	7.1
21	28.6	4.5	5.33	16	134.3	3.1	18.9	7.2
22	28.1	3.3	4.86	17	127.1	2.4	16.7	7.4
23	28.1	5.4	4.73	11	199.9	1.9	21.3	2.7
24	30.1	6.0	5.09	15	177.8	2.7	17.2	1.3
25	28.8	5.4	4.75	13	139.0	2.7	20.4	3.1
26	27.9	4.3	5.12	16	151.0	2.0	18.7	9.3

2° 标定——建立模糊相似矩阵.

采用指数相似系数,第 i 个样本与第 j 个样本的相似系数为

$$r_{ij}=\frac{1}{8}\sum_{k=1}^{8}\exp\left[-\frac{3}{4}\times\frac{(x_{ik}-x_{jk})^2}{s_k^2}\right], \tag{2.2}$$

其中 s_k^2 是第 k 个因子的方差,即

$$s_k^2=\frac{1}{26}\sum_{i=1}^{26}(x_{ik}-\bar{x}_k)^2,\quad \bar{x}_k=\frac{1}{26}\sum_{i=1}^{26}x_{ik}.$$

由式(2.2)算得模糊相似矩阵 **R** 为

1	0.551	0.536	0.513	0.579	0.679	0.589	0.527	0.474	0.621	0.558	0.703	0.658	0.681	0.538	0.638	0.592	0.587	0.581	0.661	0.638	0.671	0.522	0.486	0.659	0.571
0.551	1	0.596	0.483	0.826	0.470	0.681	0.840	0.485	0.780	0.470	0.540	0.607	0.453	0.478	0.575	0.650	0.483	0.767	0.613	0.645	0.469	0.692	0.401	0.742	0.524
0.536	0.596	1	0.534	0.647	0.550	0.701	0.618	0.426	0.791	0.462	0.544	0.683	0.554	0.606	0.686	0.655	0.522	0.681	0.705	0.611	0.617	0.723	0.409	0.658	0.652
0.513	0.483	0.534	1	0.667	0.472	0.609	0.499	0.768	0.643	0.855	0.705	0.678	0.695	0.476	0.595	0.664	0.580	0.536	0.519	0.675	0.403	0.521	0.749	0.658	0.545
0.579	0.826	0.647	0.667	1	0.513	0.734	0.842	0.648	0.900	0.624	0.698	0.662	0.531	0.395	0.536	0.686	0.496	0.695	0.685	0.613	0.429	0.719	0.559	0.860	0.465
0.679	0.470	0.550	0.472	0.513	1	0.629	0.509	0.508	0.499	0.544	0.642	0.571	0.543	0.550	0.475	0.545	0.474	0.560	0.572	0.575	0.810	0.474	0.604	0.639	0.601
0.589	0.681	0.701	0.609	0.734	0.629	1	0.799	0.584	0.758	0.583	0.634	0.636	0.574	0.446	0.585	0.764	0.525	0.797	0.650	0.723	0.659	0.778	0.570	0.790	0.580
0.527	0.840	0.618	0.499	0.842	0.509	0.799	1	0.523	0.834	0.485	0.560	0.572	0.521	0.397	0.539	0.737	0.492	0.721	0.724	0.727	0.497	0.637	0.440	0.689	0.545
0.474	0.485	0.426	0.768	0.648	0.508	0.584	0.523	1	0.517	0.758	0.698	0.646	0.456	0.446	0.479	0.634	0.470	0.486	0.466	0.582	0.422	0.545	0.781	0.691	0.479
0.621	0.780	0.791	0.643	0.900	0.499	0.758	0.834	0.517	1	0.565	0.695	0.635	0.599	0.470	0.640	0.758	0.548	0.708	0.772	0.718	0.492	0.689	0.453	0.735	0.578
0.558	0.470	0.462	0.855	0.624	0.544	0.583	0.485	0.758	0.565	1	0.858	0.738	0.705	0.375	0.635	0.593	0.572	0.504	0.480	0.593	0.455	0.491	0.762	0.673	0.493
0.703	0.540	0.544	0.705	0.698	0.642	0.634	0.560	0.698	0.695	0.858	1	0.723	0.619	0.390	0.674	0.704	0.532	0.533	0.642	0.708	0.537	0.533	0.637	0.728	0.572
0.658	0.607	0.683	0.678	0.662	0.571	0.636	0.572	0.646	0.635	0.738	0.723	1	0.627	0.634	0.833	0.598	0.582	0.713	0.525	0.615	0.516	0.667	0.546	0.718	0.608
0.681	0.453	0.554	0.695	0.531	0.543	0.574	0.521	0.456	0.599	0.705	0.619	0.627	1	0.516	0.627	0.513	0.755	0.486	0.660	0.608	0.564	0.403	0.514	0.518	0.512
0.538	0.478	0.606	0.476	0.395	0.550	0.446	0.397	0.446	0.470	0.375	0.390	0.634	0.516	1	0.610	0.543	0.674	0.621	0.453	0.563	0.573	0.509	0.397	0.425	0.596
0.638	0.575	0.686	0.595	0.536	0.475	0.585	0.539	0.479	0.640	0.635	0.674	0.833	0.627	0.610	1	0.641	0.559	0.685	0.565	0.687	0.668	0.598	0.395	0.543	0.701
0.592	0.650	0.655	0.664	0.686	0.545	0.764	0.737	0.634	0.758	0.593	0.704	0.598	0.513	0.543	0.641	1	0.615	0.641	0.693	0.915	0.562	0.639	0.578	0.653	0.729
0.587	0.483	0.522	0.580	0.496	0.474	0.525	0.492	0.470	0.548	0.572	0.532	0.582	0.755	0.674	0.559	0.615	1	0.435	0.502	0.680	0.478	0.475	0.434	0.540	0.406
0.581	0.767	0.681	0.536	0.695	0.560	0.797	0.721	0.486	0.708	0.504	0.533	0.713	0.486	0.621	0.685	0.641	0.435	1	0.563	0.637	0.617	0.766	0.438	0.717	0.647
0.661	0.613	0.705	0.519	0.685	0.572	0.650	0.724	0.466	0.772	0.480	0.642	0.525	0.660	0.453	0.565	0.693	0.502	0.563	1	0.707	0.599	0.523	0.430	0.590	0.622
0.638	0.645	0.611	0.675	0.613	0.575	0.723	0.727	0.582	0.718	0.593	0.708	0.615	0.608	0.563	0.687	0.915	0.680	0.637	0.707	1	0.575	0.523	0.480	0.604	0.726
0.671	0.469	0.617	0.403	0.429	0.810	0.659	0.497	0.422	0.492	0.455	0.537	0.516	0.564	0.573	0.668	0.562	0.478	0.617	0.599	0.575	1	0.551	0.492	0.537	0.666
0.522	0.692	0.723	0.521	0.719	0.474	0.778	0.637	0.545	0.689	0.491	0.533	0.667	0.403	0.509	0.598	0.639	0.475	0.766	0.523	0.523	0.551	1	0.499	0.790	0.610
0.486	0.401	0.409	0.749	0.559	0.604	0.570	0.440	0.781	0.453	0.762	0.637	0.546	0.514	0.397	0.395	0.578	0.434	0.438	0.430	0.480	0.492	0.499	1	0.665	0.518
0.659	0.742	0.658	0.658	0.860	0.639	0.790	0.689	0.691	0.735	0.673	0.728	0.718	0.518	0.425	0.543	0.653	0.540	0.717	0.590	0.604	0.537	0.790	0.665	1	0.478
0.571	0.524	0.652	0.545	0.465	0.601	0.580	0.545	0.479	0.578	0.493	0.572	0.608	0.512	0.596	0.701	0.729	0.406	0.647	0.622	0.726	0.666	0.610	0.518	0.478	1

3° 聚类.

① 用二次方法求传递闭包 $t(\boldsymbol{R})$:$\boldsymbol{R}\rightarrow\boldsymbol{R}^2\rightarrow\boldsymbol{R}^4\rightarrow\boldsymbol{R}^8$,$\boldsymbol{R}^8\circ\boldsymbol{R}^8=\boldsymbol{R}^8$,得模糊等价矩阵 $t(\boldsymbol{R})=\boldsymbol{R}^8=\boldsymbol{R}^*$ 为

$$\begin{pmatrix}
1 & 0.703 & 0.703 & 0.703 & 0.703 & 0.679 & 0.703 & 0.703 & 0.703 & 0.703 & 0.703 & 0.703 & 0.703 & 0.703 & 0.674 & 0.703 & 0.703 & 0.703 & 0.703 & 0.703 & 0.703 & 0.679 & 0.703 & 0.703 & 0.703 & 0.703 \\
0.703 & 1 & 0.791 & 0.728 & 0.840 & 0.679 & 0.799 & 0.840 & 0.728 & 0.840 & 0.728 & 0.728 & 0.728 & 0.705 & 0.674 & 0.728 & 0.764 & 0.705 & 0.797 & 0.772 & 0.764 & 0.679 & 0.790 & 0.728 & 0.840 & 0.729 \\
0.703 & 0.791 & 1 & 0.728 & 0.791 & 0.679 & 0.791 & 0.791 & 0.728 & 0.791 & 0.728 & 0.728 & 0.728 & 0.705 & 0.674 & 0.728 & 0.764 & 0.705 & 0.791 & 0.772 & 0.764 & 0.679 & 0.790 & 0.728 & 0.791 & 0.729 \\
0.703 & 0.728 & 0.728 & 1 & 0.728 & 0.679 & 0.728 & 0.728 & 0.768 & 0.728 & 0.855 & 0.855 & 0.738 & 0.705 & 0.674 & 0.738 & 0.728 & 0.705 & 0.728 & 0.728 & 0.728 & 0.679 & 0.728 & 0.768 & 0.728 & 0.728 \\
0.703 & 0.840 & 0.791 & 0.728 & 1 & 0.679 & 0.799 & 0.842 & 0.728 & 0.900 & 0.728 & 0.728 & 0.728 & 0.705 & 0.674 & 0.728 & 0.764 & 0.705 & 0.797 & 0.772 & 0.764 & 0.679 & 0.790 & 0.728 & 0.860 & 0.729 \\
0.679 & 0.679 & 0.679 & 0.679 & 0.679 & 1 & 0.679 & 0.679 & 0.679 & 0.679 & 0.679 & 0.679 & 0.679 & 0.679 & 0.674 & 0.679 & 0.679 & 0.679 & 0.679 & 0.679 & 0.679 & 0.810 & 0.679 & 0.679 & 0.679 & 0.679 \\
0.703 & 0.799 & 0.791 & 0.728 & 0.799 & 0.679 & 1 & 0.799 & 0.728 & 0.799 & 0.728 & 0.728 & 0.728 & 0.705 & 0.674 & 0.728 & 0.764 & 0.705 & 0.797 & 0.772 & 0.764 & 0.679 & 0.790 & 0.728 & 0.799 & 0.729 \\
0.703 & 0.840 & 0.791 & 0.728 & 0.842 & 0.679 & 0.799 & 1 & 0.728 & 0.842 & 0.728 & 0.728 & 0.728 & 0.705 & 0.674 & 0.728 & 0.764 & 0.705 & 0.797 & 0.772 & 0.764 & 0.679 & 0.790 & 0.728 & 0.842 & 0.729 \\
0.703 & 0.728 & 0.728 & 0.768 & 0.728 & 0.679 & 0.728 & 0.728 & 1 & 0.728 & 0.768 & 0.768 & 0.738 & 0.705 & 0.674 & 0.738 & 0.728 & 0.705 & 0.728 & 0.728 & 0.728 & 0.679 & 0.728 & 0.781 & 0.728 & 0.728 \\
0.703 & 0.840 & 0.791 & 0.728 & 0.900 & 0.679 & 0.799 & 0.842 & 0.728 & 1 & 0.728 & 0.728 & 0.728 & 0.705 & 0.674 & 0.728 & 0.764 & 0.705 & 0.797 & 0.772 & 0.764 & 0.679 & 0.790 & 0.728 & 0.860 & 0.729 \\
0.703 & 0.728 & 0.728 & 0.855 & 0.728 & 0.679 & 0.728 & 0.728 & 0.768 & 0.728 & 1 & 0.858 & 0.738 & 0.705 & 0.674 & 0.738 & 0.728 & 0.705 & 0.728 & 0.728 & 0.728 & 0.679 & 0.728 & 0.768 & 0.728 & 0.728 \\
0.703 & 0.728 & 0.728 & 0.855 & 0.728 & 0.679 & 0.728 & 0.728 & 0.768 & 0.728 & 0.858 & 1 & 0.738 & 0.705 & 0.674 & 0.738 & 0.728 & 0.705 & 0.728 & 0.728 & 0.728 & 0.679 & 0.728 & 0.768 & 0.728 & 0.728 \\
0.703 & 0.728 & 0.728 & 0.738 & 0.728 & 0.679 & 0.728 & 0.728 & 0.738 & 0.728 & 0.738 & 0.738 & 1 & 0.705 & 0.674 & 0.833 & 0.728 & 0.705 & 0.728 & 0.728 & 0.728 & 0.679 & 0.728 & 0.738 & 0.728 & 0.728 \\
0.703 & 0.705 & 0.705 & 0.705 & 0.705 & 0.679 & 0.705 & 0.705 & 0.705 & 0.705 & 0.705 & 0.705 & 0.705 & 1 & 0.674 & 0.705 & 0.705 & 0.755 & 0.705 & 0.705 & 0.705 & 0.679 & 0.705 & 0.705 & 0.705 & 0.705 \\
0.674 & 0.674 & 0.674 & 0.674 & 0.674 & 0.674 & 0.674 & 0.674 & 0.674 & 0.674 & 0.674 & 0.674 & 0.674 & 0.674 & 1 & 0.674 & 0.674 & 0.674 & 0.674 & 0.674 & 0.674 & 0.674 & 0.674 & 0.674 & 0.674 & 0.674 \\
0.703 & 0.728 & 0.728 & 0.738 & 0.728 & 0.679 & 0.728 & 0.728 & 0.738 & 0.728 & 0.738 & 0.738 & 0.833 & 0.705 & 0.674 & 1 & 0.728 & 0.705 & 0.728 & 0.728 & 0.728 & 0.679 & 0.728 & 0.738 & 0.728 & 0.728 \\
0.703 & 0.764 & 0.764 & 0.728 & 0.764 & 0.679 & 0.764 & 0.764 & 0.728 & 0.764 & 0.728 & 0.728 & 0.728 & 0.705 & 0.674 & 0.728 & 1 & 0.705 & 0.764 & 0.764 & 0.915 & 0.679 & 0.764 & 0.728 & 0.764 & 0.729 \\
0.703 & 0.705 & 0.705 & 0.705 & 0.705 & 0.679 & 0.705 & 0.705 & 0.705 & 0.705 & 0.705 & 0.705 & 0.705 & 0.755 & 0.674 & 0.705 & 0.705 & 1 & 0.705 & 0.705 & 0.705 & 0.679 & 0.705 & 0.705 & 0.705 & 0.705 \\
0.703 & 0.797 & 0.791 & 0.728 & 0.797 & 0.679 & 0.797 & 0.797 & 0.728 & 0.797 & 0.728 & 0.728 & 0.728 & 0.705 & 0.674 & 0.728 & 0.764 & 0.705 & 1 & 0.772 & 0.764 & 0.679 & 0.790 & 0.728 & 0.797 & 0.729 \\
0.703 & 0.772 & 0.772 & 0.728 & 0.772 & 0.679 & 0.772 & 0.772 & 0.728 & 0.772 & 0.728 & 0.728 & 0.728 & 0.705 & 0.674 & 0.728 & 0.764 & 0.705 & 0.772 & 1 & 0.764 & 0.679 & 0.772 & 0.728 & 0.772 & 0.729 \\
0.703 & 0.764 & 0.764 & 0.728 & 0.764 & 0.679 & 0.764 & 0.764 & 0.728 & 0.764 & 0.728 & 0.728 & 0.728 & 0.705 & 0.674 & 0.728 & 0.915 & 0.705 & 0.764 & 0.764 & 1 & 0.679 & 0.764 & 0.728 & 0.764 & 0.729 \\
0.679 & 0.679 & 0.679 & 0.679 & 0.679 & 0.810 & 0.679 & 0.679 & 0.679 & 0.679 & 0.679 & 0.679 & 0.679 & 0.679 & 0.674 & 0.679 & 0.679 & 0.679 & 0.679 & 0.679 & 0.679 & 1 & 0.679 & 0.679 & 0.679 & 0.679 \\
0.703 & 0.790 & 0.790 & 0.728 & 0.790 & 0.679 & 0.790 & 0.790 & 0.728 & 0.790 & 0.728 & 0.728 & 0.728 & 0.705 & 0.674 & 0.728 & 0.764 & 0.705 & 0.790 & 0.772 & 0.764 & 0.679 & 1 & 0.728 & 0.790 & 0.729 \\
0.703 & 0.728 & 0.728 & 0.768 & 0.728 & 0.679 & 0.728 & 0.728 & 0.781 & 0.728 & 0.768 & 0.768 & 0.738 & 0.705 & 0.674 & 0.738 & 0.728 & 0.705 & 0.728 & 0.728 & 0.728 & 0.679 & 0.728 & 1 & 0.728 & 0.728 \\
0.703 & 0.840 & 0.791 & 0.728 & 0.860 & 0.679 & 0.799 & 0.842 & 0.728 & 0.860 & 0.728 & 0.728 & 0.728 & 0.705 & 0.674 & 0.728 & 0.764 & 0.705 & 0.797 & 0.772 & 0.764 & 0.679 & 0.790 & 0.728 & 1 & 0.729 \\
0.703 & 0.729 & 0.729 & 0.728 & 0.729 & 0.679 & 0.729 & 0.729 & 0.728 & 0.729 & 0.728 & 0.728 & 0.728 & 0.705 & 0.674 & 0.728 & 0.729 & 0.705 & 0.729 & 0.729 & 0.729 & 0.679 & 0.729 & 0.728 & 0729 & 1
\end{pmatrix}.$$

② 聚类.当 λ 由 0.916 降到 0.679 时,得到一系列等价的布尔矩阵 $\boldsymbol{R}_\lambda^*$(省略).

③ 根据武汉地区的实际情况,将玉米螟对玉米的危害程度划分为Ⅰ(轻)、Ⅱ(较重)、Ⅲ(重)、Ⅳ(严重)4 个等级为宜.取 $\lambda=0.7053$,将原始样本分为以下 4 类.

Ⅰ类(危害轻年份):$\{x_2,x_3,x_4,x_5,x_7,x_8,x_9,x_{10},x_{11},x_{12},x_{13},x_{14},x_{16},x_{17},x_{18},x_{19},x_{20},x_{21},x_{23},x_{24},x_{25},x_{26}\}$;

Ⅱ类(危害较重年份):$\{x_1\}$;

Ⅲ类(危害重年份):$\{x_6,x_{22}\}$;

Ⅳ类(危害严重年份):$\{x_{15}\}$.

④ 回报与预测.将 1986 年和 1987 年的有关因子的 8 个数据输入上述模型,经过运算,同样取 $\lambda=0.7053$,可以判定:1986 年和 1987 年归并Ⅰ类,即这两年为危害轻年份.

类似地,将要预测年份的有关 8 个因子的数据输入上述模型,经过运算,同样可判定该年份归并哪一类,即可判定该年份危害的轻重程度.此模型对防治玉米螟

有一定的实用价值.

例 2.5.4　模糊聚类分析在市场划分中的应用　在市场经济条件下，市场划分是一项重要的战略措施，它有以下显著的特点：第一，使企业的产品经销有针对性，可以更好地满足顾客的需求；第二，在市场经营上便于专业化，销售人员可以集中力量对一些特定顾客进行宣传和推销，从而提高市场经营的效果. 因此，将市场动态地划分为各个层次的若干种类群是很有意义的.

由于在给定的一个市场中，顾客的购买行为是有差异的，因而，根据对顾客购买行为的差异的观测数据，可对市场进行划分. 例如，设一个市场具有 n 个顾客和 m 种商品，那么，可以用矩阵 $\boldsymbol{A}=(a_{ij})_{n\times m}$ 来表示顾客的购买行为，其中 a_{ij} 表示第 i 个顾客对第 j 种商品的购买行为的程度.

在国际贸易中，为了打入国际市场，必须认真地制定产品的国际市场划分策略.

解　1° 设论域 $U=\{x_1,x_2,\cdots,x_{20}\}$(20 个国家或地区).

一个国家或地区作为一个需求单位，而每个国家或地区用 10 个特征指数来衡量(如：地理指数——地理位置、人口密度等；人口状况指数——生活方式、商品使用率等；经济指数——国民生产总值、进出口贸易总值等；社会结构指数——君主立宪制、议会制等)，即

$$x_i=(x_{i1},x_{i2},\cdots,x_{i10})\ (i=1,2,\cdots,20).$$

原始数据如表 2.12 所示.

表 2.12

	1	2	3	4	5	6	7	8	9	10
1. 美国	2112.000	7.590	6172.3	6.963	218.927	−37.125	552.953	8	93	23.5
2. 加拿大	197.470	1.906	4801.8	0.838	56.825	1.358	716.070	98	93	2.4
3. 墨西哥	92.616	1.961	883.8	0.405	12.086	−3.104	586.240	98	93	354.9
4. 澳大利亚	116.249	1.485	4955.5	0.405	18.232	0.433	717.144	98	122	1.9
5. 中国香港	13.680	1.485	2257.1	0.047	17.137	−2.305	664.956	8	4	4530.0
6. 印度	117.656	6.064	121.3	13.794	8.150	−1.710	363.565	38	4	198.0
7. 日本	1053.320	18.839	5305.0	1.170	110.670	−7.625	206.142	8	4	312.4
8. 新加坡	8.121	5.822	2138.3	0.011	17.635	−3.402	515.021	8	4	83.0
9. 泰国	21.785	2.113	313.3	0.263	7.156	−1.848	554.279	38	4	83.0
10. 埃及	18.761	0.991	296.8	0.375	8.837	−1.997	570.578	38	33	40.8
11. 伊朗	19.274	6.745	627.3	0.011	7.261	11.739	794.799	68	4	27.7
12. 黎巴嫩	3.086	1.926	1262.5	0.062	2.414	−1.709	595.918	38	4	299.0
13. 摩洛哥	13.329	0.231	478.9	0.018	3.807	−1.935	573.074	68	33	43.9
14. 索马里	0.249	0.069	252.9	0.021	0.440	−0.258	564.102	68	33	5.6
15. 赞比亚	−2.900	0.064	252.9	0.021	0.756	0.572	664.776	68	33	7.6
16. 苏丹	5.307	0.048	244.8	0.003	1.110	−0.575	637.408	68	33	7.1
17. 韩国	47.583	2.488	794.7	0.542	20.399	−5.284	516.577	98	4	383.8
18. 巴基斯坦	19.727	0.511	215.0	0.146	4.061	−1.025	315.374	38	4	99.2
19. 秘鲁	8.894	1.795	400.8	0.386	2.146	1.386	510.493	38	93	13.6
20. 马来西亚	16.249	8.379	881.8	0.094	7.849	3.228	580.209	68	4	100.0

2° 标定.

用欧几里得距离公式

$$r_{ij}=1-C\sqrt{\sum_{k=1}^{m}(x_{ik}-x_{jk})^2}$$

来定义两个需求单位之间的需求相似程度，这样一来，市场的动态划分问题就转化为 20 阶矩阵的动态聚类分析问题. 所建立的模糊相似矩阵 $\boldsymbol{R}$ 为

$$\begin{pmatrix}
1 & 0.629 & 0.111 & 0.631 & 0.008 & 0.000 & 0.773 & 0.286 & 0.024 & 0.022 & 0.070 & 0.161 & 0.048 & 0.014 & 0.014 & 0.013 & 0.095 & 0.009 & 0.037 & 0.107 \\
0.629 & 1 & 0.383 & 0.972 & 0.185 & 0.263 & 0.817 & 0.580 & 0.295 & 0.293 & 0.345 & 0.442 & 0.321 & 0.286 & 0.286 & 0.285 & 0.368 & 0.277 & 0.309 & 0.384 \\
0.111 & 0.383 & 1 & 0.359 & 0.311 & 0.872 & 0.288 & 0.797 & 0.899 & 0.894 & 0.925 & 0.936 & 0.918 & 0.886 & 0.885 & 0.884 & 0.976 & 0.878 & 0.905 & 0.956 \\
0.631 & 0.972 & 0.359 & 1 & 0.173 & 0.239 & 0.815 & 0.556 & 0.271 & 0.269 & 0.321 & 0.418 & 0.298 & 0.262 & 0.263 & 0.261 & 0.344 & 0.254 & 0.285 & 0.361 \\
0.008 & 0.185 & 0.311 & 0.173 & 1 & 0.241 & 0.165 & 0.302 & 0.239 & 0.232 & 0.249 & 0.319 & 0.244 & 0.224 & 0.225 & 0.224 & 0.310 & 0.233 & 0.234 & 0.273 \\
0.000 & 0.263 & 0.872 & 0.239 & 0.241 & 1 & 0.174 & 0.682 & 0.951 & 0.948 & 0.891 & 0.816 & 0.928 & 0.948 & 0.937 & 0.941 & 0.887 & 0.973 & 0.939 & 0.874 \\
0.773 & 0.817 & 0.288 & 0.815 & 0.165 & 0.174 & 1 & 0.474 & 0.198 & 0.195 & 0.242 & 0.342 & 0.223 & 0.188 & 0.186 & 0.186 & 0.274 & 0.185 & 0.211 & 0.285 \\
0.286 & 0.580 & 0.797 & 0.556 & 0.302 & 0.682 & 0.474 & 1 & 0.714 & 0.711 & 0.759 & 0.858 & 0.739 & 0.704 & 0.703 & 0.702 & 0.784 & 0.697 & 0.727 & 0.803 \\
0.024 & 0.295 & 0.899 & 0.271 & 0.239 & 0.951 & 0.198 & 0.714 & 1 & 0.991 & 0.937 & 0.847 & 0.972 & 0.983 & 0.976 & 0.978 & 0.910 & 0.959 & 0.976 & 0.911 \\
0.022 & 0.293 & 0.894 & 0.269 & 0.232 & 0.948 & 0.195 & 0.711 & 0.991 & 1 & 0.937 & 0.843 & 0.971 & 0.989 & 0.982 & 0.985 & 0.904 & 0.957 & 0.978 & 0.908 \\
0.070 & 0.345 & 0.925 & 0.321 & 0.249 & 0.891 & 0.242 & 0.759 & 0.937 & 0.937 & 1 & 0.887 & 0.958 & 0.931 & 0.938 & 0.935 & 0.924 & 0.900 & 0.941 & 0.947 \\
0.161 & 0.442 & 0.936 & 0.418 & 0.319 & 0.816 & 0.342 & 0.858 & 0.847 & 0.843 & 0.887 & 1 & 0.871 & 0.835 & 0.835 & 0.834 & 0.924 & 0.827 & 0.856 & 0.932 \\
0.048 & 0.321 & 0.918 & 0.298 & 0.244 & 0.928 & 0.223 & 0.739 & 0.972 & 0.971 & 0.958 & 0.871 & 1 & 0.964 & 0.961 & 0.961 & 0.926 & 0.941 & 0.981 & 0.936 \\
0.014 & 0.286 & 0.886 & 0.262 & 0.224 & 0.948 & 0.188 & 0.704 & 0.983 & 0.989 & 0.931 & 0.835 & 0.964 & 1 & 0.984 & 0.988 & 0.896 & 0.957 & 0.973 & 0.900 \\
0.014 & 0.286 & 0.885 & 0.263 & 0.225 & 0.937 & 0.186 & 0.703 & 0.976 & 0.982 & 0.938 & 0.835 & 0.961 & 0.984 & 1 & 0.995 & 0.894 & 0.943 & 0.965 & 0.899 \\
0.013 & 0.285 & 0.884 & 0.261 & 0.224 & 0.941 & 0.186 & 0.702 & 0.978 & 0.985 & 0.935 & 0.834 & 0.961 & 0.988 & 0.995 & 1 & 0.893 & 0.947 & 0.967 & 0.899 \\
0.095 & 0.368 & 0.976 & 0.344 & 0.310 & 0.887 & 0.274 & 0.784 & 0.910 & 0.904 & 0.924 & 0.924 & 0.926 & 0.896 & 0.894 & 0.893 & 1 & 0.893 & 0.913 & 0.952 \\
0.009 & 0.277 & 0.878 & 0.254 & 0.233 & 0.973 & 0.185 & 0.697 & 0.959 & 0.957 & 0.900 & 0.827 & 0.941 & 0.957 & 0.943 & 0.947 & 0.893 & 1 & 0.954 & 0.887 \\
0.037 & 0.309 & 0.905 & 0.285 & 0.234 & 0.939 & 0.211 & 0.727 & 0.976 & 0.978 & 0.941 & 0.856 & 0.981 & 0.973 & 0.965 & 0.967 & 0.913 & 0.954 & 1 & 0.921 \\
0.107 & 0.384 & 0.956 & 0.361 & 0.273 & 0.874 & 0.285 & 0.803 & 0.911 & 0.908 & 0.947 & 0.932 & 0.936 & 0.900 & 0.899 & 0.899 & 0.952 & 0.887 & 0.921 & 1
\end{pmatrix}.$$

3° 聚类.

用二次方法求传递闭包 $t(\boldsymbol{R})$：$\boldsymbol{R}\to\boldsymbol{R}^2\to\boldsymbol{R}^4\to\boldsymbol{R}^8$，$\boldsymbol{R}^8\circ\boldsymbol{R}^8=\boldsymbol{R}^8$，得模糊等价矩阵 $t(\boldsymbol{R})=\boldsymbol{R}^8=\boldsymbol{R}^*$ 为

$$\begin{pmatrix}
1 & 0.773 & 0.580 & 0.773 & 0.319 & 0.580 & 0.773 & 0.580 & 0.580 & 0.580 & 0.580 & 0.580 & 0.580 & 0.580 & 0.580 & 0.580 & 0.580 & 0.580 & 0.580 & 0.580 \\
0.773 & 1 & 0.580 & 0.972 & 0.319 & 0.580 & 0.817 & 0.580 & 0.580 & 0.580 & 0.580 & 0.580 & 0.580 & 0.580 & 0.580 & 0.580 & 0.580 & 0.580 & 0.580 & 0.580 \\
0.580 & 0.580 & 1 & 0.580 & 0.319 & 0.947 & 0.580 & 0.858 & 0.947 & 0.947 & 0.947 & 0.936 & 0.947 & 0.947 & 0.947 & 0.947 & 0.976 & 0.947 & 0.947 & 0.956 \\
0.773 & 0.972 & 0.580 & 1 & 0.319 & 0.580 & 0.817 & 0.580 & 0.580 & 0.580 & 0.580 & 0.580 & 0.580 & 0.580 & 0.580 & 0.580 & 0.580 & 0.580 & 0.580 & 0.580 \\
0.319 & 0.319 & 0.319 & 0.319 & 1 & 0.319 & 0.319 & 0.319 & 0.319 & 0.319 & 0.319 & 0.319 & 0.319 & 0.319 & 0.319 & 0.319 & 0.319 & 0.319 & 0.319 & 0.319 \\
0.580 & 0.580 & 0.947 & 0.580 & 0.319 & 1 & 0.580 & 0.858 & 0.959 & 0.959 & 0.958 & 0.936 & 0.959 & 0.959 & 0.959 & 0.959 & 0.947 & 0.973 & 0.959 & 0.947 \\
0.773 & 0.817 & 0.580 & 0.817 & 0.319 & 0.580 & 1 & 0.580 & 0.580 & 0.580 & 0.580 & 0.580 & 0.580 & 0.580 & 0.580 & 0.580 & 0.580 & 0.580 & 0.580 & 0.580 \\
0.580 & 0.580 & 0.858 & 0.580 & 0.319 & 0.858 & 0.580 & 1 & 0.858 & 0.858 & 0.858 & 0.858 & 0.858 & 0.858 & 0.858 & 0.858 & 0.858 & 0.858 & 0.858 & 0.858 \\
0.580 & 0.580 & 0.947 & 0.580 & 0.319 & 0.959 & 0.580 & 0.858 & 1 & 0.991 & 0.958 & 0.936 & 0.978 & 0.989 & 0.988 & 0.988 & 0.947 & 0.959 & 0.978 & 0.947 \\
0.580 & 0.580 & 0.947 & 0.580 & 0.319 & 0.959 & 0.580 & 0.858 & 0.991 & 1 & 0.958 & 0.936 & 0.978 & 0.989 & 0.988 & 0.988 & 0.947 & 0.959 & 0.978 & 0.947 \\
0.580 & 0.580 & 0.947 & 0.580 & 0.319 & 0.958 & 0.580 & 0.858 & 0.958 & 0.958 & 1 & 0.936 & 0.958 & 0.958 & 0.958 & 0.958 & 0.947 & 0.958 & 0.958 & 0.947 \\
0.580 & 0.580 & 0.936 & 0.580 & 0.319 & 0.936 & 0.580 & 0.858 & 0.936 & 0.936 & 0.936 & 1 & 0.936 & 0.936 & 0.936 & 0.936 & 0.936 & 0.936 & 0.936 & 0.936 \\
0.580 & 0.580 & 0.947 & 0.580 & 0.319 & 0.959 & 0.580 & 0.858 & 0.978 & 0.978 & 0.958 & 0.936 & 1 & 0.978 & 0.978 & 0.978 & 0.947 & 0.959 & 0.981 & 0.947 \\
0.580 & 0.580 & 0.947 & 0.580 & 0.319 & 0.959 & 0.580 & 0.858 & 0.989 & 0.989 & 0.958 & 0.936 & 0.978 & 1 & 0.988 & 0.988 & 0.947 & 0.959 & 0.978 & 0.947 \\
0.580 & 0.580 & 0.947 & 0.580 & 0.319 & 0.959 & 0.580 & 0.858 & 0.988 & 0.988 & 0.958 & 0.936 & 0.978 & 0.988 & 1 & 0.995 & 0.947 & 0.959 & 0.978 & 0.947 \\
0.580 & 0.580 & 0.947 & 0.580 & 0.319 & 0.959 & 0.580 & 0.858 & 0.988 & 0.988 & 0.958 & 0.936 & 0.978 & 0.988 & 0.995 & 1 & 0.947 & 0.959 & 0.978 & 0.947 \\
0.580 & 0.580 & 0.976 & 0.580 & 0.319 & 0.947 & 0.580 & 0.858 & 0.947 & 0.947 & 0.947 & 0.936 & 0.947 & 0.947 & 0.947 & 0.947 & 1 & 0.947 & 0.947 & 0.956 \\
0.580 & 0.580 & 0.947 & 0.580 & 0.319 & 0.973 & 0.580 & 0.858 & 0.959 & 0.959 & 0.958 & 0.936 & 0.959 & 0.959 & 0.959 & 0.959 & 0.947 & 1 & 0.959 & 0.947 \\
0.580 & 0.580 & 0.947 & 0.580 & 0.319 & 0.959 & 0.580 & 0.858 & 0.978 & 0.978 & 0.958 & 0.936 & 0.981 & 0.978 & 0.978 & 0.978 & 0.947 & 0.959 & 1 & 0.947 \\
0.580 & 0.580 & 0.956 & 0.580 & 0.319 & 0.947 & 0.580 & 0.858 & 0.947 & 0.947 & 0.947 & 0.936 & 0.947 & 0.947 & 0.947 & 0.947 & 0.956 & 0.947 & 0.947 & 1
\end{pmatrix}.$$

取 $\lambda=0.817$ 时，可以将国际市场划分成 4 类，即：$\{x_1\}$，$\{x_2,x_4,x_7\}$，$\{x_5\}$，$\{x_3,x_{17},x_{20},x_6,x_{18},x_9,x_{10},x_{14},x_{15},x_{16},x_{13},x_{19},x_{11},x_{12},x_8\}$.

第一市场组群：美国，最发达国家或地区；

第二市场组群：加拿大、澳大利亚、日本，工业发达国家或地区；

第三市场组群：中国香港，自由贸易区；

第四市场组群：其他 15 个国家或地区.

取 $\lambda=0.773$ 时，可以将国际市场划分成 3 类，即：$\{x_1,x_2,x_4,x_7\}$，$\{x_5\}$，$\{x_3,x_{17},x_{20},x_6,x_{18},x_9,x_{10},x_{14},x_{15},x_{16},x_{13},x_{19},x_{11},x_{12},x_8\}$.

第一市场组群：美国、加拿大、澳大利亚、日本；

第二市场组群：中国香港；

第三市场组群：其他 15 个国家或地区.

由此可见，模糊聚类分析恰好反映了国际市场的动态市场划分，便于制定进出口商品结构，用以指导国际贸易活动.

详细的动态聚类图如图 2.15 所示.

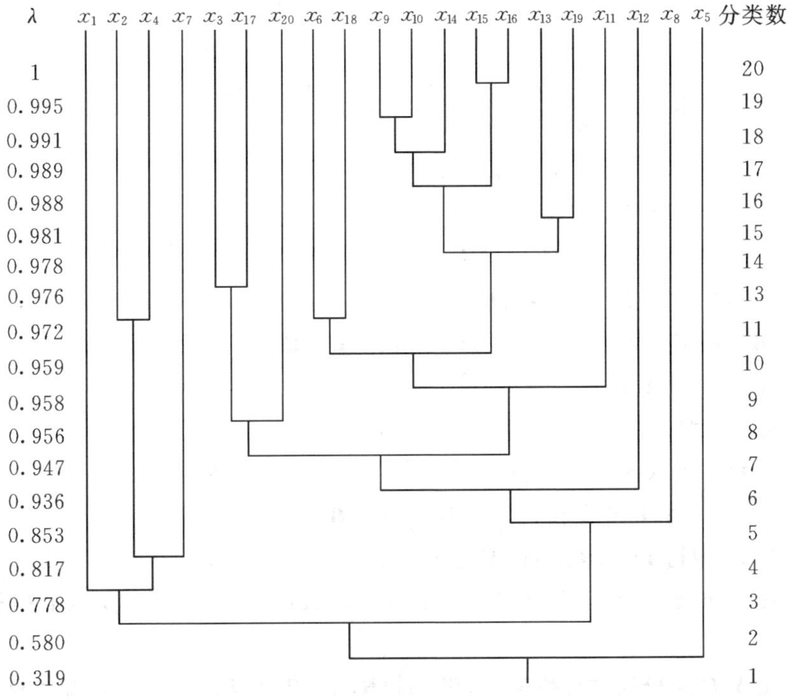

图 2.15

习 题 2

1. 设

$$A=\begin{pmatrix}0.3 & 0.4 & 0.1 & 0\\0.5 & 0.3 & 0.1 & 0.7\\1 & 0.1 & 0.6 & 0.7\end{pmatrix},\quad B=\begin{pmatrix}0.6 & 0.1\\0.5 & 0.7\\0.2 & 1\\0 & 0.3\end{pmatrix},$$

试计算 $\boldsymbol{A}\circ\boldsymbol{B}$, $\boldsymbol{A}\circ\boldsymbol{B}^C$.

2. 设

$$R_1=\begin{pmatrix}0.5 & 0.4 & 0.2 & 0.1\\0.2 & 0.6 & 0.4 & 0.5\\0.1 & 0.9 & 1 & 0.7\end{pmatrix},\quad R_2=\begin{pmatrix}0.4 & 0.1 & 0.1 & 0.6\\0.5 & 0.9 & 0.7 & 0.5\\0.6 & 0.8 & 0.7 & 0.6\end{pmatrix},$$

$$R_3=\begin{pmatrix}0.6 & 0.5\\0.7 & 0.8\\1 & 0.9\\0.2 & 0.3\end{pmatrix},\quad R_4=\begin{pmatrix}0.7 & 0.3\\0.6 & 0.4\\0.5 & 0.5\\0.4 & 0.6\end{pmatrix},$$

$$R_5=\begin{pmatrix}0.2 & 0.3 & 0.7\\0.6 & 0.4 & 0.8\end{pmatrix},\quad R_6=\begin{pmatrix}0.2 & 0.6 & 0.9\\0.3 & 0.2 & 0.1\end{pmatrix}.$$

试求 $(\boldsymbol{R}_1\cup\boldsymbol{R}_2)\circ(\boldsymbol{R}_3\circ\boldsymbol{R}_5)$, $(\boldsymbol{R}_1^C\circ(\boldsymbol{R}_3\cap\boldsymbol{R}_4))\circ\boldsymbol{R}_6$.

3. 试证模糊矩阵下列性质:

(1) $(\boldsymbol{A}\cup\boldsymbol{B})\cup\boldsymbol{C}=(\boldsymbol{A}\cup\boldsymbol{C})\cap(\boldsymbol{B}\cup\boldsymbol{C})$;

(2) $\boldsymbol{A}\subseteq\boldsymbol{B}\Leftrightarrow\boldsymbol{A}\cup\boldsymbol{B}=\boldsymbol{B}\Leftrightarrow\boldsymbol{A}\cap\boldsymbol{B}=\boldsymbol{A}$;

(3) $\boldsymbol{A}\subseteq\boldsymbol{B},\boldsymbol{C}\subseteq\boldsymbol{D}\Leftrightarrow\boldsymbol{A}\cup\boldsymbol{C}\subseteq\boldsymbol{B}\cup\boldsymbol{D},\boldsymbol{A}\cap\boldsymbol{C}\subseteq\boldsymbol{B}\cap\boldsymbol{D}$;

(4) $(\boldsymbol{A}^{\mathrm{T}})_\lambda=(\boldsymbol{A}_\lambda)^{\mathrm{T}}$.

4. 用数学归纳法证明:对于 $\boldsymbol{A}\in\mathscr{M}_{n\times n}$,有:

(1) $(\boldsymbol{A}^n)_\lambda=(\boldsymbol{A}_\lambda)^n$, $\forall\lambda\in[0,1]$;　　(2) $(\boldsymbol{A}^n)^{\mathrm{T}}=(\boldsymbol{R}^{\mathrm{T}})^n$.

5. 试证:若 $\boldsymbol{A},\boldsymbol{B}$ 可交换,则 $(\boldsymbol{A}\circ\boldsymbol{B})^k=\boldsymbol{A}^k\circ\boldsymbol{B}^k$.

6. 试证:$(\boldsymbol{I}\cup\boldsymbol{A})^m=\boldsymbol{I}\cup\boldsymbol{A}\cup\boldsymbol{A}^2\cup\cdots\cup\boldsymbol{A}^m$.

7. 设 $\boldsymbol{A},\boldsymbol{B}$ 是模糊对称矩阵,证明:$\boldsymbol{A}\cup\boldsymbol{B},\boldsymbol{A}\cap\boldsymbol{B},\boldsymbol{A}^k$ $(k\geqslant1)$都是模糊对称矩阵.

8. 设 $\boldsymbol{A},\boldsymbol{B}$ 是模糊自反矩阵,证明:$\boldsymbol{A}\cup\boldsymbol{B},\boldsymbol{A}\cap\boldsymbol{B},\boldsymbol{A}\circ\boldsymbol{B},\boldsymbol{A}^k$ $(k\geqslant1)$都是模糊自反矩阵.

9. 设 $\boldsymbol{A}=\begin{pmatrix}0.1 & 0.8\\0.5 & 0.3\end{pmatrix}$,求 $t(\boldsymbol{A})$.

10. 设论域 $X=\{\text{efcg}, \text{gbfi}, \text{hfed}, \text{abcd}, \text{daeh}\}$，$X$ 中任意两个字符串的模糊关系密切程度$\underset{\sim}{R}$是用它们中有相同字母的个数来衡量，求模糊关系$\underset{\sim}{R}$的矩阵 $\boldsymbol{R}$，并讨论$\underset{\sim}{R}$的自反性、对称性和传递性.

11. 设$\underset{\sim}{A}$是模糊集，在 $\mathscr{T}(U)$ 中给定包含关系“$\subseteq$”，证明：“$\subseteq$”是自反的、传递的，举例说明“$\subseteq$”不是对称的.

12. 在实数集 $\mathbf{R}$ 中给出关系

$$f=\{(x,x^2)\mid x\in\mathbf{R}\},$$

讨论 f 的自反性、对称性和传递性.

13. **疾病症状的模糊关系合成** 在中医诊断中存在模糊矩阵：

$$\boldsymbol{R}_1=\begin{array}{c}\begin{pmatrix} 0.3 & 0.3 & 0.3 & 0.7 \\ 0.3 & 0.3 & 0.3 & 0.3 \\ 0.8 & 0.3 & 0.8 & 0.8 \\ 0.4 & 0.2 & 0.2 & 0 \end{pmatrix}\begin{matrix}\text{寒}\\ \text{热}\\ \text{虚}\\ \text{实}\end{matrix} \\ \begin{matrix}\text{自汗} & \text{恶寒} & \text{咳嗽} & \text{喘}\end{matrix}\end{array}, \quad \boldsymbol{R}_2=\begin{array}{c}\begin{pmatrix} 0.5 & 0.3 \\ 0.3 & 0.3 \\ 0.8 & 0.2 \\ 0.6 & 0.3 \end{pmatrix}\begin{matrix}\text{自汗}\\ \text{恶寒}\\ \text{咳嗽}\\ \text{喘}\end{matrix} \\ \begin{matrix}\text{肺} & \text{心}\end{matrix}\end{array},$$

试建立{寒，热，虚，实}等症状与{肺，心}之间模糊关系 $\boldsymbol{R}_1\circ\boldsymbol{R}_2$.

14. 设 $\boldsymbol{R}$ 是模糊等价矩阵，证明：$\boldsymbol{R}^k=\boldsymbol{R}\ (k\geqslant 1)$.

15. 设 $\boldsymbol{A},\boldsymbol{B}$ 是二阶模糊相似矩阵，证明：

(1) $\boldsymbol{A}$ 是模糊等价矩阵；

(2) $\boldsymbol{A}\circ\boldsymbol{B}=\boldsymbol{B}\circ\boldsymbol{A}$；

(3) $\boldsymbol{A}\cup\boldsymbol{B}$，$\boldsymbol{A}\circ\boldsymbol{B}$ 都是模糊等价矩阵.

16. 举例说明，$\boldsymbol{A},\boldsymbol{B}$ 都是模糊相似矩阵，但 $\boldsymbol{A}\circ\boldsymbol{B}$ 不是模糊相似矩阵.

17. 举例说明，$\boldsymbol{A},\boldsymbol{B}$ 都是模糊等价矩阵，但 $\boldsymbol{A}\cup\boldsymbol{B}$ 不是模糊等价矩阵.

18. 设

$$\boldsymbol{R}=\begin{pmatrix} 1 & 0.1 & 0.2 & 0.3 \\ 0.1 & 1 & 0.1 & 0.2 \\ 0.2 & 0.1 & 1 & 0.1 \\ 0.3 & 0.2 & 0.1 & 1 \end{pmatrix},$$

试求传递闭包 $t(\boldsymbol{R})$，并作聚类图.

19. 甲、乙、丙、丁 4 人面貌“彼此相像”的模糊矩阵如下：

$$\boldsymbol{R}=\begin{pmatrix} 1 & 0.5 & 0.4 & 0.8 \\ 0.5 & 1 & 0.7 & 0.5 \\ 0.4 & 0.7 & 1 & 0.6 \\ 0.8 & 0.5 & 0.6 & 1 \end{pmatrix},$$

试求传递闭包 $t(\boldsymbol{R})$，并作聚类图.

20. 设

$$U=\{u_1,u_2,\cdots,u_7\},$$

$$\boldsymbol{R}=\begin{pmatrix} 1 & 0 & 0.1 & 0 & 0.8 & 1 & 0.6 \\ 0 & 1 & 0 & 1 & 1 & 0.8 & 1 \\ 0.1 & 0 & 1 & 0.7 & 0.6 & 0 & 0.1 \\ 0 & 1 & 0.7 & 1 & 0 & 0.9 & 0 \\ 0.8 & 0 & 0.6 & 0 & 1 & 0.7 & 0.5 \\ 1 & 0.8 & 0 & 0.9 & 0.7 & 1 & 0.4 \\ 0.6 & 1 & 0.1 & 0 & 0.5 & 0.4 & 1 \end{pmatrix},$$

试求传递闭包 $t(\boldsymbol{R})$,并作聚类图.

21. 已知模糊相似矩阵

$$\boldsymbol{R}\in\mathscr{T}(X\times X),\quad X=\{x_1,x_2,\cdots,x_7\},$$

$$\boldsymbol{R}=\begin{pmatrix} 1 & 0.9 & 0.7 & 0.5 & 0.9 & 1.0 & 0.4 \\ 0.9 & 1 & 0.5 & 0.4 & 0.5 & 0.4 & 0.1 \\ 0.7 & 0.5 & 1 & 0.5 & 0.7 & 0.1 & 0.4 \\ 0.5 & 0.4 & 0.5 & 1 & 0.5 & 0.7 & 0.9 \\ 0.9 & 0.5 & 0.7 & 0.5 & 1 & 0.7 & 0.1 \\ 1.0 & 0.4 & 0.1 & 0.7 & 0.7 & 1 & 0.5 \\ 0.4 & 0.1 & 0.4 & 0.9 & 0.1 & 0.5 & 1 \end{pmatrix},$$

试求 $\boldsymbol{R}$ 的传递闭包,并作聚类图.

22. 求上题中与 $\boldsymbol{R}$ 对应的模糊图的最大树,并用最大树法求聚类图.

23. 病害的模糊分类 根据某地区 1972—1978 年作物赤霉病的有关历史资料,可得模糊相似矩阵如下(对称部分略):

$$\boldsymbol{R}=\begin{pmatrix} 1 & 0.11 & 0.69 & 0.35 & 0.39 & 0.45 & 0.79 \\ & 1 & 0.15 & 0.81 & 0.66 & 0.52 & 0.01 \\ & & 1 & 0.23 & 0.52 & 0.35 & 0.79 \\ & & & 1 & 0.38 & 0.65 & 0.27 \\ & & & & 1 & 0.44 & 0.36 \\ & & & & & 1 & 0.35 \\ & & & & & & 1 \end{pmatrix}\begin{matrix} 72 \\ 73 \\ 74 \\ 75 \\ 76 \\ 77 \\ 78 \end{matrix}$$

$$\begin{matrix} 72 & 73 & 74 & 75 & 76 & 77 & 78 \end{matrix}$$

试用传递闭包法按病害程度对 7 年进行分类.

24. 虫害的预报 某地历史上虫害情况分为Ⅰ(轻)、Ⅱ(中)、Ⅲ(重)3 类,今年的测报资料为 N,其相似关系矩阵为

$$R = \begin{pmatrix} 1 & & & \\ 0.39 & 1 & & \\ 0.16 & 0.55 & 1 & \\ 0.59 & 0.41 & 0.26 & 1 \end{pmatrix} \begin{matrix} \text{I} \\ \text{II} \\ \text{III} \\ N \end{matrix},$$
$$\begin{matrix} \text{I} & \quad\text{II} & \quad\text{III} & \quad N \end{matrix}$$

问今年虫害程度如何.

25. 设有4种产品,它们的指标如下:

$$X_1 = (37,38,12,16,13,12),\quad X_2 = (69,73,74,22,64,17),$$
$$X_3 = (73,86,49,27,68,39),\quad X_4 = (57,58,64,84,63,28).$$

试用相关系数法建立相似矩阵,并用传递闭包法进行模糊聚类.

26. 设 $U=\{u_1,u_2,u_3,u_4,u_5\}$,其中

$$u_1=(50,0.8,1.2),\quad u_2=(60,0.7,1.4),\quad u_3=(55,0.8,1.3),$$
$$u_4=(45,0.9,1.7),\quad u_5=(44,0.8,1.7),$$

试采用算术平均值最小方法建立相似矩阵,用布尔矩阵法进行聚类分析.

27. 企业的模糊聚类分析　设有8个企业,记 $U=\{u_1,u_2,\cdots,u_8\}$,对每个企业用以下3个指标来刻画企业的技术密集水平:生产工人劳动生产率、每百万元固定资产所容纳的职工人数、技术管理人员在职工中的比重,令 $u_i=(x_{i1},x_{i2},x_{i3})$,$x_{i1}$,$x_{i2}$,$x_{i3}$依次表示上述3个指标.

$$u_1=(1.8,95,0.15),\quad u_2=(2.1,99,0.21),$$
$$u_3=(3.2,101,0.18),\quad u_4=(2.2,103,0.17),$$
$$u_5=(2.5,98,0.16),\quad u_6=(2.8,102,0.20),$$
$$u_7=(1.9,120,0.09),\quad u_8=(2.0,130,0.11).$$

其中第一个指标的单位是万元/(年·人),试用绝对值指数法进行聚类分析.

28. 设 $U=\{x_1,x_2,x_3,x_4,x_5,x_6\}$,其中

$$x_1=(0.5,5,10),\quad x_4=(0.7,8,22),$$
$$x_2=(0.6,4,12),\quad x_5=(0.5,5,10),$$
$$x_3=(1.2,9,25),\quad x_6=(0.8,12,28).$$

采用平移·标准差变换进行数据预处理,然后用绝对值指数法计算相似度,并作聚类分析.

第 3 章　模糊模型识别

已知某类事物的若干标准模型，现有这类事物中的一个具体对象，应把它归到哪一种模型呢？这就是模型识别问题.本章主要介绍模糊模型识别的两种基本方法——最大隶属原则方法和择近原则方法.

3.1　模糊模型识别简介

3.1.1　模型识别

模型识别在实际问题中是普遍存在的.例如：学生在野外采集到一个植物标本，要识别它属于哪一纲哪一目；投递员(或分拣机)在分拣信件时，要识别邮政编码；等等.这些都是模型识别.它们有两个本质的特征：一是事先已知若干标准模型(称为标准模型库)，二是有待识别的对象.上述例子中，事先建立的植物标本室、信封背面提供的 10 个标准阿拉伯数字都是标准模型库，采集到的每一种植物、分拣的每一封信，都是待识别的对象.因此，粗略地讲，模型识别就是根据研究对象的某些特征对其进行识别并分类.

3.1.2　模糊模型识别的概念

所谓模糊模型识别，是指在模型识别中，模型是模糊的.也就是说，标准模型库中提供的模型是模糊的.

例 3.1.1　苹果的分级问题　设论域 $U=\{$若干苹果$\}$.果农把苹果摘下来后，要经过挑选分级.一般按照苹果的大小、色泽、有无损伤等特征来分级，从而得到标准模型库$=\{$Ⅰ级，Ⅱ级，Ⅲ级，Ⅳ级$\}$，其中的模型Ⅰ级、Ⅱ级、Ⅲ级、Ⅳ级是模糊的.果农拿到一个苹果 u_0 后，到底放到“Ⅰ级”筐里，还是放到“Ⅱ级”筐里，这就是元素对标准模糊集的识别问题.

例 3.1.2　疾病症状的识别问题　医生给病人的诊断过程实际上是模糊模型识别过程.设论域 $U=\{$各种疾病的症状$\}$(称为症状群空间)，各种疾病都有典型的症状，由长期临床积累的经验，得标准模型库$=\{$心脏病，胃溃疡，感冒，…$\}$，显然，模型(疾病)都是模糊的.病人向医生诉说症状(也是模糊的)，由医生将病人的症状与标准模型库的模型作比较后下诊断.这是一个模糊识别过程，也是一个模糊集对标准模糊集的识别问题.

上述两类问题的待识别对象，一类是具体的，一类是模糊的，它们都有一个度量标准，这就是下面要讨论的隶属度与贴近度.

3.2　第一类模糊模型识别

3.2.1　模糊向量

定义 3.2.1　称向量

$$\boldsymbol{a}=(a_1,a_2,\cdots,a_n)$$

为模糊向量，其中 $0\leqslant a_i\leqslant 1\ (i=1,2,\cdots,n)$. 若 $a_i\in\{0,1\}\ (i=1,2,\cdots,n)$，则称 $\boldsymbol{a}=(a_1,a_2,\cdots,a_n)$为布尔向量.

由 1.3.1 节模糊集的向量表示法知，模糊向量 $\boldsymbol{a}=(a_1,a_2,\cdots,a_n)$可以表示论域 $U=\{x_1,x_2,\cdots,x_n\}$上的模糊集$\underset{\sim}{A}$，只要记

$$a_i=\underset{\sim}{A}(x_i)\ (i=1,2,\cdots,n).$$

又由 2.1.1 节模糊矩阵的概念知，模糊向量 $\boldsymbol{a}=(a_1,a_2,\cdots,a_n)$可看成是一个 $1\times n$ 模糊矩阵. 于是，模糊向量 $\boldsymbol{a}=(a_1,a_2,\cdots,a_n)$也可表示论域 $U=\{x_1,x_2,\cdots,x_n\}$上的模糊关系.

因此，完全可以类似地定义模糊向量的"相等"与"包含"，以及交、并、余运算. 这里不再重复了.

定义 3.2.2　设 $\boldsymbol{a},\boldsymbol{b}\in\mathscr{M}_{1\times n}$，则称

$$\boldsymbol{a}\circ\boldsymbol{b}=\bigvee_{i=1}^{n}(a_i\wedge b_i)$$

为向量 $\boldsymbol{a}$ 与 $\boldsymbol{b}$ 的内积，称

$$\boldsymbol{a}\odot\boldsymbol{b}=\bigwedge_{i=1}^{n}(a_i\vee b_i)$$

为向量 $\boldsymbol{a}$ 与 $\boldsymbol{b}$ 的外积.

例 3.2.1　设 $\boldsymbol{a}=(0.1,0.5,0,0.6)$，$\boldsymbol{b}=(0.2,0,0.7,0.3)$，则

$$\boldsymbol{a}\circ\boldsymbol{b}=0.3,\quad \boldsymbol{a}\odot\boldsymbol{b}=0.2.$$

内积与外积有如下简单的性质(为方便起见，在区间[0,1]中定义余运算：对于任意 $a\in[0,1]$，$a^C\overset{\text{def}}{=\!=}1-a$)：

1° $(\boldsymbol{a}\circ\boldsymbol{b})^C=\boldsymbol{a}^C\odot\boldsymbol{b}^C$，　　$(\boldsymbol{a}\odot\boldsymbol{b})^C=\boldsymbol{a}^C\circ\boldsymbol{b}^C$.

2° 设 $\bar{a}=\bigvee_{i=1}^{n}a_i$，$\underline{a}=\bigwedge_{i=1}^{n}a_i$ 分别称为 $\boldsymbol{a}$ 的高和底，则 $\boldsymbol{a}\circ\boldsymbol{a}=\bar{a}$，$\boldsymbol{a}\odot\boldsymbol{a}=\underline{a}$.

3° 若 $\boldsymbol{a}\subseteq\boldsymbol{b}$，则 $\boldsymbol{a}\circ\boldsymbol{b}=\bar{a}$，$\boldsymbol{a}\odot\boldsymbol{b}=\underline{b}$.

证　1° $(\boldsymbol{a}\circ\boldsymbol{b})^C=1-\boldsymbol{a}\circ\boldsymbol{b}=1-\bigvee_{i=1}^{n}(a_i\wedge b_i)=\bigwedge_{i=1}^{n}[1-(a_i\wedge b_i)]$

$$=\bigwedge_{i=1}^{n}[(1-a_i)\vee(1-b_i)]=\bigwedge_{i=1}^{n}[(a_i)^C\vee(b_i)^C]=\boldsymbol{a}^C\odot\boldsymbol{b}^C.$$

由上述结果,有

$$(\boldsymbol{a}^C\circ\boldsymbol{b}^C)^C=\boldsymbol{a}\odot\boldsymbol{b}.$$

对以上等式两边取余,得

$$\boldsymbol{a}^C\circ\boldsymbol{b}^C=(\boldsymbol{a}\odot\boldsymbol{b})^C.$$

2° 设 $\boldsymbol{a}=(a_1,a_2,\cdots,a_n)$,则

$$\boldsymbol{a}\circ\boldsymbol{a}=\bigvee_{i=1}^{n}(a_i\wedge a_i)=\bigvee_{i=1}^{n}a_i=\bar{a},$$

$$\boldsymbol{a}\odot\boldsymbol{a}=\bigwedge_{i=1}^{n}(a_i\vee a_i)=\bigwedge_{i=1}^{n}a_i=\underline{a}.$$

3° 设 $\boldsymbol{a}=(a_1,a_2,\cdots,a_n)$,$\boldsymbol{b}=(b_1,b_2,\cdots,b_n)$. 因为 $\boldsymbol{a}\subseteq\boldsymbol{b}$,所以

$$a_i\leqslant b_i\quad(i=1,2,\cdots,n),$$

于是

$$\boldsymbol{a}\circ\boldsymbol{b}=\bigvee_{i=1}^{n}(a_i\wedge b_i)=\bigvee_{i=1}^{n}a_i=\bar{a},$$

$$\boldsymbol{a}\odot\boldsymbol{b}=\bigwedge_{i=1}^{n}(a_i\vee b_i)=\bigwedge_{i=1}^{n}b_i=\underline{b}.$$

定义 3.2.3 设 $\underset{\sim}{A}_1,\underset{\sim}{A}_2,\cdots,\underset{\sim}{A}_n$ 是论域 U 上的 n 个模糊子集,称以模糊集 $\underset{\sim}{A}_1,\underset{\sim}{A}_2,\cdots,\underset{\sim}{A}_n$ 为分量的模糊向量为模糊向量集合族,记为 $\underset{\sim}{\boldsymbol{A}}=(\underset{\sim}{A}_1,\underset{\sim}{A}_2,\cdots,\underset{\sim}{A}_n)$.

例如,在小麦育种工作中,提供的早熟、矮秆、大粒等优良品种,实际上是一个模糊集,记 $\underset{\sim}{A}$ =“早熟品种”,而描述早熟品种的每一个特性也都是模糊子集. 因此

$$\underset{\sim}{\boldsymbol{A}}(\text{早熟})=(\underset{\sim}{A}_1(\text{抽穗期}),\underset{\sim}{A}_2(\text{株高}),\underset{\sim}{A}_3(\text{有效穗数}),$$
$$\underset{\sim}{A}_4(\text{主穗粒数}),\underset{\sim}{A}_5(\text{百粒重}))$$

就是一个模糊向量集合族.

定义 3.2.4 设论域 U 上有 n 个模糊子集 $\underset{\sim}{A}_1,\underset{\sim}{A}_2,\cdots,\underset{\sim}{A}_n$,其隶属函数为 $\underset{\sim}{A}_i(x)\ (i=1,2,\cdots,n)$,而 $\underset{\sim}{\boldsymbol{A}}=(\underset{\sim}{A}_1,\underset{\sim}{A}_2,\cdots,\underset{\sim}{A}_n)$ 为模糊向量集合族,$\boldsymbol{x}^{\circ}=(x^{\circ}_1,x^{\circ}_2,\cdots,x^{\circ}_n)$ 为普通向量,则称

$$\underset{\sim}{\boldsymbol{A}}(\boldsymbol{x}^{\circ})=\bigwedge_{i=1}^{n}\{\underset{\sim}{A}_i(x^{\circ}_i)\}$$

为 $\boldsymbol{x}^{\circ}$ 对模糊向量集合族 $\underset{\sim}{A}$ 的隶属度.

需要指出的是,普通向量 $\boldsymbol{x}^{\circ}$ 对模糊向量集合族的隶属度也有其他定义方式,如

$$\underset{\sim}{\boldsymbol{A}}(\boldsymbol{x}^{\circ})\xlongequal{\text{def}}\frac{1}{n}\sum_{i=1}^{n}\underset{\sim}{A}_i(x^{\circ}_i).$$

3.2.2 最大隶属原则

最大隶属原则Ⅰ 设论域 $U=\{x_1,x_2,\cdots,x_n\}$ 上有 m 个模糊子集 $\underset{\sim}{A}_1,\underset{\sim}{A}_2,\cdots,$

$\underset{\sim}{A}_m$（即 m 个模型），构成一个标准模型库，若对于任一 $x_0\in U$，有 $i_0\in\{1,2,\cdots,m\}$，使得

$$\underset{\sim}{A}_{i_0}(x_0)=\bigvee_{k=1}^{m}\underset{\sim}{A}_k(x_0),$$

则认为 x_0 相对隶属于$\underset{\sim}{A}_{i_0}$.

例 3.2.2　学习成绩的模糊识别　在论域 $U=[0,100]$（分数）上确定三个表示学习成绩的模糊集$\underset{\sim}{A}$＝“优”，$\underset{\sim}{B}$＝“良”，$\underset{\sim}{C}$＝“差”. 当一位同学的数学成绩为 88 分时，该同学的数学成绩是评为优、良，还是差？

解　先建立模糊集$\underset{\sim}{A}$，$\underset{\sim}{B}$，$\underset{\sim}{C}$的隶属函数. 在例 1.5.2 中，曾用指派方法建立了论域 $U=[0,100]$（分数）的$\underset{\sim}{A}$，$\underset{\sim}{B}$，$\underset{\sim}{C}$的隶属函数：

$$\underset{\sim}{A}(x)=\begin{cases}0, & 0\leqslant x\leqslant 85,\\ (x-85)/10, & 85<x\leqslant 95,\\ 1, & 95<x\leqslant 100;\end{cases}$$

$$\underset{\sim}{B}(x)=\begin{cases}0, & 0\leqslant x\leqslant 70,\\ (x-70)/10, & 70<x\leqslant 80,\\ 1, & 80<x\leqslant 85,\\ (95-x)/10, & 85\leqslant x\leqslant 95,\\ 0, & 95<x\leqslant 100;\end{cases}$$

$$\underset{\sim}{C}(x)=\begin{cases}1, & 0\leqslant x\leqslant 70,\\ (80-x)/10, & 70<x\leqslant 80,\\ 0, & 80<x\leqslant 100.\end{cases}$$

将 $x=88$ 代入隶属函数计算，得

$$\underset{\sim}{A}(88)=0.3,\quad \underset{\sim}{B}(88)=0.7,\quad \underset{\sim}{C}(88)=0.$$

根据最大隶属原则Ⅰ，该同学的数学成绩相对于三个模型应隶属于$\underset{\sim}{B}$，可评为良.

最大隶属原则Ⅱ　设论域 $U=\{x_1,x_2,\cdots,x_n\}$上有一个标准模型$\underset{\sim}{A}$，待识别的对象有 n 个，$x_1,x_2,\cdots,x_n\in U$. 如果有某个 x_k 满足

$$\underset{\sim}{A}(x_k)=\bigvee_{i=1}^{n}\{\underset{\sim}{A}(x_i)\},$$

则应优先录取 x_k.

例 3.2.3　学习成绩的模糊识别　设论域 $U=\{x_1,x_2,x_3\}$（3 个学生的英语成绩），在 U 上定义一个模糊集$\underset{\sim}{B}$＝“良”，待识别的对象有 3 个：$x_1=74$，$x_2=82$，$x_3=88$，仍选用例 3.2.2 中模糊集$\underset{\sim}{B}$＝“良”的隶属函数$\underset{\sim}{B}(x)$.

现将 $x_1=74$，$x_2=82$，$x_3=88$ 分别代入$\underset{\sim}{B}(x)$计算，得

$$\underset{\sim}{B}(74)=0.4,\quad \underset{\sim}{B}(82)=1,\quad \underset{\sim}{B}(88)=0.7.$$

由于 82 分隶属$\underset{\sim}{B}$＝“良”的程度最大，所以第二个学生的英语成绩 x_2 最靠近“良”.

例 3.2.4 细胞染色体形状的模糊识别 细胞染色体形状的模糊识别就是几何图形的模糊识别,而几何图形又常常划分为若干个三角形,故设论域为三角形全体,即

$$U=\{\triangle(A,B,C)\mid A+B+C=180,A\geqslant B\geqslant C\},$$

标准模型库$=\{\underset{\sim}{E}$(等边三角形),$\underset{\sim}{R}$(直角三角形),$\underset{\sim}{I}$(等腰三角形),

$\underset{\sim}{I}\cap\underset{\sim}{R}$(等腰直角三角形),$\underset{\sim}{T}$(任意三角形)$\}$.

某人在实验中观察到一染色体的几何形状,测得其三个内角分别为 94°,50°,36°,即待识别的对象 $x_0=(94,50,36)$(这里省略单位,下同).问 x_0 应隶属于哪一种三角形.这就是元素对标准模糊集的识别问题,下面应用最大隶属原则Ⅰ来求解.

我们想用此例说明,如何用推理方法建立隶属函数.实际上,对于有的模糊集,可利用专业知识(这里主要利用几何知识),通过逻辑推理加上尝试方法,就可得到较为合理的隶属函数.

1° 建立直角三角形$\underset{\sim}{R}$的隶属函数.

由几何知识可知,$\underset{\sim}{R}$的隶属函数$\underset{\sim}{R}(A,B,C)$应满足下列约束条件:

① 当 $A=90$ 时,$\underset{\sim}{R}(A,B,C)=1$;

② 当 $A=180$ 时,$\underset{\sim}{R}(A,B,C)=0$;

③ $0\leqslant\underset{\sim}{R}(A,B,C)\leqslant 1$.

而且直角三角形$\underset{\sim}{R}$的特征是最大角度与 90°之差越小,则$\underset{\sim}{R}$越像直角三角形.因此,不妨把$\underset{\sim}{R}$的隶属函数定义为

$$\underset{\sim}{R}(A,B,C)=1-k\mid A-90\mid,$$

其中 k 为待定常数.这样定义的隶属函数$\underset{\sim}{R}(A,B,C)$明显地满足约束条件①,由约束条件②,得 $k=1/90$;容易验证

$$\underset{\sim}{R}(A,B,C)=1-\frac{1}{90}|A-90|$$

也满足约束条件③.于是,$\underset{\sim}{R}$的隶属函数为

$$\underset{\sim}{R}(A,B,C)=1-\frac{1}{90}\mid A-90\mid.$$

2° 建立等边三角形$\underset{\sim}{E}$的隶属函数.

$\underset{\sim}{E}$的隶属函数$\underset{\sim}{E}(A,B,C)$应满足下列约束条件:

① 当 $A=B=C=60$ 时,$\underset{\sim}{E}(A,B,C)=1$;

② 当 $A=180,B=C=0$ 时,$\underset{\sim}{E}(A,B,C)=0$;

③ $0\leqslant\underset{\sim}{E}(A,B,C)\leqslant 1$.

而且等边三角形$\underset{\sim}{E}$的特征是最大角与最小角之差越小,则$\underset{\sim}{E}$越像等边三角形.因

此，不妨把$\underset{\sim}{E}$的隶属函数定义为

$$\underset{\sim}{E}(A,B,C)=1-k(A-C),$$

其中 k 为待定常数. 这样定义的隶属函数$\underset{\sim}{E}(A,B,C)$明显地满足约束条件①，由约束条件②，得 $k=1/180$；容易验证

$$\underset{\sim}{E}(A,B,C)=1-\frac{1}{180}(A-C)$$

满足约束条件③. 于是，$\underset{\sim}{E}$的隶属函数为

$$\underset{\sim}{E}(A,B,C)=1-\frac{1}{180}(A-C).$$

3° 建立等腰三角形$\underset{\sim}{I}$的隶属函数.

$\underset{\sim}{I}$的隶属函数$\underset{\sim}{I}(A,B,C)$应满足下列约束条件：

① 当 $A=B$ 或 $B=C$ 时，$\underset{\sim}{I}(A,B,C)=1$；

② 当 $A=120,B=60,C=0$ 时，$\underset{\sim}{I}(A,B,C)=0$；

③ $0\leqslant\underset{\sim}{I}(A,B,C)\leqslant 1$.

而且在一个三角形内如有两个角之差越小，则越像等腰三角形. 因此，不妨把$\underset{\sim}{I}$的隶属函数定义为

$$\underset{\sim}{I}(A,B,C)=1-k[(A-B)\wedge(B-C)],$$

其中 k 为待定常数. 这样定义的隶属函数明显地满足约束条件①，由约束条件②，得 $k=1/60$；容易验证

$$\underset{\sim}{I}(A,B,C)=1-\frac{1}{60}[(A-B)\wedge(B-C)]$$

满足约束条件③. 于是，$\underset{\sim}{I}$的隶属函数为

$$\underset{\sim}{I}(A,B,C)=1-\frac{1}{60}[(A-B)\wedge(B-C)].$$

4° 建立等腰直角三角形$(\underset{\sim}{I}\cap\underset{\sim}{R})$的隶属函数.

由于 $$(\underset{\sim}{I}\cap\underset{\sim}{R})(A,B,C)\overset{\text{def}}{=\!=}\underset{\sim}{I}(A,B,C)\wedge\underset{\sim}{R}(A,B,C),$$

所以

$$\begin{aligned}(\underset{\sim}{I}\cap\underset{\sim}{R})(A,B,C)&\overset{\text{def}}{=\!=}\left\{1-\frac{1}{60}[(A-B)\wedge(B-C)]\right\}\wedge\left\{1-\frac{1}{90}|A-90|\right\}\\&=1-\vee\left\{\frac{1}{60}(A-B)\wedge(B-C),\frac{1}{90}|A-90|\right\}.\end{aligned}$$

5° 建立任意三角形$(\underset{\sim}{R}^{C}\cap\underset{\sim}{E}^{C}\cap\underset{\sim}{I})$的隶属函数.

由于任意三角形$\underset{\sim}{T}=\underset{\sim}{R}^{C}\cap\underset{\sim}{E}^{C}\cap\underset{\sim}{I}^{C}$，所以任意三角形$\underset{\sim}{T}$的隶属函数为

$$\underset{\sim}{T}(A,B,C)\overset{\text{def}}{=\!=}(\underset{\sim}{R}^{C}\cap\underset{\sim}{E}^{C}\cap\underset{\sim}{I}^{C})(A,B,C)$$

$$=[1-\underset{\sim}{R}(A,B,C)]\wedge[1-\underset{\sim}{E}(A,B,C)]\wedge[1-\underset{\sim}{I}(A,B,C)]$$

$$=\left(\frac{1}{90}|A-90|\right)\wedge\left[\frac{1}{180}(A-C)\right]\wedge\left[\frac{1}{60}(A-B)\wedge(B-C)\right]$$

$$=\frac{1}{180}\{\wedge[2|A-90|,(A-C),3(A-B),3(B-C)]\}.$$

待识别的三角形 $x_0=(A,B,C)=(94,50,36)$,分别计算隶属度,得

$$\underset{\sim}{E}(x_0)=0.677,\quad \underset{\sim}{R}(x_0)=0.955,\quad \underset{\sim}{I}(x_0)=0.766,$$

$$(\underset{\sim}{I}\cap\underset{\sim}{R})(x_0)=0.766,\quad \underset{\sim}{T}(x_0)=0.045.$$

按最大隶属原则,三角形 $x_0=(A,B,C)=(94,50,36)$ 相对隶属于直角三角形.

关于建立各类三角形的隶属函数,目前有多种方法.比如也可用下列方式定义隶属函数:

$$\underset{\sim}{E}(A,B,C)\xlongequal{\text{def}}\begin{cases}1-(p/180)^{1/p}, & p\neq 0,\\ 1, & p=0\end{cases}\quad (p=A-C),$$

$$\underset{\sim}{R}(A,B,C)\xlongequal{\text{def}}\begin{cases}1-(p/90)^{1/p}, & p\neq 0,\\ 1, & p=0\end{cases}\quad (p=|A-90|),$$

$$\underset{\sim}{I}(A,B,C)\xlongequal{\text{def}}\begin{cases}1-(p/60)^{1/p}, & p\neq 0,\\ 1, & p=0\end{cases}\quad (p=\wedge\{A-B,B-C\}),$$

试用最大隶属原则,判断 $x_0=(94,50,36)$ 属于哪一类.

由于

$$\underset{\sim}{E}(x_0)=1-(58/180)^{1/58}=0.019,$$

$$\underset{\sim}{R}(x_0)=1-(4/90)^{1/4}=0.541,$$

$$\underset{\sim}{I}(x_0)=1-(14/60)^{1/14}=0.099,$$

$$(\underset{\sim}{I}\cap\underset{\sim}{R})(x_0)=\wedge\{0.099,0.541\}=0.099,$$

$$\underset{\sim}{T}(x_0)=\wedge\{1-0.019,1-0.099,1-0.541\}=0.459,$$

按最大隶属原则,三角形(94,50,36)仍相对隶属于直角三角形.

例 3.2.5 大学生体质水平的模糊识别[10] 陈蓓菲等人在福建某高校对 240 名男生的体质水平按《中国学生体质健康调查研究》手册上的规定进行了测试,他们从 18 项体测指标中选出了反映体质水平的 4 个主要指标,根据聚类分析法,将 240 名男生分成 5 类,然后用最大隶属原则去识别一个具体学生的体质.

设论域 $U=\{x_1,x_2,\cdots,x_{240}\}$,用聚类方法按体质水平将学生分为 5 种类型,这在 U 上表现为 5 个模糊子集 $\underset{\sim}{A}_i\in\mathcal{F}(U)$ $(i=1,2,3,4,5)$,即

$\underset{\sim}{A}_1$(体质差), $\underset{\sim}{A}_2$(体质中下), $\underset{\sim}{A}_3$(体质中等) $\underset{\sim}{A}_4$(体质良), $\underset{\sim}{A}_5$(体质优).

这就构成了论域 U 上的标准模型库 $\{\underset{\sim}{A}_1,\underset{\sim}{A}_2,\underset{\sim}{A}_3,\underset{\sim}{A}_4,\underset{\sim}{A}_5\}$.

每个标准体质 $\underset{\sim}{A}_i$ $(i=1,2,3,4,5)$ 由 4 个主要指标,即身高、体重、胸围、肺活量描述.而人体是一个复杂的模糊集合体,个子的高矮、体重的轻重、胸围的大小、

肺活量的大小都是模糊概念，因此对每个标准体质$\underset{\sim}{A}_i$而言，以上4个指标也是模糊集.

$$\underset{\sim}{\boldsymbol{A}}_i = (\underset{\sim}{A}_{i1}, \underset{\sim}{A}_{i2}, \underset{\sim}{A}_{i3}, \underset{\sim}{A}_{i4}) \ (i = 1,2,3,4,5).$$

实际上，这是一个模糊向量集合族.

5类标准体质的4个主要指标的测试数据如表3.1所示.

表3.1

类型	指标			
	身高/cm	体重/kg	胸围/cm	肺活量/mL
差	158.4±3.0	47.9±8.4	84.2±2.4	3380±184.0
中下	163.4±4.8	50.0±8.6	89.0±6.2	3866±800.0
中	166.9±3.6	55.3±9.4	88.3±7.0	4128±526.0
良	172.6±4.6	57.7±8.2	89.2±6.4	4349±402.0
优	178.4±4.2	61.9±8.6	90.9±8.0	4536±756.0

现有一名待识别的学生$\boldsymbol{x}=(x_1,x_2,x_3,x_4)=(167.8,55.1,86.0,4120)$，他应属于哪种类型？

因为各种标准体质的身高($\underset{\sim}{A}_{i1}$)、体重($\underset{\sim}{A}_{i2}$)、胸围($\underset{\sim}{A}_{i3}$)、肺活量($\underset{\sim}{A}_{i4}$)均为正态模糊集，相应的隶属函数可近似表示为

$$\underset{\sim}{A}_{ij}(x_j) = \begin{cases} 0, & |x_j - \bar{x}_j| > 2s_j, \\ 1 - \left(\dfrac{x_j - \bar{x}_j}{2s_j}\right)^2, & |x_j - \bar{x}_j| \leqslant 2s_j \end{cases}$$

$$(i=1,2,3,4,5; j=1,2,3,4),$$

其中$\bar{x}_j$为均值，$2s_j$为标准差.

令
$$\underset{\sim}{\boldsymbol{A}}_i(\boldsymbol{x}) \xlongequal{\text{def}} \frac{1}{4}\sum_{j=1}^{4} \underset{\sim}{A}_{ij}(x_j), \tag{3.1}$$

具体计算如下：

$$\underset{\sim}{\boldsymbol{A}}_1(\boldsymbol{x}) = \frac{1}{4}\sum_{j=1}^{4} \underset{\sim}{A}_{1j}(x_j) = \frac{1}{4}[\underset{\sim}{A}_{11}(x_1) + \underset{\sim}{A}_{12}(x_2) + \underset{\sim}{A}_{13}(x_3) + \underset{\sim}{A}_{14}(x_4)],$$

$\underset{\sim}{A}_{11}(x_1)=\underset{\sim}{A}_{11}(167.8)=0$　（因为$|x_1-\bar{x}_1|=|167.8-158.4|>3.0=2s_1$），

$$\underset{\sim}{A}_{12}(x_2)=\underset{\sim}{A}_{12}(55.1)=1-\left(\frac{55.1-47.9}{8.4}\right)^2=0.2653,$$

$$\underset{\sim}{A}_{13}(x_3)=\underset{\sim}{A}_{13}(86.0)=1-\left(\frac{86.0-84.2}{2.4}\right)^2=0.4375,$$

$\underset{\sim}{A}_{14}(x_4)=\underset{\sim}{A}_{14}(4120)=0$　（因为$|x_4-\bar{x}_4|=|4120-3380|>184=2s_4$）.

由式(3.1)，得

$$\underset{\sim}{A}_1(\boldsymbol{x}) = \frac{1}{4}(0+0.2653+0.4375+0) = 0.1757.$$

类似地计算,得

$$\underset{\sim}{A}_{21}(x_1)=0.1597,\quad \underset{\sim}{A}_{22}(x_2)=0.6483,$$

$$\underset{\sim}{A}_{23}(x_3)=0.7659,\quad \underset{\sim}{A}_{24}(x_4)=0.8992,$$

由式(3.1),得

$$\underset{\sim}{A}_2(\boldsymbol{x})=0.6184.$$

$$\underset{\sim}{A}_{31}(x_1)=0.9375,\quad \underset{\sim}{A}_{32}(x_2)=0.9995,$$

$$\underset{\sim}{A}_{33}(x_3)=0.8920,\quad \underset{\sim}{A}_{34}(x_4)=0.9988,$$

由式(3.1),得

$$\underset{\sim}{A}_3(\boldsymbol{x})=0.9572.$$

$$\underset{\sim}{A}_{41}(x_1)=0,\quad \underset{\sim}{A}_{42}(x_2)=0.8995,$$

$$\underset{\sim}{A}_{43}(x_3)=0.75,\quad \underset{\sim}{A}_{44}(x_4)=0.6754,$$

由式(3.1),得

$$\underset{\sim}{A}_4(\boldsymbol{x})=0.5812.$$

$$\underset{\sim}{A}_{51}(x_1)=0,\quad \underset{\sim}{A}_{52}(x_2)=0.3748,$$

$$\underset{\sim}{A}_{53}(x_3)=0.6248,\quad \underset{\sim}{A}_{54}(x_4)=0.6972,$$

由式(3.1),得

$$\underset{\sim}{A}_5(\boldsymbol{x})=0.4242.$$

按最大隶属原则,待识别的学生 $\boldsymbol{x}=(167.8,55.1,86,4120)$ 属于 $\underset{\sim}{A}_3$(体质中等).

若用下列公式

$$\underset{\sim}{A}_i(\boldsymbol{x}) = \bigwedge_{j=1}^{4}\{\underset{\sim}{A}_{ij}(\boldsymbol{x}_j)\},$$

得

$$\underset{\sim}{A}_1(\boldsymbol{x}) = \wedge\{0,0.2653,0.4375,0\}=0,$$

$$\underset{\sim}{A}_2(\boldsymbol{x}) = \wedge\{0.1597,0.6483,0.7659,0.8992\}=0.1597,$$

$$\underset{\sim}{A}_3(\boldsymbol{x}) = \wedge\{0.9375,0.9995,0.8920,0.9998\}=0.8920,$$

$$\underset{\sim}{A}_4(\boldsymbol{x}) = \wedge\{0,0.8995,0.7500,0.6754\}=0,$$

$$\underset{\sim}{A}_5(\boldsymbol{x}) = \wedge\{0,0.3748,0.6248,0.6972\}=0.$$

按最大隶属原则,待识别的学生 $\boldsymbol{x}=(167.8,55.1,86.0,4120)$ 也属于 $\underset{\sim}{A}_3$(体质中等).

3.2.3 阈值原则

设论域 $U=\{x_1,x_2,\cdots,x_n\}$ 上有 m 个模糊子集 $\underset{\sim}{A}_1,\underset{\sim}{A}_2,\cdots,\underset{\sim}{A}_m$(即 m 个模型),这构成了一个标准模型库.对于任一 $x_0\in U$,取定水平 $\alpha\in[0,1]$.若存在 $i_1,i_2,\cdots,i_k$,使得 $\underset{\sim}{A}_{i_j}(x_0)\geqslant\alpha$ $(j=1,2,\cdots,k)$,则判决为:x_0 相对地隶属于 $\underset{\sim}{A}_{i_1}\cap A_{i_2}\cap\cdots\cap\underset{\sim}{A}_{i_k}$.若 $\bigvee_{k=1}^{m}\underset{\sim}{A}_k(x_0)<\alpha$,则判决为:不能识别,应当找原因另作分析.

该方法也可以对 x_0 与某一个标准模型 $\underset{\sim}{A}_k$ 进行识别.若 $\underset{\sim}{A}_k(x_0)\geqslant\alpha$,则认为 x_0

相对隶属于$\underset{\sim}{A}_k$；若$\underset{\sim}{A}_k(x_0)<\alpha$，则认为 x_0 相对不隶属于$\underset{\sim}{A}_k$.

在例 3.2.4 中，若取水平 $\alpha=0.7$，则按阈值原则，$x_0=(94,50,36)$相对隶属于$\underset{\sim}{I}\cap\underset{\sim}{R}$，即相对隶属于等腰直角三角形. 若取水平 $\alpha=0.9$，由$\underset{\sim}{R}(x_0)=0.955>0.9$，可认为 $x_0=(94,50,36)$相对隶属于$\underset{\sim}{R}$，即相对隶属于直角三角形.

3.3　第二类模糊模型识别

这一节讨论的是第二类模糊识别问题. 设在论域 $U=\{x_1,x_2,\cdots,x_n\}$上有 m 个模糊子集$\underset{\sim}{A}_1,\underset{\sim}{A}_2,\cdots,\underset{\sim}{A}_m$（$m$ 个模型），构成了标准模型库，被识别的对象$\underset{\sim}{B}$也是一个模糊集. $\underset{\sim}{B}$与$\underset{\sim}{A}_i$（$i=1,2,\cdots,m$）中的哪一个最贴近？这就是一个模糊集对标准模糊集的识别问题. 因此，这里涉及两个模糊集的贴近度问题.

3.3.1　贴近度

先把模糊向量的内积与外积推广到无限论域 U 上，有以下定义(3.3.1).

定义 3.3.1　设$\underset{\sim}{A},\underset{\sim}{B}\in\mathcal{F}(U)$，称

$$\underset{\sim}{A}\circ\underset{\sim}{B}=\bigvee_{x\in U}[\underset{\sim}{A}(x)\wedge\underset{\sim}{B}(x)] \tag{3.2}$$

为$\underset{\sim}{A},\underset{\sim}{B}$的内积，称

$$\underset{\sim}{A}\odot\underset{\sim}{B}=\bigwedge_{x\in U}[\underset{\sim}{A}(x)\vee\underset{\sim}{B}(x)] \tag{3.3}$$

为$\underset{\sim}{A},\underset{\sim}{B}$的外积.

需要指出：内积与外积的简单性质(3.2 节)对无限论域 U 上的模糊集也成立. 现列在下面，其证明留给读者自己完成.

内积与外积有如下性质：

1° 设$\underset{\sim}{A},\underset{\sim}{B}\in\mathcal{F}(U)$，则有

$$(\underset{\sim}{A}\circ\underset{\sim}{B})^C=\underset{\sim}{A}^C\odot\underset{\sim}{B}^C,\quad(\underset{\sim}{A}\odot\underset{\sim}{B})^C=\underset{\sim}{A}^C\circ\underset{\sim}{B}^C.$$

2° 设$\underset{\sim}{A},\underset{\sim}{B}\in\mathcal{F}(U)$，则有

$$\underset{\sim}{A}\circ\underset{\sim}{A}=\overline{\underset{\sim}{A}},\quad\underset{\sim}{A}\odot\underset{\sim}{A}=\underline{\underset{\sim}{A}};$$

$$\underset{\sim}{A}\subseteq\underset{\sim}{B}\Rightarrow\underset{\sim}{A}\circ\underset{\sim}{B}=\overline{\underset{\sim}{A}},\quad\underset{\sim}{B}\subseteq\underset{\sim}{A}\Rightarrow\underset{\sim}{A}\odot\underset{\sim}{B}=\underline{\underset{\sim}{A}}.$$

3° 设$\underset{\sim}{A},\underset{\sim}{B}\in\mathcal{F}(U)$，则有

$$\underset{\sim}{A}\circ\underset{\sim}{B}\leqslant\overline{\underset{\sim}{A}}\wedge\overline{\underset{\sim}{B}},\quad\underset{\sim}{A}\odot\underset{\sim}{B}\geqslant\underline{\underset{\sim}{A}}\vee\underline{\underset{\sim}{B}};$$

$$\underset{\sim}{A}\circ\underset{\sim}{A}^C\leqslant\frac{1}{2},\quad\underset{\sim}{A}\odot\underset{\sim}{A}^C\geqslant\frac{1}{2}.$$

例 3.3.1　设　$U=\{x_1,x_2,x_3,x_4,x_5,x_6\}$，

$$\underset{\sim}{A}=\frac{0.6}{x_1}+\frac{0.8}{x_2}+\frac{1}{x_3}+\frac{0.8}{x_4}+\frac{0.6}{x_5}+\frac{0.4}{x_6},$$

$$\underset{\sim}{B}=\frac{0.4}{x_1}+\frac{0.6}{x_2}+\frac{0.8}{x_3}+\frac{1}{x_4}+\frac{0.8}{x_5}+\frac{0.6}{x_6},$$

则$\underset{\sim}{A}$与$\underset{\sim}{B}$的内积、外积分别为

$$\underset{\sim}{A}\circ\underset{\sim}{B}=0.8,\quad \underset{\sim}{A}\odot\underset{\sim}{B}=0.6.$$

可见，在论域U为有限时，模糊集的内(外)积与模糊向量的内(外)积是一致的.

例 3.3.2 设论域U为实数域，其上有两个正态模糊集$\underset{\sim}{A}$，$\underset{\sim}{B}$，它们的隶属函数分别为

$$\underset{\sim}{A}(x)=\exp\left[-\left(\frac{x-a_1}{\sigma_1}\right)^2\right]\ (\sigma_1>0),\quad \underset{\sim}{B}(x)=\exp\left[-\left(\frac{x-a_2}{\sigma_2}\right)^2\right]\ (\sigma_2>0).$$

试求$\underset{\sim}{A}\circ\underset{\sim}{B}$与$\underset{\sim}{A}\odot\underset{\sim}{B}$.

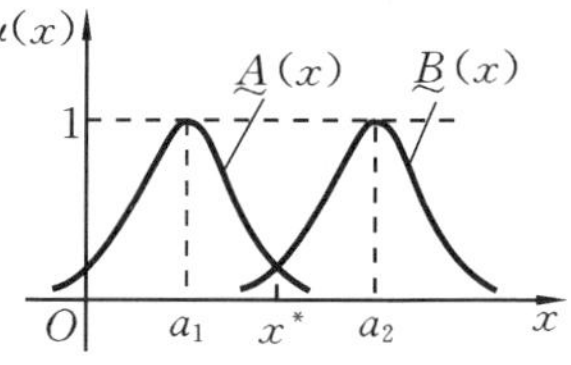

图 3.1

如图 3.1 所示，由定义知，$\underset{\sim}{A}\circ\underset{\sim}{B}$应为$\underset{\sim}{A}(x)$与$\underset{\sim}{B}(x)$曲线交点处的纵坐标，即$\underset{\sim}{A}\circ\underset{\sim}{B}=\underset{\sim}{A}(x^*)$. 而$x^*$是交点的横坐标，并满足方程

$$\left(\frac{x-a_1}{\sigma_1}\right)^2=\left(\frac{x-a_2}{\sigma_2}\right)^2,\ a_1<x^*<a_2,$$

由$\dfrac{x^*-a_1}{\sigma_1}=\dfrac{a_2-x^*}{\sigma_2}$得，$x^*=\dfrac{\sigma_2a_1+\sigma_1a_2}{\sigma_1+\sigma_2}$.

由$\dfrac{x'-a_1}{\sigma_1}=\dfrac{x'-a_2}{\sigma_2}$得，$x'=\dfrac{\sigma_2a_1-\sigma_1a_2}{\sigma_2-\sigma_1}$，因为$x'$不在$a_1$，$a_2$之间，所以舍去$x'$.

$$\underset{\sim}{A}(x)\wedge\underset{\sim}{B}(x)=\begin{cases}\exp\left[-\left(\dfrac{x-a_2}{\sigma_2}\right)^2\right], & -\infty<x\leqslant x^*,\\ \exp\left[-\left(\dfrac{x-a_1}{\sigma_1}\right)^2\right], & x^*\leqslant x<+\infty;\end{cases}$$

$$\underset{\sim}{A}(x)\vee\underset{\sim}{B}(x)=\begin{cases}\exp\left[-\left(\dfrac{x-a_1}{\sigma_1}\right)^2\right], & -\infty<x\leqslant x^*,\\ \exp\left[-\left(\dfrac{x-a_2}{\sigma_2}\right)^2\right], & x^*\leqslant x<+\infty.\end{cases}$$

于是 $$\underset{\sim}{A}\circ\underset{\sim}{B}=\underset{\sim}{A}(x^*)=\exp\left[-\left(\frac{x^*-a_1}{\sigma_1}\right)^2\right]=\exp\left[-\left(\frac{a_2-a_1}{\sigma_1+\sigma_2}\right)^2\right].$$

因为 $$\lim_{x\to\infty}\underset{\sim}{A}(x)=\lim_{x\to\infty}\underset{\sim}{B}(x)=0,$$

所以 $$A\odot B=\bigwedge_{x\in U}(\underset{\sim}{A}(x)\vee\underset{\sim}{B}(x))=0.$$

由模糊集内积与外积的性质可知，单独使用内积或外积还不能完全刻画两个模糊集$\underset{\sim}{A}$，$\underset{\sim}{B}$之间的贴近度. 模糊集的内积与外积都只能部分地表现两个模糊集的贴近度. 下面从直观上进一步说明这一点.

在图 3.2 中所表示的两个模糊集$\underset{\sim}{A}$，$\underset{\sim}{B}$交点的纵坐标(隶属度μ)越大时，$\underset{\sim}{A}$与$\underset{\sim}{B}$越贴近；而内积$\underset{\sim}{A}\circ\underset{\sim}{B}=\bigvee_{x\in U}[\underset{\sim}{A}(x)\wedge\underset{\sim}{B}(x)]$正是表现了模糊集$\underset{\sim}{A}$与$\underset{\sim}{B}$交点的纵坐

标(隶属度). 在图 3.3 中所表示的两个模糊集$\underset{\sim}{A}$与$\underset{\sim}{B}$交点的纵坐标(隶属度 μ)越小时,$\underset{\sim}{A}$与$\underset{\sim}{B}$越贴近;而外积$\underset{\sim}{A}\odot\underset{\sim}{B}=\bigwedge\limits_{x\in U}[\underset{\sim}{A}(x)\vee\underset{\sim}{B}(x)]$正好表现了这一点.

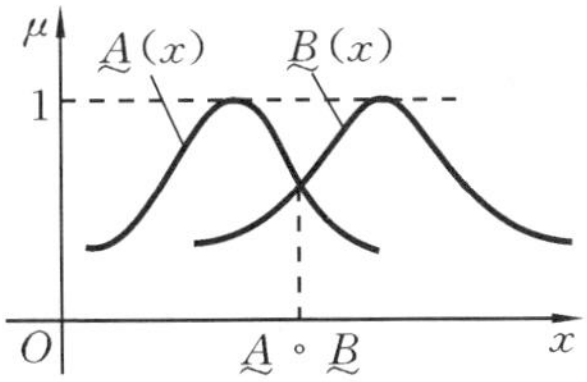

图 3.2

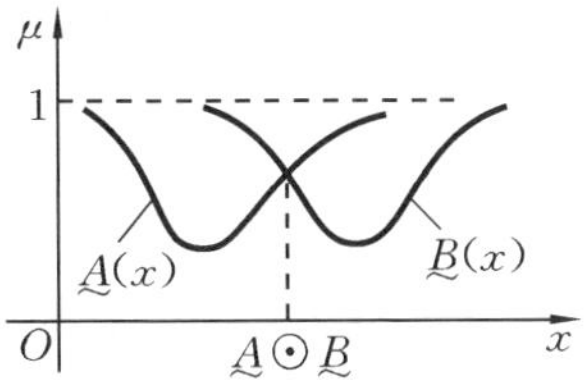

图 3.3

综上所述,内积越大,模糊集越贴近;外积越小,模糊集也越贴近. 因此,人们就用二者相结合的"格贴近度"来刻画两个模糊集的贴近程度.

定义 3.3.2　设$\underset{\sim}{A}$,$\underset{\sim}{B}$是论域 U 上的模糊子集,则称

$$\sigma_0(\underset{\sim}{A},\underset{\sim}{B})=\frac{1}{2}[\underset{\sim}{A}\circ\underset{\sim}{B}+(1-\underset{\sim}{A}\odot\underset{\sim}{B})] \tag{3.4}$$

为$\underset{\sim}{A}$与$\underset{\sim}{B}$的格贴近度.

可见,当 $\sigma_0(A,B)$越大(亦即$\underset{\sim}{A}\circ\underset{\sim}{B}$越大,$\underset{\sim}{A}\odot\underset{\sim}{B}$越小)时,$\underset{\sim}{A}$与$\underset{\sim}{B}$越贴近.

有了格贴近度的定义后,就容易计算例 3.3.1 与例 3.3.2 中的格贴近度.

例 3.3.1 中,　$\sigma_0(\underset{\sim}{A},\underset{\sim}{B})=\frac{1}{2}[0.8+(1-0.6)]=0.6$;

例 3.3.2 中,　$$\sigma_0(\underset{\sim}{A},\underset{\sim}{B})=\frac{1}{2}\left\{\exp\left[-\left(\frac{a_2-a_1}{\sigma_1+\sigma_2}\right)^2\right]+1\right\}. \tag{3.5}$$

显然,格贴近度具有下列性质:

1° $0\leqslant\sigma_0(\underset{\sim}{A},\underset{\sim}{B})\leqslant 1$;

2° $\sigma_0(\underset{\sim}{A},\underset{\sim}{A})=\frac{1}{2}[\overline{\underset{\sim}{A}}+(1-\underline{\underset{\sim}{A}})]$,当$\overline{\underset{\sim}{A}}=1$,$\underline{\underset{\sim}{A}}=0$ 时,有

$$\sigma_0(\underset{\sim}{A},\underset{\sim}{A})=1,\quad \sigma(U,\varnothing)=0;$$

3° 若$\underset{\sim}{A}\subseteq\underset{\sim}{B}\subseteq\underset{\sim}{C}$,则

$$\sigma_0(\underset{\sim}{A},\underset{\sim}{C})\leqslant\sigma_0(\underset{\sim}{A},\underset{\sim}{B})\wedge\sigma_0(\underset{\sim}{B},\underset{\sim}{C}).$$

例 3.3.3　设　$U=\{x_1,x_2,x_3,x_4,x_5\}$,

$$\underset{\sim}{A}=\frac{0.3}{x_1}+\frac{0.1}{x_2}+\frac{0.7}{x_3}+\frac{0.5}{x_4}+\frac{1}{x_5},$$

$$\underset{\sim}{B}=\frac{0.3}{x_1}+\frac{0}{x_2}+\frac{0.8}{x_3}+\frac{0.4}{x_4}+\frac{0.9}{x_5},$$

则由　$$\underset{\sim}{A}\circ\underset{\sim}{B}=0.9,\quad \underset{\sim}{A}\odot\underset{\sim}{B}=0.1,$$

得　$$\sigma_0(\underset{\sim}{A},\underset{\sim}{B})=\frac{1}{2}[0.9+(1-0.1)]=0.9;$$

由 $$\underset{\sim}{A}\circ\underset{\sim}{A}=\overline{\underset{\sim}{A}}=1,\quad \underset{\sim}{A}\odot\underset{\sim}{A}=\underline{\underset{\sim}{A}}=0.1,$$

得 $$\sigma_0(\underset{\sim}{A},\underset{\sim}{A})=\frac{1}{2}[1+(1-0.1)]=0.95;$$

由 $$\underset{\sim}{B}\circ\underset{\sim}{B}=\overline{\underset{\sim}{B}}=0.9,\quad \underset{\sim}{B}\odot\underset{\sim}{B}=\underline{\underset{\sim}{B}}=0,$$

得 $$\sigma_0(\underset{\sim}{B},\underset{\sim}{B})=\frac{1}{2}[0.9+(1-0)]=0.95.$$

由例 3.3.3 可看出,当$\underset{\sim}{A}$,$\underset{\sim}{B}$都有完全属于自己和完全不属于自己的元素时,格贴近度 $\sigma_0(\underset{\sim}{A},\underset{\sim}{B})$是一个比较公正、客观的度量,这也是格贴近度的性质 2°和性质 3°所体现的.

用贴近度描述了模糊集之间彼此贴近的程度,是我国学者汪培庄教授首先提出来的.实际上,由于所研究问题的性质不同,还有其他的贴近度定义.比如:

设$\underset{\sim}{A}$,$\underset{\sim}{B}$是论域 U 上的模糊集,则称

$$\sigma(\underset{\sim}{A},\underset{\sim}{B})=(\underset{\sim}{A}\circ\underset{\sim}{B})\wedge(\underset{\sim}{A}\odot\underset{\sim}{B})^C$$

为$\underset{\sim}{A}$与$\underset{\sim}{B}$的贴近度.

3.3.2 择近原则

设论域 U 上有 m 个模糊子集 $\underset{\sim}{A}_1,\underset{\sim}{A}_2,\cdots,\underset{\sim}{A}_m$,构成一个标准模型库 $\{\underset{\sim}{A}_1,\underset{\sim}{A}_2,\cdots,\underset{\sim}{A}_m\}$,$\underset{\sim}{B}\in\mathscr{F}(U)$为待识别的模型.若存在 $i_0\in\{1,2,\cdots,m\}$,使得

$$\sigma_0(\underset{\sim}{A}_{i_0},\underset{\sim}{B})=\bigvee_{k=1}^{m}\sigma_0(\underset{\sim}{A}_k,\underset{\sim}{B}),\tag{3.6}$$

则称$\underset{\sim}{B}$与$\underset{\sim}{A}_{i_0}$最贴近,或者说把$\underset{\sim}{B}$归并到$\underset{\sim}{A}_{i_0}$类.

例 3.3.4 小麦品种的模糊识别 设论域 U={小麦},由 5 种小麦优良品种构成的标准模型库为{$\underset{\sim}{A}_1$(早熟),$\underset{\sim}{A}_2$(矮秆),$\underset{\sim}{A}_3$(大粒),$\underset{\sim}{A}_4$(高肥丰产),$\underset{\sim}{A}_5$(中肥丰产)}.此处只讨论小麦百粒重这一特性.根据抽样实测结果,利用统计方法,已知 5 种优良品种的百粒重分别为如下的正态模糊集:

$$\underset{\sim}{A}_1(\text{早熟})\quad \underset{\sim}{A}_1(x)=\exp\left[-\left(\frac{x-3.7}{0.3}\right)^2\right],$$

$$\underset{\sim}{A}_2(\text{矮秆})\quad \underset{\sim}{A}_2(x)=\exp\left[-\left(\frac{x-2.9}{0.3}\right)^2\right],$$

$$\underset{\sim}{A}_3(\text{大粒})\quad \underset{\sim}{A}_3(x)=\exp\left[-\left(\frac{x-5.6}{0.3}\right)^2\right],$$

$$\underset{\sim}{A}_4(\text{高肥丰产})\quad \underset{\sim}{A}_4(x)=\exp\left[-\left(\frac{x-3.9}{0.3}\right)^2\right],$$

$$\underset{\sim}{A}_5(\text{中肥丰产})\quad \underset{\sim}{A}_5(x)=\exp\left[-\left(\frac{x-3.7}{0.2}\right)^2\right].$$

现有一小麦品种$\underset{\sim}{B}$,用统计方法得知它的百粒重隶属函数为

$$\underset{\sim}{B}(x)=\exp\left[-\left(\frac{x-3.43}{0.28}\right)^2\right],$$

现在要求识别从百粒重这一特性上看，$\underset{\sim}{B}$隶属于哪一品种.

这里涉及两个正态模糊集的贴近度，由式(3.5)，得

$$\sigma_0(\underset{\sim}{A}_1,\underset{\sim}{B})=\frac{1}{2}\left\{\exp\left[-\left(\frac{3.43-3.7}{0.3+0.28}\right)^2\right]+1\right\}\approx 0.90,$$

$$\sigma_0(\underset{\sim}{A}_2,\underset{\sim}{B})\approx 0.72,\quad \sigma_0(\underset{\sim}{A}_3,\underset{\sim}{B})=0.50,$$

$$\sigma_0(\underset{\sim}{A}_4,\underset{\sim}{B})\approx 0.76,\quad \sigma_0(\underset{\sim}{A}_5,\underset{\sim}{B})=0.86.$$

所以，从百粒重这一特性看，根据择近原则，$\underset{\sim}{B}$归并到$\underset{\sim}{A}_1$类，即为早熟品种.

例 3.3.5 公司声誉的模糊识别 一个公司在社会上的声誉是一个模糊概念，它是由多个因素决定的. 设论域$U=\{x_1,x_2,x_3,x_4,x_5,x_6\}$. 其中：$x_1$表示管理质量，$x_2$表示员工才能，$x_3$表示长期投资价值，$x_4$表示财务健全，$x_5$表示善用公司资产，$x_6$表示产品质量和服务质量.

一个公司的“声誉”可以认为是论域U上的模糊集. 现有4个公司的“声誉”模型$\underset{\sim}{A}_1,\underset{\sim}{A}_2,\underset{\sim}{A}_3,\underset{\sim}{A}_4$与相应的管理模式$\underset{\sim}{D}_i$ $(i=1,2,3,4)$以及待识别的某公司的“声誉”$\underset{\sim}{B}$(表3.2).

表 3.2

	x_1	x_2	x_3	x_4	x_5	x_6	相应的管理模式
$\underset{\sim}{A}_1$	0.92	0.83	0.88	0.90	0.83	0.90	$\underset{\sim}{D}_1$
$\underset{\sim}{A}_2$	0.88	0.86	0.85	0.96	0.92	0.90	$\underset{\sim}{D}_2$
$\underset{\sim}{A}_3$	0.89	0.86	0.86	0.94	0.86	0.88	$\underset{\sim}{D}_3$
$\underset{\sim}{A}_4$	0.35	0.34	0.32	0.40	0.48	0.40	$\underset{\sim}{D}_4$
$\underset{\sim}{B}$	0.91	0.85	0.88	0.90	0.85	0.90	?

用择近法原则识别$\underset{\sim}{B}$. 用格贴近度公式

$$\sigma(\underset{\sim}{A},\underset{\sim}{B})=\frac{1}{2}[\underset{\sim}{A}\circ\underset{\sim}{B}+(1-\underset{\sim}{A}\odot\underset{\sim}{B})],$$

计算得

$$\sigma(\underset{\sim}{A}_1,\underset{\sim}{B})=\frac{1}{2}[0.91+(1-0.85)]=0.53,$$

$$\sigma(\underset{\sim}{A}_2,\underset{\sim}{B})=0.52,\quad \sigma(\underset{\sim}{A}_3,\underset{\sim}{B})=0.52,\quad \sigma(\underset{\sim}{A}_4,\underset{\sim}{B})=0.32.$$

根据择近原则，$\underset{\sim}{B}$与$\underset{\sim}{A}_1$最贴近，即$\underset{\sim}{B}$与$\underset{\sim}{A}_1$采取的管理模式最靠近.

3.3.3 多个特性的择近原则

例3.3.4是按小麦的一种特性(百粒重)来对$\underset{\sim}{B}$进行识别的，这显然有局限性.

实际上,除百粒重外,小麦的主要特性还有抽穗期、株高、有效穗数、主穗粒数等,它们都可以看成是模糊集.

定义 3.3.3 设论域 U 上有两个模糊向量集合族

$$\underset{\sim}{\boldsymbol{A}} = (\underset{\sim}{A}_1, \underset{\sim}{A}_2, \cdots, \underset{\sim}{A}_n), \quad \underset{\sim}{\boldsymbol{B}} = (\underset{\sim}{B}_1, \underset{\sim}{B}_2, \cdots, \underset{\sim}{B}_n),$$

则$\underset{\sim}{\boldsymbol{A}}$与$\underset{\sim}{\boldsymbol{B}}$的贴近度定义为

$$\sigma(\underset{\sim}{\boldsymbol{A}}, \underset{\sim}{\boldsymbol{B}}) = \bigwedge_{i=1}^{n} \sigma(\underset{\sim}{A}_i, \underset{\sim}{B}_i).$$

由于实际问题的需要,为了解决两个模糊向量集合族的贴近程度问题,人们创造了多种贴近度.现列举如下.

设论域 U 上有两个模糊向量集合族

$$\underset{\sim}{\boldsymbol{A}} = (\underset{\sim}{A}_1, \underset{\sim}{A}_2, \cdots, \underset{\sim}{A}_n), \quad \underset{\sim}{\boldsymbol{B}} = (\underset{\sim}{B}_1, \underset{\sim}{B}_2, \cdots, \underset{\sim}{B}_n),$$

则$\underset{\sim}{\boldsymbol{A}}$与$\underset{\sim}{\boldsymbol{B}}$的贴近度也可定义为:

1° $\sigma(\underset{\sim}{\boldsymbol{A}}, \underset{\sim}{\boldsymbol{B}}) = \bigvee_{i=1}^{n} \sigma(\underset{\sim}{A}_i, \underset{\sim}{B}_i)$;

2° $\sigma(\underset{\sim}{\boldsymbol{A}}, \underset{\sim}{\boldsymbol{B}}) = \sum_{i=1}^{n} a_i \sigma(\underset{\sim}{A}_i, \underset{\sim}{B}_i)$,其中 $a_i \in [0,1]$,且$\sum_{i=1}^{n} a_i = 1$(又称加权贴近度);

3° $\sigma(\underset{\sim}{\boldsymbol{A}}, \underset{\sim}{\boldsymbol{B}}) = \bigvee_{i=1}^{n} [a_i \sigma(\underset{\sim}{A}_i, \underset{\sim}{B}_i)]$,其中 $a_i \in [0,1]$,且$\bigvee_{i=1}^{n} a_i = 1$;

4° $\sigma(\underset{\sim}{\boldsymbol{A}}, \underset{\sim}{\boldsymbol{B}}) = \bigvee_{i=1}^{n} [a_i \wedge \sigma(\underset{\sim}{A}_i, \underset{\sim}{B}_i)]$,其中 $a_i \in [0,1]$,且$\bigvee_{i=1}^{n} a_i = 1$.

读者可以根据实际需要,应用不同的贴近度.

多个特性的择近原则 设论域 U 上有 n 个模糊子集$\underset{\sim}{\boldsymbol{A}}_1, \underset{\sim}{\boldsymbol{A}}_2, \cdots, \underset{\sim}{\boldsymbol{A}}_n$,构成标准模型库$\{\underset{\sim}{\boldsymbol{A}}_1, \underset{\sim}{\boldsymbol{A}}_2, \cdots, \underset{\sim}{\boldsymbol{A}}_n\}$.每个模型$\underset{\sim}{\boldsymbol{A}}_i$ 由 m 个特性来刻画,即

$$\underset{\sim}{\boldsymbol{A}}_i = (\underset{\sim}{A}_{i1}, \underset{\sim}{A}_{i2}, \cdots, \underset{\sim}{A}_{im}) \quad (i = 1, 2, \cdots, n).$$

待识别对象$\underset{\sim}{\boldsymbol{B}} = (\underset{\sim}{B}_1, \underset{\sim}{B}_2, \cdots, \underset{\sim}{B}_m)$.

先求两个模糊向量集合族的贴近度的最小值,即

$$s_i = \bigwedge_{j=1}^{m} \sigma(\underset{\sim}{A}_{ij}, \underset{\sim}{B}_j) \quad (i = 1, 2, \cdots, n),$$

若有 $i_0 \in \{1, 2, \cdots, n\}$,使得

$$s_{i_0} = \bigvee_{i=1}^{n} s_i,$$

则认为$\underset{\sim}{\boldsymbol{B}}$隶属于$\underset{\sim}{\boldsymbol{A}}_{i_0}$.

3.3.4 贴近度的改进

前面曾经指出过,当$\underset{\sim}{A}$,$\underset{\sim}{B}$都有完全属于自己和完全不属于自己的元素时,格贴近度 $M(x) = \sigma_0(\underset{\sim}{A}, \underset{\sim}{B})$比较客观地反映了$\underset{\sim}{A}$与$\underset{\sim}{B}$的贴近程度,但是格贴近度仍有

不足之处. 格贴近度的性质 2°表明：

$$\sigma_0(\underset{\sim}{A},\underset{\sim}{A})=\frac{1}{2}[\overline{\underset{\sim}{A}}+(1-\underline{\underset{\sim}{A}})].$$

一般 $\sigma_0(\underset{\sim}{A},\underset{\sim}{A})\neq 1$；仅当 $\overline{\underset{\sim}{A}}=1$，$\underline{\underset{\sim}{A}}=0$ 时，才能保证 $\sigma_0(\underset{\sim}{A},\underset{\sim}{A})=1$. 又如图 3.4 所示，两个正态模糊集 $\underset{\sim}{A}$，$\underset{\sim}{B}$ 有很大差异：$a_1=a_2=a$，$\sigma_1\neq\sigma_2$，但它们的格贴近度 $\sigma_0(\underset{\sim}{A},\underset{\sim}{B})=1$.

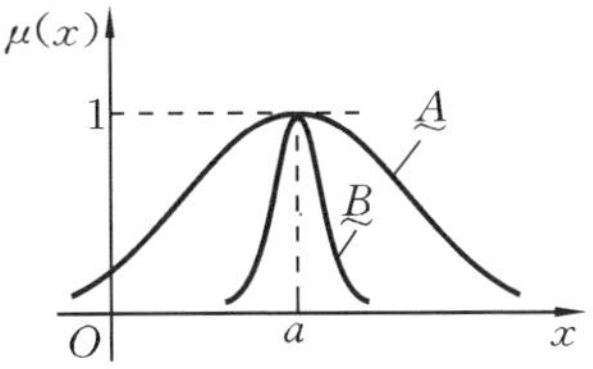

图 3.4

这些都表明，格贴近度是一定条件下的产物，难免具有局限性，有时还不能如实反映实际情况，于是，人们试图改进它. 这就是下面要介绍的贴近度的公理化定义.

定义 3.3.4　设 $\mathscr{T}(U)$ 为论域 U 的模糊幂集，若映射

$$\sigma:\mathscr{T}(U)\times\mathscr{T}(U)\rightarrow[0,1],$$
$$(\underset{\sim}{A},\underset{\sim}{B})\mapsto\sigma(\underset{\sim}{A},\underset{\sim}{B})\in[0,1]$$

满足：

1° $\sigma(\underset{\sim}{A},\underset{\sim}{A})=1$，$\forall A\in\mathscr{T}(U)$，

2° $\sigma(\underset{\sim}{A},\underset{\sim}{B})=\sigma(\underset{\sim}{B},A)$，$\forall \underset{\sim}{A},\underset{\sim}{B}\in\mathscr{T}(U)$，

3° $A\subseteq B\subseteq C\Rightarrow\sigma(\underset{\sim}{A},\underset{\sim}{C})\subseteq\sigma(\underset{\sim}{A},\underset{\sim}{B})\wedge\sigma(\underset{\sim}{B},\underset{\sim}{C})$，

则称 $\sigma(\underset{\sim}{A},\underset{\sim}{B})$ 为 $\underset{\sim}{A}$ 与 $\underset{\sim}{B}$ 的贴近度.

显然，公理化定义显得自然、合理、直观，避免了格贴近度的不足之处，它具有理论价值. 但是公理化定义并未提供一个计算贴近度的方法，因此不便于操作.

于是，一方面，人们尽管觉得格贴近度有缺陷，但还是乐意采用易于计算的格贴近度来解决一些实际问题；另一方面，人们在实际工作中又给出了许多具体定义.

下面介绍一些实用的具体定义.

设论域 U 为有限域，即

$$U=\{x_1,x_2,\cdots,x_n\}.$$

1°
$$\sigma_1(\underset{\sim}{A},\underset{\sim}{B})\xlongequal{\text{def}}\frac{\sum_{k=1}^{n}[\underset{\sim}{A}(x_k)\wedge\underset{\sim}{B}(x_k)]}{\sum_{k=1}^{n}[\underset{\sim}{A}(x_k)\vee\underset{\sim}{B}(x_k)]},\tag{3.7}$$

2°
$$\sigma_2(\underset{\sim}{A},\underset{\sim}{B})\xlongequal{\text{def}}\frac{2\sum_{k=1}^{n}[\underset{\sim}{A}(x_k)\wedge\underset{\sim}{B}(x_k)]}{\sum_{k=1}^{n}[\underset{\sim}{A}(x_k)+\underset{\sim}{B}(x_k)]},\tag{3.8}$$

3° 距离贴近度

$$\sigma_3(\underset{\sim}{A},\underset{\sim}{B}) \xlongequal{\text{def}} 1-\frac{1}{n}\sum_{k=1}^{n}\mid \underset{\sim}{A}(x_k)-\underset{\sim}{B}(x_k)\mid, \tag{3.9}$$

4° $$\sigma_4(\underset{\sim}{A},\underset{\sim}{B}) \xlongequal{\text{def}} 1-\frac{1}{n}\Big[\sum_{k=1}^{n}\mid \underset{\sim}{A}(x_k)-\underset{\sim}{B}(x_k)\mid^2\Big]^{\frac{1}{2}}, \tag{3.10}$$

设论域 U 为实数域 $\mathbf{R}$,则有

$$\sigma_1(\underset{\sim}{A},\underset{\sim}{B}) \xlongequal{\text{def}} \frac{\int_{-\infty}^{+\infty}[\underset{\sim}{A}(x)\wedge\underset{\sim}{B}(x)]\mathrm{d}x}{\int_{-\infty}^{+\infty}[\underset{\sim}{A}(x)\vee\underset{\sim}{B}(x)]\mathrm{d}x}, \tag{3.11}$$

$$\sigma_2(\underset{\sim}{A},\underset{\sim}{B}) \xlongequal{\text{def}} \frac{2\int_{-\infty}^{+\infty}[\underset{\sim}{A}(x)\wedge\underset{\sim}{B}(x)]\mathrm{d}x}{\int_{-\infty}^{+\infty}\underset{\sim}{A}(x)\mathrm{d}x+\int_{-\infty}^{+\infty}\underset{\sim}{B}(x)\mathrm{d}x}, \tag{3.12}$$

$$\sigma_3(\underset{\sim}{A},\underset{\sim}{B}) \xlongequal{\text{def}} 1-\frac{1}{\beta-\alpha}\int_{\alpha}^{\beta}\mid \underset{\sim}{A}(x)-\underset{\sim}{B}(x)\mid \mathrm{d}x,\ U=[\alpha,\beta](\text{区间}). \tag{3.13}$$

下面进一步推导当论域为实数域 $\mathbf{R}$ 时的一个实用的正态模糊集贴近度公式.

设两个正态模糊集 $\underset{\sim}{A},\underset{\sim}{B}$(图 3.1)为

$$\underset{\sim}{A}(x)=\exp\Big[-\Big(\frac{x-a_1}{\sigma_1}\Big)^2\Big],\quad \underset{\sim}{B}(x)=\exp\Big[-\Big(\frac{x-a_2}{\sigma_2}\Big)^2\Big],$$

由例 3.3.2 知,两曲线交点的横坐标

$$x^*=\frac{\sigma_2a_1+\sigma_1a_2}{\sigma_1+\sigma_2},\quad \text{且}\quad a_1<x^*<a_2,$$

则由式(3.11)、(3.12),相应得

$$\sigma_1(\underset{\sim}{A},\underset{\sim}{B})=\frac{\int_{-\infty}^{x^*}\exp\Big[-\Big(\frac{x-a_2}{\sigma_2}\Big)^2\Big]\mathrm{d}x+\int_{x^*}^{+\infty}\exp\Big[-\Big(\frac{x-a_1}{\sigma_1}\Big)^2\Big]\mathrm{d}x}{\int_{-\infty}^{x^*}\exp\Big[-\Big(\frac{x-a_1}{\sigma_1}\Big)^2\Big]\mathrm{d}x+\int_{x^*}^{+\infty}\exp\Big[-\Big(\frac{x-a_2}{\sigma_2}\Big)^2\Big]\mathrm{d}x}, \tag{3.14}$$

$$\sigma_2(\underset{\sim}{A},\underset{\sim}{B})=2\times\frac{\int_{-\infty}^{x^*}\exp\Big[-\Big(\frac{x-a_2}{\sigma_2}\Big)^2\Big]\mathrm{d}x+\int_{x^*}^{+\infty}\exp\Big[-\Big(\frac{x-a_1}{\sigma_1}\Big)^2\Big]\mathrm{d}x}{\int_{-\infty}^{+\infty}\exp\Big[-\Big(\frac{x-a_1}{\sigma_1}\Big)^2\Big]\mathrm{d}x+\int_{-\infty}^{+\infty}\exp\Big[-\Big(\frac{x-a_2}{\sigma_2}\Big)^2\Big]\mathrm{d}x}. \tag{3.15}$$

为了计算方便,令 $t=\frac{x-a_1}{\sigma_1}$,$\mathrm{d}x=\sigma_1\mathrm{d}t$,有

$$\int_{-\infty}^{x^*}\exp\Big[-\Big(\frac{x-a_1}{\sigma_1}\Big)^2\Big]\mathrm{d}x=\sigma_1\int_{-\infty}^{t^*}\exp(-t^2)\mathrm{d}t,$$

$$\int_{x^*}^{+\infty}\exp\left[-\left(\frac{x-a_1}{\sigma_1}\right)^2\right]dx=\sigma_1\int_{t^*}^{+\infty}\exp(-t^2)dt,$$

$$\int_{-\infty}^{+\infty}\exp\left[-\left(\frac{x-a_1}{\sigma_1}\right)^2\right]dx=\sigma_1\int_{-\infty}^{+\infty}\exp(-t^2)dt;$$

类似地，令 $t=\frac{a_2-x}{\sigma_2}$，有

$$\int_{-\infty}^{x^*}\exp\left[-\left(\frac{x-a_2}{\sigma_2}\right)^2\right]dx=\sigma_2\int_{-\infty}^{t^*}\exp(-t^2)dt,$$

$$\int_{x^*}^{+\infty}\exp\left[-\left(\frac{x-a_2}{\sigma_2}\right)^2\right]dx=\sigma_2\int_{t^*}^{+\infty}\exp(-t^2)dt,$$

$$\int_{-\infty}^{+\infty}\exp\left[-\left(\frac{x-a_2}{\sigma_2}\right)^2\right]dx=\sigma_2\int_{-\infty}^{+\infty}\exp(-t^2)dt.$$

将上式代入式(3.14)、(3.15)，得

$$\sigma_1(\underset{\sim}{A},\underset{\sim}{B})=\frac{\int_{t^*}^{+\infty}\exp(-t^2)dt}{\int_{-\infty}^{t^*}\exp(-t^2)dt},\tag{3.16}$$

$$\sigma_2(\underset{\sim}{A},\underset{\sim}{B})=2\times\frac{\int_{t^*}^{+\infty}\exp(-t^2)dt}{\int_{-\infty}^{+\infty}\exp(-t^2)dt}=\frac{2}{\sqrt{\pi}}\int_{t^*}^{+\infty}\exp(-t^2)dt,\tag{3.17}$$

其中$\int_{-\infty}^{+\infty}\exp(-t^2)dt=\sqrt{\pi}$，并记 $\Phi(x)=\int_{-\infty}^{x}\frac{1}{\sqrt{2\pi}}\exp\left(-\frac{t^2}{2}\right)dt$，因此

$$\begin{aligned}\int_{t^*}^{+\infty}\exp(-t^2)dt&=\int_{t^*}^{+\infty}\exp\left[-\frac{(\sqrt{2}t)^2}{2}\right]\cdot\frac{1}{\sqrt{2}}d(\sqrt{2}t)\\&=\frac{1}{\sqrt{2}}\int_{\sqrt{2}t^*}^{+\infty}\exp\left(-\frac{t^2}{2}\right)dt=\sqrt{\pi}\int_{\sqrt{2}t^*}^{+\infty}\frac{1}{\sqrt{2\pi}}\exp\left(-\frac{t^2}{2}\right)dt\\&=\sqrt{\pi}\left[1-\int_{-\infty}^{\sqrt{2}t^*}\frac{1}{\sqrt{2\pi}}\exp\left(-\frac{t^2}{2}\right)dt\right]=\sqrt{\pi}[1-\Phi(\sqrt{2}t^*)].\end{aligned}$$

类似地 $\int_{-\infty}^{t^*}\exp(-t^2)dt=\sqrt{\pi}\int_{-\infty}^{\sqrt{2}t^*}\frac{1}{\sqrt{2\pi}}\exp\left(-\frac{t^2}{2}\right)dt=\sqrt{\pi}\Phi(\sqrt{2}t^*)$.

对于上述$t^*=\frac{a_2-a_1}{\sigma_1+\sigma_2}>0$，若 $a_1>a_2$，可取$\sqrt{2}t^*=\frac{\sqrt{2}(a_1-a_2)}{\sigma_1+\sigma_2}$，代入式(3.16)、(3.17)，得

$$\sigma_1(\underset{\sim}{A},\underset{\sim}{B})=\frac{1-\Phi\left(\frac{\sqrt{2}|a_2-a_1|}{\sigma_1+\sigma_2}\right)}{\Phi\left(\frac{\sqrt{2}|a_2-a_1|}{\sigma_1+\sigma_2}\right)},\tag{3.18}$$

$$\sigma_2(\underset{\sim}{A},\underset{\sim}{B})=2\left[1-\Phi\left(\frac{\sqrt{2}|a_2-a_1|}{\sigma_1+\sigma_2}\right)\right]. \tag{3.19}$$

例 3.3.6 设论域 $U=\{x_1,x_2,x_3,x_4\}$,且

$$\underset{\sim}{A}_1=\frac{0.2}{x_1}+\frac{0.4}{x_2}+\frac{0.5}{x_3}+\frac{0.1}{x_4},\quad \underset{\sim}{A}_2=\frac{0.2}{x_1}+\frac{0.5}{x_2}+\frac{0.3}{x_3}+\frac{0.1}{x_4},$$

$$\underset{\sim}{A}_3=\frac{0.2}{x_1}+\frac{0.3}{x_2}+\frac{0.4}{x_3}+\frac{0.1}{x_4},\quad \underset{\sim}{B}=\frac{0.2}{x_1}+\frac{0.3}{x_2}+\frac{0.5}{x_3}.$$

(1) 试用格贴近度判断$\underset{\sim}{B}$与哪个$\underset{\sim}{A}_i$最贴近;

(2) 试用贴近度

$$\sigma_1(\underset{\sim}{A},\underset{\sim}{B})=\frac{\sum_{k=1}^{n}[\underset{\sim}{A}(x_k)\wedge \underset{\sim}{B}(x_k)]}{\sum_{k=1}^{n}[\underset{\sim}{A}(x_k)\vee \underset{\sim}{B}(x_k)]}$$

判断$\underset{\sim}{B}$与哪个$\underset{\sim}{A}_i$最贴近;

(3) 试用贴近度

$$\sigma_2(\underset{\sim}{A},\underset{\sim}{B})=\frac{2\sum_{k=1}^{n}[\underset{\sim}{A}(x_k)\wedge \underset{\sim}{B}(x_k)]}{\sum_{k=1}^{n}\underset{\sim}{A}(x_k)+\sum_{k=1}^{n}\underset{\sim}{B}(x_k)}$$

判断$\underset{\sim}{B}$与哪个$\underset{\sim}{A}_i$最贴近.

解 (1) 用格贴近度

$$\sigma_0(\underset{\sim}{A},\underset{\sim}{B})=\frac{1}{2}[\underset{\sim}{A}\circ\underset{\sim}{B}+(1-\underset{\sim}{A}\odot\underset{\sim}{B})],$$

得 $$\sigma_0(\underset{\sim}{A}_1,\underset{\sim}{B})=\frac{1}{2}[\underset{\sim}{A}_1\circ\underset{\sim}{B}+(1-\underset{\sim}{A}_1\odot\underset{\sim}{B})]=\frac{1}{2}[0.5+(1-0.1)]=0.7,$$

$$\sigma_0(\underset{\sim}{A}_2,\underset{\sim}{B})=0.6,\quad \sigma_0(\underset{\sim}{A}_3,\underset{\sim}{B})=0.65,$$

根据择近原则判断,$\underset{\sim}{B}$与$\underset{\sim}{A}_1$最贴近.

(2) 用贴近度

$$\sigma_1(\underset{\sim}{A},\underset{\sim}{B})=\frac{\sum_{k=1}^{n}[\underset{\sim}{A}(x_k)\wedge \underset{\sim}{B}(x_k)]}{\sum_{k=1}^{n}[\underset{\sim}{A}(x_k)\vee \underset{\sim}{B}(x_k)]},$$

得 $$\sigma_1(\underset{\sim}{A}_1,\underset{\sim}{B})=\frac{\sum_{k=1}^{4}[\underset{\sim}{A}_1(x_k)\wedge \underset{\sim}{B}(x_k)]}{\sum_{k=1}^{4}[\underset{\sim}{A}_1(x_k)\vee \underset{\sim}{B}(x_k)]}=\frac{0.2+0.3+0.5}{0.2+0.4+0.5+0.1}$$

$$=0.83,$$

$$\sigma_1(\underset{\sim}{A}_2,\underset{\sim}{B})=\frac{0.8}{2.2}=0.36,\quad \sigma_1(\underset{\sim}{A}_3,\underset{\sim}{B})=\frac{0.9}{1.1}=0.82.$$

根据择近原则判断，$\underset{\sim}{B}$ 与 $\underset{\sim}{A}_1$ 最贴近.

(3) 用贴近度

$$\sigma_2(\underset{\sim}{A},\underset{\sim}{B})=\frac{2\sum_{k=1}^{n}[\underset{\sim}{A}(x_k)\wedge \underset{\sim}{B}(x_k)]}{\sum_{k=1}^{n}\underset{\sim}{A}(x_k)+\sum_{k=1}^{n}\underset{\sim}{B}(x_k)},$$

得
$$\sigma_2(\underset{\sim}{A}_1,B)=\frac{2\sum_{k=1}^{4}[\underset{\sim}{A}_1(x_k)\wedge \underset{\sim}{B}(x_k)]}{\sum_{k=1}^{4}\underset{\sim}{A}_1(x_k)+\sum_{k=1}^{4}\underset{\sim}{B}(x_k)}$$
$$=\frac{2\times(0.2+0.3+0.5)}{(0.2+0.4+0.5+0.1)+(0.2+0.3+0.5)}=0.91,$$

$$\sigma_2(\underset{\sim}{A}_2,\underset{\sim}{B})=\frac{1.6}{1.1+1}=0.76,\quad \sigma_2(\underset{\sim}{A}_3,\underset{\sim}{B})=\frac{1.8}{1+1}=0.90,$$

根据择近原则判断，$\underset{\sim}{B}$与$\underset{\sim}{A}_1$ 最贴近.

本例说明，应用三种不同的贴近度，其判断结论是一致的，因此，认为$\underset{\sim}{B}$与$\underset{\sim}{A}_1$最贴近的把握要大些.

例 3.3.7 在幼稻分化进程的评定过程中，遇到叶龄余数 $a=2.7$，$\sigma=0.1$ 的水稻群体$\underset{\sim}{B}$，即

$$\underset{\sim}{B}(x)=\exp\left[-\left(\frac{x-a}{\sigma}\right)^2\right].$$

已知该群体分化期有一次枝硬化期$\underset{\sim}{A}_1$ 与二次枝硬化期$\underset{\sim}{A}_2$ 两种，它们的参数值如表 3.3 所示.

表 3.3

指　标	一次枝硬化期参数		二次枝硬化期参数	
	a_1	σ_1	a_2	σ_2
叶龄余数	2.95	0.3	2.4	0.3

(1) 试用格贴近度和择近原则确定该群体所属分化期；

(2) 试用贴近度

$$\sigma_2(\underset{\sim}{A},\underset{\sim}{B})=2\left[1-\Phi\left(\frac{\sqrt{2}\mid a_2-a_1\mid}{\sigma_1+\sigma_2}\right)\right]$$

确定该群体所属分化期，其中

$$\Phi(x)=\int_{-\infty}^{x}\frac{1}{\sqrt{2\pi}}\exp\left(-\frac{t^2}{2}\right)\mathrm{d}t,$$

a_i,σ_i $(i=1,2)$分别为$\underset{\sim}{A},\underset{\sim}{B}$的均值及标准差.

解 利用式(3.5)与式(3.19)计算,得

$$\sigma_0(\underset{\sim}{A}_1,\underset{\sim}{B})=\frac{1}{2}\left\{\exp\left[-\left(\frac{2.95-2.7}{0.3+0.1}\right)^2\right]+1\right\}\approx 0.8383,$$

$$\sqrt{2}t^*=\frac{\sqrt{2}\mid 2.95-2.7\mid}{0.3+0.1}\approx 0.88,$$

$$\sigma_2(\underset{\sim}{A}_1,\underset{\sim}{B})=2[1-\Phi(0.88)]=2[1-0.8106]=0.3788.$$

其他的类似计算的结果列在表3.4中.

表 3.4

	一次枝硬化期$\underset{\sim}{A}_1$	二次枝硬化期$\underset{\sim}{A}_2$	待识别$\underset{\sim}{B}$
a	2.95	2.4	2.7
σ	0.3	0.3	0.1
$\sigma_0(\underset{\sim}{A},\underset{\sim}{B})=\frac{1}{2}\left\{\exp\left[-\left(\frac{a_k-a}{\sigma_k+\sigma}\right)^2\right]+1\right\}$	0.8383	0.7849	
$\sqrt{2}t^*=\frac{\sqrt{2}\lvert a_k-a\rvert}{\sigma_k+\sigma}$	0.88	1.06	
$\sigma_2(\underset{\sim}{A},\underset{\sim}{B})=2[1-\Phi(\sqrt{2}t^*)]$	0.3788	0.2892	

根据择近原则,待识别的水稻群体$\underset{\sim}{B}$应隶属于一次枝硬化期$\underset{\sim}{A}_1$.

上述这些贴近度,不仅实用,而且均满足公理化定义中的三个条件.

例 3.3.8 设距离贴近度

$$\sigma(\underset{\sim}{A},\underset{\sim}{B})\overset{\text{def}}{=\!=\!=}1-\frac{1}{n}\sum_{k=1}^{n}\mid\underset{\sim}{A}(x_k)-\underset{\sim}{B}(x_k)\mid,$$

证明:(1) $\sigma(\underset{\sim}{A},\underset{\sim}{A})=1$; (2) $\sigma(\underset{\sim}{A},\underset{\sim}{B})=\sigma(\underset{\sim}{B},\underset{\sim}{A})$;

(3) $\underset{\sim}{A}\subseteq\underset{\sim}{B}\subseteq\underset{\sim}{C}\Rightarrow\sigma(\underset{\sim}{A},\underset{\sim}{C})\leqslant\sigma(\underset{\sim}{A},\underset{\sim}{B})\wedge\sigma(\underset{\sim}{B},\underset{\sim}{C})$.

证 题(1)和题(2)是显然的,只证题(3).

因为$\underset{\sim}{A}\subseteq\underset{\sim}{B}\subseteq\underset{\sim}{C}$,所以

$$\underset{\sim}{A}(x)\leqslant\underset{\sim}{B}(x)\leqslant\underset{\sim}{C}(x),$$

$$\mid\underset{\sim}{A}(x)-\underset{\sim}{C}(x)\mid\geqslant\mid\underset{\sim}{A}(x)-\underset{\sim}{B}(x)\mid,$$

$$\sum_{k=1}^{n}\mid\underset{\sim}{A}(x_k)-\underset{\sim}{C}(x_k)\mid\geqslant\sum_{k=1}^{n}\mid\underset{\sim}{A}(x_k)-\underset{\sim}{B}(x_k)\mid,$$

$$1-\frac{1}{n}\sum_{k=1}^{n}\mid\underset{\sim}{A}(x_k)-\underset{\sim}{C}(x_k)\mid\leqslant 1-\frac{1}{n}\sum_{k=1}^{n}\mid\underset{\sim}{A}(x_k)-\underset{\sim}{B}(x_k)\mid,$$

$$\sigma(\underset{\sim}{A},\underset{\sim}{C})\leqslant\sigma(\underset{\sim}{A},\underset{\sim}{B}).$$

同理可证

$$\sigma(\underset{\sim}{A},\underset{\sim}{C})\leqslant\sigma(\underset{\sim}{B},\underset{\sim}{C}),$$

故
$$\sigma(\underset{\sim}{A},\underset{\sim}{C})\leqslant\sigma(\underset{\sim}{A},\underset{\sim}{B})\wedge\sigma(\underset{\sim}{B},\underset{\sim}{C}).$$

最后介绍一下模糊模型识别与模糊聚类分析的区别.

在讲完模糊模型识别以后,再回到模糊聚类分析,读者可能会产生一种错觉,以为模糊模型识别与模糊聚类分析都是分类问题,没有什么差别.实际上,二者是有差别的.

模糊模型识别所讨论的问题是:已知若干模型,或者已知一个标准模型库(优良的作物品种、印刷体的阿拉伯数字等都是标准模型库),有一个待识别的对象,要求我们去识别对象应属于哪一个模型,即哪一类.

模糊聚类分析所讨论的对象是一大堆样本,事先没有任何模型可以借鉴,要求我们根据它们的特性进行适当的分类.因此,可以这样说,模糊模型识别是一种有模型的分类问题,而模糊聚类分析是一种无模型的分类问题.

但是,在实际应用时往往是先进行模糊聚类(3.4 节即建立若干标准模型),然后将待识别的对象进行模糊识别.

由上可见,由模糊聚类分析进行判别、预测预报的过程,实际上是模糊聚类与模糊识别综合运用的过程.这里的模型是在聚类过程中得到的,恰恰为模糊识别提供了标准模型库.因此,从某种意义上说,模糊聚类分析与模糊模型识别又是有联系的.

3.4　模糊模型识别的应用

模糊识别的应用是多方面的,限于篇幅,这里仅举几例介绍模糊识别在科学技术方面的应用.

例 3.4.1　茶叶的模糊识别　反映茶叶质量(外形与内质)的指标一般有 7 个:形状,色泽,净度;汤色,香气,滋味,叶底. 这些指标都是模糊的.比如,对于特二级的茶叶:形状要求外形扁平光滑,匀整挺直;色泽要求翠绿光润;净度要求匀净;汤色要求杏绿明亮;香气要求高嫩持久;滋味要求鲜醇;叶底要求细嫩成朵,嫩绿明亮.

设论域 $U=\{$茶叶$\}$,由茶叶分成的特一级、特二级、特三级、一级、二级、三级、四级等 7 个等级,构成了 U 上的标准模型库$\{\underset{\sim}{A}_1,\underset{\sim}{A}_2,\underset{\sim}{A}_3,\underset{\sim}{A}_4,\underset{\sim}{A}_5,\underset{\sim}{A}_6,\underset{\sim}{A}_7\}$. 描述茶叶质量的指标共 7 个,数据由表 3.5 给出. 待识别的茶叶
$$\underset{\sim}{B}=(0.8,\ 0.8,\ 0.7,\ 0.8,\ 0.7,\ 0.7,\ 0.6).$$

先用格贴近度
$$\sigma_0(\underset{\sim}{A},\underset{\sim}{B})=\frac{1}{2}[\underset{\sim}{A}\circ\underset{\sim}{B}+(1-\underset{\sim}{A}\odot\underset{\sim}{B})]$$
计算,得

表 3.5

质量指标		样品 $\underset{\sim}{A}_1$	$\underset{\sim}{A}_2$	$\underset{\sim}{A}_3$	$\underset{\sim}{A}_4$	$\underset{\sim}{A}_5$	$\underset{\sim}{A}_6$	$\underset{\sim}{A}_7$	待识别 $\underset{\sim}{B}$
外形	形状	1	0.9	0.8	0.6	0.5	0.4	0.3	0.8
	色泽	0.9	0.8	0.7	0.5	0.4	0.3	0.2	0.8
	净度	0.9	0.9	0.9	0.7	0.5	0.5	0.5	0.7
内质	汤色	0.9	0.9	0.8	0.6	0.5	0.4	0.2	0.8
	香气	1	0.9	0.8	0.7	0.6	0.5	0.3	0.7
	滋味	1	0.9	0.7	0.7	0.6	0.5	0.3	0.7
	叶底	0.9	0.8	0.7	0.6	0.4	0.4	0.2	0.6

$$\sigma_0(\underset{\sim}{A}_1,\underset{\sim}{B})=0.45,\quad \sigma_0(\underset{\sim}{A}_2,\underset{\sim}{B})=0.50,\quad \sigma_0(\underset{\sim}{A}_3,\underset{\sim}{B})=0.55,$$
$$\sigma_0(\underset{\sim}{A}_4,\underset{\sim}{B})=0.55,\quad \sigma_0(\underset{\sim}{A}_5,\underset{\sim}{B})=0.50,$$
$$\sigma_0(\underset{\sim}{A}_6,\underset{\sim}{B})=0.45,\quad \sigma_0(\underset{\sim}{A}_7,\underset{\sim}{B})=0.45.$$

按择近原则,茶叶$\underset{\sim}{B}$与$\underset{\sim}{A}_3$ 或$\underset{\sim}{A}_4$ 最贴近. 这样一来,实际上并未识别出来.

再用改进的贴近度,代入公式

$$\sigma_2(\underset{\sim}{A},\underset{\sim}{B}) = \frac{2\sum_{k=1}^{7}[\underset{\sim}{A}(x_k) \wedge \underset{\sim}{B}(x_k)]}{\sum_{k=1}^{7}[\underset{\sim}{A}(x_k) + \underset{\sim}{B}(x_k)]}$$

计算,得

$$\sigma_2(\underset{\sim}{A}_1,\underset{\sim}{B})=0.8718,\quad \sigma_2(\underset{\sim}{A}_2,\underset{\sim}{B})=0.9107,\quad \sigma_2(\underset{\sim}{A}_3,\underset{\sim}{B})=0.9524,$$
$$\sigma_2(\underset{\sim}{A}_4,\underset{\sim}{B})=0.9263,\quad \sigma_2(\underset{\sim}{A}_5,\underset{\sim}{B})=0.8140,\quad \sigma_2(\underset{\sim}{A}_6,\underset{\sim}{B})=0.7407,$$
$$\sigma_2(\underset{\sim}{A}_7,\underset{\sim}{B})=0.5634.$$

代入公式
$$\sigma_3(\underset{\sim}{A},\underset{\sim}{B}) = 1-\frac{1}{7}\sum_{k=1}^{7}|\ \underset{\sim}{A}(x_k)-\underset{\sim}{B}(x_k)\ |,$$

计算,得

$$\sigma_3(\underset{\sim}{A}_1,\underset{\sim}{B})=0.7857,\quad \sigma_3(\underset{\sim}{A}_2,\underset{\sim}{B})=0.8571,\quad \sigma_3(\underset{\sim}{A}_3,\underset{\sim}{B})=0.9286,$$
$$\sigma_3(\underset{\sim}{A}_4,\underset{\sim}{B})=0.9000,\quad \sigma_3(\underset{\sim}{A}_5,\underset{\sim}{B})=0.7714,$$
$$\sigma_3(\underset{\sim}{A}_6,\underset{\sim}{B})=0.7000,\quad \sigma_3(\underset{\sim}{A}_7,\underset{\sim}{B})=0.5571.$$

由此可见,改进的两个不同的贴近度公式计算结果都是$\underset{\sim}{B}$与$\underset{\sim}{A}_3$ 最贴近,故把茶叶归到$\underset{\sim}{A}_3$(特三级)的把握是比较大的.

例 3.4.2 小麦亲本的模糊识别[11] 在小麦杂交过程中,亲本的选择是关键措施之一,而亲本的划分是模糊的. 以每株小麦为讨论对象 $\boldsymbol{x}$,其全体构成论域 U. 现有 5 种小麦亲本类型,实际上是 U 的 5 个模糊子集 $\underset{\sim}{\boldsymbol{A}}_i$ ($i=1,2,3,4,5$),分别表示早熟型、矮秆型、大粒型、高肥丰产型、中肥丰产型. 由它们构成标准模型库 $\{\underset{\sim}{\boldsymbol{A}}_1,\underset{\sim}{\boldsymbol{A}}_2,\underset{\sim}{\boldsymbol{A}}_3,\underset{\sim}{\boldsymbol{A}}_4,\underset{\sim}{\boldsymbol{A}}_5\}$. 每株小麦 $\boldsymbol{x}$ 具有 5 种性状特征：$\boldsymbol{x}=(x_1, x_2, x_3, x_4, x_5)$，分别表示抽穗期、株高、有效穗数、主穗粒数、百粒重.

对于每一个品种(标准模型)，小麦的每一个特性都是 U 上的一个模糊子集. 令第 i 种亲本的第 j 种性状是模糊集 $\underset{\sim}{A}_{ij}$(图 3.5)，其隶属函数为

$$\underset{\sim}{A}_{ij}(x_j)=\begin{cases}0, & x_j\leqslant a_{ij}-\sigma_{ij},\\ 1-\left(\dfrac{x_j-a_{ij}}{\sigma_{ij}}\right)^2, & a_{ij}-\sigma_{ij}<x_j<a_{ij},\\ 1, & a_{ij}\leqslant x_j\leqslant b_{ij},\\ 1-\left(\dfrac{x_j-b_{ij}}{\sigma_{ij}}\right)^2, & b_{ij}<x_j<b_{ij}+\sigma_{ij},\\ 0, & x_j\geqslant b_{ij}+\sigma_{ij}.\end{cases}$$

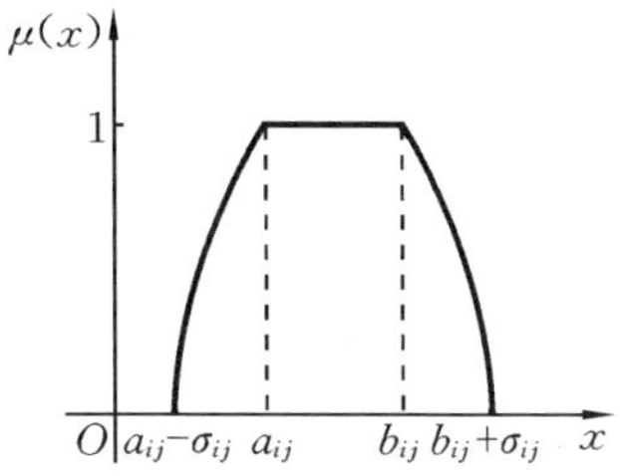

图 3.5

其中参数 $a_{ij}, b_{ij}, \sigma_{ij}$ 由统计方法得到，如表 3.6 所示.

表 3.6

亲本类型		性状特征				
		抽穗期	株高	有效穗数	主穗粒数	百粒重
早熟型 ($\underset{\sim}{\boldsymbol{A}}_1$)	a_{1j}	5.3	67.1	9.1	40.2	3.0
	b_{1j}	6.7	87.7	12.2	55.0	4.4
	σ_{1j}	1.1	50.0	18.1	92.0	0.3
矮秆型 ($\underset{\sim}{\boldsymbol{A}}_2$)	a_{2j}	5.5	67.0	8.3	37.5	2.4
	b_{2j}	9.6	70.0	18.2	52.5	3.4
	σ_{2j}	1.0	72.4	10.8	80.7	0.3
大粒型 ($\underset{\sim}{\boldsymbol{A}}_3$)	a_{3j}	5.8	67.9	9.4	44.2	4.0
	b_{3j}	11.9	90.9	13.2	54.5	6.0
	σ_{3j}	1.2	52.2	15.6	121.2	0.3
高肥丰产型 ($\underset{\sim}{\boldsymbol{A}}_4$)	a_{4j}	5.2	67.9	9.8	41.2	3.6
	b_{4j}	11.3	81.2	13.2	51.0	4.2
	σ_{4j}	0.9	35.9	11.3	113.3	0.3
中肥丰产型 ($\underset{\sim}{\boldsymbol{A}}_5$)	a_{5j}	5.1	76.5	7.2	37.6	3.3
	b_{5j}	8.9	84.6	13.2	48.3	4.0
	σ_{5j}	1.2	57.5	5.8	93.9	0.2

由此可见，小麦每一种亲本类型 $\underset{\sim}{\boldsymbol{A}}_i$ $(i=1,2,3,4,5)$ 是一个模糊向量集合族，即 $\underset{\sim}{\boldsymbol{A}}_i=(\underset{\sim}{A}_{i1},\underset{\sim}{A}_{i2},\underset{\sim}{A}_{i3},\underset{\sim}{A}_{i4},\underset{\sim}{A}_{i5})$.

现有一待识别小麦亲本 $\boldsymbol{x}=(6.0,67.1,11.3,55.0,2.9)$，试判断它相对属于哪一亲本.

这里涉及一个普通向量 $\boldsymbol{x}=(x_1, x_2, x_3, x_4, x_5)$对模糊向量集合族 $\underset{\sim}{\boldsymbol{A}}_i=(\underset{\sim}{A}_{i1},\underset{\sim}{A}_{i2},\underset{\sim}{A}_{i3},\underset{\sim}{A}_{i4},\underset{\sim}{A}_{i5})$的隶属度. 可定义

$$\underset{\sim}{\boldsymbol{A}}_i(\boldsymbol{x})=\bigwedge_{j=1}^{5}\underset{\sim}{A}_{ij}(x_j)$$

为 $\boldsymbol{x}$ 对亲本$\underset{\sim}{\boldsymbol{A}}_i$ 的隶属度，由此计算得到的结果如表 3.7 所示.

表 3.7

亲本类型	$\underset{\sim}{A}_{i1}(x_1)$	$\underset{\sim}{A}_{i2}(x_2)$	$\underset{\sim}{A}_{i3}(x_3)$	$\underset{\sim}{A}_{i4}(x_4)$	$\underset{\sim}{A}_{i5}(x_5)$	$\underset{\sim}{\boldsymbol{A}}_i(\boldsymbol{x})$
$\underset{\sim}{\boldsymbol{A}}_1$	1.0000	1.0000	1.0000	1.0000	0.8889	0.8889
$\underset{\sim}{\boldsymbol{A}}_2$	1.0000	1.0000	1.0000	0.9990	1.0000	0.9990
$\underset{\sim}{\boldsymbol{A}}_3$	1.0000	0.9998	1.0000	1.0000	0.0000	0.0000
$\underset{\sim}{\boldsymbol{A}}_4$	1.0000	0.9995	1.0000	0.9988	0.0000	0.0000
$\underset{\sim}{\boldsymbol{A}}_5$	1.0000	0.9733	1.0000	0.9949	0.0000	0.0000

根据最大隶属原则，待识别小麦 $\boldsymbol{x}=(6.0, 67.1, 11.3, 55.0, 2.9)$相对属于$\underset{\sim}{\boldsymbol{A}}_2$(矮秆型).

如果现有一待识别小麦亲本 $\underset{\sim}{\boldsymbol{B}}=(\underset{\sim}{B}_1,\underset{\sim}{B}_2,\underset{\sim}{B}_3,\underset{\sim}{B}_4,\underset{\sim}{B}_5)$，其中 $\underset{\sim}{B}_j$ 是亲本关于第 j 种性状的模糊子集(表 3.8)，那么这里涉及两个模糊向量集合族之间的贴近度和多个特性的择近原则.

表 3.8

待识别亲本 $\underset{\sim}{\boldsymbol{B}}$		性状特征				
		抽穗期	株高	有效穗数	主穗粒数	百粒重
参数	$a_j(b_j)$	8.5	85.6	6.2	36.2	3.4
	σ_j	1.5	4	1.9	70	0.28

首先选择一种贴近度，例如格贴近度

$$\sigma_0(\underset{\sim}{A},\underset{\sim}{B})=\frac{1}{2}[\underset{\sim}{A}\circ\underset{\sim}{B}+(1-\underset{\sim}{A}\odot\underset{\sim}{B})],$$

计算两个模糊子集$\underset{\sim}{A}_{ij}$与$\underset{\sim}{B}_j$ 的贴近度.

其次是定义两个模糊向量集合族$\underset{\sim}{\boldsymbol{A}}_i$，$\underset{\sim}{\boldsymbol{B}}$之间的贴近度 s_i. 如果将所有性状特征平等看待，可采用公式

$$s_i=\bigwedge_{j=1}^{5}\sigma(\underset{\sim}{A}_{ij},\underset{\sim}{B}_j).$$

若考虑到 5 种性状在识别亲本类型中所起的作用不同，可引进加权贴近度，即定义两个模糊向量集合族$\underset{\sim}{\boldsymbol{A}}_i$，$\underset{\sim}{\boldsymbol{B}}$之间的贴近度为

$$s_i = \sum_{j=1}^{5} a_j \sigma(\underset{\sim}{A}_{ij}, \underset{\sim}{B}_j),$$

其中 $a_1 + a_2 + \cdots + a_5 = 1,\ a_j \in [0, 1].$

如果取权重 $\boldsymbol{a} = (0.25, 0.05, 0.30, 0.15, 0.25)$,

表明第一看重有效穗数,第二看重抽穗期和百粒重.

然后根据最大隶属原则确定待识别小麦亲本$\underset{\sim}{\boldsymbol{B}}$相对属于哪一亲本,这就是多个特性的择近原则的一种应用.

为了方便计算,重新定义模糊集$\underset{\sim}{A}_{ij}$的隶属函数为对称型的正态模糊分布

$$\underset{\sim}{A}_{ij}(x_j) = \begin{cases} \exp\left[-\left(\dfrac{x_j - a_{ij}}{\sigma_{ij}}\right)^2\right], & x_j < a_{ij}, \\ 1, & a_{ij} \leqslant x_j \leqslant b_{ij}, \\ \exp\left[-\left(\dfrac{x_j - b_{ij}}{\sigma_{ij}}\right)^2\right], & x_j > b_{ij}, \end{cases}$$

其中参数 a_{ij}, b_{ij}, σ_{ij} 由统计方法确定,如表 3.6 所示.

待识别小麦亲本$\underset{\sim}{\boldsymbol{B}}$的第 j 种性状$\underset{\sim}{B}_j$ 的隶属函数也都定义为对称型的正态模糊分布

$$\underset{\sim}{B}_j(x_j) = \begin{cases} \exp\left[-\left(\dfrac{x_j - a_j}{\sigma_j}\right)^2\right], & x_j < a_j, \\ 1, & a_j \leqslant x_j \leqslant b_j, \\ \exp\left[-\left(\dfrac{x_j - b_j}{\sigma_j}\right)^2\right], & x_j > b_j. \end{cases}$$

仿照例 3.3.2,可得如下模糊子集 A_{ij} 与 B_j 的格贴近度计算公式:

$$\sigma(\underset{\sim}{A}_{ij}, \underset{\sim}{B}_j) = \begin{cases} \dfrac{1}{2}\left\{1 + \exp\left[-\left(\dfrac{a_{ij} - b_j}{\sigma_{ij} + \sigma_j}\right)^2\right]\right\}, & b_j < a_{ij}, \\ 1, & a_{ij} \leqslant b_j \text{ 且 } a_j \leqslant b_{ij}, \\ \dfrac{1}{2}\left\{1 + \exp\left[-\left(\dfrac{b_{ij} - a_j}{\sigma_{ij} + \sigma_j}\right)^2\right]\right\}, & a_j > b_{ij}. \end{cases}$$

代入具体数据计算,结果如表 3.9 所示.

表 3.9

亲本类型	$\sigma(\underset{\sim}{A}_{i1}, \underset{\sim}{B}_1)$	$\sigma(\underset{\sim}{A}_{i2}, \underset{\sim}{B}_2)$	$\sigma(\underset{\sim}{A}_{i3}, \underset{\sim}{B}_3)$	$\sigma(\underset{\sim}{A}_{i4}, \underset{\sim}{B}_4)$	$\sigma(\underset{\sim}{A}_{i5}, \underset{\sim}{B}_5)$	平等 s_i	加权 s_i
$\underset{\sim}{\boldsymbol{A}}_1$	0.8096	1.0000	0.9896	0.9997	1.0000	0.8096	0.9492
$\underset{\sim}{\boldsymbol{A}}_2$	1.0000	0.9796	0.9865	1.0000	1.0000	0.9796	0.9949
$\underset{\sim}{\boldsymbol{A}}_3$	1.0000	1.0000	0.9836	0.9991	0.6715	0.6715	0.9128
$\underset{\sim}{\boldsymbol{A}}_4$	1.0000	0.9940	0.9642	0.9996	0.9439	0.9439	0.9749
$\underset{\sim}{\boldsymbol{A}}_5$	1.0000	0.9999	0.9916	1.0000	1.0000	0.9916	0.9975

根据择近原则,不管是将所有性状特征平等看待,还是考虑到5种性状在识别亲本类型中所起的作用不同进行加权计算,都能得到待识别亲本$\underset{\sim}{\boldsymbol{B}}$属于$\underset{\sim}{\boldsymbol{A}}_5$(中肥丰产型).

从表3.9可以看出,如果只考虑某一种特性,则会得到不同的结论. 因此,单纯依靠某一种特性来进行识别是不行的,这也是引进多个特性的择近原则的缘由.

例3.4.3 未知DNA序列的模糊识别 现在再用本章所述方法重新讨论例2.5.1中未知DNA序列的识别问题. 先将已知类别的1~20条DNA序列中A、T、C、G的百分率(表2.8)构成原始数据矩阵,然后采用夹角余弦法建立模糊相似矩阵,再用传递闭包法进行聚类,动态聚类图如图3.6所示.

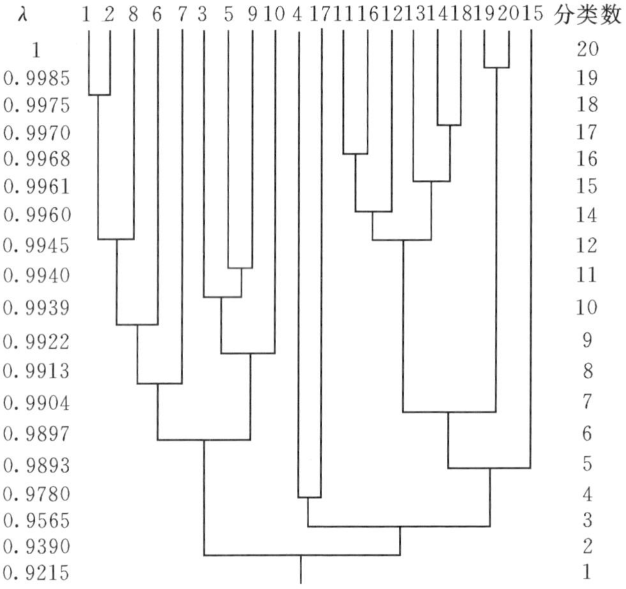

图3.6

根据动态聚类图3.6,在$\lambda=0.9904$的水平上,可将已知类别的20条DNA序列划分为7类:{1,2,8,6,7},{3,5,9,10},{4},{17},{11,16,12,13,14,18},{19,20},{15}. 此时对应的F统计量值为61.2994,而$F_{0.05}(6,13)=2.9153$,这说明该分类是合理的. 把这7类的中心向量分别记为

$$\underset{\sim}{A}_1=(0.3099,\ 0.1586,\ 0.1442,\ 0.3874),$$

$$\underset{\sim}{A}_2=(0.2234,\ 0.1152,\ 0.2326,\ 0.4289),$$

$$\underset{\sim}{A}_3=(0.4234,\ 0.2883,\ 0.1081,\ 0.1802),$$

$$\underset{\sim}{A}_4=(0.3545,\ 0.2636,\ 0.2455,\ 0.1364),$$

$$\underset{\sim}{A}_5=(0.3151,\ 0.4970,\ 0.0758,\ 0.1121),$$

$$\underset{\sim}{A}_6=(0.2091,\ 0.5636,\ 0.1591,\ 0.0682),$$

$$\underset{\sim}{A}_7=(0.2909,\ 0.6455,\ 0.0000,\ 0.0636).$$

再将$\underset{\sim}{A}_1,\underset{\sim}{A}_2,\cdots,\underset{\sim}{A}_7$ 作为标准模型库，采用格贴近度

$$\sigma_0(\underset{\sim}{A},\underset{\sim}{B})=\frac{1}{2}[\underset{\sim}{A}\circ\underset{\sim}{B}+(1-\underset{\sim}{A}\odot\underset{\sim}{B})],$$

计算待检测 DNA 序列与标准模型库中各元素的贴近程度，并运用最大隶属原则对未知类别的 DNA 序列进行模糊识别，结果如表 3.10 所示.

表 3.10　未知 DNA 序列的模糊识别

No.	未知 DNA 序列与标准模型库的格贴近度							所属类别
	$\underset{\sim}{A}_1$	$\underset{\sim}{A}_2$	$\underset{\sim}{A}_3$	$\underset{\sim}{A}_4$	$\underset{\sim}{A}_5$	$\underset{\sim}{A}_6$	$\underset{\sim}{A}_7$	
21	0.5398	0.4954	0.5541	0.5531	0.5974	0.5974	0.5974	$\underset{\sim}{A}_5,\underset{\sim}{A}_6,\underset{\sim}{A}_7$
22	0.5336	0.5144	0.5241	0.5215	0.5241	0.4904	0.5241	$\underset{\sim}{A}_1$
23	0.5981	0.5981	0.4657	0.4953	0.4657	0.4886	0.4657	$\underset{\sim}{A}_1,\underset{\sim}{A}_2$
24	0.5087	0.4927	0.5485	0.5362	0.6087	0.6087	0.6087	$\underset{\sim}{A}_5,\underset{\sim}{A}_6,\underset{\sim}{A}_7$
25	0.5429	0.5429	0.5095	0.5011	0.5095	0.4952	0.5095	$\underset{\sim}{A}_1,\underset{\sim}{A}_2$
26	0.5044	0.4980	0.5521	0.5397	0.6009	0.6009	0.6009	$\underset{\sim}{A}_5,\underset{\sim}{A}_6,\underset{\sim}{A}_7$
27	0.5673	0.5529	0.5144	0.4926	0.5144	0.5144	0.5144	$\underset{\sim}{A}_1$
28	0.5555	0.4954	0.5715	0.5549	0.6495	0.6453	0.6495	$\underset{\sim}{A}_5,\underset{\sim}{A}_7$
29	0.5997	0.6204	0.4851	0.4861	0.4851	0.4895	0.4851	$\underset{\sim}{A}_2$
30	0.5233	0.4948	0.5373	0.5373	0.5373	0.5186	0.5373	$\underset{\sim}{A}_3,\underset{\sim}{A}_4,\underset{\sim}{A}_5,\underset{\sim}{A}_7$
31	0.5313	0.4954	0.5548	0.5202	0.5892	0.5892	0.5892	$\underset{\sim}{A}_5,\underset{\sim}{A}_6,\underset{\sim}{A}_7$
32	0.5183	0.5214	0.5294	0.5091	0.5504	0.5606	0.5504	$\underset{\sim}{A}_6$
33	0.5405	0.4954	0.5495	0.5315	0.5720	0.5720	0.5720	$\underset{\sim}{A}_5,\underset{\sim}{A}_6,\underset{\sim}{A}_7$
34	0.5980	0.5980	0.5000	0.4949	0.5000	0.4869	0.5000	$\underset{\sim}{A}_1,\underset{\sim}{A}_2$
35	0.5679	0.5679	0.5145	0.4986	0.5145	0.4978	0.5145	$\underset{\sim}{A}_1,\underset{\sim}{A}_2$
36	0.5238	0.5238	0.4857	0.4942	0.4857	0.4905	0.4857	$\underset{\sim}{A}_1,\underset{\sim}{A}_2$
37	0.5631	0.5631	0.4806	0.4966	0.4806	0.4978	0.4806	$\underset{\sim}{A}_1,\underset{\sim}{A}_2$
38	0.5256	0.4994	0.5587	0.5464	0.6325	0.6325	0.6325	$\underset{\sim}{A}_5,\underset{\sim}{A}_6,\underset{\sim}{A}_7$
39	0.5189	0.4984	0.5331	0.5331	0.5331	0.5142	0.5331	$\underset{\sim}{A}_3,\underset{\sim}{A}_4,\underset{\sim}{A}_5,\underset{\sim}{A}_7$
40	0.5000	0.4875	0.5541	0.5456	0.6293	0.6293	0.6293	$\underset{\sim}{A}_5,\underset{\sim}{A}_6,\underset{\sim}{A}_7$

由标准模型库$\underset{\sim}{A}_1,\underset{\sim}{A}_2,\cdots,\underset{\sim}{A}_7$ 的定义，自然将属于$\underset{\sim}{A}_1,\underset{\sim}{A}_2,\underset{\sim}{A}_3$ 的 DNA 序列归为 A 类，属于$\underset{\sim}{A}_4,\underset{\sim}{A}_5,\underset{\sim}{A}_6,\underset{\sim}{A}_7$ 的 DNA 序列归为 B 类，但从动态聚类图 3.6 看，属于$\underset{\sim}{A}_3$ 或$\underset{\sim}{A}_4$ 的 DNA 序列最具有模糊性，所以我们将属于$\underset{\sim}{A}_3$ 或$\underset{\sim}{A}_4$ 的 DNA 序列归为非 A 非 B 类. 由此得：

属于 A 类的序号为 22，23，25，27，29，34，35，36，37；

属于 B 类的序号为 21，24，26，28，31，32，33，38，40；

既不属于 A 类又不属于 B 类的序号为 30, 39.

与例 2.5.1 相比,这一结果除了序号为 30,32,36,39 的 DNA 序列外,其他的完全相同. 对于序号为 30,32,36,39 的 DNA 序列,可进一步考察其他的生物学指标确定其归属问题.

例 3.4.4 蠓的分类* 两种蠓 Af 和 Apf 已于 1981 年由生物学家克罗纳(W. L. Grogna)和威尔斯(W. W. Wirth)根据它们的触角长和翼长加以区分, 图 3.7 给出了 9 只 Af 和 6 只 Apf 蠓的触角长和翼长数据, 其中"●"表示 Apf, "○"表示 Af. 根据触角长和翼长来识别一个标本是 Af 还是 Apf 是重要的.

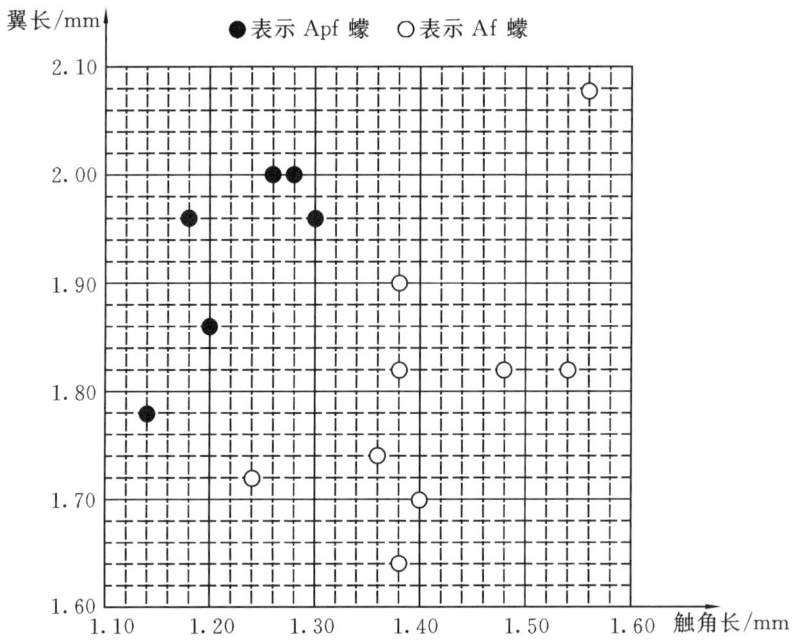

图 3.7

给定一只 Af 族或 Apf 族的蠓,如何正确地区分它属于哪一族? 将你的方法用于触角长和翼长分别为 (1.24, 1.80), (1.28, 1.84), (1.40, 2.04)三个标本. 假设 Af 是传粉益虫,Apf 是某种疾病的载体,是否应修改你的分类方法? 若需修改,理由是什么?

根据图建立原始数据矩阵 $\boldsymbol{X}=(x_{ij})_{15\times 2}$(表 3.11),用绝对值减数法

$$r_{ij}=1-0.5814\sum_{k=1}^{2}|x_{ik}-x_{jk}|,$$

建立的模糊相似矩阵,然后用传递闭包法进行聚类,动态聚类图如图 3.8 所示.

---

* 本题选自 1989 年美国大学生数学建模竞赛 A 题.

表 3.11

序号	1	2	3	4	5	6	7	8	9	10	11	12	13	14	15
触角长	1.24	1.36	1.38	1.38	1.38	1.40	1.48	1.54	1.56	1.14	1.18	1.20	1.26	1.28	1.30
翼长	1.72	1.74	1.64	1.82	1.90	1.70	1.82	1.82	2.08	1.78	1.96	1.86	2.00	2.00	1.96

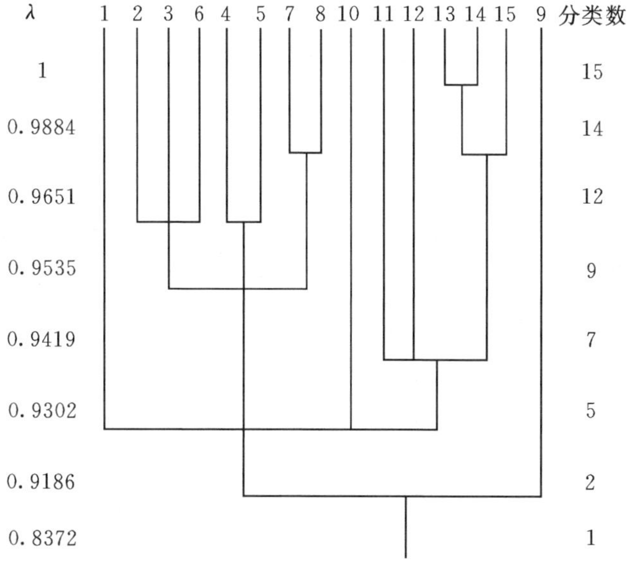

图 3.8

当 $\lambda=0.9302$ 时，分为 5 类：

$$\{1\},\{2,3,4,5,6,7,8\},\{9\},\{10\},\{11,12,13,14,15\},$$

5 类的中心向量分别为

$$(1.240,1.720),(1.417,1.777),(1.560,2.080),$$
$$(1.140,1.780),(1.244,1.956).$$

用平移 · 极差变换 $x'=\dfrac{x-1.14}{2.08-1.14}$ 将它们分别变为

$$\underset{\sim}{A}_1=(0.1064,0.6170),\quad \underset{\sim}{A}_2=(0.2947,0.6777),$$
$$\underset{\sim}{A}_3=(0.4468,1.0000),\quad \underset{\sim}{A}_4=(0.0000,0.6809),$$
$$\underset{\sim}{A}_5=(0.1106,0.8681),$$

将 3 只待识别的蠓用上述变换分别变为

$$\underset{\sim}{B}_1=(0.1064,0.7021),$$
$$\underset{\sim}{B}_2=(0.1489,0.7447),$$
$$\underset{\sim}{B}_3=(0.2766,0.9574).$$

分别采用距离贴近度

$$\sigma_3(\underset{\sim}{A},\underset{\sim}{B}) = 1 - \frac{1}{2}\sum_{k=1}^{2} | \underset{\sim}{A}(x_k) - \underset{\sim}{B}(x_k) |$$

和格贴近度 $$\sigma_0(\underset{\sim}{A},\underset{\sim}{B}) = \frac{1}{2}[\underset{\sim}{A}\circ\underset{\sim}{B} + (1 - \underset{\sim}{A}\odot\underset{\sim}{B})]$$

计算结果如表 3.12 所示.

表 3.12 蠓的识别

		Af			Apf		所属类型
		$\underset{\sim}{A}_1$	$\underset{\sim}{A}_2$	$\underset{\sim}{A}_3$	$\underset{\sim}{A}_4$	$\underset{\sim}{A}_5$	
距离贴近度识别	$\underset{\sim}{B}_1$	0.9787	0.9468	0.8404	0.9681	0.9574	Af
	$\underset{\sim}{B}_2$	0.9574	0.9468	0.8617	0.9468	0.9596	Apf
	$\underset{\sim}{B}_3$	0.8723	0.9255	0.9468	0.8617	0.9362	Af
格贴近度识别	$\underset{\sim}{B}_1$	0.7553	0.6915	0.6277	0.7872	0.7957	Apf
	$\underset{\sim}{B}_2$	0.7340	0.6915	0.6489	0.7660	0.7979	Apf
	$\underset{\sim}{B}_3$	0.6702	0.6915	0.7553	0.7021	0.7957	Apf

上述两种方法得到两种不同的结果,原因是待识别的 3 只蠓最具有模糊性(图 3.9).

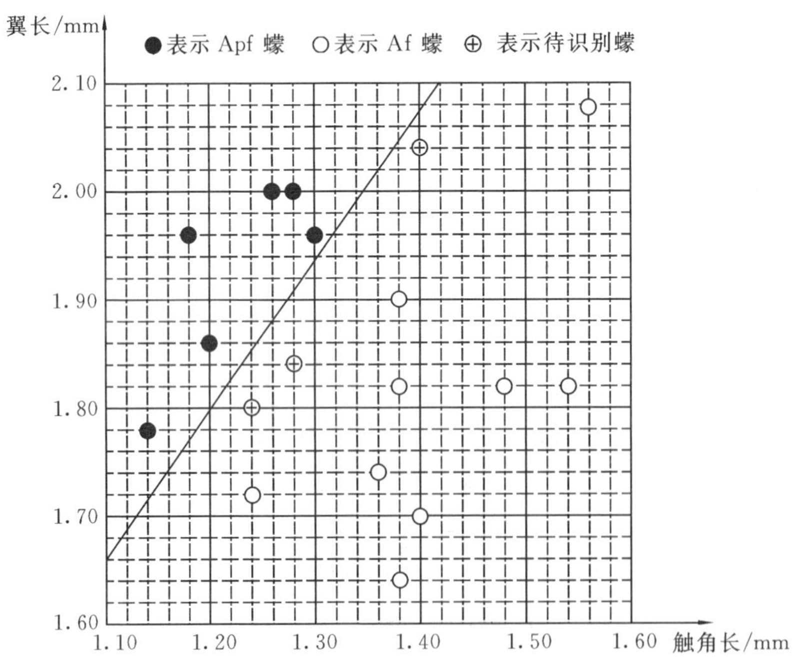

图 3.9

如果 Af 是传粉益虫，Apf 是某种疾病的载体，应修改你的分类方法. 修改分类方法不仅与原来的15个标本有关，而且与是保护传粉益虫 Af 还是消灭传病害虫 Apf 重要性有关. 如果保护传粉益虫 Af 重要，将图 3.9 中的斜线尽量靠近 Apf；反之，如果消灭传病害虫 Apf 重要，将图 3.10 中的斜线尽量靠近 Af.

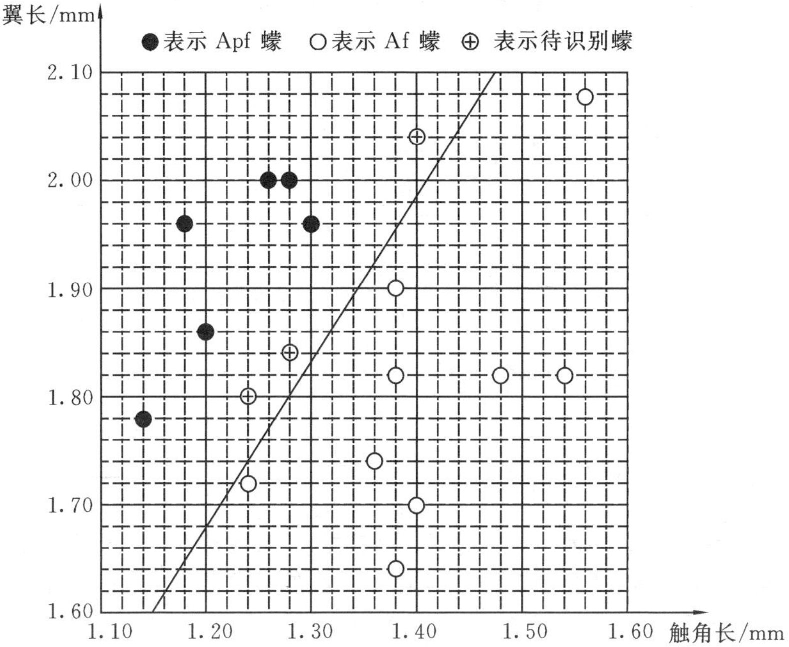

图 3.10

习 题 3

1. 设 $\boldsymbol{a}=(a_1,a_2,\cdots,a_n)$，$\boldsymbol{b}=(b_1,b_2,\cdots,b_n)$为模糊向量，试证：

(1) $\boldsymbol{a}\circ\boldsymbol{b}\leqslant\bar{\boldsymbol{a}}\wedge\bar{\boldsymbol{b}}$；　　(2) $\boldsymbol{a}\odot\boldsymbol{a}^C\geqslant\dfrac{1}{2}$.

2. 气温的模糊识别　设 $\underset{\sim}{A}_1=$“不热”，$\underset{\sim}{A}_2=$“不冷”，$U=[0,\infty)$，x 表示温度(单位：℃)，$\underset{\sim}{A}_1$ 和 $\underset{\sim}{A}_2$ 相应的隶属函数为

$$\underset{\sim}{A}_1(x)=\begin{cases}1, & x\leqslant 15,\\ \left[1+\left(\dfrac{x-15}{10}\right)^4\right]^{-1}, & x>15,\end{cases}$$

$$\underset{\sim}{A}_2(x)=\begin{cases}0, & x\leqslant 10,\\ \left[1+\left(\dfrac{x-10}{2}\right)^{-2}\right]^{-1}, & x>10,\end{cases}$$

$\underset{\sim}{A}_3=\underset{\sim}{A}_1\cap\underset{\sim}{A}_2$ 表示"暖和". 试问:$x=20$ ℃时气温属哪种状态?

3. 通货膨胀分类 设论域

$$R^+=\{x\in\mathbf{R}:x\geqslant 0\},$$

它表示价格指数的集合. 将通货状态分成 5 个类型:$\underset{\sim}{A}_1$="通货稳定",$\underset{\sim}{A}_2$="轻度通货膨胀",$\underset{\sim}{A}_3$="中度通货膨胀",$\underset{\sim}{A}_4$="重度通货膨胀",$\underset{\sim}{A}_5$="恶性通货膨胀". 对 $x\in R^+$,x 表示物价上涨幅度的百分数. $\underset{\sim}{A}_i$ $(i=1,2,3,4,5)$的隶属函数为

$$\underset{\sim}{A}_1(x)=\begin{cases}1, & 0\leqslant x<5,\\ \exp\left[-\left(\dfrac{x-5}{3}\right)^2\right], & x\geqslant 5;\end{cases}$$

$$\underset{\sim}{A}_2(x)=\exp\left[-\left(\frac{x-10}{5}\right)^2\right],\ x\in R^+;$$

$$\underset{\sim}{A}_3(x)=\exp\left[-\left(\frac{x-20}{7}\right)^2\right],\ x\in R^+;$$

$$\underset{\sim}{A}_4(x)=\exp\left[-\left(\frac{x-30}{7}\right)^2\right],\ x\in R^+;$$

$$\underset{\sim}{A}_5(x)=\begin{cases}\exp\left[-\left(\dfrac{x-50}{15}\right)^2\right], & 0\leqslant x\leqslant 50,\\ 1, & x>50.\end{cases}$$

试按最大隶属原则判断:$x_1=6$,$x_2=21.7$ 相对属于通货膨胀的哪一种类型?

4. 体温识别 某 11 家医院关于正常体温及低热统计如表 3.13 所示. 试用模糊统计方法确定 37.1 ℃体温分别对"正常体温"与"低热"的隶属度,并按最大隶属原则判断 37.1 ℃体温相对属于哪一种类型.

表 3.13

医院	正常体温/℃	低热/℃
1	36.2～37.2	37.3～38.0
2	36.0～37.0	37.0～38.0
3	36.0～37.0	37.0～38.0
4	36.2～37.2	37.2～38.0
5	36.0～37.0	37.0～38.0
6	36.0～37.0	37.0～38.0
7	36.4～37.2	37.4～38.0
8	36.2～37.2	37.2～38.0
9	36.2～37.2	37.5～38.0
10	36.2～37.2	37.5～38.0
11	36.2～37.2	37.1～38.0

5. 设论域 U 上的模糊集 $\underset{\sim}{A}$, $\underset{\sim}{B}$，试证：

(1) $(\underset{\sim}{A}\odot\underset{\sim}{B})^C=\underset{\sim}{A}^C\circ\underset{\sim}{B}^C$；　　(2) $\underset{\sim}{A}\subseteq\underset{\sim}{B}\Rightarrow\underset{\sim}{A}\circ\underset{\sim}{B}=\overline{\underset{\sim}{A}}$；

(3) $\underset{\sim}{A}\odot\underset{\sim}{B}\geqslant\underset{\sim}{A}\cup\underset{\sim}{B}$；　　(4) $\underset{\sim}{A}\circ\underset{\sim}{A}^C\leqslant 1/2$.

6. 设论域 $U=\{x_1,x_2,x_3,x_4,x_5,x_6\}$ 上的标准模型库为

$\underset{\sim}{A}_1=(1,0.8,0.5,0.4,0,0.1)$，　$\underset{\sim}{A}_2=(0.5,0.1,0.8,1,0.6,0)$，

$\underset{\sim}{A}_3=(0,1,0.2,0.7,0.5,0.8)$，　$\underset{\sim}{A}_4=(0.4,0,1,0.9,0.6,0.5)$，

$\underset{\sim}{A}_5=(0.8,0.2,0,0.5,1,0.7)$，　$\underset{\sim}{A}_6=(0.5,0.7,0.8,0,0.5,1)$.

现给定一个待识别的模糊集 $\underset{\sim}{B}=(0.7,0.2,0.1,0.4,1,0.8)$，试用贴近度

$$\sigma(\underset{\sim}{A},\underset{\sim}{B})=\frac{\sum_{i=1}^{n}[\underset{\sim}{A}(x_i)\wedge\underset{\sim}{B}(x_i)]}{\sum_{i=1}^{n}[\underset{\sim}{A}(x_i)\vee\underset{\sim}{B}(x_i)]},$$

判断 $\underset{\sim}{B}$ 与标准模型库中的哪个模型最贴近？

7. 设　$\underset{\sim}{A}_1=0.2/x_1+0.4/x_1+0.5/x+0.1/x_4$,

$\underset{\sim}{A}_2=0.1/x_1+0.5/x_2+0.3/x_3+0.1/x_4$,

$\underset{\sim}{A}_3=0.2/x_1+0.3/x_2+0.4/x_3+0.1/x_4$,

$\underset{\sim}{B}=0.6/x_1+0.3/x_2+0.1/x_3$,

试用贴近度

$$\sigma(\underset{\sim}{A},\underset{\sim}{B})=\frac{2\sum_{k=1}^{n}[\underset{\sim}{A}(x_k)\wedge\underset{\sim}{B}(x_k)]}{\sum_{k=1}^{n}\underset{\sim}{A}(x_k)+\sum_{k=1}^{n}\underset{\sim}{B}(x_k)}$$

判断 $\underset{\sim}{B}$ 与那个 $\underset{\sim}{A}_i$ 最贴近.

8. 心理素质识别　在运动员心理选材中，以“内-克”表的 9 个指标为论域，即

$$X=\{m_1,m_2,r_1,r_2,s_1,s_2,v,n,t\}.$$

已知某类优秀运动员

$$\underset{\sim}{E}=0.83/m_1+0.84/m_2+0.95/r_1+0.96/r_1+0.94/s_1+0.93/s_2+0.99/v+0.97/n+0.99/t,$$

以及两名选手

$$\underset{\sim}{A}_1=0.86/m_1+0.96/m_2+0.78/r_1+1/r_2+0.84/s_1+0.95/s_2+0.65/v+0.94/n+0.86/t,$$

$$\underset{\sim}{A}_2=0.99/m_1+0.99/m_2+0.89/r_1+0.9/r_2+0.93/s_1+0.92/s_2+0.88/v+0.77/n+0.99/t,$$

试按贴近度

$$\sigma(\underset{\sim}{A},\underset{\sim}{B})=\frac{\sum_{k=1}^{n}[\underset{\sim}{A}(x_k)\wedge\underset{\sim}{B}(x_k)]}{\sum_{k=1}^{n}[\underset{\sim}{A}(x_k)\vee\underset{\sim}{B}(x_k)]}$$

对两名运动员进行心理选材.

9. 人所属民族的模糊识别 对某个国家不同的三个民族 G_1、G_2、G_3 的身高 x_1、坐高 x_2、鼻深 x_3 和鼻高 x_4 进行抽样调查获得样本的聚类中心,结果如表 3.14 所示. 现测得某人的 $x_1=162.23$ cm,$x_2=84.34$ cm,$x_3=22.11$ mm,$x_4=47.56$ mm. 试用模糊识别方法比较合理地判别这个人应属于哪个民族.

表 3.14

民族	x_1/cm	x_2/cm	x_3/mm	x_4/mm
G_1	164.51	86.43	25.49	51.24
G_2	160.53	81.47	23.84	48.62
G_3	158.17	81.16	21.44	46.72

10. 天气预评分 在天气预报中,定义天气预评分 $s=\sigma(\underset{\sim}{A},\underset{\sim}{B})$,其中 $\sigma(\underset{\sim}{A},\underset{\sim}{B})$ 为 $\underset{\sim}{A}$,$\underset{\sim}{B}$ 的格贴近度,且

$$\underset{\sim}{A}(x)=\exp\left[-\left(\frac{x-a_1}{\sigma}\right)^2\right],\quad \underset{\sim}{B}(x)=\exp\left[-\left(\frac{x-a_2}{\sigma}\right)^2\right].$$

其中 a_1 为实况值,a_2 为预报道,σ 为标准差. 今有某气象站预报甲、乙两地某月降水量:甲地预报为 220 mm,实况为 225 mm,标准差为 30 mm;乙地预报为 40 mm,实况为 0.5 mm,标准差为 1 mm. 试分别求出甲、乙两地天气预评分.

11. 天气预评分 在天气预报中,定义区域预评分 $s=\sigma(\varphi_1,\varphi_2)\times 100$,其中

$$\sigma(\varphi_1,\varphi_2)=1-\frac{1}{n}\sum_{k=1}^{n}|\varphi_1(t_{1k})-\varphi_2(t_{2k})|$$

为 φ_1,φ_2 的距离贴近度.

$$\varphi_i(t_{ik})=\frac{\underset{\sim}{F}(t_{ik})-\underset{\sim}{F}(-1.5)}{\underset{\sim}{F}(1.5)-\underset{\sim}{F}(-1.5)}\quad(i=1,2),$$

$$\underset{\sim}{F}(t)=\frac{1}{\sqrt{2\pi}}\int_{-\infty}^{t}\exp\left(-\frac{t^2}{2}\right)dt,\ t_{ik}=\frac{x_{ik}-\bar{x}}{\sigma}\sqrt{2},$$

$i=1$ 为实况值,$i=2$ 为预报值,$k=1,2,\cdots,n$ 为区域台站号,$\bar{x}$ 为多年平均值,σ 为标准差,某区域预报情况如表 3.15 所示. 又该区内多年平均值为 $\bar{x}=14.0$ ℃,标准差为 1 ℃,试求区域天气预评分.

表 3.15

站号 k	月平均温度/°C	
	实况(t_{1k})	预报(t_{2k})
1	14.0	14.0
2	15.0	15.0
3	16.8	16.0
4	14.5	14.0
5	13.4	15.0

12. 规定贴近度

$$\sigma(\underset{\sim}{A},\underset{\sim}{B}) \xlongequal{\text{def}} 1-\frac{1}{n}\sum_{k=1}^{n}|\underset{\sim}{A}(x_k)-\underset{\sim}{B}(x_k)|$$

为距离贴近度,试证明:

(1) $0\leqslant\sigma(\underset{\sim}{A},\underset{\sim}{B})\leqslant 1$; (2) $\sigma(\underset{\sim}{A},\underset{\sim}{B})=1\Leftrightarrow\underset{\sim}{A}=\underset{\sim}{B}$;

(3) $\sigma(\Phi,X)=0$; (4) $\underset{\sim}{A}\subseteq\underset{\sim}{B}\subseteq\underset{\sim}{C}\Leftrightarrow\sigma(\underset{\sim}{A},\underset{\sim}{C})\leqslant\sigma(\underset{\sim}{A},\underset{\sim}{B})\wedge\sigma(\underset{\sim}{B},\underset{\sim}{C})$.

13. 规定贴近度

$$\sigma(\underset{\sim}{A},\underset{\sim}{B})=\frac{\int_x[\underset{\sim}{A}(x)\wedge\underset{\sim}{B}(x)]\mathrm{d}\mu}{\int_x[\underset{\sim}{A}(x)\vee\underset{\sim}{B}(x)]\mathrm{d}\mu},$$

试证明:$\sigma(\underset{\sim}{A},\underset{\sim}{B})\in[0,1]$,且满足:

(1) $\sigma(\underset{\sim}{A},\underset{\sim}{B})=\sigma(\underset{\sim}{B},\underset{\sim}{A})$;

(2) $\sigma(\underset{\sim}{A},\underset{\sim}{B})=1\Leftrightarrow\underset{\sim}{A}=\underset{\sim}{B}$;

(3) $\sigma(\underset{\sim}{A},\underset{\sim}{B})=0\Leftrightarrow\underset{\sim}{A}\cap\underset{\sim}{B}=\Phi$;

(4) $\underset{\sim}{A}\subseteq\underset{\sim}{B}\subseteq\underset{\sim}{C}\Leftrightarrow\sigma(\underset{\sim}{A},\underset{\sim}{C})\leqslant\sigma(\underset{\sim}{A},\underset{\sim}{B})\wedge\sigma(\underset{\sim}{B},\underset{\sim}{C})$.

第4章　模糊决策

决策是在人们生活和工作中普遍存在的一种活动，是为解决当前发生的或未来可能发生的问题而选择最佳方案的过程. 本章主要是从意见集中、二元对比和综合评判等三方面对模糊决策作些介绍. 模糊决策的目的是要把论域中的对象按优劣进行排序，或者按某种方法从论域中选择一个“令人满意”的方案. 本章最后将介绍模糊决策在科学技术与经济管理中的应用.

4.1　模糊意见集中决策

在实际问题中，可供选择的方案往往有多个，将它们记为一个集合 U. 由于决策环境(即自然状态)具有模糊性，方案集合 U 中蕴藏的决策目标是很难确切描述的. 因此，可供选择的方案的集合 U 也是模糊集. 我们要做的就是对 U 中的元素进行排序.

4.1.1　问题的数学提法

为了对供选择的方案集合(即论域)

$$U=\{u_1,u_2,\cdots,u_n\}$$

中的元素进行排序，可由 m 个专家组成专家小组 M(记$|M|=m$)分别对 U 中元素排序，则得到 m 种意见：

$$V=\{v_1,v_2,\cdots,v_m\}.$$

这些意见往往是模糊的，可以是专家的总体印象，还包括心理因素等. 将这 m 种意见集中为一个比较合理的意见，称之为“模糊意见集中决策”.

这种决策的应用范围十分广泛. 工作中我们会遇到各种各样的评选，比如评聘教授、评选先进工作者、评选获奖项目等. 在民主讨论过程中，大都存在许多不同意见. 如何集中这些意见，传统的集体表决、领导裁决等办法都具有不合理之处. 因此，给出一种定量决策模型，作为定性决策的辅助手段是十分必要的.

4.1.2　模糊意见集中决策的方法与步骤

设论域 $$U=\{u_1,u_2,\cdots,u_n\},$$

将 U 中的元素进行排序. 专家组$|M|=m$(人)，发表 m 种意见，记为

$$V=\{v_1,v_2,\cdots,v_m\}.$$

其中 v_i 是第 i 种意见序列,即 U 中元素的某一个排序.

令 $u\in U$,$B_i(u)$表示第 i 种意见序列 v_i 中排在 u 之后的元素个数,即

若 u 在第 i 种意见 v_i 中排在第一位,则 $B_i(u)=n-1$;

若 u 在第 i 种意见 v_i 中排在第二位,则 $B_i(u)=n-2$;

…………

若 u 在第 i 种意见 v_i 中排在第 k 位,则 $B_i(u)=n-k$.

称
$$B(u)=\sum_{i=1}^{m}B_i(u)$$
为 u 的波达(Borda)数.论域 U 的所有元素可按波达数的大小排序,此排序就是集中意见之后的一个比较合理的意见.

例 4.1.1 设 $U=\{a,b,c,d,e,f\}$,$|M|=m=4$(人),记 $V=\{v_1,v_2,v_3,v_4\}$,其中

v_1 表示 a,c,d,b,e,f 排列, v_2 表示 e,b,c,a,f,d 排列,

v_3 表示 a,b,c,e,d,f 排列, v_4 表示 c,a,b,d,e,f 排列.

$$B_1(a)=6-1=5,\quad B_2(a)=2,\quad B_3(a)=5,\quad B_4(a)=4,$$

所以
$$B(a)=\sum_{i=1}^{4}B_i(a)=5+2+5+4=16.$$

类似地
$$B(b)=\sum_{i=1}^{4}B_i(b)=2+4+4+3=13,$$
$$B(c)=\sum_{i=1}^{4}B_i(c)=4+3+3+5=15,$$
$$B(d)=\sum_{i=1}^{4}B_i(d)=3+0+1+2=6,$$
$$B(e)=\sum_{i=1}^{4}B_i(e)=1+5+2+1=9,$$
$$B(f)=\sum_{i=1}^{4}B_i(f)=0+1+0+0=1.$$

按波达数集中后的排序为 a,c,b,e,d,f.

需要指出的是,此方法简单易行,但有时会出现集中的意见与人们的直觉不相吻合的情况,这时可按加权波达数排序.

例 4.1.2 运动员成绩排序 设有 6 名运动员 $U=\{u_1,u_2,u_3,u_4,u_5,u_6\}$参加五项全能比赛,已知他们每项比赛的名次如表 4.1 所示.

$$B_1(u_1)=5,\quad B_2(u_1)=0,\quad B_3(u_1)=5,$$
$$B_4(u_1)=5,\quad B_5(u_1)=5,$$

所以
$$B(u_1)=20.$$

表 4.1

项　目	第一名	第二名	第三名	第四名	第五名	第六名
200 m 跑	u_1	u_2	u_4	u_3	u_6	u_5
1500 m 跑	u_2	u_3	u_6	u_5	u_4	u_1
跳远	u_1	u_2	u_4	u_3	u_5	u_6
掷铁饼	u_1	u_2	u_3	u_4	u_6	u_5
掷标枪	u_1	u_2	u_4	u_5	u_6	u_3

类似地 $B(u_2)=21,\quad B(u_3)=11,\quad B(u_4)=12,$

$$B(u_5)=5,\quad B(u_6)=6.$$

按波达数集中后的排序为 u_2,u_1,u_4,u_3,u_6,u_5. 这个集中的意见就与人们的直觉不相吻合. 因为 u_1 得到了 4 个第一名(金牌),u_2 只得了 1 个第一名,但却出现了 u_2 比 u_1 的总分多 1 分的现象,u_2 排在第一是不合理的.

若提高第一名(金牌)的权重(表 4.2),则得到的排序就比较合理了.

表 4.2

名　次	一	二	三	四	五	六
波达数	5	4	3	2	1	0
权重 A	0.35	0.25	0.18	0.11	0.07	0.04

按表 4.2 所给权重分别计算加权波达数,得

$$B(u_1)=4\times5\times0.35+0\times0.04=7,$$

$$B(u_2)=5\times0.35+4\times4\times0.25=5.75,$$

$$B(u_3)=4\times0.25+3\times0.18+2\times2\times0.11+0\times0.04=1.98,$$

$$B(u_4)=3\times3\times0.18+2\times0.11+1\times0.07=1.91,$$

$$B(u_5)=2\times2\times0.11+1\times0.07+2\times0\times0.04=0.51,$$

$$B(u_6)=3\times0.18+3\times1\times0.07+0\times0.04=0.75.$$

按加权波达数集中后的排序为 u_1,u_2,u_3,u_4,u_6,u_5. 这是一个比较合理的意见,与人们的直觉也相吻合.

4.2 模糊二元对比决策

实践表明,人们认识事物往往是从两个事物的对比开始的. 一般先对两个对象进行比较,然后再换两个进行比较,如此重复多次. 每作一次比较就得到一个认识,而这种认识是模糊的,诸如甲比乙的条件要优越些等. 将这种模糊认识数量化,最

后用模糊数学方法给出总体排序,这就是模糊二元对比决策.

4.2.1 模糊优先关系排序决策

设论域$U=\{x_1,x_2,\cdots,x_n\}$为 n 个备选方案(对象),在 U 上确定一个模糊集$\underset{\sim}{A}$,运用模糊数学方法在 n 个备选方案中建立一种模糊优先关系,然后将它们排出一个优劣次序,这就是模糊优先关系排序决策.

以 r_{ij} 表示 x_i 与 x_j 相比较时 x_i 对于$\underset{\sim}{A}$比 x_j 对于$\underset{\sim}{A}$优越的程度,或称 x_i 对 x_j 的优先选择比.尽管备选方案在对比中各有所长,但要求优先选择比 r_{ij} 满足

$$\begin{cases} r_{ii}=0,\ 0\leqslant r_{ij}\leqslant 1\ (i\neq j) \\ r_{ij}+r_{ji}=1. \end{cases} \tag{4.1}$$

上述条件表明:x_i 与 x_i 相比较时,没有什么优越,记 $r_{ii}=0$,x_i 与 x_j 相比较时总是各有所长,把两者的优越成分合在一起就是1,即 $r_{ij}+r_{ji}=1$;当只发现 x_i 比 x_j 有长处而未发现 x_j 比 x_i 有任何长处时,记 $r_{ij}=1$,$r_{ji}=0$;当 x_i 与 x_j 相比较时不分优劣,记 $r_{ij}=r_{ji}=0.5$.

称满足式(4.1)的 r_{ij} 组成的矩阵

$$\boldsymbol{R}=(r_{ij})_{n\times n}$$

为模糊优先关系矩阵,由此矩阵确定的关系称为模糊优先关系.

取定阈值$\lambda\in[0,1]$,得 λ-截矩阵

$$\boldsymbol{R}_\lambda=(r_{ij}^{(\lambda)}),$$

其中

$$r_{ij}^{(\lambda)}=\begin{cases}1, & r_{ij}\geqslant\lambda,\\ 0, & r_{ij}<\lambda.\end{cases}$$

当 λ 由1逐渐下降时,若首次出现的 $\boldsymbol{R}_\lambda$,它的第 i_1 行元素除对角线元素外全等于1,则认定 x_{i_1} 是第一优越对象(不一定唯一);再在 $\boldsymbol{R}$ 中划去 x_{i_1} 所在的行与列,得到一个新的 $n-1$ 阶模糊矩阵,用同样的方法获取最优对象作为第二优越对象;如此递推下去,可将全体对象排出一定的优劣次序.

例 4.2.1　子女像父亲的排序　设$U=\{x_1,x_2,x_3\}$(子女),在 U 上确定了一个模糊集$\underset{\sim}{A}$="子女像父亲".已知其模糊优先关系矩阵为

$$\boldsymbol{R}=\begin{pmatrix}0 & 0.9 & 0.2\\ 0.1 & 0 & 0.7\\ 0.8 & 0.3 & 0\end{pmatrix}.$$

令 λ 从大到小依次取 λ-截矩阵:

取 $\lambda=0.9$,得

$$\boldsymbol{R}_{0.9}=\begin{pmatrix}0 & 1 & 0\\ 0 & 0 & 0\\ 0 & 0 & 0\end{pmatrix},$$

取 $\lambda=0.8$,得
$$R_{0.8}=\begin{pmatrix}0&1&0\\0&0&0\\1&0&0\end{pmatrix},$$

取 $\lambda=0.7$,得
$$R_{0.7}=\begin{pmatrix}0&1&0\\0&0&1\\1&0&0\end{pmatrix},$$

取 $\lambda=0.3$,得
$$R_{0.3}=\begin{pmatrix}0&1&0\\0&0&1\\1&1&0\end{pmatrix}.$$

当 λ 降至 0.3 时,在 $R_{0.3}$ 中首次出现:第 3 行除对角线上的元素外全等于 1.因此把 x_3 作为第一优越对象,在 R 中划去 x_3 所在的行与列,得模糊优先关系矩阵为

$$R^{(1)}=\begin{pmatrix}0&0.9\\0.1&0\end{pmatrix}.$$

取 $\lambda=0.9$,得
$$R_{0.9}^{(1)}=\begin{pmatrix}0&1\\0&0\end{pmatrix},$$

把 x_1 作为第二优越对象.因此,x_1,x_2,x_3 的模糊优先关系排序为 x_3,x_1,x_2.

有了这个排序后,可以建立模糊集 $\underset{\sim}{A}$=“子女像父亲”的隶属函数.

若把排在第一位的隶属度记为 1,则排在第二、第三位依次记为 2/3,1/3.

为了更符合实际一些,$\underset{\sim}{A}$=“子女像父亲”的隶属函数可定义为

$$\underset{\sim}{A}(x)=\begin{cases}k\times 1, & x=x_3,\\ k\times 2/3, & x=x_1,\\ k\times 1/3, & x=x_2,\end{cases}$$

其中 k 是比例常数,必须使 k 满足

$$0\leqslant \vee\left[\underset{\sim}{A}(x_1),\underset{\sim}{A}(x_2),\underset{\sim}{A}(x_3)\right]\leqslant 1.$$

在本例中,$0\leqslant k\leqslant 1$.如果认为“子女”x_3 与“父亲”相像程度为 0.9,则在本例中可取 $k=0.9$,这时模糊集 $\underset{\sim}{A}$ 的隶属函数又可表示为

$$\underset{\sim}{A}=\frac{0.6}{x_1}+\frac{0.3}{x_2}+\frac{0.9}{x_3}.$$

注意　在式(4.1)中,当 x_i 自身作比较时,由于自己没有比自己优越的成分,所以自然地取 $r_{ii}=0$.实际上,取 $r_{ii}=1$ 或 $r_{ii}=0.5$ 也无妨,反正意思是一样的,即自己与自己比较时无优越成分.若取 $r_{ii}=1$,即模糊优先关系矩阵的对角线上的元素全为 1,当用 λ-截矩阵去求各个优越对象时,可以去掉“除对角线元素外”这句话.只要第 i_1 行元素全等于 1,则认定 x_{i_1} 为第一优越对象,如此等等.

建议读者用此法再去求解例 4.2.1.

还应指出,模糊优先关系排序决策的关键是如何建立模糊优先关系矩阵,下面

举例说明建立模糊优先关系矩阵的一个方法.

例 4.2.2 推选先进工作者 某单位有 7 个科室,每个科室推选 1 名先进工作者,现要求对这 7 名先进工作者按规定的条件再排一个次序.

设论域 $U=\{x_1,x_2,x_3,x_4,x_5,x_6,x_7\}$($x_i$:职工中的候选对象),$\underset{\sim}{A}$="先进工作者"是 U 上的模糊集,现将他们进行排序.由单位负责人、群众代表组成评议组 $|M|=m=10$(人),评分标准如表 4.3 所示.

表 4.3

评分标准	一等	二等	三等	四等	五等	六等
分　数	10	8	6	4	3	1

将科室推荐的先进工作者两两进行比较评分.例如:$x_1 \to x_2$(以先评价的 x_2 为基准,后评价的 x_1 为对象进行相对比较评分).比如 10 人所给评分相加得总分为 80 分,则 x_1 对 x_2 的优先选择比为 $r_{12}=80/100=0.80$(其中分母 100 为 10 人都给最高分时的总分),相应地,x_2 对 x_1 的优先选择比为 $r_{21}=1-r_{12}=1-0.80=0.20$.利用上述方法得出的结果如表 4.4 所示.

表 4.4

对象比较	分数						评选组给被评人总分	优先选择比 r_{ij}
	一等	二等	三等	四等	五等	六等		
	10	8	6	4	3	1		
$x_1 \to x_2$	3	4	3	—	—	—	80	0.80
$x_1 \to x_3$	1	5	3	1	—	—	72	0.72
$x_1 \to x_4$	2	5	2	1	—	—	76	0.76
$x_1 \to x_5$	6	2	1	1	—	—	86	0.86
$x_1 \to x_6$	3	1	4	2	—	—	70	0.70
$x_1 \to x_7$	4	3	1	2	—	—	78	0.78
$x_2 \to x_3$	1	4	3	2	—	—	68	0.68
$x_2 \to x_4$	4	2	1	1	1	1	70	0.70
$x_2 \to x_5$	2	2	3	2	—	1	63	0.63
$x_2 \to x_6$	5	2	1	2	—	—	80	0.80
$x_2 \to x_7$	3	2	3	1	1	—	71	0.71
$x_3 \to x_4$	—	2	3	4	1	—	53	0.53
$x_3 \to x_5$	2	3	—	1	2	2	56	0.56
$x_3 \to x_6$	—	2	2	1	2	3	41	0.41
$x_3 \to x_7$	1	2	3	2	—	2	54	0.54

续表

对象比较	分数						评选组给被评人总分	优先选择比 r_{ij}
	一等	二等	三等	四等	五等	六等		
	10	8	6	4	3	1		
$x_4 \to x_5$	—	—	2	3	1	4	31	0.31
$x_4 \to x_6$	—	1	1	2	3	3	34	0.34
$x_4 \to x_7$	1	—	1	2	3	3	36	0.36
$x_5 \to x_6$	1	2	1	2	1	3	46	0.46
$x_5 \to x_7$	1	—	2	3	1	3	40	0.40
$x_6 \to x_7$	1	2	—	2	2	3	43	0.43

根据表 4.4 给出的优先选择比 r_{ij} 及其所满足的条件($r_{ij}+r_{ji}=1$,取 $r_{ii}=1$),得如表 4.5 所示的结果.

表 4.5

对象	基准						
	x_1	x_2	x_3	x_4	x_5	x_6	x_7
x_1	1	0.80	0.72	0.76	0.86	0.70	0.78
x_2	0.20	1	0.68	0.70	0.63	0.80	0.71
x_3	0.28	0.32	1	0.53	0.56	0.41	0.54
x_4	0.24	0.30	0.47	1	0.31	0.34	0.36
x_5	0.14	0.37	0.44	0.69	1	0.46	0.40
x_6	0.30	0.20	0.59	0.66	0.54	1	0.43
x_7	0.22	0.29	0.46	0.64	0.60	0.57	1

由表 4.5 得模糊优先关系矩阵 $\boldsymbol{R}^{(1)}$ 为

$$\boldsymbol{R}^{(1)}=\begin{pmatrix} 1 & 0.80 & 0.72 & 0.76 & 0.86 & 0.70 & 0.78 \\ 0.20 & 1 & 0.68 & 0.70 & 0.63 & 0.80 & 0.71 \\ 0.28 & 0.32 & 1 & 0.53 & 0.56 & 0.41 & 0.54 \\ 0.24 & 0.30 & 0.47 & 1 & 0.31 & 0.34 & 0.36 \\ 0.14 & 0.37 & 0.44 & 0.69 & 1 & 0.46 & 0.40 \\ 0.30 & 0.20 & 0.59 & 0.66 & 0.54 & 1 & 0.43 \\ 0.22 & 0.29 & 0.46 & 0.64 & 0.60 & 0.57 & 1 \end{pmatrix},$$

取 $\lambda=0.70$,得 λ-截矩阵为

$$R_{0.70}^{(1)}=\begin{pmatrix}1&1&1&1&1&1&1\\0&1&0&1&0&1&1\\0&0&1&0&0&0&0\\0&0&0&1&0&0&0\\0&0&0&0&1&0&0\\0&0&0&0&0&1&0\\0&0&0&0&0&0&1\end{pmatrix},$$

λ-截矩阵 $R_{0.70}^{(1)}$ 的第 1 行元素全等于 1，说明只有 x_1 的优越程度超过了 0.70，所以职工 x_1 为第一优越对象.

划去 $R^{(1)}$ 中第一优越对象 x_1 所在的行与列，得到新的模糊优先关系矩阵为

$$R^{(2)}=\begin{pmatrix}1&0.68&0.70&0.63&0.80&0.71\\0.32&1&0.53&0.56&0.41&0.54\\0.30&0.47&1&0.31&0.34&0.36\\0.37&0.44&0.69&1&0.46&0.40\\0.20&0.59&0.66&0.54&1&0.43\\0.29&0.46&0.64&0.60&0.57&1\end{pmatrix},$$

取 $\lambda=0.63$，得

$$R_{0.63}^{(2)}=\begin{pmatrix}1&1&1&1&1&1\\0&1&0&0&0&0\\0&0&1&0&0&0\\0&0&1&1&0&0\\0&0&1&0&1&0\\0&0&1&0&0&1\end{pmatrix},$$

λ-截矩阵 $R_{0.63}^{(2)}$ 的第 1 行元素全等于 1，应取 x_2 作为第二优越对象.

划去 $R^{(2)}$ 中第二优越对象 x_2 所在的行与列，得到新的模糊优先关系矩阵为

$$R^{(3)}=\begin{pmatrix}1&0.53&0.56&0.41&0.54\\0.47&1&0.31&0.34&0.36\\0.44&0.69&1&0.46&0.40\\0.59&0.66&0.54&1&0.43\\0.46&0.64&0.60&0.57&1\end{pmatrix},$$

取 $\lambda=0.46$，得

$$R_{0.46}^{(3)}=\begin{pmatrix}1&1&1&0&1\\1&1&0&0&0\\0&1&1&1&0\\1&1&1&1&0\\1&1&1&1&1\end{pmatrix},$$

可知 x_7 可作为第三优越对象.

划去 $\boldsymbol{R}^{(3)}$ 中第三优越对象 x_7 所在的行与列,得到新的模糊优先关系矩阵为

$$\boldsymbol{R}^{(4)}=\begin{pmatrix}1&0.53&0.56&0.41\\0.47&1&0.31&0.34\\0.44&0.69&1&0.46\\0.59&0.66&0.54&1\end{pmatrix},$$

取 $\lambda=0.54$,得
$$\boldsymbol{R}_{0.54}^{(4)}=\begin{pmatrix}1&0&1&0\\0&1&0&0\\0&1&1&0\\1&1&1&1\end{pmatrix},$$

可知 x_6 可作为第四优越对象.

类似地,可得

$$\boldsymbol{R}^{(5)}=\begin{pmatrix}1&0.53&0.56\\0.47&1&0.31\\0.44&0.69&1\end{pmatrix},$$

取 $\lambda=0.53$,得
$$\boldsymbol{R}_{0.53}^{(5)}=\begin{pmatrix}1&1&1\\0&1&0\\0&1&1\end{pmatrix},$$

可知 x_3 可作为第五优越对象.同样可得

$$\boldsymbol{R}^{(6)}=\begin{pmatrix}1&0.31\\0.69&1\end{pmatrix},$$

取 $\lambda=0.69$,得
$$\boldsymbol{R}_{0.69}^{(6)}=\begin{pmatrix}1&0\\1&1\end{pmatrix},$$

可知 x_5 可作为第六优越对象.因此 7 名先进工作者的模糊优选关系排序为

$$x_1,x_2,x_7,x_6,x_3,x_5,x_4.$$

在实际问题中,让人们直接给出模糊集的隶属度是比较困难的.但是,对于论域 U 中的两个元素 x_1 和 x_2,就某个性质比较优劣,或者对某个模糊集比较隶属度的大小,却是比较容易的.比如,给你两所大学的资料,让你算出它们分别对于"优秀学校"的隶属度,那是很困难的.但是,就教学而言,你可以说甲优于乙;就科研而言,你可以说乙优于甲.这样,通过指标的分解与比较就简化了思维难度.

下面介绍在有限论域上通过二元对比排序建立模糊集的隶属函数的方法.

设论域 $U=\{x_1,x_2,\cdots,x_n\}$,$\underset{\sim}{A}\in\mathscr{T}(U)$是一模糊集,我们的问题是,在知道了模糊优先关系矩阵 $\boldsymbol{R}$ 后,如何确定模糊集 $\underset{\sim}{A}$ 的隶属函数.事实上,对模糊关系矩阵 $\boldsymbol{R}$ 进行适当的数学加工处理后,即可得出模糊集 $\underset{\sim}{A}$ 的隶属函数,下面介绍通常采用的几种方法.

1° 最小法.

$$\underset{\sim}{A}(x_i)=\bigwedge_{j\neq i} r_{ij},\ i=1,2,\cdots,n,$$

$$\underset{\sim}{A}=\frac{\underset{\sim}{A}(x_1)}{x_1}+\frac{\underset{\sim}{A}(x_2)}{x_2}+\cdots+\frac{\underset{\sim}{A}(x_n)}{x_n}.$$

这实际上是模糊集$\underset{\sim}{A}$的隶属函数的离散表示法.

2° 平均法.

$$\underset{\sim}{A}(x_i)=\frac{1}{n}\sum_{j=1}^{n} r_{ij},\ i=1,2,\cdots,n.$$

3° 加权平均法.

$$\underset{\sim}{A}(x_i)=\sum_{j=1}^{n}\delta_j r_{ij},\ i=1,2,\cdots,n,$$

其中$(\delta_1,\delta_2,\cdots,\delta_n)$是一组权重.

以例 4.2.2 中的模糊优先关系矩阵 $\boldsymbol{R}$ 为例,用平均法,得

$$\underset{\sim}{A}(x_1)=0.66,\quad \underset{\sim}{A}(x_2)=0.53,\quad \underset{\sim}{A}(x_3)=0.38,\quad \underset{\sim}{A}(x_4)=0.29,$$

$$\underset{\sim}{A}(x_5)=0.36,\quad \underset{\sim}{A}(x_6)=0.39,\quad \underset{\sim}{A}(x_7)=0.40.$$

$$\underset{\sim}{A}(\text{先进工作者})=\frac{0.66}{x_1}+\frac{0.53}{x_2}+\frac{0.38}{x_3}+\frac{0.29}{x_4}+\frac{0.36}{x_5}+\frac{0.39}{x_6}+\frac{0.40}{x_7}.$$

根据隶属度的大小,7 名先进工作者的排序为

$$x_1,x_2,x_7,x_6,x_3,x_5,x_4.$$

4.2.2 模糊相似优先比决策

模糊相似优先比决策也是一种二元对比决策.即先利用二元相对比较级定义一个模糊相似优先比 r_{ij},从而建立模糊优先比矩阵,然后通过确定 λ-截矩阵来对所有的备选方案进行排序.

定义 4.2.1 设论域 $U=\{x_1,x_2,\cdots,x_n\}$,对于给定的一对元素(x_i,x_j),若存在数对$(f_j(x_i),f_i(x_j))$,满足

$$0\leqslant f_j(x_i)\leqslant 1,\quad 0\leqslant f_i(x_j)\leqslant 1,$$

使得在 x_i 与 x_j 的比较中,如果 x_i 具有某种特性的程度为 $f_j(x_i)$,那么 x_j 具有该特性的程度为 $f_i(x_j)$.这时称$(f_j(x_i),f_i(x_j))$为 x_i 与 x_j 对该特性的二元相对比较级,简称二元比较级.

当 $i=j$ 时,令 $f_i(x_i)=1$.

定义 4.2.2 称模糊矩阵

$$\boldsymbol{\Phi}=\begin{pmatrix} 1 & f_2(x_1) & f_3(x_1) & \cdots & f_n(x_1) \\ f_1(x_2) & 1 & f_3(x_2) & \cdots & f_n(x_2) \\ f_1(x_3) & f_2(x_3) & \ddots & \ddots & \vdots \\ \vdots & \vdots & \ddots & 1 & f_n(x_{n-1}) \\ f_1(x_n) & f_2(x_n) & \cdots & f_{n-1}(x_n) & 1 \end{pmatrix}$$

为二元相对比较矩阵.

下面介绍模糊相似优先比决策的方法与步骤.

1° 设论域$U=\{x_1,x_2,\cdots,x_n\}$是备选方案集.

2° 确定模糊相似优先比r_{ij},建立模糊优先比矩阵.

若$(f_j(x_i),f_i(x_j))$是二元比较级,令

$$\begin{cases} r_{ij}=\dfrac{f_j(x_i)}{f_j(x_i)+f_i(x_j)}, \\ r_{ji}=\dfrac{f_i(x_j)}{f_j(x_i)+f_i(x_j)}, \end{cases} \tag{4.2}$$

得
$$r_{ii}=0.5,\quad 且\quad r_{ij}+r_{ji}=1,$$
则称r_{ij}为模糊相似优先比,而$\boldsymbol{R}=(r_{ij})_{n\times n}$为模糊相似优先比矩阵.条件$r_{ii}=0.5$表明自己与自己的优先程度是等同的.

3° 用类似于模糊优先关系排序决策中确定λ-截矩阵的方法来对所有备选方案进行排序.

也可用下述方法来实现:

将模糊优先矩阵各行非对角线元素取下确界,然后找出这些下确界中最大者所在的行,即可求出第一优越对象;对划去第一优越对象所在行与列所得的矩阵重复上述做法,便可得到U中所备选方案的一个优劣次序.

例 4.2.3　菊花的排序　菊花是一种用途很广的植物,它不仅可以药用、食用,而且具有独特的观赏价值.某高校观赏植物专业每年要举办菊花展览,并请新生就菊花的“美”(“美”指花的形、色、气等,都是模糊概念)进行排序.

设论域$U=\{$西洋滨菊(x_1),万寿菊(x_2),亚蓝菊(x_3),翠菊(x_4),秋菊$(x_5)\}$,“美的菊花”$=\underset{\sim}{A}$是U上的一个模糊集.

设菊花“美”的标准是花的造型好、颜色艳、香气正,并记为x.试考虑x_1和x_2与x的接近程度.

若x_1与x的贴近度为0.8,x_2与x的贴近度为0.4,则x_1与x_2进行二元相对比较,得

$$(f_2(x_1),f_1(x_2))=(0.8,0.4).$$

类似地,x_1和x_3与x比较,得

$$(f_3(x_1),f_1(x_3))=(0.9,0.5);$$

x_1和x_4与x比较,得

$$(f_4(x_1),f_1(x_4))=(0.7,0.6);$$

x_1和x_5与x比较,得

$$(f_5(x_1),f_1(x_5))=(0.9,0.3);$$

x_2和x_3与x的比较,得

$$(f_3(x_2), f_2(x_3)) = (0.7, 0.4);$$

x_2 和 x_4 与 x 的比较，得

$$(f_4(x_2), f_2(x_4)) = (0.4, 0.9);$$

x_2 和 x_5 与 x 的比较，得

$$(f_5(x_2), f_2(x_5)) = (0.8, 0.5);$$

x_3 和 x_4 与 x 的比较，得

$$(f_4(x_3), f_3(x_4)) = (0.9, 0.2);$$

x_3 和 x_5 与 x 的比较，得

$$(f_5(x_3), f_3(x_5)) = (0.8, 0.7);$$

x_4 和 x_5 与 x 的比较，得

$$(f_5(x_4), f_4(x_5)) = (0.2, 0.7).$$

于是，得到二元相对比较矩阵为

$$\boldsymbol{\Phi} = \begin{pmatrix} 0.5 & 0.8 & 0.9 & 0.7 & 0.9 \\ 0.4 & 0.5 & 0.7 & 0.4 & 0.8 \\ 0.5 & 0.4 & 0.5 & 0.9 & 0.8 \\ 0.6 & 0.9 & 0.2 & 0.5 & 0.2 \\ 0.3 & 0.5 & 0.7 & 0.7 & 0.5 \end{pmatrix}.$$

由式(4.2)得模糊优先比矩阵为

$$\boldsymbol{R} = \begin{pmatrix} 0.5 & 8/12 & 9/14 & 7/13 & 9/12 \\ 4/12 & 0.5 & 7/11 & 4/13 & 8/13 \\ 5/14 & 4/11 & 0.5 & 9/11 & 8/15 \\ 6/13 & 9/13 & 2/11 & 0.5 & 2/9 \\ 3/12 & 5/13 & 7/15 & 7/9 & 0.5 \end{pmatrix}$$

$$= \begin{pmatrix} 0.5 & 0.67 & 0.64 & 0.54 & 0.75 \\ 0.33 & 0.5 & 0.64 & 0.31 & 0.62 \\ 0.36 & 0.36 & 0.5 & 0.82 & 0.53 \\ 0.46 & 0.69 & 0.18 & 0.5 & 0.22 \\ 0.25 & 0.38 & 0.47 & 0.78 & 0.5 \end{pmatrix}.$$

取 $\lambda=0.54$，得

$$\boldsymbol{R}_{0.54} = \begin{pmatrix} 0.5 & 1 & 1 & 1 & 1 \\ 0 & 0.5 & 1 & 0 & 1 \\ 0 & 0 & 0.5 & 1 & 0 \\ 0 & 1 & 0 & 0.5 & 0 \\ 0 & 0 & 0 & 1 & 0.5 \end{pmatrix}.$$

λ-截矩阵 $\boldsymbol{R}_{0.54}$ 中除对角线元素外第 1 行元素全等于 1,所以 x_1 可作为第一优越对象.

划去 $\boldsymbol{R}$ 中 x_1 所在的行与列后,得到新的模糊优先比矩阵为

$$\boldsymbol{R}^{(1)}=\begin{pmatrix}0.5 & 0.64 & 0.31 & 0.62\\ 0.36 & 0.5 & 0.82 & 0.53\\ 0.69 & 0.18 & 0.5 & 0.22\\ 0.38 & 0.47 & 0.78 & 0.5\end{pmatrix}.$$

取 $\lambda=0.38$,得

$$\boldsymbol{R}_{0.38}^{(1)}=\begin{pmatrix}0.5 & 1 & 0 & 1\\ 0 & 0.5 & 1 & 1\\ 1 & 0 & 0.5 & 0\\ 1 & 1 & 1 & 0.5\end{pmatrix},$$

可知 x_5 可作为第二优越对象.

类似地,在 $\boldsymbol{R}^{(1)}$ 中划去 x_5 所在的行与列,得

$$\boldsymbol{R}^{(2)}=\begin{pmatrix}0.5 & 0.64 & 0.31\\ 0.36 & 0.5 & 0.82\\ 0.69 & 0.18 & 0.5\end{pmatrix},$$

取 $\lambda=0.36$,得

$$\boldsymbol{R}_{0.36}^{(2)}=\begin{pmatrix}0.5 & 1 & 0\\ 1 & 0.5 & 1\\ 1 & 0 & 0.5\end{pmatrix},$$

可知 x_3 可作为第三优越对象.

类似地,又得

$$\boldsymbol{R}^{(3)}=\begin{pmatrix}0.5 & 0.31\\ 0.69 & 0.5\end{pmatrix},$$

取 $\lambda=0.69$,得

$$\boldsymbol{R}_{0.69}^{(3)}=\begin{pmatrix}0.5 & 0\\ 1 & 0.5\end{pmatrix},$$

可知 x_4 可作为第四优越对象.因此,5 种菊花的排序为

$$x_1,x_5,x_3,x_4,x_2.$$

即西洋滨菊优于秋菊,秋菊优于亚蓝菊,亚蓝菊优于翠菊,翠菊优于万寿菊.这个结果与实际也是相符的.据有关专家介绍,西洋滨菊是杂交品种,观赏价值很高,深受人们喜爱,排在第一是符合实际的.而万寿菊花很美丽,花期极长,只是因为其根、叶散发臭气,故有些人不很喜欢它,排在第五位也是正常的.

我们也可用另一种方法来排序.在得到模糊优先比矩阵 $\boldsymbol{R}$ 后,除对角线元素外,各行取下确界,即

$$R=\begin{pmatrix}0.5 & 0.67 & 0.64 & 0.54 & 0.75\\0.33 & 0.5 & 0.64 & 0.31 & 0.62\\0.36 & 0.36 & 0.5 & 0.82 & 0.53\\0.46 & 0.69 & 0.18 & 0.5 & 0.22\\0.25 & 0.38 & 0.47 & 0.78 & 0.5\end{pmatrix}\quad\begin{matrix}\text{下确界}\\0.54(\max)\\0.31\\0.36\\0.18\\0.25\end{matrix},$$

再找出这些下确界中的最大者所在行:最大者 0.54 在第 1 行,所以 x_1 可作为第一优越对象.

划去第 1 行、第 1 列后,对新矩阵重复上述方法,得

$$R^{(1)}=\begin{pmatrix}0.5 & 0.64 & 0.31 & 0.62\\0.36 & 0.5 & 0.82 & 0.53\\0.69 & 0.18 & 0.5 & 0.22\\0.38 & 0.47 & 0.78 & 0.5\end{pmatrix}\quad\begin{matrix}\text{下确界}\\0.31\\0.36\\0.18\\0.38(\max)\end{matrix},$$

可知 x_5 可作为第二优越对象.依此类推.

其最后排序与前面结果是一致的,即为

$$x_1,x_5,x_3,x_4,x_2.$$

4.2.3 模糊相对比较决策

设论域 $U=\{x_1,x_2,\cdots,x_n\}$ 表示 n 个备选方案(对象),先在二元对比中建立二元比较级,然后利用模糊相对比较函数,建立模糊相及矩阵来进行总体排序.

定义 4.2.3 设论域 $U=\{x_1,x_2,\cdots,x_n\}$,x_i 与 x_j 的二元比较级为 $(f_j(x_i),f_i(x_j))$,称

$$f(x_i \mid x_j) \xlongequal{\text{def}} \frac{f_j(x_i)}{f_i(x_j) \vee f_j(x_i)} \tag{4.3}$$

为模糊相对比较函数.

由式(4.3)不难看出,$f(x_i|x_j)$ 具有如下性质:

1° $$f(x_i|x_j)\in[0,1];$$

2° $$f(x_i|x_j)=\begin{cases}1, & \text{当 } f_j(x_i)>f_i(x_j)\text{ 时},\\ \dfrac{f_j(x_i)}{f_i(x_j)}, & \text{当 } f_j(x_i)\leqslant f_i(x_j)\text{ 时};\end{cases} \tag{4.4}$$

3° $$f(x_i|x_i)=1.$$

式(4.4)表明了 x_i 优越于 x_j 的量化程度.当 $f_j(x_i)>f_i(x_j)$ 时,x_i 绝对优越于 x_j,所以 $f(x_i|x_j)=1$;当 $f_j(x_i)\leqslant f_i(x_j)$ 时,x_i 优越于 x_j 的量化程度可用比值 $f_j(x_i)/f_i(x_j)$ 来度量;当 x_i 与 x_i 的优越性等同时,$f(x_i|x_i)=1$,这从模糊相对比较函数的定义式(4.3)也可看出.当然,取 $f(x_i|x_i)=0$ 或 0.5 也未尝不可,这一点

前面曾指出过.

定义 4.2.4 设论域 $U=\{x_1,x_2,\cdots,x_n\}$，记 $r_{ij}=f(x_i|x_j)$，则称以 r_{ij} 为元素的矩阵 $\boldsymbol{R}=(r_{ij})_{n\times n}$ 为模糊相及矩阵. 于是，有

$$\boldsymbol{R}=\begin{pmatrix} 1 & f(x_1 \mid x_2) & \cdots & f(x_1 \mid x_n) \\ f(x_2 \mid x_1) & 1 & \ddots & \vdots \\ \vdots & \ddots & \ddots & f(x_{n-1} \mid x_n) \\ f(x_n \mid x_1) & \cdots & f(x_n \mid x_{n-1}) & 1 \end{pmatrix}. \tag{4.5}$$

在模糊相及矩阵 $\boldsymbol{R}$(即式(4.5))中，对 $\boldsymbol{R}$ 的每行求下确界，以最大下确界所在行对应的 x_i 为第一优越对象；划去第 i 行与第 i 列，得 $n-1$ 阶模糊相及矩阵，类似地找出第二优越对象；依此一直进行下去，就可对 n 个备选方案(对象)进行总体排序.

例 4.2.4 用模糊相对比较决策对例 4.2.3 中的 5 种菊花进行排序.

设论域 $U=\{$西洋滨菊(x_1)，万寿菊(x_2)，亚蓝菊(x_3)，翠菊(x_4)，秋菊$(x_5)\}$，二元相对比较矩阵为

$$\begin{pmatrix} 0.5 & 0.8 & 0.9 & 0.7 & 0.9 \\ 0.4 & 0.5 & 0.7 & 0.4 & 0.8 \\ 0.5 & 0.4 & 0.5 & 0.9 & 0.8 \\ 0.6 & 0.9 & 0.2 & 0.5 & 0.2 \\ 0.3 & 0.5 & 0.7 & 0.7 & 0.5 \end{pmatrix}.$$

利用模糊相对比较函数的计算公式(4.3)得

$$f(x_1 \mid x_1)=1,$$

$$f(x_1 \mid x_2)=\frac{f_2(x_1)}{f_2(x_1)\vee f_1(x_2)}=\frac{0.8}{0.8\vee 0.4}=1,$$

$$f(x_1 \mid x_3)=\frac{f_3(x_1)}{f_3(x_1)\vee f_1(x_3)}=\frac{0.9}{0.9\vee 0.5}=1,$$

$$f(x_1 \mid x_4)=\frac{f_4(x_1)}{f_4(x_1)\vee f_1(x_4)}=\frac{0.7}{0.7\vee 0.6}=1,$$

$$f(x_1 \mid x_5)=\frac{f_5(x_1)}{f_5(x_1)\vee f_1(x_5)}=\frac{0.9}{0.9\vee 0.3}=1.$$

类似地算得

$$\begin{aligned} &f(x_2|x_1)=1/2, && f(x_3|x_1)=5/9, \\ &f(x_2|x_2)=1, && f(x_3|x_2)=4/7, \\ &f(x_2|x_3)=1, && f(x_3|x_3)=1, \\ &f(x_2|x_4)=4/9, && f(x_3|x_4)=1, \\ &f(x_2|x_5)=1, && f(x_3|x_5)=1, \\ &f(x_4|x_1)=6/7, && f(x_5|x_1)=3/9, \\ &f(x_4|x_2)=1, && f(x_5|x_2)=5/8, \end{aligned}$$

$$f(x_4|x_3)=2/9,\qquad f(x_5|x_3)=7/8,$$
$$f(x_4|x_4)=1,\qquad f(x_5|x_4)=1,$$
$$f(x_4|x_5)=2/7,\qquad f(x_5|x_5)=1.$$

于是,由式(4.5)得模糊相及矩阵为

$$\boldsymbol{R}=\begin{pmatrix}1&1&1&1&1\\1/2&1&1&4/9&1\\5/9&4/7&1&1&1\\6/7&1&2/9&1&2/7\\3/9&5/8&7/8&1&1\end{pmatrix}\quad\begin{matrix}\text{下确界}\\1(\max)\\4/9\\5/9\\2/9\\3/9\end{matrix},$$

所以 x_1 作为第一优越对象. 划去 $\boldsymbol{R}$ 的第 1 行与第 1 列,得

$$\boldsymbol{R}^{(1)}=\begin{pmatrix}1&1&4/9&1\\4/7&1&1&1\\1&2/9&1&2/7\\5/8&7/8&1&1\end{pmatrix}\quad\begin{matrix}\text{下确界}\\4/9\\4/7\\2/9\\5/8(\max)\end{matrix},$$

所以 x_5 可作为第二优越对象. 划去 $\boldsymbol{R}^{(1)}$ 的第 4 行与第 4 列,得

$$\boldsymbol{R}^{(2)}=\begin{pmatrix}1&1&4/9\\4/7&1&1\\1&2/9&1\end{pmatrix}\quad\begin{matrix}\text{下确界}\\4/9\\4/7(\max)\\2/9\end{matrix},$$

所以 x_3 可作为第三优越对象. 划去 $\boldsymbol{R}^{(2)}$ 的第 2 行与第 2 列,得

$$\boldsymbol{R}^{(3)}=\begin{pmatrix}1&4/9\\1&1\end{pmatrix}\quad\begin{matrix}\text{下确界}\\4/9\\1(\max)\end{matrix},$$

所以 x_4 可作为第四优越对象. 因此,用模糊相对比较决策作出的 5 种菊花的总体排序为

$$x_1,x_5,x_3,x_4,x_2.$$

此结果与用模糊相似优先比决策所得结果是一致的.

4.3 模糊综合评判决策

本节从经典的综合评判入手,介绍模糊综合评判决策的理论基础——模糊映射与模糊变换、模糊综合决策的数学模型及其应用;由于权重的确定在模糊综合决策中占有重要地位,因此还专门介绍了权重的确定方法.

4.3.1 经典的综合评判决策

在实际工作中,对一个事物的评价(或评估),常常涉及多个因素或多个指标,这时就要求根据这多个因素对事物作出综合评价,而不能只从某一因素的情况去评价.这就是综合评判.在这里,评判的意思是指按照给定的条件对事物的优劣、好坏进行评比、判别,综合的意思是指评判条件包含多个因素或多个指标.因此,综合评判就是要对受多个因素影响的事物作出全面评价.

综合评判的方法有许多种,这里介绍最常用的两种.

1. 评总分法

所谓评总分法,就是根据评判对象列出评价项目,对每个项目定出评价的等级,并用分数表示.将评价项目所得分数累计相加,然后按总分的大小排列次序,以决定方案的优劣.

例如,我国高考成绩的评分方法就是如此.总分一般表示为

$$S=\sum_{i=1}^{n}S_i,$$

其中 S 表示总分,S_i 表示第 i 个项目得分,n 为项目数.

2. 加权评分法

加权评分法主要是考虑诸因素(或诸指标)在评价中所处的地位或所起的作用不尽相同,因此不能一律平等地对待诸因素(或诸指标).于是,就引进了权重的概念,它体现了诸因素(或诸指标)在评价中的不同地位或不同作用.这种评分法显然较评总分法合理.

加权评分法一般表示为

$$E=\sum_{i=1}^{n}a_iS_i, \tag{4.6}$$

其中E 表示加权平均分数,a_i $(i=1,2,\cdots,n)$ 是第 i 个因素所占的权重,且要求 $\sum_{i=1}^{n}a_i=1$.

若取权重 $a_i=1/n$,则由式(4.6)求出的就是平均分.

4.3.2 模糊映射与模糊变换

在 1.2 节中,曾将映射概念作了两个方面的扩张,即:

点集映射 $f:X\to\mathcal{T}(Y)$,

$x\mapsto f(x)=B\in\mathcal{T}(Y)$;

集合变换 $T:\mathcal{T}(X)\to\mathcal{T}(Y)$,

$A\mapsto T(A)=B$.

现将以上两种变换推广到模糊子集情形.

定义 4.3.1 称映射

$$\underset{\sim}{f}: X \to \mathscr{T}(Y),$$
$$x \mapsto \underset{\sim}{f}(x) = \underset{\sim}{B}$$

为从 X 到 Y 的模糊映射.

由定义知,模糊映射是点集映射的推广,即在映射 $\underset{\sim}{f}$ 下,将点 x 变为模糊集 $\underset{\sim}{B}$.

例 4.3.1 设 $X=\{x_1,x_2,x_3,x_4\}$,$Y=\{y_1,y_2,y_3\}$,令

$$\underset{\sim}{f}_1: x_1 \mapsto \underset{\sim}{f}_1(x_1)=\frac{1}{y_1}=\{y_1\},$$
$$x_2 \mapsto \underset{\sim}{f}_1(x_2)=\frac{1}{y_1}+\frac{1}{y_2}=\{y_1,y_2\},$$
$$x_3 \mapsto \underset{\sim}{f}_1(x_3)=\frac{1}{y_3}=\{y_3\},$$
$$x_4 \mapsto \underset{\sim}{f}_1(x_4)=\frac{1}{y_1}+\frac{1}{y_2}+\frac{1}{y_3}=\{y_1,y_2,y_3\};$$
$$\underset{\sim}{f}_2: x_1 \mapsto \underset{\sim}{f}_2(x_1)=\frac{0.2}{y_1}+\frac{0.3}{y_2}+\frac{0.8}{y_3},$$
$$x_2 \mapsto \underset{\sim}{f}_2(x_2)=\frac{0.3}{y_1}+\frac{1}{y_2}+\frac{0.5}{y_3},$$
$$x_3 \mapsto \underset{\sim}{f}_2(x_3)=\frac{0}{y_1}+\frac{0.6}{y_2}+\frac{0.9}{y_3},$$
$$x_4 \mapsto \underset{\sim}{f}_2(x_4)=\frac{0.4}{y_1}+\frac{0.7}{y_2}+\frac{0}{y_3}.$$

由定义 4.3.1 易知,$\underset{\sim}{f}_1$,$\underset{\sim}{f}_2$ 都是 X 到 Y 的模糊映射,并且 $\underset{\sim}{f}_1$ 是(普通意义下的)X 到 Y 的点集映射. 这也说明,点集映射是模糊映射的特殊情形.

为了方便与直观,我们只给出在有限论域情形下模糊映射 $\underset{\sim}{f}$ 与模糊关系 $\underset{\sim}{R}_f$ 之间的对应关系.

命题 4.3.1 设 $X=\{x_1,x_2,\cdots,x_n\}$,$Y=\{y_1,y_2,\cdots,y_m\}$.

1° 给定模糊映射

$$\underset{\sim}{f}: X \to \mathscr{T}(Y),$$
$$x_i \mapsto \underset{\sim}{f}(x_i)=\underset{\sim}{B}=\frac{r_{i1}}{y_1}+\frac{r_{i2}}{y_2}+\cdots+\frac{r_{im}}{y_m}=(r_{i1},r_{i2},\cdots,r_{im})\in\mathscr{T}(Y)$$
$$(i=1,2,\cdots,n),$$

以$(r_{i1},r_{i2},\cdots,r_{im})$ $(i=1,2,\cdots,n)$为行构造一个模糊矩阵

$$\boldsymbol{R}_f=\begin{pmatrix} r_{11} & r_{12} & \cdots & r_{1m} \\ r_{21} & r_{22} & \cdots & r_{2m} \\ \vdots & \vdots & & \vdots \\ r_{n1} & r_{n2} & \cdots & r_{nm} \end{pmatrix},$$

就可唯一确定模糊关系

$$\underset{\sim}{R}_f(x_i,y_i)=r_{ij}=\underset{\sim}{f}(x_i)(y_j).$$

2° 给出模糊关系矩阵

$$\boldsymbol{R}=\begin{pmatrix} r_{11} & r_{12} & \cdots & r_{1m} \\ r_{21} & r_{22} & \cdots & r_{2m} \\ \vdots & \vdots & & \vdots \\ r_{n1} & r_{n2} & \cdots & r_{nm} \end{pmatrix},$$

可令 $\underset{\sim}{f}_{\boldsymbol{R}}: X\to\mathscr{T}(Y)$,

$$x_i\mapsto\underset{\sim}{f}_{\boldsymbol{R}}(x_i)=(r_{i1},r_{i2},\cdots,r_{im})\in\mathscr{T}(Y).$$

其中 $\underset{\sim}{f}_{\boldsymbol{R}}(x_i)(y_i)=r_{ij}=\underset{\sim}{R}(x_i,y_i)$, $i=1,2,\cdots,n;j=1,2,\cdots,m.$

$\underset{\sim}{f}_{\boldsymbol{R}}$ 是 X 到 Y 的模糊映射.

于是,也确定了模糊映射 $\underset{\sim}{f}_{\boldsymbol{R}}$.

定义 4.3.2 称映射

$$\underset{\sim}{T}:\mathscr{T}(X)\to\mathscr{T}(Y),$$

$$\underset{\sim}{A}\mapsto\underset{\sim}{T}(\underset{\sim}{A})=\underset{\sim}{B}$$

为 X 到 Y 的模糊变换.

由定义可知,模糊变换是集合变换的推广,即在映射 $\underset{\sim}{T}$ 下,将模糊集 $\underset{\sim}{A}$ 变为模糊集 $\underset{\sim}{B}$(图 4.1).

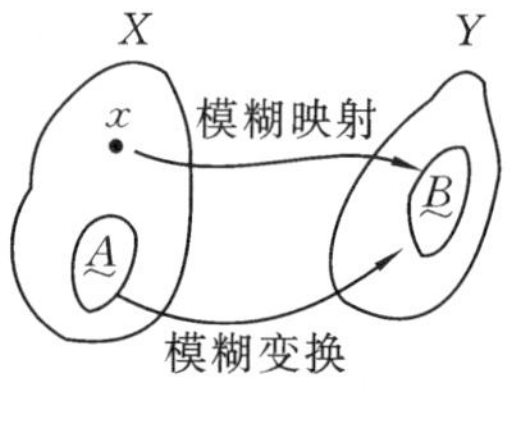

图 4.1

若模糊变换 $\underset{\sim}{T}$ 满足

$$\underset{\sim}{T}(\underset{\sim}{A}\cup\underset{\sim}{B})=\underset{\sim}{T}(\underset{\sim}{A})\cup\underset{\sim}{T}(\underset{\sim}{B}),$$

$$T(\lambda\underset{\sim}{A})=\lambda\,\underset{\sim}{T}(\underset{\sim}{A}),$$

则称 $\underset{\sim}{T}$ 为模糊线性变换.

例 4.3.2 设

$$X=\{x_1,x_2,x_3,x_4\},\quad Y=\{y_1,y_2,y_3\},$$

在 X 上任取一模糊子集

$$\underset{\sim}{A}=\frac{0.3}{x_1}+\frac{0.5}{x_2}+\frac{0.1}{x_3}+\frac{0.8}{x_4}.$$

令 $$\underset{\sim}{T}:\underset{\sim}{A}\mapsto\underset{\sim}{T}(\underset{\sim}{A})=\frac{0.3}{y_1}+\frac{0.5}{y_2}+\frac{1}{y_3}=\underset{\sim}{B},$$

$\underset{\sim}{B}$ 是 Y 上的模糊子集.因此,$\underset{\sim}{T}$ 是 X 到 Y 的一个模糊变换.

例 4.3.3 设 $f:X\to Y$,由 1.4.3 节的扩张原理知

$$\underset{\sim}{T}:\mathscr{T}(X)\to\mathscr{T}(Y),$$

$$\underset{\sim}{A}\mapsto\underset{\sim}{T}(\underset{\sim}{A})\xlongequal{\text{def}}f(\underset{\sim}{A}),$$

$$\underset{\sim}{T}^{-1}:\mathscr{T}(Y)\rightarrow\mathscr{T}(X),$$

$$\underset{\sim}{B}\mapsto\underset{\sim}{T}^{-1}(\underset{\sim}{B})\overset{\text{def}}{=\!=}f^{-1}(\underset{\sim}{B}),$$

则$\underset{\sim}{T}$是 X 到 Y 的模糊线性变换，$\underset{\sim}{T}^{-1}$是 Y 到 X 的模糊线性变换.

定义 4.3.3 设$\underset{\sim}{T}$是 X 到 Y 的模糊线性变换，且

$$\underset{\sim}{R}_T\in\mathscr{T}(X\times Y)$$

满足$\underset{\sim}{T}(\underset{\sim}{A})=\underset{\sim}{A}\circ\underset{\sim}{R}_T$，$\forall\,\underset{\sim}{A}\in\mathscr{T}(X)$，则称$\underset{\sim}{T}$是由模糊关系$\underset{\sim}{R}_T$ 诱导出的.

我们仍只给出有限论域上的模糊线性变换与模糊关系之间的对应关系.

命题 4.3.2 设 $X=\{x_1,x_2,\cdots,x_n\}$，$Y=\{y_1,y_2,\cdots,y_m\}$，则有：

1° 给定模糊关系矩阵为

$$\boldsymbol{R}=\begin{pmatrix}r_{11}&r_{12}&\cdots&r_{1m}\\r_{21}&r_{22}&\cdots&r_{2m}\\\vdots&\vdots&&\vdots\\r_{n1}&r_{n2}&\cdots&r_{nm}\end{pmatrix},\ \forall\underset{\sim}{A}=\boldsymbol{A}=(a_1,a_2,\cdots,a_n)\in\mathscr{T}(X),$$

可以按定义 4.3.3 确定一个模糊线性变换（取 max-min 合成运算）

$$\underset{\sim}{T}_{\boldsymbol{R}}:\mathscr{T}(X)\rightarrow\mathscr{T}(Y),$$

$$\underset{\sim}{A}\mapsto\underset{\sim}{T}_{\boldsymbol{R}}(\underset{\sim}{A})=\boldsymbol{A}\circ\boldsymbol{R}=\underset{\sim}{B}=(b_1,b_2,\cdots,b_m)\in\mathscr{T}(Y),$$

其中
$$b_j=\bigvee_{i=1}^{n}(a_i\wedge r_{ij})\ (j=1,2,\cdots,m),$$

并称$\underset{\sim}{T}_{\boldsymbol{R}}$ 是由模糊关系 $\boldsymbol{R}$ 诱导出的.

2° 按定义 4.3.3 方式给定了模糊线性变换$\underset{\sim}{T}_{\boldsymbol{R}}$，即

$$\underset{\sim}{T}_{\boldsymbol{R}}(\underset{\sim}{A})=\boldsymbol{A}\circ\boldsymbol{R},$$

并给定了$\underset{\sim}{A}\in\mathscr{T}(X)$，则由本节后面要讲的模糊关系方程可以确定模糊矩阵 $\boldsymbol{R}$，从而也确定了模糊关系$\underset{\sim}{R}$.

例 4.3.4 设

$$X=\{x_1,x_2,x_3,x_4,x_5\},\quad Y=\{y_1,y_2,y_3,y_4\},$$

$$\boldsymbol{R}=\begin{pmatrix}0.5&0.2&0&1\\1&0.3&0&0.1\\0.6&0.8&0.4&0.2\\0.3&1&0&0\\0&0&0&0\end{pmatrix}\in\mathscr{T}(X\times Y),$$

$\underset{\sim}{T}_{\boldsymbol{R}}$ 为由 $\boldsymbol{R}$ 诱导出的 X 到 Y 的模糊变换.

(1) $\underset{\sim}{A}=\{x_2,x_4\}$，求$\underset{\sim}{T}_{\boldsymbol{R}}(\underset{\sim}{A})$；

(2) $\underset{\sim}{B}=\dfrac{0.5}{x_1}+\dfrac{0.6}{x_2}+\dfrac{0.9}{x_3}+\dfrac{1}{x_4}$，求$\underset{\sim}{T}_{\boldsymbol{R}}(\underset{\sim}{B})$.

解 (1)
$$\boldsymbol{A}=(0,1,0,1,0),$$
$$\underset{\sim}{T}_{\boldsymbol{R}}(\underset{\sim}{A})=\boldsymbol{A}\circ\boldsymbol{R}=(1,1,0,0.1)=\frac{1}{y_1}+\frac{1}{y_2}+\frac{0}{y_3}+\frac{0.1}{y_4};$$
(2)
$$\boldsymbol{B}=(0.5,0.6,0.9,1,0),$$
$$\underset{\sim}{T}_{\boldsymbol{R}}(\underset{\sim}{B})=\boldsymbol{B}\circ\boldsymbol{R}=(0.6,1,0.4,0.5)=\frac{0.6}{y_1}+\frac{1}{y_2}+\frac{0.4}{y_3}+\frac{0.5}{y_4}.$$
从例 4.3.4 可看出,由模糊关系可诱导出模糊线性变换.

例 4.3.5 设 $X=\{x_1,x_2,x_3\}$,$Y=\{y_1,y_2\}$. $\underset{\sim}{f}$ 是 X 到 Y 的模糊映射,$\underset{\sim}{T}_f$ 是由 $\underset{\sim}{f}$ 确定的 X 到 Y 的模糊变换.已知
$$\underset{\sim}{T}_f(\{x_1\})=\frac{0.2}{y_1}+\frac{0.5}{y_2},\quad \underset{\sim}{T}_f(\{x_1,x_2\})=\frac{0.3}{y_1}+\frac{0.6}{y_2},$$
$$\underset{\sim}{T}_f(\{x_2,x_3\})=\frac{0.5}{y_1}+\frac{0.7}{y_2},$$
试求模糊映射 $\underset{\sim}{f}$.

解 本例的解题思路是:在 $\underset{\sim}{T}_{\boldsymbol{R}}(\underset{\sim}{A})=\boldsymbol{A}\circ\boldsymbol{R}$ 中,已知 $\underset{\sim}{T}_{\boldsymbol{R}}$,$\underset{\sim}{A}$,根据命题 4.3.2 求出 $\boldsymbol{R}$,这就是模糊关系 $\underset{\sim}{R}$.再根据命题 4.3.1 由模糊关系 $\underset{\sim}{R}$ 求出模糊映射 $\underset{\sim}{f}$.

因为 $\underset{\sim}{T}_f$ 是由 $\underset{\sim}{f}$ 诱导出的,所以
$$\underset{\sim}{T}_f(\underset{\sim}{A})=\boldsymbol{A}\circ\boldsymbol{R}_f.$$
令
$$\boldsymbol{R}_f=\begin{pmatrix} r_{11} & r_{12}\\ r_{21} & r_{22}\\ r_{31} & r_{32}\end{pmatrix},$$
依题意,有
$$(1,0,0)\circ\begin{pmatrix} r_{11} & r_{12}\\ r_{21} & r_{22}\\ r_{31} & r_{32}\end{pmatrix}=(0.2,0.5),\tag{4.7}$$
$$(1,1,0)\circ\begin{pmatrix} r_{11} & r_{12}\\ r_{21} & r_{22}\\ r_{31} & r_{32}\end{pmatrix}=(0.3,0.6),\tag{4.8}$$
$$(0,1,1)\circ\begin{pmatrix} r_{11} & r_{12}\\ r_{21} & r_{22}\\ r_{31} & r_{32}\end{pmatrix}=(0.5,0.7).\tag{4.9}$$
由式(4.7),得 $$r_{11}=0.2,\quad r_{12}=0.5;$$
由式(4.8),得 $$r_{11}\vee r_{21}=0.3,\quad r_{12}\vee r_{22}=0.6,$$
即 $$0.2\vee r_{21}=0.3,\quad 0.5\vee r_{22}=0.6.$$
故 $$r_{21}=0.3,\quad r_{22}=0.6;$$
由式(4.9),得 $$r_{21}\vee r_{31}=0.5,\quad r_{22}\vee r_{32}=0.7,$$

即
$$0.3\vee r_{31}=0.5,\quad 0.6\vee r_{32}=0.7,$$
故
$$r_{31}=0.5,\quad r_{32}=0.7.$$
从而
$$\boldsymbol{R}_f=\begin{pmatrix}0.2 & 0.5\\ 0.3 & 0.6\\ 0.5 & 0.7\end{pmatrix},$$
根据命题 4.3.1,令 $\underset{\sim}{f}:X\to\mathscr{T}(Y)$,即
$$x_i\mapsto \underset{\sim}{f}_{\boldsymbol{R}}(x_i)=(r_{i1},r_{i2})\quad(i=1,2,3),$$
$$x_1\mapsto \underset{\sim}{f}_{\boldsymbol{R}}(x_1)=(0.2,0.5)=\frac{0.2}{y_1}+\frac{0.5}{y_2},$$
$$x_2\mapsto \underset{\sim}{f}_{\boldsymbol{R}}(x_2)=(0.3,0.6)=\frac{0.3}{y_1}+\frac{0.6}{y_2},$$
$$x_3\mapsto \underset{\sim}{f}_{\boldsymbol{R}}(x_3)=(0.5,0.7)=\frac{0.5}{y_1}+\frac{0.7}{y_2}.$$
这就是所求的模糊映射 $\underset{\sim}{f}$.

最后指出一点,命题 4.3.1 与命题 4.3.2 对于无限论域也是成立的,即给定一个 X 到 Y 的模糊映射 $\underset{\sim}{f}:X\to\mathscr{T}(Y)$,可以诱导出一个模糊关系 $\underset{\sim}{R}_f\in\mathscr{T}(X\times Y)$(命题 4.3.1);由模糊关系 $\underset{\sim}{R}_f$ 可诱导出一个 X 到 Y 的模糊线性变换 $\underset{\sim}{T}_f:\mathscr{T}(X)\to\mathscr{T}(Y)$(命题 4.3.2). 由于两两都是 1—1 对应关系,因此,模糊映射、模糊关系和模糊线性变换实际上是同一事物的不同表现形式,在一定条件下,它们彼此是等价的. 由模糊映射 $\underset{\sim}{f}$ 诱导出模糊线性变换 $\underset{\sim}{T}_f$,为模糊综合评判决策提供了理论基础.

4.3.3 模糊综合评判决策的数学模型

模糊综合评判决策是对受多种因素影响的事物作出全面评价的一种十分有效的多因素决策方法,所以,模糊综合评判决策又称为模糊综合决策或模糊多元决策.

设 $U=\{u_1,u_2,\cdots,u_n\}$ 为 n 种因素(或指标),$V=\{v_1,v_2,\cdots,v_m\}$ 为 m 种评判,它们的元素个数和名称均可根据实际问题需要由人们主观规定. 各种因素所处的地位不同,其作用也不一样,当然权重也不同,因而评判也就不同. 人们对 m 种评判并不是绝对地肯定或否定,因此综合评判应该是 V 上的一个模糊子集
$$\underset{\sim}{B}=(b_1,b_2,\cdots,b_m)\in\mathscr{T}(V).$$
其中 b_j $(j=1,2,\cdots,m)$反映了第 j 种评判 v_j 在综合评判中所占的地位(即 v_j 对模糊集$\underset{\sim}{B}$的隶属度,$\underset{\sim}{B}(v_j)=b_j$). 综合评判$\underset{\sim}{B}$依赖于各个因素的权重,它应该是 U 上的模糊子集 $\mathbf{A}=(a_1,a_2,\cdots,a_n)\in\mathscr{T}(U)$,且 $\sum\limits_{i=1}^{n}a_i=1$,其中 a_i 表示第 i 种因素的权重. 因此,一旦给定权重 $\mathbf{A}$,相应地可得到一个综合评判$\underset{\sim}{B}$.

于是,根据命题 4.3.1 与命题 4.3.2,需要建立一个从 U 到 V 的模糊变换 $\underset{\sim}{T}$. 如果对每一个因素 u_i 单独作一个评判 $\underset{\sim}{f}(u_i)$,就可以看做 U 到 V 的模糊映射 $\underset{\sim}{f}$,即

$$\underset{\sim}{f}: U \to \mathscr{T}(V),$$

$$u_i \mapsto \underset{\sim}{f}(u_i) \in \mathscr{T}(V).$$

由 $\underset{\sim}{f}$ 可诱导出一个 U 到 V 的模糊线性变换 $\underset{\sim}{T}_f$. 我们就可以把 $\underset{\sim}{T}_f$ 看做由权重 $\boldsymbol{A}$ 得到的综合评判 $\underset{\sim}{B}$ 的数学模型.

从以上分析可知,模糊综合决策的数学模型由三个要素组成,其步骤分为 4 步:

1° 因素集 $U=\{u_1, u_2, \cdots, u_n\}$.

2° 评判集(评价集或决断集)$V=\{v_1, v_2, \cdots, v_m\}$.

3° 单因素评判.

$$\underset{\sim}{f}: U \to \mathscr{T}(V),$$

$$u_i \mapsto \underset{\sim}{f}(u_i)=(r_{i1}, r_{i2}, \cdots, r_{im}\} \in \mathscr{T}(V).$$

由命题 4.3.1 知,模糊映射 $\underset{\sim}{f}$ 可诱导出模糊关系 $\underset{\sim}{R}_f \in \mathscr{T}(U \times V)$,即

$$\underset{\sim}{R}_f(u_i, v_j) = \underset{\sim}{f}(u_i)(v_i) = r_{ij},$$

因此 $\underset{\sim}{R}_f$ 可由模糊矩阵 $\boldsymbol{R} \in \mathscr{M}_{n\times m}$ 表示为

$$\boldsymbol{R} = \begin{pmatrix} r_{11} & r_{12} & \cdots & r_{1m} \\ r_{21} & r_{22} & \cdots & r_{2m} \\ \vdots & \vdots & & \vdots \\ r_{n1} & r_{n2} & \cdots & r_{nm} \end{pmatrix},$$

称 $\boldsymbol{R}$ 为单因素评判矩阵. 由命题 4.3.2 知,模糊关系 $\underset{\sim}{R}$ 可诱导出 U 到 V 的模糊线性变换 $\underset{\sim}{T}_f$.

称$(U, V, \boldsymbol{R})$构成一个模糊综合决策模型,$U, V, \boldsymbol{R}$ 是此模型的三个要素.

4° 综合评判. 对于权重 $\boldsymbol{A}=(a_1, a_2, \cdots, a_n)$,取 max-min 合成运算,即用模型 $M(\wedge, \vee)$计算,可得综合评判

$$\underset{\sim}{B} = \boldsymbol{A} \circ \boldsymbol{R}. \tag{4.10}$$

式(4.10)像一个转换器(图 4.2).

图 4.2

若输入一种权重 $\boldsymbol{A} \in \mathscr{T}(U)$,则输出一个综合评判

$$\underset{\sim}{B} = \boldsymbol{A} \circ \boldsymbol{R} \in \mathscr{T}(V).$$

为了便于说明模糊综合决策的数学模型，下面举一个通俗的例子.

例 4.3.6 服装评判 人们对服装的评价(喜欢的程度)受花色、式样等多个因素影响，且往往又受人的主观因素影响，这就是俗语所说的："萝卜白菜，各有所爱."因此，选取了如下的因素集、评判集.

1° 因素集 $U=\{u_1,u_2,u_3,u_4\}$，其中：u_1 表示花色，u_2 表示式样，u_3 表示耐穿程度，u_4 表示价格.

2° 评判集 $V=\{v_1,v_2,v_3,v_4\}$，其中：v_1 表示很喜欢，v_2 表示较喜欢，v_3 表示不太喜欢，v_4 表示不喜欢.

3° 单因素评判. 可以请若干专业人员与顾客，对于某种服装，单就花色表态，如果有 20%的人很喜欢，50%的人较喜欢，20%的人不太喜欢，10%的人不喜欢，便可得到

$$u_1 \mapsto (0.2, 0.5, 0.2, 0.1).$$

类似地对其他因素进行单因素评判，得到一个从 U 到 V 的模糊映射，即

$$\begin{aligned} \underset{\sim}{f}: U &\to \mathscr{T}(V), \\ u_1 &\mapsto (0.2, 0.5, 0.2, 0.1), \\ u_2 &\mapsto (0.7, 0.2, 0.1, 0), \\ u_3 &\mapsto (0, 0.4, 0.5, 0.1), \\ u_4 &\mapsto (0.2, 0.3, 0.5, 0). \end{aligned}$$

由上述单因素评判，可诱导出模糊关系 $\underset{\sim}{R}_f=\boldsymbol{R}$，即得单因素评判矩阵

$$\boldsymbol{R} = \begin{pmatrix} 0.2 & 0.5 & 0.2 & 0.1 \\ 0.7 & 0.2 & 0.1 & 0 \\ 0 & 0.4 & 0.5 & 0.1 \\ 0.2 & 0.3 & 0.5 & 0 \end{pmatrix}.$$

4° 综合评判. 不妨设有这样的两类顾客，他们对各因素所持的权重分别为

$$\boldsymbol{A}_1 = (0.1, 0.2, 0.3, 0.4), \quad \boldsymbol{A}_2 = (0.4, 0.35, 0.15, 0.1).$$

用模型 $M(\wedge, \vee)$ 计算可求得这两类顾客对服装的综合评判为

$$\underset{\sim}{B}_1 = \boldsymbol{A}_1 \circ \boldsymbol{R} = (0.2, 0.3, 0.4, 0.1),$$

$$\underset{\sim}{B}_2 = \boldsymbol{A}_2 \circ \boldsymbol{R} = (0.35, 0.4, 0.2, 0.1).$$

按最大隶属原则，对此种服装第一类顾客不太喜欢，第二类顾客则比较喜欢.

如果需要的话，还可以对 $\underset{\sim}{B}_2$ 进行归一化，得

$$\underset{\sim}{B}_2' = \left(\frac{0.35}{1.05}, \frac{0.4}{1.05}, \frac{0.2}{1.05}, \frac{0.1}{1.05}\right) = (0.33, 0.38, 0.19, 0.1),$$

此处
$$1.05=0.35+0.4+0.2+0.1.$$

例 4.3.7 职称晋升的数学模型 对教师的评价比较复杂.以高校教师晋升教授为例,选取主要因素.

1° 因素集 $U=\{u_1,u_2,u_3,u_4\}$,其中:u_1 表示政治表现及工作态度,u_2 表示教学水平,u_3 表示科研水平,u_4 表示外语水平.

2° 评判集 $V=\{v_1,v_2,v_3,v_4,v_5\}$,其中:$v_1$ 表示好,v_2 表示较好,v_3 表示一般,v_4 表示较差,v_5 表示差.

3° 建立单因素评判矩阵.学科评审组的每个成员对被评判的对象进行评价.假定学科评审组由 7 人组成,用打分或投票的方法表明各自的评价.例如对张某的政治表现及工作态度,学科评审组中有 4 人认为好,2 人认为较好,1 人认为一般.对其他因素也作类似评价,其结果如表 4.6 所示.其中 c_{ij} $(i=1,2,3,4;j=1,2,3,4,5)$是赞成第 i 项因素 u_i $(i=1,2,3,4)$为第 j 种评价 v_j $(j=1,2,3,4,5)$的票数.

表 4.6

因素集 U	评判集 V				
	v_1(好)	v_2(较好)	v_3(一般)	v_4(较差)	v_5(差)
u_1(政治表现及工作态度)	$4(c_{11})$	$2(c_{12})$	$1(c_{13})$	$0(c_{14})$	$0(c_{15})$
u_2(教学水平)	$6(c_{21})$	$1(c_{22})$	$0(c_{23})$	$0(c_{24})$	$0(c_{25})$
u_3(科研水平)	$0(c_{31})$	$0(c_{32})$	$5(c_{33})$	$1(c_{34})$	$1(c_{35})$
u_4(外语水平)	$2(c_{41})$	$2(c_{42})$	$1(c_{43})$	$1(c_{44})$	$1(c_{45})$

令
$$r_{ij}=\frac{c_{ij}}{\sum_{j=1}^{5}c_{ij}}\quad(i=1,2,3,4),\tag{4.11}$$

$\sum_{j=1}^{5}c_{ij}=7$ 为学科评审组的人数.由式(4.11)易得出单因素评判矩阵

$$\boldsymbol{R}=\begin{pmatrix}0.57 & 0.29 & 0.14 & 0 & 0\\ 0.86 & 0.14 & 0 & 0 & 0\\ 0 & 0 & 0.71 & 0.14 & 0.14\\ 0.29 & 0.29 & 0.14 & 0.14 & 0.14\end{pmatrix}.$$

4° 综合评判.由于高校有的教师是以教学为主,有的是以科研为主,所以对各个因素的侧重程度是不同的.下面给出两种不同侧重的权重:

以教学为主的教师,给出权重
$$\boldsymbol{A}_1=(0.2,0.5,0.1,0.2),$$

以科研为主的教师,给出权重

$$\boldsymbol{A}_2=(0.2,0.1,0.5,0.2).$$

用模型 $M(\wedge,\vee)$计算得

$$\underset{\sim}{B}_1=\boldsymbol{A}_1\circ\boldsymbol{R}=(0.5,0.2,0.14,0.14,0.14),$$

$$\underset{\sim}{B}_2=\boldsymbol{A}_2\circ\boldsymbol{R}=(0.2,0.2,0.5,0.14,0.14).$$

将$\underset{\sim}{B}_1$,$\underset{\sim}{B}_2$ 归一化得

$$\underset{\sim}{B}'_1=(0.46,0.18,0.12,0.12,0.12),$$

$$\underset{\sim}{B}'_2=(0.17,0.17,0.42,0.12,0.12).$$

若规定获得评价“好”与“较好”要占 50%以上才可晋升,则这位教师可以晋升为教学型教授,不可晋升为科研型教授.这与实际是相符的.

在对有些实际问题的处理中,为了充分利用综合评判带来的信息,可视评判结果所形成的向量为一权重(归一化),将评判集的等级用 1 分制数量化,则将评判结果进行加权平均,可得到总分.比如,“晋升”数学模型中,以教学为主的评判结果

$$\underset{\sim}{B}=(0.46,0.18,0.12,0.12,0.12),$$

评判集 $V=\{v_1$(好),v_2(较好),v_3(一般),v_4(较差),v_5(差)$\}$,数量化表示为

$$V=(1,0.80,0.70,0.60,0.50)^{\mathrm{T}},$$

则得总分为

$$(0.46,0.18,0.12,0.12,0.12)\begin{pmatrix}1\\0.80\\0.70\\0.60\\0.50\end{pmatrix}=0.82\ (\text{分}).$$

如果规定总分在 0.80 分以上可以晋升,则该教师可以晋升为教授.一般地,评判结果$\underset{\sim}{B}=(b_1,b_2,\cdots,b_m)$,可令

$$\delta_i=\frac{b_j^k}{\sum_{i=1}^{m}b_i^k},\ j=1,2,\cdots,m.$$

这里 k 是选定的正实数(上述 $k=1$),于是$(\delta_1,\delta_2,\cdots,\delta_m)$构成一组权重.

例 4.3.8 模糊综合评判在农业经营决策中的应用[12] 在农业生产过程中,实现同一目标往往有很多方案,通过对多种方案进行评价,对比选择,最后做出正确的决策,是农业经营管理中的一个重要研究课题.

某平原产粮区进行耕作制度改革,制定了甲(三种三收)、乙(两茬平作)、丙(两年三熟)3 个方案,主要评价指标有粮食亩产量、农产品质量、每亩用工量、每

亩纯收入和对生态平衡影响程度等共 5 项(1 亩≈666.7 m^2). 根据当地实际情况,这 5 个因素的权重分别定为 0.2,0.1,0.15,0.3,0.25,其评价等级如表 4.7 所示.

表 4.7

分数	评分项目				
	亩产量/kg	产品质量/级	亩用工量/(工·日)	亩纯收入/元	对生态平衡影响程度/级
5	550~600	1	20 以下	130 以上	1
4	500~550	2	20~30	110~130	2
3	450~500	3	30~40	90~110	3
2	400~450	4	40~50	70~90	4
1	350~400	5	50~60	50~70	5
0	350 以下	6	60 以上	50 以下	6

经过典型调查,并应用各种参数进行试算预测,甲、乙、丙 3 种不同耕作制度改革方案的 5 项指标可达到表 4.8 中所列的数字.

表 4.8

方　　案	甲	乙	丙
亩产量/kg	592.5	529	412
产品质量/级	3	2	1
亩用工量/(工·日)	55	38	32
亩纯收入/元	72	105	85
对生态平衡影响程度/级	5	3	2

1° 设因素集 $U=\{x_1,x_2,x_3,x_4,x_5\}$,其中:$x_1$ 表示亩产量,x_2 表示产品质量,x_3 表示亩用工量,x_4 表示亩纯收入,x_5 表示对生态平衡影响程度. 这 5 个因素的权重为

$$\boldsymbol{A}=(0.2,0.1,0.15,0.3,0.25).$$

2° 评判集 $V=\{v_1,v_2,v_3\}$,其中,v_1 表示甲种方案,v_2 表示乙种方案,v_3 表示丙种方案.

3° 建立单因素评判矩阵. 因素与方案之间的关系可通过建立隶属函数,用模糊关系矩阵 $\boldsymbol{R}=(r_{ij})_{5\times 3}$ 表示.

由表 4.7 可看出,各因素的对应关系比较明显,在区间上为一线性函数.

亩产量的隶属函数为

$$\underset{\sim}{C}(x_1)=\begin{cases}0, & x_1\leqslant 350,\\ \dfrac{x_1-350}{600-350}, & 350<x_1<600,\\ 1, & x_1\geqslant 600;\end{cases}$$

产品质量的隶属函数为

$$\underset{\sim}{C}(x_2)=\begin{cases}1, & x_2\leqslant 1,\\ 1-\dfrac{x_2-1}{6-1}, & 1<x_2<6,\\ 0, & x_2\geqslant 6;\end{cases}$$

亩用工量的隶属函数为

$$\underset{\sim}{C}(x_3)=\begin{cases}1, & x_3\leqslant 20,\\ 1-\dfrac{x_3-20}{60-20}, & 20<x_3<60,\\ 0, & x_3\geqslant 60;\end{cases}$$

亩纯收入的隶属函数为

$$\underset{\sim}{C}(x_4)=\begin{cases}0, & x_1\leqslant 50,\\ \dfrac{x_4-50}{130-50}, & 50<x<130,\\ 1, & x\geqslant 130;\end{cases}$$

对生态平衡影响程度的隶属函数为

$$\underset{\sim}{C}(x_5)=\begin{cases}1, & x_5\leqslant 1,\\ 1-\dfrac{x_5-1}{6-1}, & 1<x_5<6,\\ 0, & x_5\geqslant 6.\end{cases}$$

将方案中调查预测的数据(表 4.8)代入各隶属函数公式中,算出相应的隶属度.如果甲方案:亩产量为 592.5 kg,隶属度为

$$r_{11}=\underset{\sim}{C}(x_1)=\frac{592.5-350}{600-350}=0.97,$$

产品质量 3 级,则

$$r_{21}=\underset{\sim}{C}(x_2)=1-\frac{3-1}{6-1}=0.6,$$

亩用工量为 55 工·日,则

$$r_{31}=\underset{\sim}{C}(x_3)=1-\frac{55-20}{60-20}=0.125,$$

亩纯收入为 72 元,则

$$r_{41}=\underset{\sim}{C}(x_4)=\frac{72-50}{130-50}=0.275,$$

对生态平衡影响程度为 5 级，则

$$r_{51}=\underset{\sim}{C}(x_5)=1-\frac{5-1}{6-1}=0.2.$$

类似地，可算出乙种、丙种方案的各项指标的隶属度，得到单因素评判矩阵为

$$\boldsymbol{R}=\begin{pmatrix}0.97 & 0.716 & 0.248\\ 0.6 & 0.8 & 1\\ 0.125 & 0.55 & 0.7\\ 0.275 & 0.6875 & 0.4375\\ 0.2 & 0.6 & 0.8\end{pmatrix}.$$

4° 综合评判. 用加权平均模型 $M(\cdot,+)$ 计算得

$$\underset{\sim}{B}=\boldsymbol{A}\cdot\boldsymbol{R}=(0.405,0.662,0.586),$$

进行归一化处理，得 $\underset{\sim}{B}=(0.245,0.400,0.355)$.

$\underset{\sim}{B}$ 即是对方案的评判结果，按最大隶属原则知，其中乙方案最优，丙方案次之，甲方案较差.

4.3.4 模糊综合评判决策模型的改进

1. 模型 $M(\wedge,\vee)$ 的缺陷

在模糊综合评判决策中，用的是 max-min 合成运算，即用模型 $M(\wedge,\vee)$ 计算 $\underset{\sim}{B}=\boldsymbol{A}\circ\boldsymbol{R}$，其中

$$b_j=\bigvee_{i=1}^{n}(a_i\wedge r_{ij})\ (j=1,2,\cdots,m).$$

1.3 节曾经指出，算子 $(\wedge,\vee)$ 有很好的代数性质，但是也存在着缺陷. 当需要考虑的因素很多又要求 $\sum_{i=1}^{n}a_i=1$ 时，势必导致每个因素所分得的权重 a_i 很小，以至于 $a_i\leqslant r_{ij}$. 由于 $b_j=\bigvee_{i=1}^{n}(a_i\wedge r_{ij})$，于是丢掉了 $\boldsymbol{R}=(r_{ij})$ 的许多信息，即

$$u_i\mapsto \underset{\sim}{f}(u_i)=\frac{r_{i1}}{v_1}+\frac{r_{i2}}{v_2}+\cdots+\frac{r_{im}}{v_m}=(r_{i1},r_{i2},,\cdots,r_{im}).$$

也就是说，人们对每个因素 u_i 所作的评判，信息未得到充分利用. 因此，常常出现综合评判决策的结果不易分辨的情况.

例 4.3.9　确定产品的等级　设某乡镇企业生产一种产品，其质量由 9 个指标 $u_1,u_2,\cdots,u_9$ 确定，产品分为一等品、二等品、等外品、废品 4 个等级. 于是因素集 $U=\{u_1,u_2,\cdots,u_9\}$，评判集 $V=\{v_1$(一等品)$,v_2$(二等品)$,v_3$(等外品)$,v_4$(废品)$\}$. 请有关专家、质量检查员、用户组成单因素评判(打分或投票)小组，得单因素评判矩阵为

$$
\boldsymbol{R}=\begin{pmatrix}
0.36 & 0.24 & 0.13 & 0.27\\
0.20 & 0.32 & 0.25 & 0.23\\
0.40 & 0.22 & 0.26 & 0.12\\
0.30 & 0.28 & 0.24 & 0.18\\
0.26 & 0.36 & 0.12 & 0.20\\
0.22 & 0.42 & 0.16 & 0.10\\
0.38 & 0.24 & 0.08 & 0.20\\
0.34 & 0.25 & 0.30 & 0.11\\
0.24 & 0.28 & 0.30 & 0.18
\end{pmatrix}.
$$

又设权重为

$$\boldsymbol{A}=(0.10,0.12,0.07,0.07,0.16,0.10,0.10,0.10,0.18).$$

用模型 $M(\wedge,\vee)$计算，得

$$\underset{\sim}{B}=\boldsymbol{A}\circ\boldsymbol{R}=(0.18,0.18,0.18,0.18).$$

结果无法分辨出产品的等级. 这表明 $M(\wedge,\vee)$有缺陷，需要改进.

下面介绍两种改进数学模型的方法，一是将原模型中的算子$(\wedge,\vee)$改用其他算子(1.3 节)，二是采用多层次模型.

2. 将模型 $M(\wedge,\vee)$改用其他模型 $M(\wedge^*,\vee^*)$

设模糊综合决策模型为$(U,V,\boldsymbol{R})$，对权重 $\boldsymbol{A}\in\mathscr{T}(U)$，相应的综合评判$\underset{\sim}{B}=\boldsymbol{A}*\boldsymbol{R}$，其中

$$\boldsymbol{A}=(a_1,a_2,\cdots,a_n),\quad \underset{\sim}{B}=(b_1,b_2,\cdots,b_m),\quad \boldsymbol{R}=(r_{ij})_{n\times m},$$

$$b_j\overset{\text{def}}{=\!=}\bigvee_{i=1}^{n}{}^{*}(a_i\wedge^{*}r_{ij})\ (j=1,2,\cdots,m),$$

简记为 $M(\wedge^*,\vee^*)$.

模型Ⅰ $M(\wedge,\vee)$——主因素决定型

$$b_j=\bigvee_{i=1}^{n}(a_i\wedge r_{ij})\ (j=1,2,\cdots,m).$$

由于综合评判的结果 b_j 的值仅由 a_i 与 r_{ij} $(i=1,2,\cdots,n)$中的某一个确定(先取小、后取大运算)，着眼点是考虑主要因素，其他因素对结果影响不大，这种运算有时出现决策结果不易分辨的情况.

模型Ⅱ $M(\cdot,\vee)$——主因素突出型

$$b_j=\bigvee_{i=1}^{n}(a_i\cdot r_{ij})\ (j=1,2,\cdots,m).$$

模型Ⅱ与模型Ⅰ较接近，区别在于用 $a_i\cdot r_{ij}$ 代替了模型Ⅰ中的 $a_i\wedge r_{ij}$. 在模型Ⅱ中，对 r_{ij} 乘以小于 1 的权重 a_i，表明 a_i 是在考虑多因素时 r_{ij} 的修正值，与主要因素有关，忽略了次要因素.

模型Ⅲ $M(\wedge,\oplus)$——主因素突出型

$$b_j = \bigoplus_{i=1}^{n}(a_i \wedge r_{ij}) = \sum_{i=1}^{n}(a_i \wedge r_{ij})\ (j = 1,2,\cdots,m).$$

这里运算 $\oplus$ 为有界和,即 $a \oplus b = \min(1, a+b)$. 由于权重分配满足

$$\sum_{i=1}^{n} a_i = 1,\ 0 \leqslant a_i \leqslant 1, 0 \leqslant r_{ij} \leqslant 1,$$

所以

$$\sum_{i=1}^{n}(a_i \wedge r_{ij}) \leqslant 1.$$

故有

$$\bigoplus_{i=1}^{n}(a_i \wedge r_{ij}) = \sum_{i=1}^{n}(a_i \wedge r_{ij}).$$

在实际应用中,主因素(权重最大的因素)在综合评判中起主导作用时,建议采用模型Ⅰ,当模型Ⅰ失效时可采用模型Ⅱ、模型Ⅲ.

模型Ⅳ $M(\cdot, +)$——加权平均模型

$$b_j = \sum_{i=1}^{n} a_i \cdot r_{ij}\ (j = 1,2,\cdots,m).$$

模型Ⅳ对所有因素依权重大小均衡兼顾,适用于考虑各因素起作用的情况.

例 4.3.10 试用不同的模型分别计算例 4.3.8 中的综合评判:$\underset{\sim}{B} = \boldsymbol{A} * \boldsymbol{R}$. 模型Ⅰ:$M(\wedge, \vee)$;模型Ⅱ:$M(\cdot, \wedge)$;模型Ⅲ:$M(\wedge, \oplus)$;模型Ⅳ:$M(\cdot, +)$.

1° 用模型Ⅰ:$M(\wedge, \vee)$计算,得

$$b_j = \bigvee_{i=1}^{5}(a_i \wedge r_{ij})\ (j = 1,2,3),$$

所以

$$\underset{\sim}{B} = \boldsymbol{A} * \boldsymbol{R} = (0.275, 0.300, 0.300).$$

可知,乙方案、丙方案的优劣分辨不出.

2° 用模型Ⅱ:$M(\cdot, \vee)$计算,得

$$b_j = \bigvee_{i=1}^{5} a_i \cdot r_{ij}\ (j = 1,2,3),$$

所以

$$\underset{\sim}{B} = \boldsymbol{A} * \boldsymbol{R} = (0.194, 0.207, 0.200).$$

可知,乙方案优于丙方案,丙方案优于甲方案,但 3 个方案之间的差异并不明显.

3° 用模型Ⅲ:$M(\wedge, \oplus)$计算,得

$$b_j = \sum_{i=1}^{5}(a_i \wedge r_{ij})\ (j = 1,2,3),$$

所以

$$\underset{\sim}{B} = \boldsymbol{A} * \boldsymbol{R} = (0.9, 1, 1).$$

可知,乙方案、丙方案的优劣分辨不出.

4° 用模型Ⅳ:$M(\cdot, +)$计算,得

$$b_j = \sum_{i=1}^{5} a_i r_{ij}\ (j = 1,2,3),$$

所以

$$\underset{\sim}{B} = \boldsymbol{A} * \boldsymbol{R} = (0.245, 0.400, 0.355).$$

可知,乙方案优于丙方案,丙方案优于甲方案.

例 4.3.8 中的综合评判就是用的模型$M(\cdot,+)$. 比较了 4 个模型后,不难理解,当初例 4.3.8 为什么用这个模型来计算.

例 4.3.11 利用模糊综合评判对制药厂经济效益进行排序[13] 制药厂经济效益的好坏受多个因素影响,这里只取主要因素.

1° 设因素集 $U=\{x_1,x_2,x_3,x_4\}$为反映企业经济效益的主要指标. 其中,x_1 表示总产值/消耗,x_2 表示净产值,x_3 表示盈利/资金占有,x_4 表示销售收入/成本.

2° 评判集 $V=\{v_1,v_2,\cdots,v_{20}\}$为 20 家制药厂. 20 家制药厂的 4 项经济指标如表 4.9 所示.

表 4.9

制药厂	x_1	x_2	x_3	x_4
1	1.611	10.59	0.69	1.67
2	1.429	9.44	0.61	1.50
3	1.447	5.97	0.24	1.25
4	1.572	10.78	0.75	1.71
5	1.483	10.99	0.75	1.44
6	1.371	6.46	0.41	1.31
7	1.665	10.51	0.53	1.52
8	1.403	6.11	0.17	1.32
9	2.620	21.51	1.40	2.59
10	2.033	24.15	1.80	1.89
11	2.015	26.86	1.93	2.02
12	1.501	9.74	0.87	1.48
13	1.578	14.52	1.12	1.47
14	1.735	14.64	1.21	1.91
15	1.453	12.88	0.87	1.52
16	1.765	17.94	0.89	1.40
17	1.532	29.42	2.52	1.80
18	1.488	9.23	0.81	1.45
19	2.586	16.07	0.82	1.83
20	1.992	21.63	1.01	1.89

3° 建立单因素评判矩阵. 令

$$r_{ij}=\frac{x_{ij}}{\sum_{j=1}^{20}x_{ij}}\ (i=1,2,3,4;j=1,2,\cdots,20),$$

则单因素评判矩阵 $\boldsymbol{R}=(r_{ij})_{4\times 20}$(见表 4.10),$r_{ij}$ 表示第 j 个制药厂的第 i 个因素的值在 20 家制药厂的同一因素值的总和中所占的比例.

表 4.10

因素	1	2	3	4	5	6	7	8	9	10
r_{1j}	0.0470	0.0417	0.0422	0.0459	0.0433	0.0400	0.0486	0.0409	0.0764	0.0593
r_{2j}	0.0366	0.0326	0.0206	0.0372	0.0380	0.0223	0.0363	0.0211	0.0743	0.0834
r_{3j}	0.0356	0.0314	0.0124	0.0387	0.0387	0.0211	0.0273	0.0088	0.0722	0.0928
r_{4j}	0.0507	0.0455	0.0379	0.0519	0.0437	0.0398	0.0461	0.0401	0.0786	0.0574

因素	11	12	13	14	15	16	17	18	19	20
r_{1j}	0.0588	0.0438	0.0460	0.0506	0.0424	0.0515	0.0447	0.0434	0.0754	0.0581
r_{2j}	0.0928	0.0337	0.0502	0.0506	0.0445	0.0620	0.1016	0.0319	0.0555	0.0747
r_{3j}	0.0995	0.0448	0.0577	0.0624	0.0448	0.0459	0.1299	0.0416	0.0423	0.0521
r_{4j}	0.0613	0.0450	0.0446	0.0580	0.0461	0.0425	0.0546	0.0440	0.0555	0.0574

比如,$r_{12}=\dfrac{x_{12}}{\sum\limits_{j=1}^{20}x_{1j}}$,由表 4.9 知

$$x_{12}=1.429,\quad \sum_{j=1}^{20}x_{1j}=1.611+1.429+\cdots+1.992=34.279,$$

所以
$$r_{12}=\frac{1.429}{34.279}\approx 0.0417.$$

4° 综合评判.设各因素的权重为

$$\boldsymbol{A}=(0.15,0.15,0.20,0.50).$$

① 用模型Ⅱ:$M(\cdot,\vee)$计算,得

$$b_j=\bigvee_{i=1}^{4}(a_i\cdot r_{ij}),$$

$$\begin{aligned}\underset{\sim}{B}&=\boldsymbol{A}*\boldsymbol{R}\\&=(0.0253,0.0227,0.0190,0.0259,0.0218,0.0199,0.0231,\\&\quad 0.0200,0.0393,0.0287,0.0306,0.0224,0.0223,0.0290,\\&\quad 0.0231,0.0212,0.0273,0.0220,0.0278,0.0287).\end{aligned}$$

按经济效益从好到差排列,这 20 家药厂的排序为

9,11,14,10,20,19,17,4,1,15,7,2,12,13,18,5,16,8,6,3.

② 用模型Ⅳ:$M(\cdot,+)$计算,得

$$b_j=\sum_{i=1}^{4}a_i r_{ij}\ (j=1,2,\cdots,20),$$

其排序稍有出入，这是因为对于同一事物从不同的角度去观察分析，其结果可能不同，这也是符合实际的. 用模型Ⅳ得到的排序为

$$9,17,11,10,20,14,19,13,16,4,15,1,12,5,18,7,2,6,8,3.$$

这里之所以不用

$$\text{模型 I}: M(\wedge,\vee)\ \left(b_j=\bigvee_{i=1}^{4}(a_i\wedge r_{ij})\right)$$

与

$$\text{模型 III}: M(\wedge,\oplus)\ \left(b_j=\sum_{i=1}^{4}(a_i\wedge r_{ij})\right),$$

是因为所有的 $a_i > r_{ij}$，因此在作取小"∧"运算时，因素的权重 a_i 根本不起作用，只考虑了对因素的评判 r_{ij}. 这样作出的排序就不一定合理了. 当然，也可以采用建立各个因素的隶属函数来确定单因素评判矩阵，使得因素的评判 r_{ij} 与该因素的权重 a_i 相接近，从而可以使用模型Ⅰ与模型Ⅲ进行评判.

从上述例题的讨论中我们看到了对实际问题是如何应用各种模型的，因此，在模糊综合决策中一定要从实际出发选取模型.

3. 多层次模型

在实际问题中，遇到因素很多而权重分配又比较均衡的情况时，可采用多层次模型. 例如，对高等学校的评估就可分两个层次，即

高等学校评估项目
- 校风……
- 教学
  - 师资队伍
  - 教学设施
  - 学生质量
- 科研……
- 图书馆……
- 后勤……

为节省篇幅，校风、科研、图书馆、后勤等因素均未写出.

这里主要介绍两个层次的模型——二级模型.

建立二级模型的步骤如下：

1° 将因素集 $U=\{u_1,u_2,\cdots,u_n\}$ 分成若干组 $U=\{U_1,U_2,\cdots,U_k\}$，使得

$$U=\bigcup_{i=1}^{k}U_i,\quad U_i\cap U_j=\varnothing\ (i\neq j).$$

称 $U=\{U_1,U_2,\cdots,U_k\}$ 为第一级因素集.

设
$$U_i=\{u_1^{(i)},u_2^{(i)},\cdots,u_{n_i}^{(i)}\}\ (i=1,2,\cdots,k),$$

其中
$$n_1+n_2+\cdots+n_k=\sum_{i=1}^{k}n_i=n$$

称为第二级因素集.

2° 设评判集 $V=\{v_1,v_2,\cdots,v_m\}$，对第二级因素集 $U_i=\{u_1^{(i)},u_2^{(i)},\cdots,u_{n_i}^{(i)}\}$ 的 n_i

个因素进行单因素评判,即建立模糊映射

$$\underset{\sim}{f}_i : U_i \to \mathscr{T}(V),$$

$$u_1^{(i)} \mapsto \underset{\sim}{f}_i(u_1^{(i)}) = (r_{11}^{(i)}, r_{12}^{(i)}, \cdots, r_{1m}^{(i)}),$$

$$u_2^{(i)} \mapsto \underset{\sim}{f}_i(u_2^{(i)}) = (r_{21}^{(i)}, r_{22}^{(i)}, \cdots, r_{2m}^{(i)}),$$

$$\vdots$$

$$u_{n_i}^{(i)} \mapsto \underset{\sim}{f}_i(u_{n_i}^{(i)}) = (r_{n_i1}^{(i)}, r_{n_i2}^{(i)}, \cdots, r_{n_im}^{(i)}).$$

得单因素评判矩阵为

$$\boldsymbol{R}_i = \begin{pmatrix} r_{11}^{(i)} & r_{12}^{(i)} & \cdots & r_{1m}^{(i)} \\ r_{21}^{(i)} & r_{22}^{(i)} & \cdots & r_{2m}^{(i)} \\ \vdots & \vdots & & \vdots \\ r_{n_i1}^{(i)} & r_{n_i2}^{(i)} & \cdots & r_{n_im}^{(i)} \end{pmatrix}_{n_i \times m}.$$

设 $U_i = \{u_1^{(i)}, u_2^{(i)}, \cdots, u_{n_i}^{(i)}\}$ 的权重为

$$\boldsymbol{A}_i = (a_1^{(i)}, a_2^{(i)}, \cdots, a_{n_i}^{(i)}),$$

求得综合评判为

$$\boldsymbol{A}_i \circ \boldsymbol{R}_i = \underset{\sim}{B}_i \quad (i = 1, 2, \cdots, k).$$

3° 对第一级因素集 $U = \{U_1, U_2, \cdots, U_k\}$ 作综合评判. 设 $U = \{U_1, U_2, \cdots, U_k\}$ 的权重为 $\boldsymbol{A} = (a_1, a_2, \cdots, a_k)$,总评判矩阵为

$$\boldsymbol{R} = \begin{pmatrix} \underset{\sim}{B}_1 \\ \underset{\sim}{B}_2 \\ \vdots \\ \underset{\sim}{B}_k \end{pmatrix},$$

按一级模型用算子(∧,∨)计算,得综合评判为

$$\boldsymbol{A}_{1\times k} \circ \boldsymbol{R}_{k\times m} = \underset{\sim}{B}_{1\times m} \in \mathscr{T}(V).$$

二级模型也可用转换器表示(图 4.3).

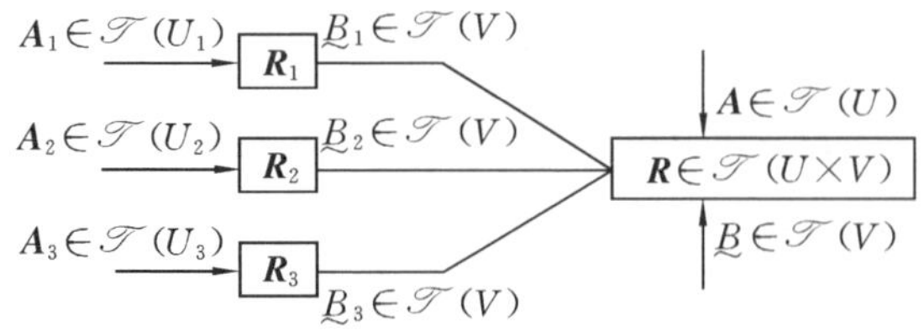

图 4.3

例 4.3.12　确定产品的级别　继续考虑例 4.3.9 提出的问题,某乡镇企业生产一种产品,它的质量由 9 个指标 $u_1, u_2, \cdots, u_9$ 确定,产品分为一等品、二等品、等

外品、废品.由于因素较多,权重分配较均衡,因此,宜采用二级模型.

1° 将因素集 $U=\{u_1,u_2,\cdots,u_9\}$ 分为 3 组,即

$$U_1=\{u_1,u_2,u_3\},\quad U_2=\{u_4,u_5,u_6\},\quad U_3=\{u_7,u_8,u_9\}.$$

2° 设评判集 $V=\{v_1,v_2,v_3,v_4\}$,v_1 表示一等品,v_2 表示二等品,v_3 表示等外品,v_4 表示废品.

对每个 U_i $(i=1,2,3)$ 中的因素进行单因素评判,可以请有关专家、质量检查员、用户组成评判小组,用打分或投票的办法(参见例 4.3.7 职称晋升的数学模型)得到相应的单因素评判矩阵.

对于第二级因素集 U_i $(i=1,2,3)$,有:

$U_1=\{u_1,u_2,u_3\}$,权重 $\boldsymbol{A}_1=(0.30,0.42,0.28)$,单因素评判矩阵为

$$\boldsymbol{R}_1=\begin{pmatrix}0.36 & 0.24 & 0.13 & 0.27\\ 0.20 & 0.32 & 0.25 & 0.23\\ 0.40 & 0.22 & 0.26 & 0.12\end{pmatrix},$$

作一级综合评判,用模型 $M(\wedge,\vee)$ 计算,得

$$\underset{\sim}{B}_1=\boldsymbol{A}_1\circ\boldsymbol{R}_1=(0.30,0.32,0.26,0.27).$$

$U_2=\{u_4,u_5,u_6\}$,权重 $\boldsymbol{A}_2=(0.20,0.50,0.30)$,单因素评判矩阵为

$$\boldsymbol{R}_2=\begin{pmatrix}0.30 & 0.28 & 0.24 & 0.18\\ 0.26 & 0.36 & 0.12 & 0.20\\ 0.22 & 0.42 & 0.16 & 0.10\end{pmatrix},$$

作一级综合评判,得

$$\underset{\sim}{B}_2=\boldsymbol{A}_2\circ\boldsymbol{R}_2=(0.26,0.36,0.20,0.20).$$

$U_3=\{u_7,u_8,u_9\}$,权重 $\boldsymbol{A}_3=(0.30,0.30,0.40)$,单因素评判矩阵为

$$\boldsymbol{R}_3=\begin{pmatrix}0.38 & 0.24 & 0.08 & 0.20\\ 0.34 & 0.25 & 0.30 & 0.11\\ 0.4 & 0.28 & 0.30 & 0.18\end{pmatrix},$$

作一级综合评判,得

$$\underset{\sim}{B}_3=\boldsymbol{A}_3\circ\boldsymbol{R}_3=(0.30,0.28,0.30,0.20).$$

3° 对第一级因素集 $U=\{U_1,U_2,U_3\}$,设权重为

$$\boldsymbol{A}=(0.20,0.35,0.45).$$

令总单因素评判矩阵为

$$\boldsymbol{R}=\begin{pmatrix}\underset{\sim}{B}_1\\ \underset{\sim}{B}_2\\ \underset{\sim}{B}_3\end{pmatrix}=\begin{pmatrix}0.30 & 0.32 & 0.26 & 0.27\\ 0.26 & 0.36 & 0.20 & 0.20\\ 0.30 & 0.28 & 0.30 & 0.20\end{pmatrix},$$

作二级综合评判,得

$$\underset{\sim}{B} = \boldsymbol{A} \circ \boldsymbol{R} = (0.30, 0.35, 0.30, 0.20).$$

按最大隶属原则,此产品属二等品.

4.4 权重的确定方法

在模糊综合决策中,权重是至关重要的,它反映了各个因素在综合决策过程中所占有的地位或所起的作用,直接影响到综合决策的结果.现在通常是凭经验给出权重.不可否认,这在一定程度上能反映实际情况,评判结果也比较符合实际.但是凭经验给出权重又往往带有主观性,有时不能客观地反映实际情况,评判结果可能"失真".因此本节专门介绍权重的确定方法.

4.4.1 确定权重的统计方法

1. 专家估测法

设因素集 $U=\{u_1,u_2,\cdots,u_n\}$,现有 k 个专家各自独立地给出各因素 u_i $(i=1,2,\cdots,n)$的权重,如表 4.11 所示.

表 4.11

专家	因素						$\sum$
	u_1	u_2	$\cdots$	u_i	$\cdots$	u_n	
专家 1	a_{11}	a_{21}	$\cdots$	a_{i1}	$\cdots$	a_{n1}	1
专家 2	a_{12}	a_{22}	$\cdots$	a_{i2}	$\cdots$	a_{n2}	1
$\vdots$	$\vdots$	$\vdots$		$\vdots$		$\vdots$	$\vdots$
专家 k	a_{1k}	a_{2k}	$\cdots$	a_{ik}	$\cdots$	a_{nk}	1
权重 a_i $(i=1,2,\cdots,n)$	$\frac{1}{k}\sum_{j=1}^{k}a_{1j}$	$\frac{1}{k}\sum_{j=1}^{k}a_{2j}$	$\cdots$	$\frac{1}{k}\sum_{j=1}^{k}a_{ij}$	$\cdots$	$\frac{1}{k}\sum_{j=1}^{k}a_{nj}$	1

根据表 4.11,可取各因素权重的平均值作为其权重

$$a_i = \frac{1}{k}\sum_{j=1}^{k}a_{ij} \ (i = 1,2,\cdots,n),$$

即

$$\boldsymbol{A} = \left(\frac{1}{k}\sum_{j=1}^{k}a_{1j}, \frac{1}{k}\sum_{j=1}^{k}a_{2j}, \cdots, \frac{1}{k}\sum_{j=1}^{k}a_{nj}\right).$$

2. 加权统计方法

当专家人数 $k<30$ 人时,可用加权统计方法来计算权重.

例 4.4.1 $U=\{u_1,u_2,u_3,u_4\}$,请 22 位专家或有关人员根据权重分配调查表(表 4.12)提出自己认为最合适的权重.收回此表后,再作权重的统计试验,其结果如表 4.13 所示.

表 4.12

因素 u_i	u_1	u_2	u_3	u_4	$\sum$
权重 a_{ij}					1

表 4.13

序号 i	u_1			u_2			u_3			u_4		
	x_i	N_i	ω_i	x_i	N_i	ω_i	x_i	N_i	ω_i	x_i	N_i	ω_i
1	0.15	1	0.0455	0.15	1	0.046	0.20	5	0.227	0.10	5	0.227
2	0.20	4	0.1820	0.17	6	0.272	0.25	3	0.136	0.11	1	0.046
3	0.25	5	0.2270	0.25	4	0.182	0.29	1	0.046	0.15	4	0.182
4	0.29	1	0.0455	0.29	1	0.046	0.30	7	0.318	0.20	8	0.364
5	0.30	9	0.4090	0.30	7	0.318	0.35	4	0.182	0.30	3	0.136
6	0.35	1	0.0455	0.35	3	0.136	0.40	2	0.091	0.40	1	0.045
7	0.40	1	0.0455									
$\sum$		22	1.000		22	1.00		22	1.00		22	1.00

注　x_i—权数值；　N_i—频数；　ω_i—频率.

按公式 $a_k=\sum_{i=1}^{s}\omega_i x_i$ 计算(其中 s 为序号数)得权重为

$$\boldsymbol{A}=(0.270,0.255,0.288,0.187).$$

3. 频数统计方法

设因素集 $U=\{u_1,u_2,\cdots,u_n\}$,请有关专家或熟悉此项工作的具有丰富经验的人(不妨设由 $k\geqslant 30$(人)组成),根据权重分配调研表(表 4.14),对因素集 U 中的各个元素,各自独立地提出自己认为最合适的权重.

表 4.14

因素 u_i	u_1	u_2	$\cdots$	u_n	$\sum$
权重 a_{ij}					1

根据收回的权重分配调查表,对每个因素 u_i $(i=1,2,\cdots,n)$进行单因素的权重统计试验,其步骤如下:

1° 对因素 u_i $(i=1,2,\cdots,n)$在它的权重 a_{ij} $(j=1,2,\cdots,k)$中找出最大值 M_i 和最小值 m_i,即

$$M_i=\max_{1\leqslant j\leqslant k}\{a_{ij}\},\quad m_i=\min_{1\leqslant j\leqslant k}\{a_{ij}\}.$$

2° 适当选取正整数 p,利用公式$\dfrac{M_i-m_i}{p}$计算出把权重分成 p 组的组距,并将权重从小到大分成 p 组.

3° 计算落在每组内权重的频数与频率.

4° 根据频数与频率分布情况，一般取最大频率所在分组的组中值为因素 u_i 的权重 $a_i(i=1,2,\cdots,n)$，从而得到权重为

$$\mathbf{A}=(a_1,a_2,\cdots,a_n).$$

例 4.4.2 以教学型教师晋升教授的问题为例来说明权重如何确定.

设因素集 $U=\{u_1,u_2,u_3,u_4\}$，其中：u_1 表示政治表现与工作态度，u_2 表示教学水平，u_3 表示科研水平，u_4 表示外语水平.

选定全系教师 92 人来统计，让他们写出自己认为最合适的权重分配.

因素 u_1（政治表现与工作态度）：最大值 $M_1=0.5$，最小值 $m_1=0.05$，选正整数 $p=5$，组距 $=\dfrac{0.5-0.05}{5}=0.09$，如表 4.15 所示.

表 4.15

分组	0.05～0.14	0.14～0.23	0.23～0.32	0.32～0.41	0.41～0.50
频数	7	33	40	10	2
频率	0.076	0.359	0.435(max)	0.109	0.021

因素 u_2（教学水平）：最大值 $M_2=0.75$，最小值 $m_2=0.25$，组距 $=\dfrac{0.75-0.25}{5}=0.1$，如表 4.16 所示.

表 4.16

分组	0.25～0.35	0.35～0.45	0.45～0.55	0.55～0.65	0.65～0.75
频数	7	24	40	18	3
频率	0.076	0.261	0.435(max)	0.196	0.032

因素 u_3（科研水平）：最大值 $M_3=0.25$，最小值 $m_3=0$，组距 $=\dfrac{0.25-0}{5}=0.05$，如表 4.17 所示.

表 4.17

分组	0.00～0.05	0.05～0.10	0.10～0.15	0.15～0.20	0.20～0.25
频数	6	73	7	4	2
频率	0.065	0.793(max)	0.076	0.043	0.023

因素 u_4（外语水平）：最大值 $M_4=0.47$，最小值 $m_4=0.05$，组距 $=\dfrac{0.47-0.05}{5}\approx0.09$，如表 4.18 所示.

表 4.18

分组	0.05～0.14	0.14～0.23	0.23～0.32	0.32～0.41	0.41～0.50
频数	12	55	18	5	2
频率	0.130	0.598(max)	0.197	0.054	0.021

根据上述各表中的频数、频率的分布可知：一般可取频率最大的分组的组中值为相应因素 u_i 的权重 $a_i(i=1,2,3,4)$，也可取组中值邻近的值.由此可确定权重为

$$\boldsymbol{A}=(0.235,0.465,0.100,0.200).$$

4.4.2　模糊协调决策法

模糊综合决策在实际应用中可分为正问题与逆问题.综合决策的正问题在4.3节已介绍过了，即：设因素集 $U=\{u_1,u_2,\cdots,u_n\}$，评判集 $V=\{v_1,v_2,\cdots,v_m\}$，单因素评判矩阵 $\boldsymbol{R}=(r_{ij})_{n\times m}$，则对于给定的权重 $\boldsymbol{A}=(a_1,a_2,\cdots,a_n)\in\mathcal{T}(U)$，$\sum_{i=1}^{n}a_i=1$，综合决策为

$$\underset{\sim}{B}=\boldsymbol{A}\circ\boldsymbol{R}\in\mathcal{T}(V). \tag{4.12}$$

综合决策的逆问题是指：在式(4.12)中，若已知综合决策 $\underset{\sim}{B}\in\mathcal{T}(V)$，单因素评判矩阵 $\boldsymbol{R}$，试问各因素的权重 $\boldsymbol{A}=(a_1,a_2,\cdots,a_n)\in\mathcal{T}(U)$ 是什么.因此模糊综合决策的逆问题，从本质上讲是如何求权重的问题，也就是后面要讲到的求解模糊关系方程

$$\boldsymbol{X}\circ\boldsymbol{R}=\underset{\sim}{B} \tag{4.13}$$

的问题.

这里介绍一个求权重的近似处理方法——模糊协调决策法.

设有一组可供选择的权重方案

$$J=\{\boldsymbol{A}_1,\boldsymbol{A}_2,\cdots,\boldsymbol{A}_s\}$$

(注意，它们可能都不是模糊关系方程(4.13)的解，当然也不会是诱导出 $\underset{\sim}{B}$ 的权重)，称 J 为权重备择集.我们要从 J 中选择一种最佳的权重 $\boldsymbol{A}_{i_0}$，使得由 $\boldsymbol{A}_{i_0}$ 所决定的综合决策 $\underset{\sim}{B}_{i_0}=\boldsymbol{A}_{i_0}\circ\boldsymbol{R}$ 与 $\underset{\sim}{B}$ 最贴近.这样的 $\boldsymbol{A}_{i_0}$ 就是最优决策方案，这种决策方法称为模糊协调决策法.

为此，按一级模型方法求出综合决策

$$\underset{\sim}{B}_1=\boldsymbol{A}_1\circ\boldsymbol{R},$$

$$\underset{\sim}{B}_2=\boldsymbol{A}_2\circ\boldsymbol{R},$$

$$\vdots$$

$$\underset{\sim}{B}_s=\boldsymbol{A}_s\circ\boldsymbol{R}.$$

根据贴近度与择近原则，若有 i_0，使得

$$\sigma(\underset{\sim}{B}_{i_0},\underset{\sim}{B})=\max_{1\leqslant j\leqslant s}\{\sigma(\underset{\sim}{B}_j,\underset{\sim}{B})\},$$

则认为 A_{i_0} 为 J 中的最佳权重.

例 4.4.3　某乡镇企业对产品质量作综合评判，考虑从 4 种因素来评价产品，

因素集 $U=\{u_1,u_2,u_3,u_4\}$,将产品质量分为 4 等,评判集 $V=\{\text{Ⅰ},\text{Ⅱ},\text{Ⅲ},\text{Ⅳ}\}$,设单因素评判的模糊映射

$$\underset{\sim}{f}:U\rightarrow\mathscr{T}(V),$$

$$u_1\rightarrow\underset{\sim}{f}(u_1)=(0.3,0.6,0.1,0),$$

$$u_2\rightarrow\underset{\sim}{f}(u_2)=(0,0.2,0.5,0.3),$$

$$u_3\rightarrow\underset{\sim}{f}(u_3)=(0.5,0.3,0.1,0.1),$$

$$u_4\rightarrow\underset{\sim}{f}(u_4)=(0.1,0.3,0.2,0.4).$$

假设对产品的综合评判为

$$\underset{\sim}{B}=(0.2,0.2,0.4,0.3).$$

1° 试从下列 4 种对因素的权重分配方案中,选择最符合该评判的权重分配(按格贴近度计算):

$$\boldsymbol{A}_1=(0.3,0.5,0.1,0.1),\quad \boldsymbol{A}_2=(0.3,0.4,0.2,0.1),$$

$$\boldsymbol{A}_3=(0.2,0.3,0.2,0.3),\quad \boldsymbol{A}_4=(0.2,0.4,0.1,0.3).$$

2° 按贴近度公式

$$\sigma(\underset{\sim}{A},\underset{\sim}{B})=\frac{\sum_{k=1}^{n}[\underset{\sim}{A}(x_k)\wedge\underset{\sim}{B}(x_k)]}{\sum_{k=1}^{n}[\underset{\sim}{A}(x_k)\vee\underset{\sim}{B}(x_k)]}$$

计算,试在上述权重分配方案中求出最佳权重.

解 由题知,单因素评判矩阵为

$$\boldsymbol{R}=\begin{pmatrix}0.3 & 0.6 & 0.1 & 0\\ 0 & 0.2 & 0.5 & 0.3\\ 0.5 & 0.3 & 0.1 & 0.1\\ 0.1 & 0.3 & 0.2 & 0.4\end{pmatrix},$$

$$\boldsymbol{A}\circ\boldsymbol{R}=\underset{\sim}{B}=(0.2,0.2,0.4,0.3).$$

用模糊协调决策法求权重 $\boldsymbol{A}$.

1° 按一级模型作综合评判

$$\boldsymbol{A}_1\circ\boldsymbol{R}=(0.3,0.5,0.1,0.1)\circ\begin{pmatrix}0.3 & 0.6 & 0.1 & 0\\ 0 & 0.2 & 0.5 & 0.3\\ 0.5 & 0.3 & 0.1 & 0.1\\ 0.1 & 0.3 & 0.2 & 0.4\end{pmatrix},$$

$$=(0.3,0.3,0.5,0.3)=\underset{\sim}{B}_1,$$

$$\boldsymbol{A}_2\circ\boldsymbol{R}=(0.3,0.3,0.4,0.3)=\underset{\sim}{B}_2,$$

$$\boldsymbol{A}_3\circ\boldsymbol{R}=(0.2,0.3,0.3,0.3)=\underset{\sim}{B}_3,$$

$$\boldsymbol{A}_4 \circ \boldsymbol{R} = (0.2, 0.3, 0.4, 0.3) = \underset{\sim}{B}_4.$$

再按格贴近度公式

$$\sigma(\underset{\sim}{A}, \underset{\sim}{B}) = \frac{1}{2}[\underset{\sim}{A} \circ \underset{\sim}{B} + (1 - (\underset{\sim}{A} \odot \underset{\sim}{B})]$$

计算，得

$$\sigma(\underset{\sim}{B}_1, \underset{\sim}{B}) = \frac{1}{2}[0.4 + (1 - 0.3)] = 0.55,$$

$$\sigma(\underset{\sim}{B}_2, \underset{\sim}{B}) = \frac{1}{2}[0.4 + (1 - 0.3)] = 0.55,$$

$$\sigma(\underset{\sim}{B}_3, \underset{\sim}{B}) = \frac{1}{2}[0.3 + (1 - 0.2)] = 0.55,$$

$$\sigma(\underset{\sim}{B}_4, \underset{\sim}{B}) = \frac{1}{2}[0.4 + (1 - 0.2)] = 0.60.$$

按择近原则，最佳权重为

$$\boldsymbol{A}_4 = (0.2, 0.4, 0.1, 0.3).$$

2° 按贴近度公式

$$\sigma(\underset{\sim}{A}, \underset{\sim}{B}) = \frac{\sum_{k=1}^{n}[\underset{\sim}{A}(x_k) \wedge \underset{\sim}{B}(x_k)]}{\sum_{k=1}^{n}[\underset{\sim}{A}(x_k) \vee \underset{\sim}{B}(x_k)]}$$

计算，得

$$\sigma(\underset{\sim}{B}_1, \underset{\sim}{B}) = \frac{1.1}{1.4} = 0.79, \quad \sigma(\underset{\sim}{B}_2, \underset{\sim}{B}) = \frac{1.1}{1.3} = 0.85,$$

$$\sigma(\underset{\sim}{B}_3, \underset{\sim}{B}) = \frac{1}{1.2} = 0.83, \quad \sigma(\underset{\sim}{B}_4, \underset{\sim}{B}) = \frac{1.1}{1.2} = 0.92.$$

按择近原则，最佳权重为

$$\boldsymbol{A}_4 = (0.2, 0.4, 0.1, 0.3).$$

用两种贴近度公式计算，所得结果是一致的，只是后一公式的分辨率高一些.

从上述例题看出，用模糊协调决策公式求权重分配尽管是一种近似方法，但由于运算简单，便于操作，比较有效，故科技工作者仍乐意使用它.

4.4.3　模糊关系方程法

前面曾经指出，求解模糊关系方程

$$\boldsymbol{X}_{1\times n} \circ \boldsymbol{R}_{n\times m} = \boldsymbol{B}_{1\times m}$$

的实质上是求权重分配，这也就是在此要讨论的用模糊关系方程法求权重分配的问题. 模糊关系方程不仅可以用来求权重分配，而且在模糊数学的理论及其应用上占有十分重要的地位，为此，首先介绍所谓模糊关系方程，然后介绍模糊关系方程的解法.

为简单、直观起见，只讨论有限论域的情形.

我们知道,有限论域的模糊关系与模糊矩阵是等价的,并且总是用模糊矩阵表示模糊关系.

设
$$U=\{u_1,u_2,\cdots,u_n\},\quad V=\{v_1,v_2,\cdots,v_m\},$$
$$W=\{w_1,w_2,\cdots,w_s\}.$$

若已知模糊矩阵 $\boldsymbol{R}\in\mathscr{M}_{m\times s}$,$\boldsymbol{B}\in\mathscr{M}_{n\times s}$,要求满足
$$\boldsymbol{X}_{n\times m}\circ\boldsymbol{R}_{m\times s}=\boldsymbol{B}_{n\times s} \tag{4.14}$$
的未知模糊矩阵 $\boldsymbol{X}$;或者已知模糊矩阵 $\boldsymbol{R}\in\mathscr{M}_{n\times m}$,$\boldsymbol{B}\in\mathscr{M}_{n\times s}$,要求满足
$$\boldsymbol{R}_{n\times m}\circ\boldsymbol{X}_{m\times s}=\boldsymbol{B}_{n\times s} \tag{4.15}$$
的未知模糊矩阵 $\boldsymbol{X}$. 这里运算都是使用扎德算子 $\wedge$, $\vee$. 称形如式(4.14)或式(4.15)的方程为模糊关系方程.

若对式(4.15)的两边求转置,得
$$\boldsymbol{X}^{\mathrm{T}}\circ\boldsymbol{R}^{\mathrm{T}}=\boldsymbol{B}^{\mathrm{T}}, \tag{4.16}$$
则就方程的求解而言,式(4.16)与式(4.15)是一样的. 正因为如此,以后只讨论式(4.14)这种模糊关系方程.

根据求权重分配的需要,进一步简化为仅讨论形如式(4.13),即
$$(x_1,x_2,\cdots,x_n)\circ\begin{pmatrix} r_{11} & r_{12} & \cdots & r_{1m}\\ r_{21} & r_{22} & \cdots & r_{2m}\\ \vdots & \vdots & & \vdots\\ r_{n1} & r_{n2} & \cdots & r_{nm}\end{pmatrix}=(b_1,b_2,\cdots,b_m) \tag{4.17}$$
的模糊关系方程.

定义 4.4.1 称满足模糊关系方程 $\boldsymbol{X}\circ\boldsymbol{R}=\boldsymbol{B}$ 的 $\boldsymbol{X}$ 为模糊关系方程的解. 若模糊关系方程 $\boldsymbol{X}\circ\boldsymbol{R}=\boldsymbol{B}$ 有解,则称模糊关系方程是相容的. 若模糊关系方程的某个解 $\overline{\boldsymbol{X}}$,对其他任何一个解 $\boldsymbol{X}$ 均有 $\boldsymbol{X}\leqslant\overline{\boldsymbol{X}}$,则称 $\overline{\boldsymbol{X}}$ 为模糊关系方程的最大解.

根据扎德算子 $\wedge$, $\vee$ 的含义,模糊关系方程(4.17)又可写成
$$\begin{cases}(x_1\wedge r_{11})\vee(x_2\wedge r_{21})\vee\cdots\vee(x_n\wedge r_{n1})=b_1,\\ (x_1\wedge r_{12})\vee(x_2\wedge r_{22})\vee\cdots\vee(x_n\wedge r_{n2})=b_2,\\ \qquad\vdots\\ (x_1\wedge r_{1m})\vee(x_2\wedge r_{2m})\vee\cdots\vee(x_n\wedge r_{nm})=b_m.\end{cases} \tag{4.18}$$

在式(4.18)中,这 m 个方程从本质上讲是一样的,因此,只要会解形如
$$(x_1\wedge a_1)\vee(x_2\wedge a_2)\vee\cdots\vee(x_n\wedge a_n)=b \tag{4.19}$$
的模糊关系方程就行了.

先讨论方程(4.19)有解的条件.

定理 4.4.1 模糊关系方程(4.19)有解的充要条件是 n 个模糊关系方程
$$x_1\wedge a_1=b,\ \cdots,\ x_i\wedge a_i=b,\ \cdots,\ x_n\wedge a_n=b \tag{4.20}$$
中至少有一个成立,且 n 个模糊不等式

$$x_1 \wedge a_1 \leqslant b,\ \cdots,\ x_i \wedge a_i \leqslant b,\ \cdots,\ x_n \wedge a_n \leqslant b \tag{4.21}$$

同时成立.

证 充分性 设至少有一个 x_i 满足 $x_i \wedge a_i = b$,且

$$x_1 \wedge a_1 \leqslant b,\ \cdots,\ x_i \wedge a_i \leqslant b,\ \cdots,\ x_n \wedge a_n \leqslant b,$$

所以,有

$$(x_1 \wedge a_1) \vee \cdots \vee (x_i \wedge a_i) \vee \cdots \vee (x_n \wedge a_n) = b.$$

这就表明$(x_1, x_2, \cdots, x_n)$是方程(4.19)的解.

必要性 设方程(4.19)有解$(x_1, x_2, \cdots, x_n)$,即

$$(x_1 \wedge a_1) \vee (x_2 \wedge a_2) \vee \cdots \vee (x_n \wedge a_n) = b.$$

由于是取大"∨"运算,所以其中至少有一项等于 b,不妨设

$$x_i \wedge a_i = b,$$

而其他各项

$$x_1 \wedge a_1 \leqslant b,\ \cdots,\ x_k \wedge a_k \leqslant b\ (k \neq i),\ \cdots,\ x_n \wedge a_n \leqslant b$$

同时成立.否则,至少有某个 j,使得 $x_j \wedge a_j > b$,从而有

$$(x_1 \wedge a_1) \vee \cdots \vee (x_j \wedge a_j) \vee \cdots \vee (x_n \wedge a_n) > b,$$

这与已知条件矛盾.定理得证.

由定理 4.4.1 的证明过程看出,求解方程(4.19)归结为求解方程(4.20)与不等式(4.21).

下面介绍模糊关系方程

$$x \wedge a = b \tag{4.22}$$

的解法——居卡莫特(Y. Tsukamoto)方法.

当 $a > b$ 时,方程(4.22)有唯一解 $x = b$;

当 $a = b$ 时,方程(4.22)有无穷多解 $x \geqslant b$,记为 $x = [b, 1]$;

当 $a < b$ 时,方程(4.22)无解,记为 $x = \varnothing$.

为了使方程(4.22)的解表达简明,引进算符 ε,即

$$b \varepsilon a \xlongequal{\text{def}} \begin{cases} b, & \text{当 } a > b \text{ 时}, \\ [b, 1], & \text{当 } a = b \text{ 时}, \\ \varnothing, & \text{当 } a < b \text{ 时}. \end{cases} \tag{4.23}$$

于是,方程(4.22)的解为

$$x = b \varepsilon a. \tag{4.24}$$

再考虑所谓一元模糊线性不等式

$$x \wedge a \leqslant b, \tag{4.25}$$

当 $a > b$ 时,$x \leqslant b$,记为 $x = [0, b]$;

当 $a \leqslant b$ 时,$x = [0, 1]$.

引进算符 $\hat{\varepsilon}$,即

$$b\hat{\varepsilon}a \xlongequal{\text{def}} \begin{cases} [0,b], & \text{当 } a > b \text{ 时}, \\ [0,1], & \text{当 } a \leqslant b \text{ 时}. \end{cases} \tag{4.26}$$

模糊不等式(4.25)的解为

$$x = b\hat{\varepsilon}a. \tag{4.27}$$

由定理 4.4.1 可知,求解方程(4.19)⇔求解方程(4.20)和不等式(4.21).现将方程(4.20)与不等式(4.21)的解用两个区间向量表示,记为

$$\boldsymbol{Y} \xlongequal{\text{def}} (b\varepsilon a_1,\ b\varepsilon a_2,\ \cdots,\ b\varepsilon a_n),$$

$$\hat{\boldsymbol{Y}} \xlongequal{\text{def}} (b\hat{\varepsilon}a_1,\ b\hat{\varepsilon}a_2,\ \cdots,\ b\hat{\varepsilon}a_n).$$

于是,由定理 4.4.1 又可知,方程(4.19)的每个解可以表达为

$$\boldsymbol{W}^{(i)} = (b\hat{\varepsilon}a_1,\ \cdots,\ b\hat{\varepsilon}a_{i-1},\ b\varepsilon a_i,\ b\hat{\varepsilon}a_{i+1},\ \cdots,\ b\hat{\varepsilon}a_n),$$

其中 $b\varepsilon a_i \neq \varnothing \ (i=1,2,\cdots,n)$.

因此,方程(4.19)的解集为

$$\boldsymbol{X} = \boldsymbol{W}^{(1)} \cup \boldsymbol{W}^{(2)} \cup \cdots \cup \boldsymbol{W}^{(n)}.$$

例 4.4.4 解模糊关系方程

$$(x_1 \wedge 0.3) \vee (x_2 \wedge 0.5) \vee (x_3 \wedge 0.7) = 0.5.$$

解 先写出区间向量

$$\boldsymbol{Y} = (0.5\varepsilon 0.3, 0.5\varepsilon 0.5, 0.5\varepsilon 0.7) = (\varnothing, [0.5,1], 0.5),$$

$$\hat{\boldsymbol{Y}} = (0.5\hat{\varepsilon}0.3, 0.5\hat{\varepsilon}0.5, 0.5\hat{\varepsilon}0.7) = ([0,1],[0,1],[0,0.5]).$$

因此

$$\boldsymbol{W}^{(1)} = (0.5\varepsilon 0.3, 0.5\hat{\varepsilon}0.5, 0.5\hat{\varepsilon}0.7) = (\varnothing, [0,1], [0,0.5]) = \varnothing;$$

$$\boldsymbol{W}^{(2)} = (0.5\hat{\varepsilon}0.3, 0.5\varepsilon 0.5, 0.5\hat{\varepsilon}0.7) = ([0,1],[0.5,1],[0,0.5]);$$

$$\boldsymbol{W}^{(3)} = (0.5\hat{\varepsilon}0.3, 0.5\hat{\varepsilon}0.5, 0.5\varepsilon 0.7) = ([0,1],[0,1],0.5).$$

方程的解集为 $\boldsymbol{X} = \boldsymbol{W}^{(2)} \cup \boldsymbol{W}^{(3)}$.

最大解为 $\bar{\boldsymbol{X}} = (1,1,0.5)$.

当然,我们也希望能直接求解模糊关系方程(4.17)或方程(4.13).下面的定理给出了一个方法.

定理 4.4.2 设模糊关系方程

$$\boldsymbol{X} \circ \boldsymbol{R} = \boldsymbol{B},$$

其中 $\boldsymbol{X} = (x_1, x_2, \cdots, x_n)$, $\boldsymbol{R} = (r_{ij})_{n\times m}$, $\boldsymbol{B} = (b_1, b_2, \cdots, b_m)$.

对于任意 $k\ (k=1,2,\cdots,n)$,令

$$\bar{x}_k = \bigwedge_{j=1}^{m} \{b_j \mid r_{kj} > b_j\}, \tag{4.28}$$

并约定 $\wedge\varnothing = 1$,则方程 $\boldsymbol{X}\circ\boldsymbol{R} = \boldsymbol{B}$ 有解的充要条件是

$$\bar{\boldsymbol{X}} \circ \boldsymbol{R} = \boldsymbol{B},$$

其中 $\bar{\boldsymbol{X}} = (\bar{x}_1, \bar{x}_2, \cdots, \bar{x}_n)$,且 $\bar{\boldsymbol{X}}$ 为最大解.

证 充分性 结论显然成立,因为 $\overline{\boldsymbol{X}}\circ\boldsymbol{R}=\boldsymbol{B}$ 表明 $\overline{\boldsymbol{X}}$ 是 $\boldsymbol{X}\circ\boldsymbol{R}=\boldsymbol{B}$ 的解.

必要性 设 $\boldsymbol{X}\circ\boldsymbol{R}=\boldsymbol{B}$ 有解 $\boldsymbol{X}=(x_1,x_2,\cdots,x_n)$,即

$$(x_1,x_2,\cdots,x_n)\circ\boldsymbol{R}=(b_1,b_2,\cdots,b_m).$$

一方面,对于任意 j,有 $\bigvee\limits_{k=1}^{n}(x_k\wedge r_{kj})=b_j$,

对于任意 j,k,有 $(x_k\wedge r_{kj})\leqslant b_j$,

对于任意 j,k,由式(4.26),有

$$x_k\in\begin{cases}[0,b_j], & r_{kj}>b_j,\\ [0,1], & r_{kj}\leqslant b_j.\end{cases}$$

对于任意 k,有 $x_k\leqslant\bigwedge\limits_{j=1}^{n}\{b_j\mid r_{kj}>b_j\}=\overline{x}_k$.

(当 $r_{kj}\leqslant b_j$ 时,$0\leqslant x_k\leqslant 1$,而 $\overline{x}_k=\wedge\{b_j\mid r_{kj}>b_j\}=\wedge\varnothing=1$,所以也有 $x_k\leqslant\overline{x}_k$.)

对于任意 k,$0\leqslant x_k\leqslant\overline{x}_k$,即

$$(x_1,x_2,\cdots,x_n)\leqslant(\overline{x}_1,\overline{x}_2,\cdots,\overline{x}_n),\tag{4.29}$$

故 $$\boldsymbol{B}=(x_1,x_2,\cdots,x_n)\circ\boldsymbol{R}\leqslant(\overline{x}_1,\overline{x}_2,\cdots,\overline{x}_n)\circ\boldsymbol{R}=\overline{\boldsymbol{X}}\circ\boldsymbol{R},$$

$$\boldsymbol{B}\leqslant\overline{\boldsymbol{X}}\circ\boldsymbol{R}.\tag{4.30}$$

另一方面,对于任意 j,k,有

当 $r_{kj}>b_j$ 时 $\overline{x}_k=\wedge\{b_j\mid r_{kj}>b_j\}\leqslant b_j$, $\overline{x}_k\wedge r_{kj}\leqslant b_j\wedge r_{kj}=b_j$,

当 $r_{kj}\leqslant b_j$ 时 $\overline{x}_k=1$, $\overline{x}_k\wedge r_{kj}\leqslant r_{kj}\leqslant b_j$.

因此,对于任意 j,k,总有

$$\overline{x}_k\wedge r_{kj}\leqslant b_j,\quad \bigvee_{k=1}^{n}(\overline{x}_k\wedge r_{kj})\leqslant b_j,$$

即 $$(\overline{x}_1,\overline{x}_2,\cdots,\overline{x}_n)\circ\boldsymbol{R}\leqslant(b_1,b_2,\cdots,b_m),$$

$$\overline{\boldsymbol{X}}\circ\boldsymbol{R}\leqslant\boldsymbol{B}.\tag{4.31}$$

由式(4.30)与式(4.31),得

$$\overline{\boldsymbol{X}}\circ\boldsymbol{R}=\boldsymbol{B},$$

且由式(4.29)知,$\overline{\boldsymbol{X}}=(\overline{x}_1,\overline{x}_2,\cdots,\overline{x}_n)$是最大解.

定理 4.4.2 给出了判别模糊关系方程是否有解的一种方法,若方程有解,则可求出其最大解.附录中给出了判别模糊关系方程是否有解的 MATLAB 源代码程序 Mhgxfg_Zdj.m.

例 4.4.5 下列模糊关系方程是否有解?

(1) $(x_1,x_2,x_3)\circ\begin{bmatrix}0.3 & 0.5 & 0.2\\ 0.2 & 0 & 0.2\\ 0 & 0.6 & 0.1\end{bmatrix}=(0.2,0.4,0.2)$;

(2) $(x_1,x_2)\circ\begin{pmatrix}0.7 & 0.2\\ 1 & 0.2\end{pmatrix}=(0.7,0.3)$.

解 (1) 比较 $\boldsymbol{R}$ 的第 k 行与 $\boldsymbol{B}$,按式(4.28),有

$$\bar{x}_k = \bigwedge_{j=1}^{3} \{b_j \mid r_{kj} > b_j\},\ k = 1,2,3.$$

故 $\bar{x}_1 = \wedge\{0.2,0.4\} = 0.2,\quad \bar{x}_2 = \wedge\varnothing = 1,\quad \bar{x}_3 = \wedge\{0.4\} = 0.4,$

得 $$(0.2,1,0.4)\circ\boldsymbol{R} = (0.2,0.4,0.2).$$

因此,方程是相容的,其最大解 $\overline{\boldsymbol{X}} = (0.2,1,0.4)$.

(2) $\bar{x}_1 = \wedge\varnothing = 1,\ \bar{x}_2 = \wedge\{0.7\} = 0.7$. 仍记

$$\overline{\boldsymbol{X}} = (1,0.7),$$

但是 $$(1,0.7)\circ\begin{pmatrix}0.7 & 0.2\\ 1 & 0.1\end{pmatrix} = (0.7,0.2) \neq (0.7,0.3),$$

因此方程不相容.

上面只是解决了一个模糊关系方程如果相容,则可求出它的最大解的问题.至于其他的解怎么求,情况要复杂一些.我们只给出结论(定理 4.4.3),不予证明.

定理 4.4.3 设模糊关系方程

$$(x_1,x_2,\cdots,x_n)\circ\boldsymbol{R} = (b_1,b_2,\cdots,b_m), \tag{4.32}$$

其中 $\boldsymbol{R}\in\mathscr{M}_{n\times m}$. 令

$$G_j = \{k_j \mid k_j \in \{1,2,\cdots,n\}, \bar{x}_{k_j} \wedge r_{k_j j} = b_j\}\quad (j = 1,2,\cdots,m), \tag{4.33}$$

$$G = G_1 \times G_2 \times \cdots \times G_m.$$

又设 $G\neq\varnothing$,对于任意 $g=(k_1,k_2,\cdots,k_m)\in G$,令

$$\boldsymbol{X}_g = (x_{g_1},x_{g_2},\cdots,x_{g_n}),$$

其中 $$x_{g_k} \overset{\text{def}}{=\!=} \bigvee_{j=1}^{m}\{b_j \mid k_j = k\},$$

则方程(4.32)相容的充要条件是 $G\neq\varnothing$. 此时全体解集合

$$\mathscr{X} = \bigcup_{g\in G}\{\boldsymbol{X} \mid \boldsymbol{X}_g \leqslant \boldsymbol{X} \leqslant \overline{\boldsymbol{X}}\},$$

其中 $\overline{\boldsymbol{X}}$ 为最大解,称 $\boldsymbol{X}_g$ 为对应 $g\in G$ 的拟极小解.

下面用具体例子介绍一个由我国学者提出的实用方法——矩阵作业法.

例 4.4.6 用矩阵作业法解模糊关系方程

$$(x_1,x_2,x_3)\circ\begin{bmatrix}0.7 & 0.5 & 0.4 & 0.6\\ 0.5 & 0.6 & 0.3 & 0.6\\ 0.6 & 0.7 & 0.4 & 0.8\end{bmatrix} = (0.5,0.6,0.4,0.6). \tag{4.34}$$

解 所给模糊关系方程简记为 $\boldsymbol{X}_{1\times3}\circ\boldsymbol{R}_{3\times4} = \boldsymbol{B}_{1\times4}$.

1° 求最大解.

将 $\boldsymbol{B}$ 排到 $\boldsymbol{R}$ 的上方,依次以 $\boldsymbol{B}$ 和 $\boldsymbol{R}$ 的各行进行比较,分别按下列公式计算:

$$\bar{x}_k = \wedge\{b_j \mid b_j < r_{kj}, j = 1,2,\cdots,n\},$$

并约定 $\wedge\varnothing = 1$,称 $\bar{\boldsymbol{x}} = (\bar{x}_1,\bar{x}_2,\cdots,\bar{x}_n)$ 为方程的最大解. 比如

$$\boldsymbol{B}=(0.5 \quad 0.6 \quad 0.4 \quad 0.6),$$

$$\boldsymbol{R}=\begin{pmatrix}0.7 & 0.5 & 0.4 & 0.6\\0.5 & 0.6 & 0.3 & 0.6\\0.6 & 0.7 & 0.4 & 0.8\end{pmatrix}.$$

$$\overline{x}_1=\wedge\{0.5\}=0.5,\quad \overline{x}_2=\wedge\{\varnothing\}=1,\quad \overline{x}_3=\wedge\{0.5,0.6,0.6\}=0.5.$$

故最大解为

$$\overline{\boldsymbol{x}}=(0.5,1,0.5).$$

2° 判断解的存在性.

首先，用 b_j“平铣”$\boldsymbol{R}$ 的第 j 列：若 $r_{kj}\geqslant b_j$，则用 b_j 代替 r_{kj}. 若 $r_{kj}<b_j$，则用 0 代替 r_{kj}，$k=1,2,\cdots,n;j=1,2,\cdots,m$.“平铣”后的矩阵记为 $\boldsymbol{R}'$，并将最大解 $\overline{x}$ 转置后竖列在 $\boldsymbol{R}'$的右侧，即

$$\boldsymbol{R}'=\begin{pmatrix}0.5 & 0 & 0.4 & 0.6\\0.5 & 0.6 & 0 & 0.6\\0.5 & 0.6 & 0.4 & 0.6\end{pmatrix}\begin{pmatrix}0.5\\1\\0.5\end{pmatrix}$$

其次，在 $\boldsymbol{R}'$中依行划去大于最大解的元素，即对第 k 行，若 $r'_{kj}>\overline{x}_k$，则以 0 代替 r'_{kj}，$k=1,2,\cdots,n;j=1,2,\cdots,m$. 所得矩阵记为

$$\boldsymbol{R}''=\begin{pmatrix}0.5 & 0 & 0.4 & 0\\0.5 & 0.6 & 0 & 0.6\\0.5 & 0 & 0.4 & 0\end{pmatrix}.$$

方程(4.34)有解的充要条件是 $\boldsymbol{R}''$中每一列都有非零元素. 方程(4.34)有解，则 $\overline{x}$ 为最大解.

3° 求极小解.

从第 1 列到第 m 列的每列任取一非零元素，对所有这些非零元素按行取最大值，并约定 $\vee\varnothing=0$. 所得一个模糊向量称为方程(4.34)的一个拟极小解. 对于拟极小解 $\boldsymbol{x}=(x_1,x_2,\cdots,x_n)$，若存在另一个拟极小解 $\boldsymbol{x}'=(x'_1,x'_2,\cdots,x'_n)$，使得 $\boldsymbol{x}'\leqslant\boldsymbol{x}$，这表明 $\boldsymbol{x}$ 不是极小解. 从方程的全部拟极小解中删去非极小解，所剩的每一个向量都是极小解.

从 $\boldsymbol{R}''$中，每列任取一个非零元素，共有 $3\times1\times2\times1=6$ 种取法，即

$$(1,2,1,2)\to(0.5,0.6,0),\qquad (1,2,3,2)\to(0.5,0.6,0.4),$$
$$(2,2,1,2)\to(0.4,0.6,0),\qquad (2,2,3,2)\to(0,0.6,0.4),$$
$$(3,2,1,2)\to(0.4,0.6,0.5),\quad (3,2,3,2)\to(0,0.6,0.5).$$

拟极小解为

$$\boldsymbol{x}'=(0.4,0.6,0),\quad \boldsymbol{x}''=(0,0.6,0.4).$$

4° 构造解集.

最大解为

$$\overline{\boldsymbol{x}}=(0.5,1,0.5).$$

拟最小解为

$$\boldsymbol{x}'=(0.4,0.6,0),\quad \boldsymbol{x}''=(0,0.6,0.4).$$

方程(4.34)的解为

$$\boldsymbol{X}_1=([0.4,0.5],[0.6,1],[0,0.5]),$$
$$\boldsymbol{X}_2=([0,0.5],[0.6,1],[0.4,0.5]),$$

即

$$(0.4,0.6,0)=x'\leqslant \boldsymbol{X}_1\leqslant \bar{\boldsymbol{x}}=(0.5,1,0.5),$$
$$(0,0.6,0.4)=x''\leqslant \boldsymbol{X}_2\leqslant \bar{\boldsymbol{x}}=(0.5,1,0.5).$$

方程(4.34)的解集为

$$\begin{aligned}\mathscr{X}&=\boldsymbol{X}_1\cup \boldsymbol{X}_2\\&=([0.4,0.5],[0.6,1],[0,0.5])\cup([0,0.5],[0.6,1],[0.4,0.5]).\end{aligned}$$

4.4.4 层次分析法

层次分析法(analytic hierarchy process, AHP)是美国运筹学家撒汀(T. L. Saaty)等人于20世纪70年代提出的对复杂问题做出决策的一种简明有效的新方法. 随着科学技术的发展,对以前在社会、经济、生物、心理、组织管理等领域只能定性描述的因素、事物和概念等,现在迫切需要做定量化的研究. 层次分析法把定性分析与定量分析相结合,在一定程度上满足了这种需要.

根据问题的总目标和决策方案分为三个层次:目标层 G、准则层 C 和方案层 P(图4.4),然后应用两两比较的方法确定决策方案的重要性,即得到决策方案 $P_1,P_2,\cdots,P_n$ 相对于目标层 G 重要性的权重,从而做出比较满意的决策.

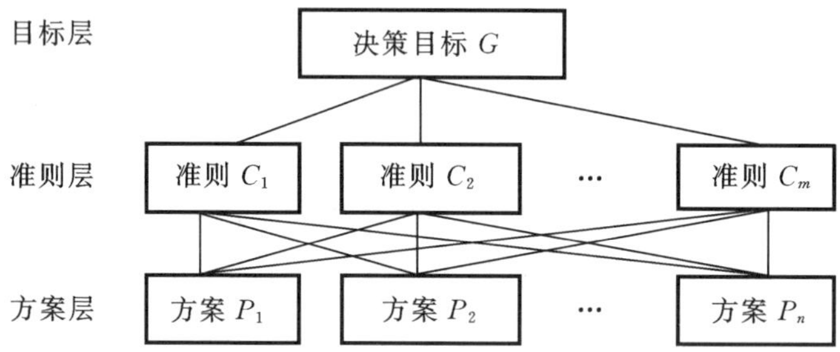

图 4.4

层次分析法可分为以下四个步骤.

1° 明确问题,建立层次结构.

首先要对问题有明确的认识,弄清问题范围、所包含的因素及其相互关系、解决问题的目的等,然后分析系统中各因素(决策方案)之间的关系,建立系统的递阶层次结构:目标层、准则层和方案层. 必要时,还可以建立子准则层.

2° 构造判断矩阵.

对同一层次的各因素关于上一层中某一因素的重要性进行两两比较,构造判断矩阵. 例如,某一层次的各因素 B_1, B_2,…,B_n 对上一层中某一因素 A 的相对重要性,用两两比较法得到判断矩阵 $\mathbf{A}=(a_{ij})_{n\times n}$,其中 a_{ij} 常取值如表 4.19 所示.

表 4.19

B_i 比 B_j	相同	稍强	强	很强	绝对强	相同	稍弱	弱	很弱	绝对弱
a_{ij}	1	3	5	7	9	1	1/3	1/5	1/7	1/9

在相同到绝对强每两个等级之间可依次用 2,4,6,8 将其量化,即 a_{ij} 取 1,2,…,9 或它们的倒数,因此判断矩阵又称正互反矩阵,并且满足

$$a_{ii}=1,\quad a_{ij}=1/a_{ji},\ i,j=1,2,\cdots,n.$$

3° 层次单排序及其一致性检验.

在构造判断矩阵 $\mathbf{A}$ 之后,求出判断矩阵 $\mathbf{A}$ 的最大(绝对值)特征值 $\lambda_{\max}$,再利用它对应的特征方程 $\boldsymbol{AW}=\lambda_{\max}\boldsymbol{W}$ 解出相应的特征向量 $\boldsymbol{W}$,然后将其特征向量 $\boldsymbol{W}$ 归一化,即为同一层次的各因素相对于上一层中某一因素的重要性权重. 这一过程称为层次单排序.

然而,在构造判断矩阵进行两两对比判断时,由于客观事物的复杂性,我们的认识常常带有主观性和片面性. 例如,对三个因素 x_i, x_j,x_k 进行两两比较,由 x_i 与 x_j 相比得到 a_{ij},由 x_j 与 x_k 相比得到 a_{jk},再由 x_i 与 x_k 相比得到 a_{ik},就可能出现 $a_{ij}a_{jk}\neq a_{ik}$. 因此,在构造判断矩阵 $\mathbf{A}$ 之后,还必须进行一致性检验.

可以证明以下两个结论:

① 正互反矩阵的最大特征值 $\lambda_{\max}$ 是单根且是正实数,对应着正的特征向量.

② n 阶正互反矩阵 $\mathbf{A}=(a_{ij})_{n\times n}$ 的最大特征值 $\lambda_{\max}\geqslant n$,$\mathbf{A}$ 是一致的,即 $\mathbf{A}$ 满足

$$a_{ij}a_{jk}=a_{ik},\ i,j,k=1,2,\cdots,n,$$

当且仅当 $\lambda_{\max}=n$.

用来衡量判断矩阵不一致程度的数量指标称为一致性指标,记为 C,定义为

$$C=\frac{\lambda_{\max}-n}{n-1}.$$

当 $C=0$ 时,判断矩阵是一致的,C 的值越大,判断矩阵不一致程度越严重. 那么判断矩阵不一致程度在什么范围内,层次分析法仍然可以使用呢? 为此,引入随机一致性指标

$$R=\frac{\bar{\lambda}_{\max}-n}{n-1}.$$

其中 $\bar{\lambda}_{\max}$ 为多个 n 阶随机正互反矩阵最大特征值的平均值. 当随机一致性比例 $C_R=C/R<0.1$ 时,$\mathbf{A}$ 的不一致性仍可接受,否则必须调整判断矩阵. 这个 0.1 是撒汀根据经验得到的. 随机一致性指标 R 的值,撒汀用了大小 500 个子样,对不同的 n 得到如表 4.20 所示的结果.

表 4.20

n	3	4	5	6	7	8	9	10	11
R	0.58	0.90	1.12	1.24	1.32	1.41	1.45	1.49	1.51

注意　任意的一阶、二阶判断矩阵是完全一致的.

判断矩阵 $\boldsymbol{A}=(a_{ij})_{n\times n}$ 的最大特征值相应的特征向量 $\boldsymbol{W}=(w_1, w_2,\cdots,w_n)$ 的近似计算方法常用和法或根法.

① **和法**　先将判断矩阵 $\boldsymbol{A}$ 的每一列归一化,得到矩阵 $\boldsymbol{B}=(b_{ij})_{n\times n}$,然后按 $\boldsymbol{B}$ 的行求和,即

$$w_i=\sum_{j=1}^{n}b_{ij},\ i=1,2,\cdots,n,$$

其中
$$b_{ij}=a_{ij}\Big/\sum_{k=1}^{n}a_{kj},\ i,j=1,2,\cdots,n.$$

② **根法**　直接将判断矩阵 $\boldsymbol{A}$ 的每一行元素求积,然后求其 n 次方根,即

$$w_i=\sqrt[n]{\prod_{j=1}^{n}a_{ij}},\ i=1,2,\cdots,n.$$

无论是和法还是根法,作为权重,应再将 $\boldsymbol{W}$ 归一化. 判断矩阵 $\boldsymbol{A}$ 的最大特征值 $\lambda_{\max}$ 可由如下公式近似得到:

$$\lambda_{\max}=\frac{1}{n}\sum_{i=1}^{n}\frac{(\boldsymbol{AW})_i}{w_i}.$$

其中 $(\boldsymbol{AW})_i$ 表示 $\boldsymbol{AW}$ 的第 i 个分量.

附录中给出了和法求解判断矩阵 $\boldsymbol{A}$ 的最大特征值及归一化后特征向量的 MATLAB 源代码程序 AHP_Hf.m.

4° 层次总排序及其组合一致性检验.

计算方案层的各因素对于目标层的相对重要性权重,称为层次总排序. 这一过程是由最高层(目标层)到最底层(方案层)逐层进行的. 设某一层 A 包含 m 个因素 $A_1,A_2,\cdots,A_m$,它们关于上一层中某一因素 G 的权重为 $a_1, a_2,\cdots,a_m$;其下一层 B 包含 n 个因素 $B_1,B_2,\cdots,B_n$,它们关于 A_i 的权重为 $b_{i1}, b_{i2},\cdots,b_{in}$;那么 $B_1,B_2,\cdots,B_n$ 关于 G 的权重为 $c_1, c_2,\cdots, c_n$,其中

$$c_j=\sum_{i=1}^{m}a_ib_{ij},\ j=1,2,\cdots,n.$$

层次总排序要进行组合一致性检验. 该过程也是由最高层(目标层)到最底层(方案层)逐层进行的. 设 B 层的 n 个因素 $B_1,B_2,\cdots,B_n$ 关于 A_i 的层次单排序一致性指标为 C_i,随机一致性指标为 R_i,那么 $B_1,B_2,\cdots,B_n$ 关于 G 的组合一致性指标为

$$C_R=\sum_{i=1}^{m}a_iC_i\Big/\sum_{i=1}^{m}a_iR_i.$$

类似地，当 $C_R<0.1$ 时，可认为层次总排序结果具有满意的一致性，否则需要重新调整判断矩阵.

例 4.4.7 企业利润分配 某企业现有一笔留存利润，可供选择的使用方案有：发奖金给职工，扩建集体福利设施，引进新技术新设备等. 为进一步促进企业发展，如何合理使用这笔利润？

解 1° 建立层次结构，如图 4.5 所示，其中准则层是根据目标层和方案层制定的.

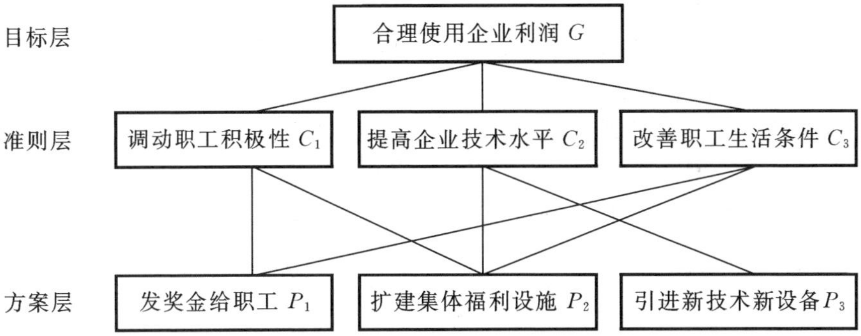

图 4.5

2° 构造判断矩阵. 通过职工代表大会等构造准则层相对于目标层的重要性判断矩阵如下：

$$\boldsymbol{G}=\begin{pmatrix}1 & 1/5 & 1/3\\ 5 & 1 & 3\\ 3 & 1/3 & 1\end{pmatrix}.$$

方案层中，P_1，P_2 相对于 C_1 的重要性判断矩阵为 $\boldsymbol{C}_1$；P_2，P_3 相对于 C_2 的重要性判断矩阵为 $\boldsymbol{C}_2$；P_1，P_2 相对于 C_3 的重要性判断矩阵为 $\boldsymbol{C}_3$.

$$\boldsymbol{C}_1=\begin{pmatrix}1 & 3\\ 1/3 & 1\end{pmatrix},\quad \boldsymbol{C}_2=\begin{pmatrix}1 & 1/5\\ 5 & 1\end{pmatrix},\quad \boldsymbol{C}_3=\begin{pmatrix}1 & 2\\ 1/2 & 1\end{pmatrix}.$$

3° 层次单排序及其一致性检验. 判断矩阵 $\boldsymbol{G}$ 的最大特征值相应的特征向量 $\boldsymbol{W}$ 用和法计算过程如下：

$$\begin{pmatrix}1 & 1/5 & 1/3\\ 5 & 1 & 3\\ 3 & 1/3 & 1\end{pmatrix}\xrightarrow{\text{每一列归一化}}\begin{pmatrix}1/9 & 3/23 & 1/13\\ 5/9 & 15/23 & 9/13\\ 3/9 & 5/23 & 3/13\end{pmatrix}$$

$$\xrightarrow{\text{行和}}\begin{pmatrix}857/2691\\ 5113/2691\\ 2103/2691\end{pmatrix}\xrightarrow{\text{归一化}}\begin{pmatrix}0.106\\ 0.634\\ 0.260\end{pmatrix},$$

即 $\boldsymbol{W}=(0.106,\ 0.634,\ 0.260)^{\mathrm{T}}$. 判断矩阵 $\boldsymbol{G}$ 的最大特征值

$$\lambda_{\max}=\sum_{i=1}^{n}\frac{(\boldsymbol{AW})_i}{nw_i}=\frac{1}{3}\left(\frac{0.319}{0.106}+\frac{1.944}{0.634}+\frac{0.789}{0.260}\right)=3.04,$$

一致性指标
$$C=\frac{\lambda_{\max}-n}{n-1}=\frac{3.04-3}{3-1}=0.02.$$

由于随机一致性比例 $C_R=C/R=0.02/0.58=0.034<0.1$,因此可认为调动职工积极性、提高企业技术水平、改善职工生活条件关于合理使用企业利润的权重为(0.106, 0.634, 0.260).

判断矩阵 $\boldsymbol{C}_1$ 的最大特征值 $\lambda_{\max}=2$,相应的特征向量

$$\boldsymbol{W}=(0.750,\ 0.250)^{\mathrm{T}},\quad C=0,\quad C_R=0<0.1,$$

即发奖金给职工、扩建集体福利设施、引进新技术新设备关于调动职工积极性的权重为(0.750, 0.250, 0).

判断矩阵 $\boldsymbol{C}_2$ 的最大特征值 $\lambda_{\max}=2$,相应的特征向量

$$\boldsymbol{W}=(0.167,\ 0.833)^{\mathrm{T}},\quad C=0,\quad C_R=0<0.1,$$

即发奖金给职工、扩建集体福利设施、引进新技术新设备关于提高企业技术水平的权重为(0, 0.167, 0.833).

判断矩阵 $\boldsymbol{C}_3$ 的最大特征值 $\lambda_{\max}=2$,相应的特征向量

$$\boldsymbol{W}=(0.667,\ 0.333)^{\mathrm{T}},\quad C=0,\quad C_R=0<0.1,$$

即发奖金给职工、扩建集体福利设施、引进新技术新设备关于改善职工生活条件的权重为(0.667, 0.333, 0).

4° 层次总排序及其组合一致性检验. 层次总排序为

$$(0.106,\ 0.634,\ 0.260)\begin{pmatrix}0.750 & 0.250 & 0\\ 0 & 0.167 & 0.833\\ 0.667 & 0.333 & 0\end{pmatrix}=(0.253,\ 0.219,\ 0.528),$$

层次总排序组合一致性检验

$$C=0.106\times 0+0.634\times 0+0.260\times 0=0,\quad C_R=0<0.1,$$

即发奖金给职工、扩建集体福利设施、引进新技术新设备关于合理使用企业利润的权重为(0.253, 0.219, 0.528),或者说企业利润分配比例为:引进新技术新设备占 52.8%,发奖金给职工占 25.3%,扩建集体福利设施占 21.9%.

在实际问题中,判断矩阵可能残缺某些数据. 处理方法是:对给定的残缺判断矩阵 $\boldsymbol{A}^*$,将所有空缺项记为零,再将具有 $k\ (k\geqslant 1)$ 个空缺项的行(列)的对角线元素记为 $k+1$,得到新矩阵 $\boldsymbol{A}$,$\boldsymbol{A}$ 称为 $\boldsymbol{A}^*$ 的等价判断矩阵. 例如,若

$$\boldsymbol{A}^*=\begin{pmatrix}1 & 3 & \times & 1/7 & \times\\ 1/3 & 1 & 1/7 & 1/9 & 1/5\\ \times & 7 & 1 & \times & 3\\ 7 & 9 & \times & 1 & 5\\ \times & 5 & 1/3 & 1/5 & 1\end{pmatrix},$$

则 $\boldsymbol{A}^*$ 的等价判断矩阵

$$\boldsymbol{A}=\begin{pmatrix} 3 & 3 & 0 & 1/7 & 0 \\ 1/3 & 1 & 1/7 & 1/9 & 1/5 \\ 0 & 7 & 3 & 0 & 3 \\ 7 & 9 & 0 & 2 & 5 \\ 0 & 5 & 1/3 & 1/5 & 2 \end{pmatrix}.$$

然后求出 $\boldsymbol{A}$ 的最大特征值及其对应的特征向量,归一化后就是所求的权重向量.

4.5 模糊决策的应用

模糊决策有着广泛的应用.下面仅举若干例子说明模糊决策与模糊关系方程在科学技术与经济管理等方面的应用.

例 4.5.1 花卉适宜栽培地的模糊相似优先比决策[14] 由于花卉本身的特性和栽培地生境条件的模糊性,引入模糊相似优先比选择花卉的适宜栽培地,可以避免选择引种栽培地点的盲目性,提高引种成功的可能性和花卉栽培的经济、社会效益.

金丝蝴蝶是在北京市郊山区野生分布的一种宿根花卉,花为金黄色,花期6～7个月,观赏价值极高.现以金丝蝴蝶为例说明如何选择花卉的适宜栽培地.

1° 设论域 $U=\{x_1,x_2,x_3,x_4\}$ 为被选择的栽培地,其中,x_1 表示北京紫竹院公园,x_2 表示北京林业大学花圃,x_3 表示北京园林科研所花圃,x_4 表示北京植物园.金丝蝴蝶的典型生境作为进行比较的固定样地.

通过采用多元统计方法,确定限制金丝蝴蝶分布的主要因素是:x_{i1} 表示群落乔木郁闭度,x_{i2} 表示年平均气温,x_{i3} 表示土壤 pH 值.这些原始数据如表 4.21 所示.

表 4.21

地　　点	因　　子		
	群落乔木郁闭度/%	年平均气温/℃	土壤 pH 值
北京紫竹院公园	65	11.6	8.10
北京林业大学花圃	0	11.6	8.28
北京园林科研所花圃	85	12.4	8.30
北京植物园	0	11.8	7.80
金丝蝴蝶典型生境	0	1.2	6.40

将原始数据归一化,令

$$x'_{ik}=\frac{x_{ik}-\min\limits_{1\leqslant i\leqslant 5}\{x_{ik}\}}{\max\limits_{1\leqslant i\leqslant 5}\{x_{ik}\}-\min\limits_{1\leqslant i\leqslant 5}\{x_{ik}\}}\quad(i=1,2,3,4,5;k=1,2,3),$$

$x'_{ik}\in[0,1]$,得到数据归一化的结果(表 4.22).

表 4.22

地　　点	因　　子		
	群落乔木郁闭度/%	年平均气温/℃	土壤 pH 值
北京紫竹院公园	0.76	0.93	0.89
北京林业大学花圃	0	0.93	0.99
北京园林科研所花圃	1	1	1
北京植物园	0	0.95	0.74
金丝蝴蝶典型生境	0	0	0

2° 确定模糊相似优先比 r_{ij},建立模糊优先比矩阵.

用欧几里得距离计算被选样地 x_i 与固定样地 x_5 之间的距离,即

$$d_{i5}=\sqrt{\frac{1}{3}\sum_{k=1}^{3}(x'_{ik}-x'_{5k})^2}\quad(i=1,2,3,4),$$

经计算得,4 个被选择地与固定样地之间的距离分别为

$$d_{15}=0.86,\quad d_{25}=0.78,\quad d_{35}=1,\quad d_{45}=0.70.$$

以(d_{i5},d_{j5})构成二元比较级,令

$$r_{ij}=\frac{d_{j5}}{d_{i5}+d_{j5}},\quad r_{ij}+r_{ji}=1,$$

取 $r_{ii}=1$,得模糊相似优先比矩阵为

$$\boldsymbol{R}=\begin{pmatrix}1&0.48&0.54&0.45\\0.52&1&0.56&0.47\\0.46&0.44&1&0.41\\0.55&0.53&0.59&1\end{pmatrix}.$$

3° 在模糊优先比矩阵 $\boldsymbol{R}$ 中由大至小取 λ-截矩阵,评出相似程度,首先达到全行为 1 的那一行所属样本与金丝蝴蝶典型生境最为相似,即为第一优越对象. 其他类似地进行下去.

取 $\lambda=0.53$,得

$$\boldsymbol{R}_{0.53}=\begin{pmatrix}1&0&1&0\\0&1&1&0\\0&0&1&0\\1&1&1&1\end{pmatrix},$$

故第 4 行北京植物园为第一优越对象. 划去 $\boldsymbol{R}$ 中的第 4 行、第 4 列,得

$$\boldsymbol{R}^{(1)}=\begin{pmatrix}1&0.48&0.54\\0.52&1&0.56\\0.46&0.44&1\end{pmatrix},$$

取 $\lambda=0.52$,得

$$R_{0.52}^{(1)}=\begin{pmatrix}1 & 0 & 1\\1 & 1 & 1\\0 & 0 & 1\end{pmatrix},$$

故第 2 行北京林业大学花圃为第二优越对象. 再划去 $R^{(1)}$ 中的第 2 行、第 2 列,得

$$R^{(2)}=\begin{pmatrix}1 & 0.54\\0.46 & 1\end{pmatrix},$$

取 $\lambda=0.54$,得

$$R_{0.54}^{(2)}=\begin{pmatrix}1 & 1\\0 & 1\end{pmatrix},$$

则第 1 行北京紫竹院公园为第三优越对象.

因此,金丝蝴蝶适宜栽培地按适宜程度由大到小排序为:

北京植物园,北京林业大学花圃,北京紫竹院公园,北京园林科研所花圃.

例 4.5.2 建筑节能性能评估[15] 建筑节能已成为我国本世纪可持续发展的重要战略之一. 对建筑节能性能(G)的评估可从墙体性能(A_1)、屋面性能(A_2)、门窗性能(A_3)、设备性能(A_4)、能源性能(A_5)、环境性能(A_6)等 6 个方面的因素进行评估,而墙体性能可从建筑物的体型系数(B_1)、墙体材料(B_2)、外墙的传热系数与热惰性(B_3)3 个方面进行分析;屋面性能可从屋面的传热系数与热惰性(B_4)、屋面的防水性能(B_5)2 个方面进行分析;门窗性能可从门窗的传热系数(B_6)、窗墙比(B_7)、门窗材料(B_8)3 个方面进行分析;设备性能可从空调系统(B_9)、照明系统(B_{10})、给排水系统(B_{11})、厨卫系统(B_{12})4 个方面进行分析;能源性能可从能源消耗总量(B_{13})、可再生资源的利用程度(B_{14})2 个方面进行分析;环境性能可从施工过程对环境的影响(B_{15})、废弃物处理对环境的影响(B_{16})2 个方面进行分析.

1° 评价方法.

本建筑节能性能评估体系采用多级模糊综合评价,方法如下.

① 一级因素集 $U_1=\{A_1,A_2,\cdots,A_6\}$,二级因素集 $U_2=\{B_1,B_2,\cdots,B_{16}\}$.

通过两两比较构造 6 个方面的因素 $A_1,A_2,\cdots,A_6$ 相对目标 G 重要性的判断矩阵,根据层次分析法确定相应的权重. 类似地,根据层次分析法确定二级因素 $B_1,B_2,\cdots,B_{16}$ 相对于各一级因素 $A_1,A_2,\cdots,A_6$ 重要性的权重.

② 评判集 $V=\{v_1,v_2,v_3,v_4\}=\{$优,良,合格,不合格$\}$.

通过专家对二级因素 $B_1,B_2,\cdots,B_{16}$ 以建筑性能优、良、合格、不合格四个等级的打分,得到单因素评判矩阵 $R_1,R_2,\cdots,R_6$,再利用模糊综合评判模型对一级因素 $A_1,A_2,\cdots,A_6$ 分别进行单因素评判.

③ 根据一级因素 $A_1,A_2,\cdots,A_6$ 建筑性能的评判结果构成总单因素评判矩阵,最后再对建筑节能性能(G)进行评估.

2° 分析过程.

现以某市新近竣工的邮电通信大楼项目为例,采用以上评估体系来考察其节能性能的优劣,其具体分析过程如下:

① 根据目前建筑节能的重点是维护结构和直接能耗的实际,通过两两比较构造判断矩阵 $\boldsymbol{G}=(A_1,A_2,\cdots,A_6)$ 如表 4-23 所示.

表 4-23

	A_1	A_2	A_3	A_4	A_5	A_6
A_1	1	5	5	4	3	4
A_2	1/5	1	3	1/3	1/4	3
A_3	1/5	1/3	1	1/3	1/4	1
A_4	1/4	3	3	1	1/5	3
A_5	1/3	4	4	5	1	5
A_6	1/4	1/3	1	1/3	1/5	1

用和法计算出各因素的权重

$$\boldsymbol{a}=(0.409,\ 0.091,\ 0.053,\ 0.110,\ 0.284,\ 0.053),$$

该判断矩阵的最大特征值 $\lambda_{\max}=6.488$.

一致性指标 $C=0.098$. 由于随机一致性比例

$$C_R=C/R=0.098/1.24=0.078<0.1,$$

因此该判断矩阵满足一致性检验要求,该组权重可以接受.

同样,按照上述方法可得到各二级因素相对一级因素重要性的权重系数如下:

$A_1=(B_1,B_2,B_3)$: $\boldsymbol{a}_1=(0.234,0.471,0.295)$,

$A_2=(B_4,B_5)$: $\boldsymbol{a}_2=(0.718,0.282)$,

$A_3=(B_6,B_7,B_8)$: $\boldsymbol{a}_3=(0.360,0.213,0.427)$,

$A_4=(B_9,B_{10},B_{11},B_{12})$: $\boldsymbol{a}_4=(0.283,0.263,0.249,0.205)$,

$A_5=(B_{13},B_{14})$: $\boldsymbol{a}_5=(0.416,0.584)$,

$A_6=(B_{15},B_{16})$: $\boldsymbol{a}_6=(0.374,0.626)$.

② 对各二级因素运用专家评分法进行打分. 要求专家对二级因素 $B_1,B_2,\cdots,B_{16}$ 以建筑性能分为优、良、合格、不合格四个等级打分,然后将每个指标的打分归一化,得到单因素评判矩阵 $\boldsymbol{R}_1,\boldsymbol{R}_2,\cdots,\boldsymbol{R}_6$. 如对于墙体性能因素($A_1$),可得到其关于二级因素 B_1,B_2,B_3 的单因素评判矩阵

$$\boldsymbol{R}_1=\begin{pmatrix}0.27 & 0.23 & 0.33 & 0.17\\0.31 & 0.28 & 0.33 & 0.08\\0.21 & 0.38 & 0.25 & 0.16\end{pmatrix}$$

利用 $\boldsymbol{b}_i=\boldsymbol{a}_i\boldsymbol{R}_i$ 得到关于各一级因素性能的评判如下:

墙体性能　　$\boldsymbol{b}_1=(0.321,0.435,0.172,0.072)$，

屋面性能　　$\boldsymbol{b}_2=(0.418,0.415,0.167,0.000)$，

门窗性能　　$\boldsymbol{b}_3=(0.460,0.424,0.080,0.036)$，

设备性能　　$\boldsymbol{b}_4=(0.520,0.330,0.150,0.000)$，

能源性能　　$\boldsymbol{b}_5=(0.352,0.413,0.171,0.064)$，

环境性能　　$\boldsymbol{b}_6=(0.325,0.234,0.350,0.091)$.

③ 由一级因素 $A_1,A_2,\cdots,A_6$ 建筑性能的评判构成总单因素评判矩阵

$$\boldsymbol{R}=\begin{pmatrix}0.321 & 0.435 & 0.172 & 0.072\\ 0.418 & 0.415 & 0.167 & 0.000\\ 0.460 & 0.424 & 0.080 & 0.036\\ 0.520 & 0.330 & 0.150 & 0.000\\ 0.352 & 0.413 & 0.171 & 0.064\\ 0.325 & 0.234 & 0.350 & 0.091\end{pmatrix},$$

最后再利用模型 $\boldsymbol{b}=\boldsymbol{aR}$ 得到关于该建设项目节能性能的评估结果

$$\boldsymbol{b}=(0.368,0.404,0.173,0.055).$$

根据最大隶属原则，这一评估结果表明该建设项目节能性能为良.

例 4.5.3　综合评判悬铃木在天津市区种植的适应度[16]　悬铃木(英桐)是世界上著名的城市绿化树种，在我国有一百多年栽培历史，集中分布于黄河以南诸省. 现运用模糊综合评判原理，探讨在天津市区气候、土壤条件下种植的悬铃木的适应度.

1° 因素集 $U=\{u_1,u_2,\cdots,u_9\}$，其中：

u_1 表示年均温度 $\overline{T}$，

u_2 表示年 10 ℃以上积温 T_{I}，

u_3 表示年绝对最低温度 $T_{\min}$，

u_4 表示年降水量 P_{re}，

u_5 表示年相对湿度 R_{H}，

u_6 表示年日照时数 B_{S}，

u_7 表示年均风速 $\bar{v}_{\mathrm{W}}$，

u_8 表示土壤酸碱度(pH 值)，

u_9 表示土壤中有害盐类含量 H_{S}.

2° 评判集

$$V=\{v_1,v_2,v_3,v_4,v_5\}=\{\text{很适宜,适宜,临界状态,不适宜,很不适宜}\}.$$

根据悬铃木在原产地和国内主要分布的气候、土壤状况，它在 $\overline{T}=15$ ℃，$T_{\mathrm{I}}=4750$ ℃，$T_{\min}<-17.7$ ℃，$P_{\mathrm{re}}=1000$ mm，$R_{\mathrm{H}}=75\%$，$B_{\mathrm{S}}=2159.2$ h，$\bar{v}_{\mathrm{W}}=3\ \mathrm{m\cdot s^{-1}}$，pH$=6.5$，$H_{\mathrm{S}}=0.0$ 的条件下生长最为理想，故将其作为计算模糊关系矩阵的基准值，综合评判在天津市区种植的适应度.

3° 单因素评判矩阵. 先建立 U 中诸因素 u_i $(i=1,2,\cdots,9)$ 的隶属函数

$$\mu(u_i)=\begin{cases}\dfrac{1}{1+a(u_i-c)^b}, & \text{当 } x<c \text{ 时}(a>0,b>0),\\ 1, & \text{当 } x\geqslant c \text{ 时},i=1,2,\cdots,9.\end{cases}$$

其中,c=基准值,a 和 b 为参数. 这里 $b=2$,$a_{\bar{T}}=0.3299$,$a_{T_1}=0.1698$,$a_{T_{\min}}=0.0707$,$a_{P_{re}}=0.1008$,$a_{R_H}=0.1188$,$a_{B_S}=0.3195$,$a_{\bar{v}_W}=0.1439$,$a_{pH}=0.0822$,$a_{H_S}=0.1616$. 由上述计算得到的 9 个因素的隶属度如表 4.24 所示.

表 4.24

年度	因素								
	u_1	u_2	u_3	u_4	u_5	u_6	u_7	u_8	u_9
1951	0.72	0.88	1.00	0.42	0.41	1.00	—	0.40	0.75
1952	0.64	0.99	1.00	0.36	0.24	1.00	—	0.40	0.75
1953	0.70	0.82	1.00	0.78	0.30	1.00	—	0.40	0.75
1954	0.56	0.86	1.00	0.91	0.30	1.00	—	0.40	0.75
1955	0.54	0.44	1.00	0.69	0.41	1.00	—	0.40	0.75
1956	0.37	0.57	1.00	0.67	0.45	1.00	—	0.40	0.75
1957	0.64	0.44	1.00	0.44	0.37	1.00	—	0.40	0.75
1958	0.56	0.42	1.00	0.40	0.30	1.00	—	0.40	0.75
1959	0.64	0.99	1.00	0.58	0.37	1.00	—	0.40	0.75
1960	0.58	0.67	1.00	0.53	0.33	1.00	—	0.40	0.75
1961	0.76	0.96	1.00	0.66	0.37	1.00	1.00	0.40	0.75
1962	0.62	0.77	1.00	0.48	0.27	1.00	0.99	0.40	0.75
1963	0.64	0.82	1.00	0.59	0.27	1.00	0.99	0.40	0.75
1964	0.51	0.61	1.00	0.93	0.82	1.00	1.00	0.40	0.75
1965	0.64	0.64	1.00	0.42	0.22	1.00	1.00	0.40	0.75
1966	0.51	0.54	0.77	0.79	0.30	1.00	1.00	0.40	0.75
1967	0.52	0.71	1.00	0.50	0.24	1.00	0.99	0.40	0.75
1968	0.60	0.91	1.00	0.32	0.22	1.00	0.99	0.40	0.75
1969	0.37	0.58	1.00	0.78	0.37	1.00	0.99	0.40	0.75
1970	0.84	0.58	1.00	0.57	0.33	1.00	1.00	0.40	0.75

根据计算的隶属度(共 20 年)规定:

当 $\mu(u)<0.60$ 时为很不适宜, 当 $0.60\leqslant\mu(u)<0.70$ 时为不适宜,

当 $0.70\leqslant\mu(u)<0.80$ 时为临界状态, 当 $0.80\leqslant\mu(u)<0.90$ 时为适宜,

当 $\mu(u)\geqslant0.90$ 时为很适宜.

于是从单因素评判入手,例如,对因素 u_1,样本为 20 个,按上述评判集 $V=\{v_1,v_2,v_3,v_4,v_5\}$ 的规定,可以算出 $\mu(u)\geqslant0.90$ 者为 0,$0.80\leqslant\mu(u)<0.90$ 者为 1,$0.70\leqslant\mu(u)<0.80$ 者为 3,$0.60\leqslant\mu(u)<0.70$ 者为 7,$\mu(u)<0.60$ 者为 9,所以有

$$u_1 \mapsto \left(\frac{0}{20},\frac{1}{20},\frac{3}{20},\frac{7}{20},\frac{9}{20}\right)=(0,0.05,0.15,0.35,0.45).$$

类似地对其他因素进行评判,得单因素评判矩阵为

$$R=\begin{pmatrix}0 & 0.05 & 0.15 & 0.35 & 0.45\\ 0.20 & 0.20 & 0.10 & 0.15 & 0.35\\ 0.95 & 0 & 0.05 & 0 & 0\\ 0.10 & 0 & 0.15 & 0.15 & 0.60\\ 0 & 0.25 & 0 & 0 & 0.95\\ 1 & 0 & 0 & 0 & 0\\ 1 & 0 & 0 & 0 & 0\\ 0 & 0 & 0 & 0 & 1\\ 0 & 0 & 1 & 0 & 0\end{pmatrix}.$$

4° 综合评判.参照悬铃木树干解析数据,作主干年生长量与诸因素的相关分析,$r_{u_1}=-0.364$,$r_{u_2}=-0.256$,$r_{u_4}=0.251$,$r_{u_5}=0.340$,$r_{u_6}=-0.317$,$r_{u_7}=0.186$;另外,对 u_3,u_8,u_9 三个因素的估计为 $r_{u_3}=1.000$,$r_{u_8}=0.165$,$r_{u_9}=0.500$.经归一化处理,得 9 个因素的权重为

$$\boldsymbol{A}=(0.11,0.08,0.30,0.07,0.10,0.09,0.05,0.05,0.15).$$

利用模型 $M(\wedge,\vee)$计算,得

$$\underset{\sim}{B}=\boldsymbol{A}\circ\boldsymbol{R}=(0.30,0.08,0.15,0.11,0.11).$$

作归一化处理,得

$$\underset{\sim}{B}=(0.400,0.107,0.200,0.147,0.147).$$

结果表明:由于“很适宜”栽种与“适宜”栽种的之比仅为 50.7%,所以在天津市内普遍种植悬铃木,成功与失败的可能性几乎相当.这种情况下一般称这种树种为“边缘树种”.因此,悬铃木不能作为天津市区的主要绿化树种,但可作为配合树种适当发展.

例 4.5.4 企业核心竞争力模糊评价模型的建立与优化[17] 企业的核心竞争力是由企业的操作层到企业最高管理层,资源与能力逐层累积而成的一种企业综合能力.企业核心竞争力是由多个因素确定的,而企业的发展战略则要靠企业的核心竞争力支撑.为了建立评价模型,建议由该企业最高管理层人员 7 人和专家 3 人组成评估小组.

1° 确定评判因素集 $U=\{u_1,u_2,\cdots,u_{15}\}$,由于因素多,所以应用二级模型.所谓二级模型,实际上就是两个一级模型.

第一级因素集:

$U=\{U_1,U_2,U_3,U_4\}=\{$品牌优势,人力资源,系统管理,成本优势$\}$.

第二级因素集:

$U_1=\{$品牌吸引力,市场竞争力,市场执行能力$\}$,

$U_2=\{$人力资源开发,培训发展,团队合作$\}$,

$U_3=\{$TCCQS,TPL,KMS,IS$\}$

={企业质量系统,第三方物流,知识管理系统,信息系统},

U_4={生产效率,设备维护效率,物料使用效率,原辅料/成品管理,成本管理}.

2° 确定判断集.将企业核心竞争力强弱划分为 5 个等级,即

$$V=\{v_1,v_2,v_3,v_4,v_5\}=\{强,较强,一般,较弱,弱\}.$$

3° 由 10 人评估小组先对第二级因素中的每一因素进行单因素评判,如对因素集 U_1={品牌吸引力,市场竞争力,市场执行能力}中的 3 个因素进行核心竞争力相对强弱的评判,评估小组投票结果如表 4.25 所示.

表 4.25

	v_1(强)	v_2(较强)	v_3(一般)	v_4(较弱)	v_5(弱)
u_1(品牌吸引力)	8	2	0	0	0
u_2(市场竞争力)	7	2	1	0	0
u_3(市场执行能力)	6	2	1	1	0

这实际上是对第二级因素 U_1 的 3 个因素进行单因素评判,即建立模糊映射,得单因素评判矩阵 $\boldsymbol{R}_1=(r_{ij})=\dfrac{1}{10}(c_{ij})$ $(i=1,2,3;j=1,2,\cdots,5)$,其中 c_{ij} 是对 u_i 评价为 v_j 的票数.

$$\boldsymbol{R}_1=\begin{pmatrix}0.8 & 0.2 & 0 & 0 & 0\\ 0.7 & 0.2 & 0.1 & 0 & 0\\ 0.6 & 0.2 & 0.1 & 0.1 & 0\end{pmatrix}_{3\times 5}.$$

类似地,可得到其他 3 个因素集 U_2,U_3,U_4 的单因素评判矩阵为

$$\boldsymbol{R}_2=\begin{pmatrix}0.6 & 0.2 & 0.2 & 0 & 0\\ 0.6 & 0.2 & 0.2 & 0 & 0\\ 0.5 & 0.2 & 0.1 & 0.1 & 0.1\end{pmatrix}_{3\times 5},$$

$$\boldsymbol{R}_3=\begin{pmatrix}0.8 & 0.2 & 0 & 0 & 0\\ 0.4 & 0.2 & 0.2 & 0.2 & 0\\ 0.6 & 0.2 & 0.1 & 0.1 & 0\\ 0.6 & 0.2 & 0.1 & 0.1 & 0\end{pmatrix}_{4\times 5},$$

$$\boldsymbol{R}_4=\begin{pmatrix}0.8 & 0.2 & 0 & 0 & 0\\ 0.6 & 0.2 & 0.2 & 0 & 0\\ 0.7 & 0.2 & 0.1 & 0 & 0\\ 0.7 & 0.2 & 0.1 & 0 & 0\\ 0.6 & 0.2 & 0.2 & 0 & 0\end{pmatrix}_{5\times 5}.$$

4° 对第二级因素集作综合评判.先用加权统计法由 10 人评估小组对第二级因素中的每一因素给予权重评估.仍以因素集 U_1 为例,对 U_1 中的 3 个因素进行相对重要程度的评估,预先设定的权重等级间隔为 0.05,每位专家投票时 3 个因

素所分配的权重和为1,投票结果如表4.26所示.其中,x_i 表示预设权重,N_i 表示投票人数,ω_i 表示频率,因素 u_k 的权重为

$$a_k = \sum_{i=1}^{5} x_i \omega_i \ (k = 1,2,3).$$

表 4.26

序号	品牌吸引力				市场竞争力				市场执行能力			
	x_i	N_i	ω_i	$x_i \cdot \omega_i$	x_i	N_i	ω_i	$x_i \cdot \omega_i$	x_i	N_i	ω_i	$x_i \cdot \omega_i$
1	0.30	2	0.2	0.060	0.30	4	0.4	0.120	0.20	4	0.4	0.080
2	0.35	1	0.1	0.035	0.35	3	0.3	0.105	0.25	3	0.3	0.075
3	0.40	3	0.3	0.120	0.40	2	0.2	0.080	0.30	2	0.2	0.060
4	0.45	3	0.3	0.135	0.45	1	0.1	0.045	0.35	1	0.1	0.035
5	0.50	1	0.1	0.050		—				—		
$\sum$		10	1	0.40		10	1	0.35		10	1	0.25

由表4.26可知,U_1 中的3个因素的权重为 $\boldsymbol{A}_1=(0.40,0.35,0.25)$.类似地可得 U_2,U_3,U_4 的权重为

$$\boldsymbol{A}_2=(0.35,0.35,0.30),\quad \boldsymbol{A}_3=(0.20,0.30,0.20,0.30),$$

$$\boldsymbol{A}_4=(0.25,0.15,0.15,0.20,0.25).$$

再对第二级因素集作综合评判.用模型 $M(\cdot,+)$ 计算,得

$$\boldsymbol{A}_i \cdot \boldsymbol{R}_i = \underset{\sim}{B}_i \ (i=1,2,3,4).$$

$$\underset{\sim}{B}_1=(0.72,0.20,0.06,0.03,0.00),\quad \underset{\sim}{B}_2=(0.57,0.20,0.17,0.03,0.03),$$

$$\underset{\sim}{B}_3=(0.58,0.20,0.11,0.11,0.00),\quad \underset{\sim}{B}_4=(0.69,0.20,0.12,0.00,0.00).$$

5° 对第一级因素集

$$U=\{U_1,U_2,U_3,U_4\}=\{\text{品牌优势,人力资源,系统管理,成本优势}\}$$

作综合评判.用相同的方法得出 $U=\{U_1,U_2,U_3,U_4\}$ 的权重为

$$\boldsymbol{A}=(0.30,0.26,0.24,0.00).$$

总评判矩阵 $\boldsymbol{R}$ 是以 $\underset{\sim}{B}_1,\underset{\sim}{B}_2,\underset{\sim}{B}_3,\underset{\sim}{B}_4$ 为行的模糊矩阵,即

$$\boldsymbol{R}=\begin{pmatrix}\underset{\sim}{B}_1\\ \underset{\sim}{B}_2\\ \underset{\sim}{B}_3\\ \underset{\sim}{B}_4\end{pmatrix}=\begin{pmatrix}0.72 & 0.20 & 0.06 & 0.03 & 0.00\\ 0.57 & 0.20 & 0.17 & 0.03 & 0.03\\ 0.58 & 0.20 & 0.11 & 0.11 & 0.00\\ 0.69 & 0.20 & 0.12 & 0.00 & 0.00\end{pmatrix}_{4\times 5}.$$

作综合评判,有 $\boldsymbol{A} \cdot \boldsymbol{R} = \underset{\sim}{B} = (0.64,0.20,0.11,0.04,0.01)$.

根据最大隶属原则可以得出,该企业拥有强的核心竞争力的结论.核心竞争力

的主要动力来源由大到小的排序为:品牌优势,人力资源,系统管理,成本优势.

例 4.5.5 人参生成的环境因素分析 根据现有研究成果和参农的生产经验,确定人参生长发育的主要环境因素为 $U=\{u_1,u_2,u_3,u_4,u_5,u_6,u_7\}$,其中,$u_1$ 表示 0 ℃以上持续日数,u_2 表示 10 ℃以上活动积温,u_3 表示年降水量,u_4 表示干燥度,u_5 表示积雪日数,u_6 表示土壤酸碱度(pH 值),u_7 表示土壤腐殖质含量.

人参生长环境划分为 5 个等级,即评判集 $V=\{v_1,v_2,v_3,v_4,v_5\}$,其中,$v_1$ 表示一等,v_2 表示二等,v_3 表示三等,v_4 表示四等,v_5 表示五等(不宜种植).

对 U 中 7 个因素的单因素评判矩阵为

$$\boldsymbol{R}=\begin{pmatrix}0.10 & 0.20 & 0.50 & 0.20 & 0\\ 0.40 & 0.30 & 0.20 & 0.10 & 0\\ 0.10 & 0.20 & 0.50 & 0.20 & 0\\ 0.10 & 0.20 & 0.50 & 0.20 & 0\\ 0.40 & 0.30 & 0.30 & 0 & 0\\ 0.40 & 0.30 & 0.15 & 0.10 & 0\\ 0.35 & 0.30 & 0.30 & 0.05 & 0\end{pmatrix}.$$

已知综合评判为 $\underset{\sim}{\boldsymbol{B}}=(0.35,0.50,0.10,0.05,0)$(这个评判结果是根据多年产参的实际质量统计而得到的).

对于 7 个因素,提出可能的待选择的权重为

$$\boldsymbol{A}_1=(0.10,0.13,0.20,0.20,0.13,0.14,0.10),$$

$$\boldsymbol{A}_2=(0.20,0.20,0.10,0.10,0.10,0.10,0.20),$$

$$\boldsymbol{A}_3=(0.25,0.25,0.05,0.05,0.30,0.05,0.05).$$

应用模糊协调决策法,求权重分配.由于因素较多,权重分配差异不大,所以采用模型 $M(\cdot,+)$ 作出综合评判,有

$$\underset{\sim}{B}_1=\boldsymbol{A}_1\cdot\boldsymbol{R}=(0.245,0.250,0.366,0.132,0.007),$$

$$\underset{\sim}{B}_2=\boldsymbol{A}_2\cdot\boldsymbol{R}=(0.270,0.260,0.345,0.120,0.005),$$

$$\underset{\sim}{B}_3=\boldsymbol{A}_3\cdot\boldsymbol{R}=(0.2925,0.2650,0.3375,0.1025,0.0025).$$

再用贴近度公式

$$\sigma(\underset{\sim}{A},\underset{\sim}{B})=1-\frac{1}{n}\sum_{k=1}^{n}|\underset{\sim}{A}(x_k)-\underset{\sim}{B}(x_k)|$$

分别计算 $\underset{\sim}{B}_i$ $(i=1,2,3)$ 与 $\underset{\sim}{B}$ 的贴近度,得

$$\sigma(\underset{\sim}{B},\underset{\sim}{B}_1)=0.8580,\quad \sigma(\underset{\sim}{B},\underset{\sim}{B}_2)=0.8720,\quad \sigma(\underset{\sim}{B},\underset{\sim}{B}_3)=0.8834.$$

根据择近原则,由于 $\sigma(\underset{\sim}{B},\underset{\sim}{B}_3)$ 为最大,故 $\boldsymbol{A}_3$ 是最佳权重分配.

建议读者用其他贴近度公式计算一下,并加以比较.

例 4.5.6 模糊关系方程在土壤侵蚀预报中的应用[18] 目前,土壤侵蚀预报

主要有两种方法：一种是利用美国学者提出的通用流失预报方程，另一种是建立回归方程式.这两种方法都是将侵蚀因子与侵蚀量的关系看做精确的数量关系.但事实上，土壤的侵蚀是非常复杂的过程，涉及面广，影响因子多，侵蚀因子的不同强度之间、不同侵蚀程度的侵蚀量之间存在着明显的模糊关系.

1° 土壤侵蚀预报的数学模型为

$$y=(a_1 \wedge x_1) \vee (a_2 \wedge x_2) \vee (a_3 \wedge x_3) \vee (a_4 \wedge x_4). \tag{4.35}$$

其中：y 表示侵蚀量隶属函数值；x_1 表示土壤物理性黏粒所决定的侵蚀因子，x_2 表示土壤有机质所决定的侵蚀因子，x_3 表示土壤团粒水稳性所决定的侵蚀因子，x_4 表示地面坡度所决定的侵蚀因子；a_1, a_2, a_3, a_4 为待定系数.

从模型(4.35)容易看出，构造这一模型的基本思想是：各侵蚀因子中影响最大的一项因子对侵蚀量起了决定作用，而待定系数 a_i 又对该因子的影响效果作了限制和校正.显然这一模型是近似的，同时又是非常简便的.

2° 各侵蚀因子值与实测参数的关系.

关系方程(4.35)中各侵蚀因子 x_1, x_2, x_3, x_4 是$[0,1]$上的数值，为了得到各侵蚀因子值与实测参数的关系，通过大量实际资料，建立如下的隶属函数.

土壤物理性黏粒质量分数 x_1(%)：

$$x_1=\begin{cases}1, & X_1 \leqslant 10,\\ \dfrac{1}{1+[0.036(X_1-10)]^{3.756}}, & X_1>10;\end{cases}$$

土壤有机质质量分数 x_2(%)：

$$x_2=\begin{cases}1, & X_2<1,\\ \exp(-0.072X_2^2), & X_2 \geqslant 1;\end{cases}$$

土壤团粒水稳性 x_3(水稳性指数 k 值，%)：

$$x_3=\frac{100-X_3}{100};$$

地面坡度 x_4(°)：

$$x_4=\begin{cases}0, & X_4<10,\\ 0.0003X_4^{2.198}, & 10 \leqslant X_4 \leqslant 40,\\ 1, & X_4>40.\end{cases}$$

其中 X_i $(i=1,2,3,4)$为实测参数.

表4.27给出了不同侵蚀类型各侵蚀因子实测值和相应的 x_i 的值.

3° 用模糊关系方程(4.35)作预报.

① 在模型(4.35)中，a_1, a_2, a_3, a_4 是待定的，x_1, x_2, x_3, x_4 可通过实测数据由上述4个公式算出.由于在实测条件下各相应的 y 值为已知，所以根据表4.27提供的数据，可通过解模糊关系方程来确定 a_1, a_2, a_3, a_4.即解如下模糊关系方程：

表 4.27

侵蚀类型	观测点编号	土壤侵蚀量		土壤物理性黏粒质量分数/%		土壤有机质质量分数/%		土壤团粒水稳性指数 k 值/%		地面坡度/°	
		Y		(1)		(2)		(3)		(4)	
		Y	y	X_1	x_1	X_2	x_2	X_3	x_3	X_4	x_4
轻度侵蚀类型Ⅰ	C_7	2500		34.99	0.60	4.21	0.28	75	0.25	32	0.61
	C_9	2000		47.18	0.25	5.49	0.11	80	0.20	35	0.74
	C_{10}	1500		55.55	0.14	6.81	0.04	85	0.15	33	0.65
	C_{24}	2000		33.29	0.66	4.54	0.23	80	0.20	34	0.70
	C_{25}	2500		39.41	0.45	4.11	0.30	80	0.20	36	0.79
	合计	10500		210.42	2.10	25.16	0.96	400	1.00	170	3.49
	平均	2100	0.21	42.08	0.42	5.03	0.19	80	0.20	34	0.70
中度侵蚀类型Ⅱ	C_{11}	3000		43.54	0.33	1.82	0.79	90	0.10	15	0.12
	C_{12}	4000		24.53	0.92	0.62	1.00	80	0.20	3	0
	C_{13}	3500		47.70	0.24	0.86	1.00	75	0.25	10	0
	C_{14}	3000		54.49	0.15	0.88	1.00	90	0.10	15	0.12
	C_{15}	4500		32.44	0.69	0.96	1.00	60	0.40	15	0.12
	C_{16}	3500		41.08	0.40	0.97	1.00	85	0.15	20	0.22
	C_{22}	3000		28.68	0.82	0.91	1.00	75	0.25	20	0.22
	合计	24500		272.46	3.55	7.02	6.79	555	1.45	98	0.80
	平均	3500	0.35	38.92	0.51	1.00	0.97	80	0.21	14	0.11
强度侵蚀类型Ⅲ	C_1	7000		54.99	0.14	0.57	1.00	30	0.70	25	0.36
	C_2	6000		10.17	1.00	0.88	1.00	40	0.60	25	0.36
	C_3	6000		1.00	1.00	0.27	1.00	35	0.65	20	0.22
	C_{20}	7000		22.23	0.96	0.97	1.00	35	0.65	30	0.53
	L_4	6000		12.10	1.00	0.49	1.00	35	0.65	30	0.53
	L_{10}	7000		26.50	0.88	1.11	0.92	35	0.65	20	0.22
	合计	39000		126.99	4.98	4.29	5.92	210	3.90	150	2.22
	平均	6500	0.65	21.17	0.83	0.72	0.99	35	0.65	25	0.37

$$(a_1,a_2,a_3,a_4)\circ\begin{pmatrix}0.42 & 0.51 & 0.83\\ 0.19 & 0.97 & 0.99\\ 0.20 & 0.21 & 0.65\\ 0.70 & 0.11 & 0.37\end{pmatrix}=(0.21,0.35,0.65).$$

利用矩阵作业法容易求得

$$a_1=0.21,\quad a_2=0.35,\quad a_3=(0.65,1),\quad a_4=(0,0.21).$$

于是模型(4.35)为

$$y=(0.21\wedge x_1)\vee(0.35\wedge x_2)\vee((0.65,1)\wedge x_3)\vee((0,0.21)\wedge x_4).$$

② 预报.已知观测点 C_4 的各侵蚀因子的实测值,并经由上述4个公式计算相应的 x_i 值(表4.28).

表 4.28

	1	2	3	4
X_i	47.8	0.30	40	20
x_i	0.24	1	0.60	0.22

于是得出

$$\boldsymbol{y}=(0.21\wedge 0.24)\vee(0.35\wedge 1)\vee((0.65,1)\wedge 0.60)\vee((0,0.21)\wedge 0.22)$$
$$=0.21\vee 0.35\vee 0.60\vee(0,0.21)=0.60.$$

由于表4.27中侵蚀类型及其相应的 Y 值分别是:Ⅰ级,$Y\leqslant 2500$;Ⅱ级,$2500<Y<5000$;Ⅲ级,$Y\geqslant 5000$.

相应的 y 值依下式计算

$$y=\begin{cases}1, & Y\geqslant 10000,\\ \dfrac{Y}{10000}, & Y<10000.\end{cases}$$

可见,观测点 C_4 属Ⅲ级强度侵蚀类型.

习 题 4

1. 职称晋升排序 某单位按下列条件(现实表现、管理水平、教学水平、教学奖、荣誉证、科研水平、科研奖、论文数)对 a,b,c,d,e,f 6位同志晋升高一级职称的条件进行评判.由于各人情况不同,名额又有限,拟请专家8人对6位同志进行排序,所得结果如表4.29所示.试用模糊意见集中决策,确定6位同志的先后次序.

表 4.29

意见	名次					
	1(10分)	2(8分)	3(6分)	4(4分)	5(2分)	6(1分)
m_1	b	a	d	c	f	e
m_2	b	e	f	a	d	c
m_3	e	d	f	c	a	b
m_4	e	d	c	f	b	a
m_5	d	e	c	f	b	a
m_6	c	d	f	a	b	e
m_7	f	d	a	c	b	e
m_8	d	c	f	a	e	b

2. 字母相似程度排序 手写英文字母 a,b,c(图 4.6(a)、(b)、(c))的模糊识别. 设论域 $X=\{a,b,c\}$,待识别图像如图 4.6(d)所示. 为了方便,设 a,b,c 依次为 x_1,x_2,x_3. 考察它们与待识别图像是否相似.

(a) (b) (c) (d)

图 4.6

若 a 与 b 比较,a 与待识别图像的相似程度为 0.32,则 b 与待识别图像的相似程度为0.46;b 与 c 比较,b 与待识别图像的相似程度为0.40,则 c 与待识别图像的相似程度为 0.64;c 与 a 比较,c 与待识别图像的相似程度为 0.46,则 a 与待识别图像的相似程度为 0.54. 试用模糊优先关系定序法按与待识别图像的最相似特性确定 x_1,x_2,x_3 的次序,从而判断待识别图像是哪个字母.

3. 设
$$X=\{x_1,x_2,x_3\},\quad Y=\{y_1,y_2,y_3,y_4\},$$
$$\boldsymbol{R}=\begin{pmatrix}1&0&1&0\\0&1&0&0\\0&0&1&1\end{pmatrix},\quad A=\{x_1,x_3\},\quad \underset{\sim}{B}=\frac{0.7}{x_1}+\frac{0.2}{x_2},$$
试求 $\underset{\sim}{T}_R(A),\underset{\sim}{T}_R(\underset{\sim}{B})$.

4. 设
$$X=\{x_1,x_2\},\quad Y=\{y_1,y_2,y_3\},$$
$$\boldsymbol{R}=\begin{pmatrix}0.1&0.2&0.7\\0.3&1&0.1\end{pmatrix},\quad A=\{x_1,x_2\},\quad \underset{\sim}{B}=\frac{0.1}{x_1}+\frac{0.6}{x_2},$$
试求 $\underset{\sim}{T}_R(A),\underset{\sim}{T}_R(\underset{\sim}{B})$.

5. 设
$$X=\{x_1,x_2,x_3,x_4,x_5,x_6\},\quad Y=\{a,b,c,d\},$$
而
$$f(x)=\begin{cases}a, & x\in\{x_1,x_2,x_3\},\\ b, & x\in\{x_4,x_5\},\\ c, & x=x_6,\end{cases}$$
$$\underset{\sim}{A}=\frac{1}{x_1}+\frac{0.5}{x_2}+\frac{0.8}{x_3}+\frac{0.4}{x_5}+\frac{0.7}{x_6},$$
试求 $\underset{\sim}{B}=f(\underset{\sim}{A})$ 及 $f^{-1}(\underset{\sim}{B})$.

6. 设
$$X=R,$$
$$f:R\to R,$$
$$x\mapsto f(x)=1+(x+1)^2,$$
而
$$\underset{\sim}{A}=\mathscr{T}(X),$$
$$\underset{\sim}{A}(x)=\begin{cases}1+x/3, & -3<x\leqslant 0,\\ 1-x, & 0<x\leqslant 1,\\ 0, & \text{其他},\end{cases}$$
试求 $f(\underset{\sim}{A})$.

7. 对某产品质量作综合评判,考虑从 4 种因素来评判产品,即因素集为

$$U=\{u_1,u_2,u_3,u_4\},$$

将产品质量分为 4 等，即评判集为 $V=\{\text{Ⅰ},\text{Ⅱ},\text{Ⅲ},\text{Ⅳ}\}$，设单因素评判为模糊映射 $\underset{\sim}{f}:X\to\mathscr{T}(V)$，

$$u_1\mapsto \underset{\sim}{f}(u_1)=(0.3,0.6,0.1,0),$$

$$u_2\mapsto \underset{\sim}{f}(u_2)=(0,0.2,0.5,0.3),$$

$$u_3\mapsto \underset{\sim}{f}(u_3)=(0.5,0.3,0.1,0.1),$$

$$u_4\mapsto \underset{\sim}{f}(u_4)=(0.1,0.3,0.2,0.4).$$

设有 2 种对因素的权重为

$$\boldsymbol{A}_1=(0.5,0.2,0.2,0.1),\quad \boldsymbol{A}_2=(0.2,0.4,0.1,0.3).$$

试评判此产品按两种权重情况下，分别相对地属于哪级产品.

8. 在习题 7 中，若对产品所得综合评判为

$$\boldsymbol{B}=(0.2,0.2,0.4,0.3),$$

(1) 试从下列 4 种对因素的权重方案中，选择最符合作该评判的权重(按格贴近度计算).

$$\boldsymbol{A}_1=(0.3,0.5,0.1,0.1),\quad \boldsymbol{A}_2=(0.3,0.4,0.2,0.1),$$

$$\boldsymbol{A}_3=(0.2,0.3,0.2,0.3),\quad \boldsymbol{A}_4=(0.2,0.4,0.1,0.3).$$

在这次综合评判中，试分析哪种因素起决定作用.

(2) 若贴近度采用以下定义：

$$\sigma(\underset{\sim}{A},\underset{\sim}{B})=\frac{\sum_{k=1}^{n}[\underset{\sim}{A}(x_k)\wedge \underset{\sim}{B}(x_k)]}{\sum_{k=1}^{n}[\underset{\sim}{A}(x_k)\vee \underset{\sim}{B}(x_k)]},$$

试在题(1)的 4 种对因素的权重方案中，选择最符合作该评判的权重.

9. 橡胶适宜程度的综合评判 在对华南某些地区种植橡胶的适宜程度的综合评判中，取

$$U=\{\text{年平均气温},\text{年极端最低气温},\text{年平均风速}\},$$

$$V=\{\text{很适宜},\text{较适宜},\text{适宜},\text{不适宜}\}.$$

根据 1960—1978 年间的历史资料，对南宁地区得单因素评判 $\underset{\sim}{f}:U\to\mathscr{T}(Y)$，

南宁年平均气温 $\mapsto(0.42,0.58,0,0)$，

南宁年极端最低气温 $\mapsto(0,0,0.26,0.74)$，

南宁年平均风速 $\mapsto(0,0.11,0.26,0.63)$.

又对万宁地区得单因素评判矩阵

$$\boldsymbol{R}_{\text{万宁}}=\begin{pmatrix}1 & 0 & 0 & 0\\ 0.95 & 0.05 & 0 & 0\\ 0 & 0 & 0 & 1\end{pmatrix},$$

如果着眼权重为 $A=(0.19,0.80,0.01)$，那么，试分别对南宁、万宁两地区作一综合评判.

10. 教学过程的综合评判 在教学过程的综合评判中，取

$$U=\{清楚易懂,教材熟练,生动有趣,板书整齐清楚\},$$

$$V=\{很好,较好,一般,不好\}.$$

设某班学生对教师的教学评判矩阵为

$$\boldsymbol{R}=\begin{pmatrix}0.4 & 0.5 & 0.1 & 0\\ 0.6 & 0.3 & 0.1 & 0\\ 0.1 & 0.2 & 0.6 & 0.1\\ 0.1 & 0.2 & 0.5 & 0.2\end{pmatrix},$$

若考虑权重 $A=(0.5,0.2,0.2,0.1)$，试求学生对这位教师的综合评判.

11. 解下列模糊关系方程：

(1) $(x_1\wedge 0.7)\vee(x_2\wedge 0.8)\vee(x_3\wedge 0.6)\vee(x_4\wedge 0.3)=0.6$；

(2) $(x_1\wedge 0.6)\vee(x_2\wedge 0.7)\vee(x_3\wedge 0.5)\vee(x_4\wedge 0.8)\vee(x_5\wedge 0.3)=0.6$；

(3) $(x_1,x_2,x_3,x_4)\circ\begin{pmatrix}0.4 & 0.5 & 0.7 & 0.1\\ 0.5 & 0.4 & 0 & 0.6\\ 0.8 & 0.6 & 0.1 & 0\\ 0.4 & 0.6 & 0.3 & 0.7\end{pmatrix}=(0.4,0.5,0.7,0.5)$；

(4) $\begin{pmatrix}0.2 & 0.5\\ 0.4 & 0.4\\ 0.8 & 0.7\\ 0.1 & 0.2\end{pmatrix}\circ\begin{pmatrix}x_1\\ x_2\end{pmatrix}=\begin{pmatrix}0.5\\ 0.4\\ 0.6\\ 0.2\end{pmatrix}$；

(5) $\begin{pmatrix}0.3 & 0.5 & 0.7 & 0.9 & 0.8\\ 0.2 & 0.4 & 0.3 & 0.6 & 0.5\\ 0.7 & 0.4 & 0.2 & 0.1 & 0.6\\ 0.8 & 0.9 & 0.7 & 0.2 & 0.4\end{pmatrix}\circ\begin{pmatrix}x_1\\ x_2\\ x_3\\ x_4\\ x_5\end{pmatrix}=\begin{pmatrix}0.7\\ 0.4\\ 0.5\\ 0.8\end{pmatrix}$.

12. 用和法求下列判断矩阵的权重、最大特征值，并给出一致性检验的结果.

(1) $\begin{pmatrix}1 & 1/5 & 4\\ 5 & 1 & 9\\ 1/4 & 1/9 & 1\end{pmatrix}$；　　(2) $\begin{pmatrix}1 & 5 & 1/3\\ 1/5 & 1 & 6\\ 3 & 1/6 & 1\end{pmatrix}$；

(3) $\begin{pmatrix}1 & 1/6 & 1/2 & 2\\ 6 & 1 & 3 & 9\\ 2 & 1/3 & 1 & 4\\ 1/2 & 1/9 & 1/4 & 1\end{pmatrix}$；　　(4) $\begin{pmatrix}1 & 2 & 3 & 7\\ 1/2 & 1 & 2 & 4\\ 1/3 & 1/2 & 1 & 2\\ 1/7 & 1/4 & 1/2 & 1\end{pmatrix}$.

第 5 章　模糊线性规划

线性规划是最优化方法中理论完整、方法成熟、应用广泛的一个重要分支，可以应用于生产计划、物资调运、资源优化配置、地区经济规划等问题. 普通线性规划的约束条件和目标函数都是确定的，但在一些实际问题中，约束条件可能带有弹性，目标函数可能不是单一的，价值系数可能带有模糊性. 这些问题可以用模糊的方法来处理. 引入隶属函数概念，将约束条件和目标函数模糊化，从而导出一个新的线性规划问题，它的最优解称为原问题的模糊最优解. 本章先简略回顾普通线性规划问题，然后再讨论模糊线性规划问题.

5.1　线性规划模型简介

本节内容仅仅是一般性介绍普通线性规划问题的数学模型以及常用软件的求解方法，详细讨论请读者参考相关的线性规划教材.

5.1.1　线性规划问题的数学模型

先看一个例子.

例 5.1.1　最优生产计划　某工厂用 2 种原料 A_1、A_2 生产 3 种产品 B_1、B_2、B_3，每吨产品的利润(单位：万元)、需用原料数(单位：t)及现有原料数(单位：t)如表5.1 所示. 求使总利润最大的生产方案.

表 5.1

原　料	产　品			现有原料
	B_1	B_2	B_3	
A_1	2	1	2	7
A_2	1	3	2	11
每吨产品的利润	2	3	1	

解　设 x_1, x_2, x_3 分别表示 B_1、B_2、B_3 的生产量(单位：t). 这一问题的数学模型为

$$\max f = 2x_1 + 3x_2 + x_3; \tag{5.1}$$

$$\text{s.t.}\begin{cases} 2x_1 + x_2 + 2x_3 \leqslant 7, & (5.2)\\ x_1 + 3x_2 + 2x_3 \leqslant 11, & (5.3)\\ x_1, 3x_2, x_3 \geqslant 0. & (5.4)\end{cases}$$

这里 s.t.是英文 subject to(满足于)的缩写.式(5.1)称为目标函数,式(5.2)、(5.3)、(5.4)称为约束条件.

线性规划问题的数学模型的一般形式是

$$\max(\text{或}\min) f = c_1x_1 + c_2x_2 + \cdots + c_nx_n, \tag{5.5}$$

$$\text{s.t.}\begin{cases}\displaystyle\sum_{j=1}^{n} a_{ij}x_j \begin{Bmatrix}\leqslant \\ = \\ \geqslant\end{Bmatrix} b_i \quad (i=1,2,\cdots,m), & (5.6)\\ x_j \geqslant 0 \ (j=1,2,\cdots,n). & (5.7)\end{cases}$$

其中 a_{ij} 为技术系数,b_i 为资源限量,c_j 为价值系数($i=1,2,\cdots,m;j=1,2,\cdots,n$),它们均为确定的已知量;$x_j(j=1,2,\cdots,n)$为决策变量.在实际问题中,决策变量一般都要求非负限制($x_j\geqslant 0$);若无非负限制,决策变量可用两个非负变量之差来代替.

满足约束条件(5.6)、(5.7)的一组变量的值 x_j^*($j=1,2,\cdots,n$)称为线性规划问题的一个可行解,使目标函数(5.5)取得最优(最大或最小)值的可行解称为最优解.

下面介绍将线性规划问题的一般形式转化为其他形式的方法.

1° 目标函数最大与最小相互转换:将 f 换为 $-f$;

2° 不等式约束(不大于或不小于)转化为等式约束:加上(或减去)一个新变量;

3° 等式约束($\sum a_{ij}x_j = b_i$)转化为不等式约束:用 $\sum a_{ij}x_j \leqslant b_i$ 及 $\sum a_{ij}x_j \geqslant b_i$ 取代 $\sum a_{ij}x_j = b_i$.

5.1.2 线性规划问题的常用软件求解方法

1. lindo 软件

lindo 软件可以求解普通线性规划、整数线性规划、0-1 线性规划、二次规划等问题.例 5.1.1 中线性规划模型 lindo 软件求解方法是,在其编辑窗口内编写如下代码:

```
max   2x1+3x2+x3
s.t.
2x1+x2+2x3<7
x1+3x2+2x3<11
end
```

然后单击工具栏中的图标即可.lindo 软件默认所有变量非负,代码易懂易学,代码中的"<"换成"<="也行.

2. lingo **软件**

lingo 软件可以求解普通线性规划、整数线性规划、0-1 线性规划及可用矩阵表示的非线性规划等问题. 例 5.1.1 中线性规划模型 lingo 软件求解方法是，在其编辑窗口内编写如下代码：

```
max = 2*x1+3*x2+x3;
2*x1+x2+2*x3<7;
x1+3*x2+2*x3<11;
```

同样，单击工具栏中的图标即可. lingo 软件同样默认所有变量非负，在编写代码时格式要求非常严格，每一语句结束后要用"；"表示. 当数据量很大时，可采用下述代码：

```
MODEL:
SETS:
    JZXS/1..3/:c; !定义价值系数向量大小;
    ZYXL/1..2/:b; !定义资源限量向量大小;
    LINK1(JZXS):x; !定义决策变量向量大小;
    LINK2(ZYXL, JZXS):A; !定义技术系数矩阵大小;
ENDSETS
DATA:
    c = 2   3   1;
    b = 7   11;
    A = 2   1   2
          1   3   2;
ENDDATA
MAX = @SUM(LINK1(J): c(J) * x(J)); !目标函数;
    @FOR(ZYXL(I): @SUM(JZXS(J): A(I,J) * x(J)) < b(I)); !约束条件;
END
```

3. MATLAB **软件**

MATLAB 软件功能强大，求解线性规划问题可以用其中的两个函数 lp 和 linprog，在 MATLAB 命令窗口中输入 help lp 或 help linprog 可知其用法. 附录中给出了单纯形法求解线性规划问题的 MATLAB 源代码程序 Lp_Ljdf. m.

5.2　模糊环境下的条件极值

设 X 为非空集，$f: X \mapsto R$，A 是 X 的一个普通子集，若有 $x^* \in A$，使得

$$f(x^*) = \max_{x \in A}\{f(x)\},$$

则称 x^* 为 f 在 A 上的条件极大值点,称 $f(x^*)$ 为 f 在 A 上的条件极大值.

若将普通约束 A 换成模糊约束 $\underset{\sim}{A}$,如何求 f 在模糊集 $\underset{\sim}{A}$ 约束下的极大值呢?

首先,需要将目标函数 $f(x)$ 模糊化,即建立 f 在 X 上的一个模糊目标集 $\underset{\sim}{G}$ 满足:对于任意 $x_1, x_2 \in X$,若 $f(x_1) \leqslant f(x_2)$,则有 $\underset{\sim}{G}(x_1) \leqslant \underset{\sim}{G}(x_2)$.

模糊目标集 $\underset{\sim}{G}$ 通常定义为:当 f 在 X 上的上确界 M、下确界 m 存在时,有

$$\underset{\sim}{G}(x)=\frac{f(x)-m}{M-m}, \quad \forall x \in X,$$

否则适当选取 $M>m$,定义

$$\underset{\sim}{G}(x)=\begin{cases} 0, & f(x) \leqslant m, \\ \dfrac{f(x)-m}{M-m}, & m<f(x) \leqslant M, \\ 1, & f(x)>M. \end{cases}$$

其次,定义模糊判别 $\underset{\sim}{D}$,通常采用以下两个定义.

定义 5.2.1 对称型模糊判别:对于任意 $x \in X$, $\underset{\sim}{D}(x)=\underset{\sim}{A}(x) \wedge \underset{\sim}{G}(x)$.

定义 5.2.2 加权型模糊判别:适当选取 $a, b \geqslant 0, a+b=1$,对于任意 $x \in X$, $\underset{\sim}{D}(x)=a \underset{\sim}{A}(x)+b \underset{\sim}{G}(x)$.

对称型模糊判别是将约束条件和目标函数平等看待,加权型模糊判别是将约束条件和目标函数不平等看待.

最后,根据最大隶属原则求出 x^*,使得

$$\underset{\sim}{D}(x^*)=\max_{x \in X}\{\underset{\sim}{D}(x) \mid \underset{\sim}{D}(x)=\underset{\sim}{A}(x) \wedge \underset{\sim}{G}(x)\} \tag{5.8}$$

或

$$\underset{\sim}{D}(x^*)=\max_{x \in X}\{\underset{\sim}{D}(x) \mid \underset{\sim}{D}(x)=a \underset{\sim}{A}(x)+b \underset{\sim}{G}(x), a, b \geqslant 0, a+b=1\}, \tag{5.9}$$

称 x^* 为 f 在 $\underset{\sim}{A}$ 上的模糊条件极大值点,称 $f(x^*)$ 为 f 在 $\underset{\sim}{A}$ 上的模糊条件极大值.

对于多约束 $\underset{\sim}{A}_1, \underset{\sim}{A}_2, \cdots, \underset{\sim}{A}_m$ 和多目标 $\underset{\sim}{G}_1, \underset{\sim}{G}_2, \cdots, \underset{\sim}{G}_l$ 的情况,可以采用

$$\underset{\sim}{A}(x)=\bigwedge_{i=1}^{m} \underset{\sim}{A}_i(x)$$

或

$$\underset{\sim}{A}(x)=\sum_{i=1}^{m} a_i \underset{\sim}{A}_i(x), \ a_i \geqslant 0, \text{且} \sum_{i=1}^{m} a_i=1,$$

$$\underset{\sim}{G}(x)=\bigwedge_{j=1}^{l} \underset{\sim}{G}_j(x)$$

或

$$\underset{\sim}{G}(x)=\sum_{j=1}^{l} g_j \underset{\sim}{G}_j(x), \ g_j \geqslant 0, \text{且} \sum_{j=1}^{l} g_j=1$$

进行模糊处理,然后采用式(5.8)或式(5.9)进行模糊判别.

例 5.2.1 判断年轻人中的最高者 设 $X=\{x_1, x_2, x_3, x_4, x_5\}$ 为 5 个年轻人的集合,X 中每个人的身高 $f(x)$(单位:cm)如表 5.2 所示.已知

$$\underset{\sim}{A}=\frac{0.7}{x_1}+\frac{0.5}{x_2}+\frac{1}{x_3}+\frac{0.8}{x_4}+\frac{0.9}{x_5}$$

表示 X 中“年轻人”的模糊集,求 X 中年轻人的最高者.

表 5.2

X	x_1	x_2	x_3	x_4	x_5
$f(x)$	171	180	165	174	168

解　将身高模糊化后,得

$$\underset{\sim}{G}=\frac{f(x)-165}{180-165}=\frac{0.4}{x_1}+\frac{1}{x_2}+\frac{0}{x_3}+\frac{0.6}{x_4}+\frac{0.2}{x_5}.$$

采用式(5.8)进行模糊判别(即对称型模糊判别),有

$$\underset{\sim}{D}=\underset{\sim}{A}\cap\underset{\sim}{G}=\frac{0.4}{x_1}+\frac{0.5}{x_2}+\frac{0}{x_3}+\frac{0.6}{x_4}+\frac{0.2}{x_5},$$

得到 X 中年轻人的最高者是 x_4.

事实上,$\underset{\sim}{G}$ 是 X 的模糊子集"高个子",$\underset{\sim}{D}$ 是 X 的模糊子集"年轻人中的高个子",求 X 中年轻人的最高者实际上是求 X 中两个模糊子集 $\underset{\sim}{A}$="年轻人"与 $\underset{\sim}{G}$="高个子"的交集 $\underset{\sim}{D}$ 中隶属度最大者.

例 5.2.2　选择购买大衣　某人想购买一件大衣,他提出如下标准:式样一般,质量好,尺寸合身,价格尽量便宜. 设有 5 件大衣 $X=\{x_1,x_2,x_3,x_4,x_5\}$ 供选择,调查结果如表 5.3 所示. 他应购买哪一件大衣?

表 5.3

大衣	x_1	x_2	x_3	x_4	x_5
式样	过时	一般	较陈旧	较新	时髦
质量	好	较好	好	较差	一般
尺寸	合身	较合身	合身	合身	较合身
价格	40	80	100	85	75

解　根据他的要求,可将式样、质量、尺寸化为模糊约束 $\underset{\sim}{A}_1$,$\underset{\sim}{A}_2$,$\underset{\sim}{A}_3$,而将价格视为模糊目标 $\underset{\sim}{G}$,如表 5.4 所示.

表 5.4

X	x_1	x_2	x_3	x_4	x_5
$\underset{\sim}{A}_1$	0	0.70	0.50	0.80	1
$\underset{\sim}{A}_2$	1	0.80	1	0.40	0.60
$\underset{\sim}{A}_3$	1	0.80	1	1	0.80
$\underset{\sim}{G}$	1	0.33	0	0.25	0.50

将式样、质量、尺寸平等看待,得

$$\underset{\sim}{A}=\underset{\sim}{A}_1\cap\underset{\sim}{A}_2\cap\underset{\sim}{A}_3=\frac{0}{x_1}+\frac{0.70}{x_2}+\frac{0.50}{x_3}+\frac{0.40}{x_4}+\frac{0.60}{x_5}.$$

若采用式(5.8),即将模糊目标与模糊约束平等看待,则

$$\underset{\sim}{D}=\underset{\sim}{A}\cap\underset{\sim}{G}=\frac{0}{x_1}+\frac{0.33}{x_2}+\frac{0}{x_3}+\frac{0.25}{x_4}+\frac{0.50}{x_5},$$

他应购买大衣 x_5,这与他要求价格尽量便宜不太相符.如果要求价格尽量便宜,把约束放松,如令 $a=0.40$,$b=0.60$,采用式(5.9),有

$$\underset{\sim}{D}=0.40\underset{\sim}{A}+0.60\underset{\sim}{G}=\frac{0.60}{x_1}+\frac{0.48}{x_2}+\frac{0.20}{x_3}+\frac{0.31}{x_4}+\frac{0.54}{x_5},$$

他应购买大衣 x_1.

5.3 模糊线性规划模型

5.3.1 资源限量带有模糊性

设普通线性规划的标准形式为

$$\min f=c_1x_1+c_2x_2+\cdots+c_nx_n,$$

$$\text{s.t.}\begin{cases}a_{11}x_1+a_{12}x_2+\cdots+a_{1n}x_n=b_1,\\a_{21}x_1+a_{22}x_2+\cdots+a_{2n}x_n=b_2,\\\qquad\vdots\\a_{m1}x_1+a_{m2}x_2+\cdots+a_{mn}x_n=b_m,\\x_1,x_2,\cdots,x_n\geqslant0.\end{cases}$$

若约束条件带有弹性,即资源限量 b_i 可能取 (b_i-d_i,b_i+d_i) 内的某一个值,这里的 $d_i>0$,它是决策人根据实际问题选择的伸缩指标.这样的规划称为模糊线性规划.

记 $\boldsymbol{x}=(x_1,x_2,\cdots,x_n)^{\mathrm{T}}$, $t_0(\boldsymbol{x})=c_1x_1+c_2x_2+\cdots+c_nx_n$,

$$t_i(\boldsymbol{x})=a_{i1}x_1+a_{i2}x_2+\cdots+a_{in}x_n,\ i=1,2,\cdots,m,$$

那么普通线性规划的标准形式可改写为

$$\min f=t_0(\boldsymbol{x}),$$

$$\text{s.t.}\begin{cases}t_i(\boldsymbol{x})=b_i,\ i=1,2,\cdots,m,\\\boldsymbol{x}\geqslant\boldsymbol{0}.\end{cases}\tag{5.10}$$

把约束条件带有弹性的模糊线性规划记为

$$\min f=t_0(\boldsymbol{x}),$$

$$\text{s.t.}\begin{cases}t_i(\boldsymbol{x})=[b_i,d_i],\ i=1,2,\cdots,m,\\\boldsymbol{x}\geqslant\boldsymbol{0}.\end{cases}\tag{5.11}$$

这里的 $t_i(\boldsymbol{x})=[b_i,d_i]$ 表示:当 $d_i=0$(普通约束)时,$t_i(\boldsymbol{x})=b_i$;当 $d_i>0$(模糊约束)时,$t_i(\boldsymbol{x})$ 取 (b_i-d_i,b_i+d_i) 内的某一个值.

同样,用 $t_i(\boldsymbol{x})\leqslant[b_i,d_i]$ 表示:当 $d_i=0$(普通约束)时,$t_i(\boldsymbol{x})\leqslant b_i$;当 $d_i>0$(模糊约束)时,$t_i(\boldsymbol{x})$ 不大于 (b_i,b_i+d_i) 内的某一个值.而用 $t_i(\boldsymbol{x})\geqslant[b_i,d_i]$ 表示当 d_i

$=0$(普通约束)时，$t_i(\boldsymbol{x})\geqslant b_i$；当 $d_i>0$(模糊约束)时，$t_i(\boldsymbol{x})$不小于(b_i-d_i,b_i)内的某一个值.

请注意模糊线性规划(5.11)与下述普通线性规划

$$\min f=t_0(\boldsymbol{x}),$$
$$\text{s.t.}\begin{cases}b_i-d_i\leqslant t_i(\boldsymbol{x})\leqslant b_i+d_i,\ i=1,2,\cdots,m,\\ \boldsymbol{x}\geqslant\boldsymbol{0}\end{cases}\tag{5.12}$$

的区别.

将模糊线性规划(5.11)中带有弹性的约束条件($d_i>0$)模糊化，其隶属函数定义为

$$\underset{\sim}{A}_i(\boldsymbol{x})=\begin{cases}0, & t_i<b_i-d_i,\\ 1+\dfrac{t_i-b_i}{d_i}, & b_i-d_i\leqslant t_i<b_i,\\ 1, & t_i=b_i,\\ 1-\dfrac{t_i-b_i}{d_i}, & b_i<t_i\leqslant b_i+d_i,\\ 0, & t_i>b_i+d_i.\end{cases}$$

其中 $t_i=t_i(\boldsymbol{x})$，其图形如图 5.1 所示. 而将模糊线性规划(5.11)中普通约束条件($d_i=0$)的隶属函数定义为

$$\underset{\sim}{A}_i(\boldsymbol{x})=1,\ t_i(\boldsymbol{x})=b_i.$$

设普通线性规划(5.10)、(5.12)的最优值分别为 f_0，f_1，一般来说，应该有 $f_1<f_0$，否则模糊线性规划(5.11)中模糊约束条件的伸缩指标没有起作用. 记 $d_0=f_0-f_1$，则 $d_0>0$，它为模糊线性规划(5.11)中目标函数的伸缩指标，d_0 也可由决策人确定. 将模糊线性规划(5.11)中目标函数模糊化，其隶属函数定义为

$$\underset{\sim}{G}(\boldsymbol{x})=\begin{cases}1, & t_0\leqslant f_0-d_0,\\ \dfrac{f_0-t_0}{d_0}, & f_0-d_0<t_0\leqslant f_0,\\ 0, & t_0>f_0.\end{cases}$$

其中 $t_0=t_0(\boldsymbol{x})$，其图形如图 5.2 所示.

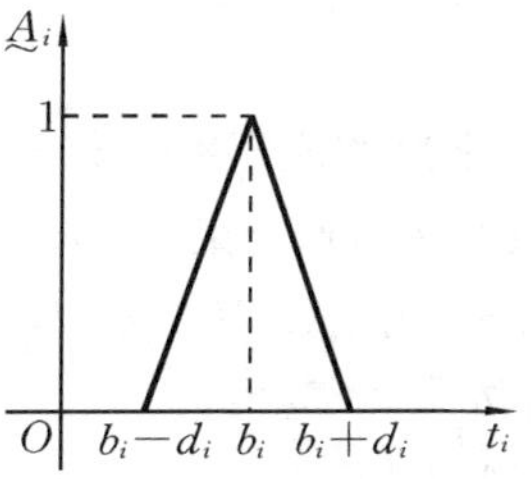

图 5.1

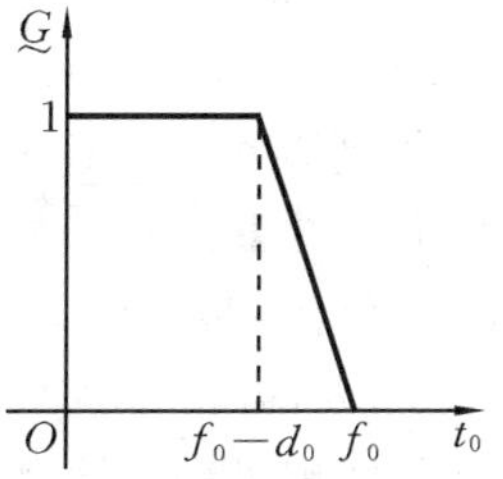

图 5.2

由 $\underset{\sim}{A}_i(\boldsymbol{x})$和 $\underset{\sim}{G}(\boldsymbol{x})$定义容易得到以下命题.

命题 5.3.1 对于任意 $\lambda\in[0,1]$,有

$$\underset{\sim}{A}_i(\boldsymbol{x})\geqslant\lambda\Leftrightarrow\begin{cases}t_i(\boldsymbol{x})-d_i\lambda\geqslant b_i-d_i,\\ t_i(\boldsymbol{x})+d_i\lambda\leqslant b_i+d_i\end{cases}(i=1,2,\cdots,m).$$

命题 5.3.2 对于任意 $\lambda\in[0,1]$,有

$$\underset{\sim}{G}(\boldsymbol{x})\geqslant\lambda\Leftrightarrow t_0(\boldsymbol{x})+d_0\lambda\leqslant f_0.$$

为了求解模糊线性规划(5.11)并方便计算,令

$$\underset{\sim}{A}(\boldsymbol{x})=\bigwedge_{i=1}^{m}\underset{\sim}{A}_i(\boldsymbol{x}),$$

并采用对称型模型(5.8)进行模糊判别.

由于对称型模糊判别是将目标函数和所有约束条件平等看待,所以要使所有的模糊约束条件尽可能满足以及目标函数尽可能达到最优,就要求 $\boldsymbol{x}^*$ 满足 $\underset{\sim}{A}_i(\boldsymbol{x}^*)\geqslant\lambda$ 及$\underset{\sim}{G}(\boldsymbol{x}^*)\geqslant\lambda$,且使 λ 达到最大值. 根据命题 5.3.1 和命题 5.3.2 可得

$$\max\lambda,$$
$$\text{s.t.}\begin{cases}t_0(\boldsymbol{x})+d_0\lambda\leqslant f_0,\\ t_i(\boldsymbol{x})-d_i\lambda\geqslant b_i-d_i,\ i=1,2,\cdots,m,\\ t_i(\boldsymbol{x})+d_i\lambda\leqslant b_i+d_i,\ i=1,2,\cdots,m,\\ \boldsymbol{x}\geqslant\boldsymbol{0},\lambda\geqslant 0.\end{cases}\tag{5.13}$$

设普通线性规划(5.13)的最优解为 $\boldsymbol{x}^*,\lambda^*$,则模糊线性规划(5.11)的模糊最优解为 $\boldsymbol{x}^*$,模糊最优值为 $t_0(\boldsymbol{x}^*)$. 所以,求解模糊线性规划(5.11)相当于求解普通线性规划(5.10)、(5.12)、(5.13). 此外,再补充两点说明:

1° 若要使某个模糊约束条件尽可能满足,只需将其伸缩指标降低直至为零;

2° 若模糊线性规划(5.11)中的目标函数为求最大值,或模糊约束条件为近似不大于(不小于),其相应的隶属函数可类似地写出.

模糊线性规划转化为普通线性规划的规律总结如下:

1° 目标函数转化为普通约束.

设约束条件中不考虑伸缩指标时目标函数的最优值为 f_0,约束条件对伸缩指标完全放开时目标函数的最优值为 f_1(f_1 比 f_0 优),则目标函数 $\max(\min)t_0(\boldsymbol{x})$ 转化为普通约束为 $t_0(\boldsymbol{x})+(f_0-f_1)\lambda\geqslant$(或$\leqslant$)$f_0$.

2° 模糊约束转化为普通约束.

① 当第 i 个模糊约束为 $t_i(\boldsymbol{x})\geqslant[b_i,d_i]$时,转化为普通约束 $t_i(\boldsymbol{x})-d_i\lambda\geqslant b_i-d_i$;

② 当第 i 个模糊约束为 $t_i(\boldsymbol{x})\leqslant[b_i,d_i]$时,转化为普通约束 $t_i(\boldsymbol{x})+d_i\lambda\leqslant b_i+d_i$;

③ 当第 i 个模糊约束为 $t_i(\boldsymbol{x})=[b_i,d_i]$时,先将 $t_i(\boldsymbol{x})=[b_i,d_i]$转化为两个模糊约束 $t_i(\boldsymbol{x})\geqslant[b_i,d_i]$和 $t_i(\boldsymbol{x})\leqslant[b_i,d_i]$,然后按①和②处理.

附录中给出了求解模糊线性规划问题的 MATLAB 源代码程序 Fuzzy_Lp.m.

例 5.3.1 求解模糊线性规划

$$\max f = x_1 - 4x_2 + 6x_3,$$
$$\text{s.t.}\begin{cases} x_1 + x_2 + x_3 \leqslant [8,2], \\ x_1 - 6x_2 + x_3 \geqslant [6,1], \\ x_1 - 3x_2 - x_3 = [-4,0.5], \\ x_1, x_2, x_3 \geqslant 0. \end{cases}$$

解　1° 求解普通线性规划

$$\max f = x_1 - 4x_2 + 6x_3,$$
$$\text{s.t.}\begin{cases} x_1 + x_2 + x_3 \leqslant 8, \\ x_1 - 6x_2 + x_3 \geqslant 6, \\ x_1 - 3x_2 - x_3 = -4, \\ x_1, x_2, x_3 \geqslant 0, \end{cases}$$

得最优解为 $x_1=2, x_2=0, x_3=6$，最优值为 38.

2° 求解普通线性规划

$$\max f = x_1 - 4x_2 + 6x_3,$$
$$\text{s.t.}\begin{cases} x_1 + x_2 + x_3 \leqslant 8+2=10, \\ x_1 - 6x_2 + x_3 \geqslant 6-1=5, \\ x_1 - 3x_2 - x_3 \geqslant -4-0.5=-4.5, \\ x_1 - 3x_2 - x_3 \leqslant -4+0.5=-3.5, \\ x_1, x_2, x_3 \geqslant 0, \end{cases}$$

得最优解为 $x_1=2.75, x_2=0, x_3=7.25$，最优值为 46.25.

3° $f_0=38, d_0=46.25-38=8.25$. 目标函数和各约束条件的隶属函数图形分别如图 5.3、图 5.4、图 5.5、图 5.6 所示.

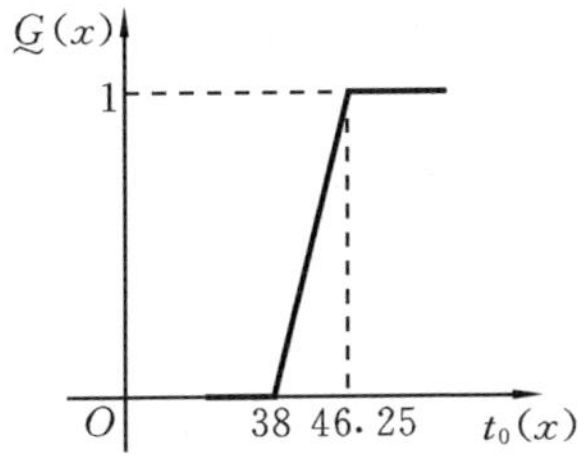

图 5.3

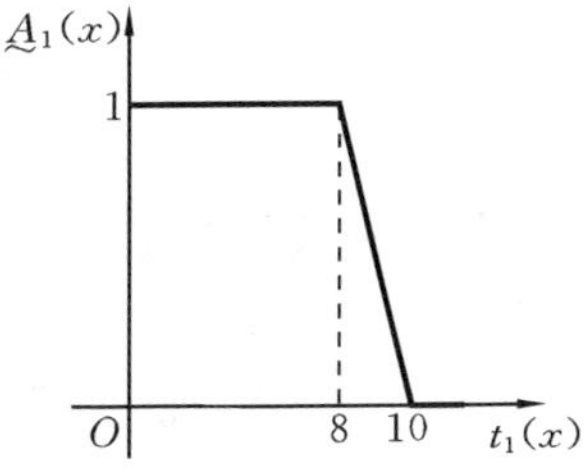

图 5.4

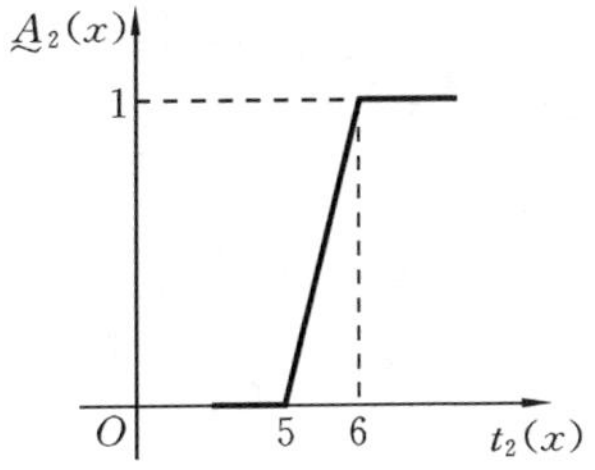

图 5.5

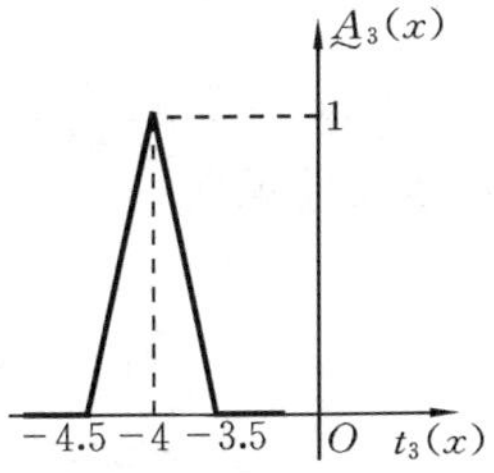

图 5.6

4° 求解普通线性规划

$$
\max \lambda,
$$

$$
\text{s.t.}\begin{cases}x_1-4x_2+6x_3-8.25\lambda\geqslant 38,\\ x_1+x_2+x_3+2\lambda\leqslant 10,\\ x_1-6x_2+x_3-\lambda\geqslant 5,\\ x_1-3x_2-x_3-0.5\lambda\geqslant -4.5,\\ x_1-3x_2-x_3+0.5\lambda\leqslant -3.5,\\ x_1,x_2,x_3\geqslant 0,\end{cases}
$$

得最优解为

$$
x_1=2.375,\quad x_2=0,\quad x_3=6.625,\quad \lambda=0.5.
$$

从而,原问题的模糊最优解为 $x_1=2.375,x_2=0,x_3=6.625$,模糊最优值为 42.125.

5.3.2 多目标线性规划

在相同的条件下,要求多个目标函数都得到较好的满足,这便是多目标规划.若目标函数和约束条件都是线性的,则为多目标线性规划.一般来说,多个目标函数不可能同时达到其最优值,因此只能求使各个目标都比较“满意”的模糊最优解.下面通过具体例子来说明如何用模糊方法求解多目标线性规划问题(附录中给出了模糊方法求解多目标线性规划问题的 MATLAB 源代码程序 Dmb_Lp.m).

例 5.3.2 求解多目标线性规划

$$
\min f_1=x_1+2x_2-x_3,
$$

$$
\max f_2=2x_1+3x_2+x_3,
$$

$$
\text{s.t.}\begin{cases}x_1+3x_2+2x_3\leqslant 10,\\ x_1+4x_2-x_3\geqslant 6,\\ x_1,x_2,x_3\geqslant 0.\end{cases}
$$

解 1° 求解普通线性规划

$$
\min f_1=x_1+2x_2-x_3,
$$

$$
\text{s.t.}\begin{cases}x_1+3x_2+2x_3\leqslant 10,\\ x_1+4x_2-x_3\geqslant 6,\\ x_1,x_2,x_3\geqslant 0,\end{cases}
$$

得最优解为 $x_1=0,x_2=2,x_3=2$,最优值为 2,此时 $f_2=8$.

2° 求解普通线性规划

$$
\max f_2=2x_1+3x_2+x_3,
$$

$$
\text{s.t.}\begin{cases}x_1+3x_2+2x_3\leqslant 10,\\ x_1+4x_2-x_3\geqslant 6,\\ x_1,x_2,x_3\geqslant 0,\end{cases}
$$

得最优解为 $x_1=10, x_2=0, x_3=0$，最优值为 20，此时 $f_1=10$.

3° 同时考虑两个目标，合理的方案是使 $f_1\in[2,10]$，$f_2\in[8,20]$，可取伸缩指标分别为 $d_1=8, d_2=12$. 如果认为目标 f_1 更重要，可单独缩小 d_1；如果认为目标 f_2 更重要，可单独缩小 d_2.

目标 f_1 和 f_2 模糊化后的隶属函数分别如图 5.7、图 5.8 所示.

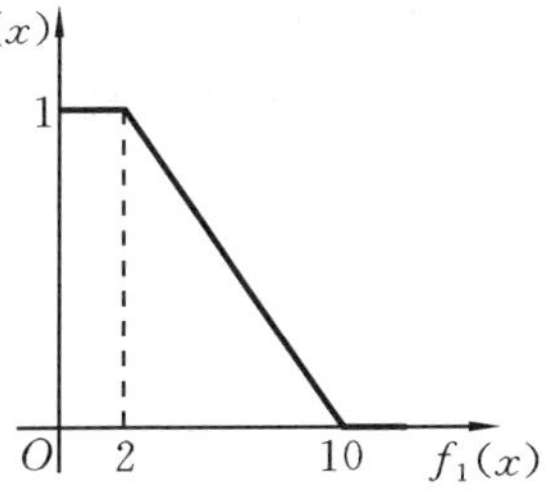

图 5.7

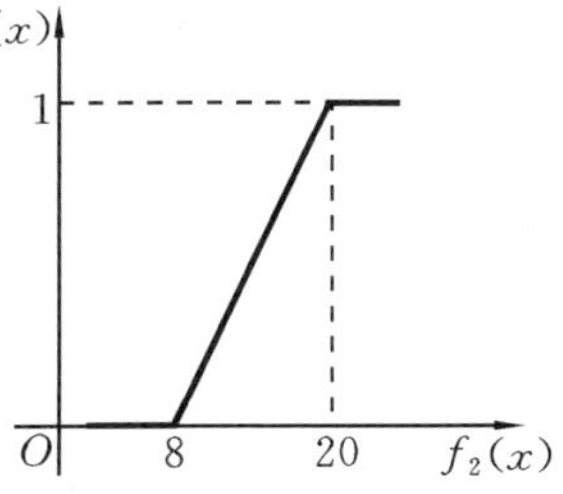

图 5.8

4° 采用对称型模糊判别，即将所有目标函数与所有约束条件平等看待，然后求解普通线性规划

$$\max \lambda,$$

$$\text{s.t.}\begin{cases}x_1+2x_2-x_3+8\lambda\leqslant 10,\\ 2x_1+3x_2+x_3-12\lambda\geqslant 8,\\ x_1+3x_2+2x_3\leqslant 10,\\ x_1+4x_2-x_3\geqslant 6,\\ x_1,x_2,x_3,\lambda\geqslant 0,\end{cases}$$

得最优解为 $x_1=6.29, x_2=0.29, x_3=1.43, \lambda=0.57$. 所以原多目标线性规划问题的模糊最优解为 $x_1=6.29, x_2=0.29, x_3=1.43$，此时 $f_1=5.43, f_2=14.86$.

5.3.3　价值系数带有模糊性

当价值系数带有模糊性时，我们称这样的线性规划为模糊目标线性规划. 设模糊目标线性规划为

$$\min f=(c_{1\mathrm{M}};\ c_{1\mathrm{L}},c_{1\mathrm{R}})_{\mathrm{LR}}x_1+(c_{2\mathrm{M}};\ c_{2\mathrm{L}},c_{2\mathrm{R}})_{\mathrm{LR}}x_2+\cdots+(c_{n\mathrm{M}};\ c_{n\mathrm{L}},c_{n\mathrm{R}})_{\mathrm{LR}}x_n,$$

$$\text{s.t.}\begin{cases}\boldsymbol{Ax}=\boldsymbol{b},\\ \boldsymbol{x}\geqslant\boldsymbol{0},\end{cases}\tag{5.14}$$

其中 $(c_{1\mathrm{M}};\ c_{1\mathrm{L}},c_{1\mathrm{R}})_{\mathrm{LR}}$ 为模糊数，表示大约为 $c_{j\mathrm{M}}$，$c_{j\mathrm{L}}$ $(c_{j\mathrm{L}}\geqslant 0, j=1,2,\cdots,n)$ 为 $c_{j\mathrm{M}}$ 的左伸缩指标，$c_{j\mathrm{R}}$ $(c_{j\mathrm{R}}\geqslant 0)$ 为 $c_{j\mathrm{M}}$ 的右伸缩指标.

设多目标线性规划

$$\min f=c_{1\mathrm{M}}x_1+c_{2\mathrm{M}}x_2+\cdots+c_{n\mathrm{M}}x_n,$$

$$\min f_{\mathrm{L}}=(c_{1\mathrm{M}}-c_{1\mathrm{L}})x_1+(c_{2\mathrm{M}}-c_{2\mathrm{L}})x_2+\cdots+(c_{n\mathrm{M}}-c_{n\mathrm{L}})x_n,$$

$$\min f_R=(c_{1M}+c_{1R})x_1+(c_{2M}+c_{2R})x_2+\cdots+(c_{nM}+c_{nR})x_n,$$
$$\text{s.t.}\begin{cases}\boldsymbol{Ax}=\boldsymbol{b},\\ \boldsymbol{x}\geqslant\boldsymbol{0}\end{cases}$$

的模糊最优解为 $\boldsymbol{x}^*$,可将 $\boldsymbol{x}^*$ 视为模糊目标线性规划(5.14)的模糊最优解(附录中给出了这种解法的 MATLAB 源代码程序 Mhmb_Lp.m).

上述方法来自文献[24]中的"含模糊系数的线性规划模型"一节.下面从模糊数学的基本思想——隶属函数出发,给出这一问题的一种非线性规划求解方法.

不妨设模糊目标函数为 $\min f=c_1x_1+c_2x_2+\cdots+c_nx_n$,若 c_j 具有模糊性,将其隶属函数定义为

$$\mu_j(c_j)=\begin{cases}0, & c_j<c_{jM}-c_{jL},\\ 1+\dfrac{c_j-c_{jM}}{c_{jL}}, & c_{jM}-c_{jL}\leqslant c_j<c_{jM},\\ 1, & c_j=c_{jM},\\ 1-\dfrac{c_j-c_{jM}}{c_{jR}}, & c_{jM}<c_j\leqslant c_{jM}+c_{jR},\\ 0, & c_j>c_{jM}+c_{jR}.\end{cases}$$

其中 c_{jM},c_{jL},c_{jR}已知,c_{jL},c_{jR}分别为 c_{jM}的左、右伸缩指标.

1° 求解线性规划

$$\min f=c_{1M}x_1+c_{2M}x_2+\cdots+c_{nM}x_n,$$
$$\text{s.t. 原约束条件.}$$

设其最优值为 f_0.

2° 求解二次规划

$$\min f=c_1x_1+c_2x_2+\cdots+c_nx_n,$$
$$\text{s.t.}\begin{cases}\text{原约束条件},\\ c_{jM}-c_{jL}\leqslant c_j\leqslant c_{jM}+c_{jR},\ j=1,2,\cdots,n.\end{cases}$$

其中 $c_1,c_2,\cdots,c_n$ 和 $x_1,x_2,\cdots,x_n$ 为变量,设其最优值为 f_1.

3° 合理假设目标函数的伸缩指标为 $d_0=f_0-f_1>0$,将目标函数模糊化.

4° 采用对称型模糊判别,即将目标函数与所有约束条件平等看待,然后求解带有二次约束的规划

$$\max\lambda,$$
$$\text{s.t.}\begin{cases}\text{原约束条件},\\ c_1x_1+c_2x_2+\cdots+c_nx_n+d_0\lambda\leqslant f_0,\\ c_j-c_{jL}\lambda\geqslant c_{jM}-c_{jL},\ j=1,2,\cdots,n,\\ c_j+c_{jR}\lambda\leqslant c_{jM}+c_{jR},\ j=1,2,\cdots,n.\end{cases}$$

其中 $\lambda,c_1,c_2,\cdots,c_n$ 和 $x_1,x_2,\cdots,x_n$ 为变量,设其最优解为 λ^*,$c_1{}^*$,$c_2{}^*$,$\cdots$,$c_n{}^*$ 和

$x_1^*, x_2^*, \cdots, x_n^*$，将 $x_1^*, x_2^*, \cdots, x_n^*$ 视为原模糊目标线性规划的模糊最优解.

例 5.3.3　求解模糊目标线性规划[25]

$$\max f=(20;\ 3,4)_{\mathrm{LR}}x_1+(10;\ 2,1)_{\mathrm{LR}}x_2,$$
$$\text{s. t.}\begin{cases}6x_1+2x_2\leqslant 21,\\ x_1,x_2\geqslant 0.\end{cases}$$

解　1° 求解线性规划

$$\max f=20x_1+10x_2,$$
$$\text{s. t.}\begin{cases}6x_1+2x_2\leqslant 21,\\ x_1,x_2\geqslant 0,\end{cases}$$

得其最优值为 105.

2° 用 lingo 软件求解二次规划

$$\max f=c_1x_1+c_2x_2,$$
$$\text{s. t.}\begin{cases}6x_1+2x_2\leqslant 21,\\ 20-3\leqslant c_1\leqslant 20+4,\\ 10-2\leqslant c_2\leqslant 10+1,\\ x_1,x_2\geqslant 0.\end{cases}$$

源代码如下：

```
MODEL:
SETS:
    JZXS/1..2/:c,cM,cL,cR; !定义价值系数向量、左右伸缩指标向量大小;
    ZYXL/1..1/:b; !定义资源限量向量大小;
    LINK1(JZXS):x; !定义决策变量向量大小;
    LINK2(ZYXL, JZXS):A; !定义技术系数矩阵大小;
ENDSETS
DATA:
    cM = 20   10;
    cL =   3    2;
    cR =   4    1;
    b = 21;
    A = 6   2;
ENDDATA
MAX = @SUM(LINK1(J): c(J) * x(J)); !二次目标函数;
    @FOR(ZYXL(I): @SUM(JZXS(J): A(I,J) * x(J)) < b(I)); !原约束条件;
    @FOR(JZXS(J): c(J) > cM(J) - cL(J)); !约束条件;
    @FOR(JZXS(J): c(J) < cM(J) + cR(J)); !约束条件;
END
```

解得其最优值为115.5.

3° 合理假设目标函数的伸缩指标为 $d_0=115.5-105=10.5>0$，将目标函数模糊化.

4° 采用对称型模糊判别，即将目标函数与所有约束条件平等看待，然后用lingo软件求解带有二次约束的规划

$$\max \lambda,$$
$$\text{s. t.}\begin{cases}6x_1+2x_2\leqslant 21,\\ c_1x_1+c_2x_2-10.5\lambda\geqslant 105,\\ c_1-3\lambda\geqslant 20-3,\\ c_1+4\lambda\leqslant 20+4,\\ c_2-2\lambda\geqslant 10-2,\\ c_2+\lambda\leqslant 10+1,\\ x_1,x_2\geqslant 0.\end{cases}$$

源代码如下：

```
MODEL:
SETS:
    JZXS/1..2/:c,cM,cL,cR; !定义价值系数向量、左右伸缩指标向量大小;
    ZYXL/1..1/:b; !定义资源限量向量大小;
    LINK1(JZXS):x; !定义决策变量向量大小;
    LINK2(ZYXL, JZXS):A; !定义技术系数矩阵大小;
ENDSETS
DATA:
    cM = 20    10;
    cL =   3     2;
    cR =   4     1;
    b = 21;
    A = 6   2;
ENDDATA
MAX = Lmd; !目标函数;
    @FOR(ZYXL(I): @SUM(JZXS(J): A(I,J) * x(J)) < b(I)); !原约束条件;
    @FOR(JZXS(J): c(J) - cL(J) * Lmd > cM(J) - cL(J)); !约束条件;
    @FOR(JZXS(J): c(J) + cR(J) * Lmd < cM(J) + cR(J)); !约束条件;
    @SUM(JZXS(J): c(J) * x(J)) - 10.5 * Lmd > 105; !二次约束条件;
END
```

解得 $\lambda=0.5$，$c=(21.75,10.5)$，$\boldsymbol{x}=(0,10.5)^{\mathrm{T}}$. 将 $\boldsymbol{x}=(0,10.5)^{\mathrm{T}}$ 视为原模糊目标线性

规划的模糊最优解. 文献[25]中用模糊数排序的方法解得 $\boldsymbol{x}=(0.488,9.035)^{\mathrm{T}}$，文献[24]中用向量极大即前一种转化为多目标线性规划的方法解得 $\boldsymbol{x}=(0,10.5)^{\mathrm{T}}$.

从实际应用的角度考虑，若价值系数在其可能变化的范围内波动时，最优解不变，不管哪一种解法都是最好的方法；或者在其最优解下，最优值更接近于真实最优值的方法是一种较好的方法. 依据这一原理，例 5.3.3 的最优解应为 $\boldsymbol{x}=(0,10.5)^{\mathrm{T}}$.

5.4 模糊线性规划的应用

本节用两个实例说明模糊线性规划的应用.

例 5.4.1 药品最优加工方案[25] 某药品加工厂生产甲、乙两种药品，甲种药品利润 3 万元 · kg^{-1}，乙种药品利润 4 万元 · kg^{-1}. 生产 1 kg 甲种药品需要原料 A 略少于 4 kg，需要原料 B 约 12 kg. 生产 1 kg 甲种药品需要原料 A 略多于 20 kg，需要原料 B 约 6.4 kg. 现原料 A 还有约 4600 kg，原料 B 还有约 4800 kg. 如何安排甲、乙两种药品的产量以使利润最大？

解 不妨假设技术系数比较精确(或者其变化不影响最优基)；原料 A 最少有 4500 kg，伸缩指标为 100 kg；原料 B 最少有 4700 kg，伸缩指标为 200 kg；甲、乙两种药品的产量分别为 x_1, x_2(单位：kg). 建立如下模糊线性规划模型：

$$\max f=3x_1+4x_2,$$
$$\text{s.t.}\begin{cases}4x_1+20x_2\lesssim[4500,100],\\12x_1+6.4x_2\lesssim[4700,200],\\x_1,x_2\geqslant 0.\end{cases}$$

求得模糊最优解约为 $x_1=312(\mathrm{kg})$，$x_2=165(\mathrm{kg})$，模糊最优值为 1596(万元).

结果分析：在此最优解下需要原料 A 4548 kg，原料 B 4800 kg. 文献[24]中建立含模糊系数的线性规划模型得到的结果为 $x_1=308(\mathrm{kg})$，$x_2=168(\mathrm{kg})$，最优值为 1598(万元)，需要原料 A 4592 kg，原料 B 4771 kg.

例 5.4.2 风险投资策略* 市场上有 n 种资产(如股票、债券等)S_i $(i=1,2,\cdots,n)$供投资者选择，某公司有数额为 M 的一笔相当大的资金可用做一个时期的投资. 公司财务分析人员对这 n 种资产进行了评估，估算出在这一时期内购买 S_i 的平均收益率为 r_i，并预测出购买 S_i 的风险损失率为 q_i. 考虑到投资越分散，总的风险越小，公司确定，当用这笔资金购买若干种资产时，总体风险可用所投资的 S_i 中最大的一个风险来度量.

购买 S_i 要付交易费，费率为 p_i，并且当购买额不超过给定值 u_i 时，交易费按购买 u_i 计算(不买当然无须付费). 另外，假定同期银行存款利率是 r_0 $(r_0=5\%)$，

* 本题选自 1998 年全国大学生数学建模竞赛 A 题.

且既无交易费又无风险.

已知 $n=4$ 时相关数据如表 5.5 所示. 试给该公司设计一种投资组合方案,即用给定的资金 M,有选择地购买若干种资产或存银行生息,使净收益尽可能大,而总体风险尽可能小.

表 5.5

投资品种	收益率 $r_i/\%$	风险损失率 $q_i/\%$	交易费率 $p_i/\%$	u_i/元
S_1	28	2.5	1	103
S_2	21	1.5	2	198
S_3	23	5.5	4.5	52
S_4	25	2.6	6.5	40

解 设购买 S_i 的金额为 x_i,所需的交易费为

$$c_i(x_i)=\begin{cases}0, & x_i=0,\\ p_iu_i, & 0<x_i<u_i,\quad i=1,2,\cdots,n,\\ p_ix_i, & x_i\geqslant u_i,\end{cases}$$

设存银行的金额为 x_0,显然 $c_0(x_0)=0$.

对 S_i 投资的收益为

$$R_i(x_i)=(1+r_i)x_i-(x_i+c_i(x_i))=r_ix_i-c_i(x_i),$$

投资组合 $\boldsymbol{x}=(x_0,x_1,\cdots,x_n)^{\mathrm{T}}$ 的净收益为

$$R(\boldsymbol{x})=\sum_{i=0}^{n}R_i(x_i).$$

依题意,投资的风险为

$$Q(\boldsymbol{x})=\max_{1\leqslant i\leqslant n}q_ix_i,$$

投资所需资金为

$$F(\boldsymbol{x})=\sum_{i=0}^{n}[x_i+c_i(x_i)].$$

因此,可建立双目标优化模型,即

$$\min\left\{\begin{pmatrix}Q(\boldsymbol{x})\\ -R(\boldsymbol{x})\end{pmatrix}\middle| F(\boldsymbol{x})=M,\boldsymbol{x}\geqslant\boldsymbol{0}\right\}.$$

因为 M 相当大,S_i 若被选中,其投资额 x_i 一般都超过 u_i,投资费用可简化为 $c_i(x_i)=p_ix_i$. 在进行计算时,可设 $M=1$,此时$(1+p_i)x_i$ 可视为投资 S_i 的比例.

引入风险偏好参数 λ $(0\leqslant\lambda\leqslant1)$和变量 x_{n+1},对双目标函数进行加权模糊化,可化为线性规划模型

$$\min\lambda x_{n+1}-(1-\lambda)\sum_{i=0}^{n}(r_i-p_i)x_i,$$

$$\text{s.t.}\begin{cases}\sum_{i=0}^{n}(1+p_i)x_i = M,\\ q_i x_i \leqslant x_{n+1},\ i=1,2,\cdots,n,\\ x_0,x_1,\cdots,x_{n+1}\geqslant 0.\end{cases}$$

代入具体的数据，让风险偏好参数 $\lambda=0\sim1$ 内 1000 个等分点，分别求解上述线性规划模型，一共只得到如表 5.6 所示的 5 种最优方案.

表 5.6

	投资方案				
	1	2	3	4	5
λ	[0.000,0.766]	[0.767,0.810]	[0.811,0.824]	[0.825,0.962]	[0.963,1.000]
S_1/%	99.01	36.90	31.40	23.76	0
S_2/%	0	61.50	52.33	39.60	0
S_3/%	0	0	14.27	10.80	0
S_4/%	0	0	0	22.84	0
存银行/%	0	0	0	0	1
净收益/%	26.73	21.65	21.06	20.16	5
风险/%	2.48	0.92	0.78	0.59	0
净收益对风险的弹性	0.3032	0.1822	0.1752	0.7520	—

由净收益对风险的弹性来看，选择投资方案 4 较好，因为在此处，当风险增加或减少 1%时，收益将增加或减少 0.752%.

习　题　5

1. 用 lindo、lingo 或 MATLAB 软件求解本章的例题和下列模糊线性规划问题：

(1) $\max f=3x_1+4x_2+4x_3$,

$$\text{s.t.}\begin{cases}6x_1+3x_2+4x_3\leqslant[1200,100],\\ 5x_1+4x_2+5x_3\leqslant[1550,200],\\ x_1,x_2,x_3\geqslant 0.\end{cases}$$

(2) $\min f=x_1+4x_2+2x_3$,

$$\text{s.t.}\begin{cases}x_1-x_2+x_3\geqslant[8,2],\\ x_1+2x_2=[6,1],\\ x_1,x_2,x_3\geqslant 0.\end{cases}$$

2. 药物配方　某种药物主要成分为 A_1、A_2、A_3，含量分别为 75±5 mg·盒$^{-1}$、120±5 mg·盒$^{-1}$、138±10 mg·盒$^{-1}$. 这 3 种成分主要来自 5 种原料 B_1、B_2、B_3、B_4、B_5，各种原料的成分和单价如表 5.7 所示. 现要配制该药 10000 盒，如何选购原料较好？

表 5.7

成分	B_1	B_2	B_3	B_4	B_5
A_1/(mg·kg^{-1})	85	60	120	80	120
A_2/(mg·kg^{-1})	80	150	90	160	60
A_3/(mg·kg^{-1})	100	120	150	120	200
单价/元	1.3	1.5	1.6	1.7	1.8

3. 农场规划 某农场有 100 hm^2 土地及 15000 元资金可用于发展生产.农场劳动力情况为春夏季 7000～7500 人·日,秋冬季 6000～6200 人·日.如果本身用不了可外出干活,春夏季收入 2.1 元·(人·日)$^{-1}$,秋冬季收入 1.8 元·(人·日)$^{-1}$.该农场可种植 3 种作物:大豆、玉米、小麦,并饲养奶牛和鸡.种植作物时不需要专门投资,而饲养动物时每头奶牛投资 400 元,每只鸡 3 元.养奶牛时每头需拨出 1.5 hm^2 土地种饲草,养鸡时不占用土地,农场现有条件最多允许养 30 头奶牛和 3000 只鸡.种植作物和饲养动物每年需要的人·日数及收入情况如表 5.8 所示.试规划该农场比较满意的经营方案.

表 5.8

种植或饲养品种	劳动力/(人·日)		年净收入/元
	春夏季	秋冬季	
种植每公顷大豆	50	20	175
种植每公顷玉米	75	35	300
种植每公顷小麦	40	10	120
饲养每头奶牛	50	100	400
饲养每只鸡	0.3	0.6	2

第6章　模糊控制

1965年扎德教授提出了模糊数学理论后，模糊理论开始发展起来. 1974年麦当尼(Mamdani)在蒸汽发动机上成功地运用了模糊控制，表示模糊控制进入了应用阶段. 现在，模糊控制已经广泛应用于工业、农业、军事、医学等许多领域.

本章先简要介绍现代控制系统以及用lingo软件求解最优控制，然后再讨论模糊控制器的设计思想.

6.1　现代控制系统简介

自20世纪50年代末以来，控制论从理论到实践都得到了长足的发展，这使人们可以很好地研究动态系统，并获得比较理想的方法. 由于动态系统的广泛存在，现代控制理论的思想和方法已经广泛应用于工业、农业、国防、航天、交通运输、经济管理、生物医学等领域.

6.1.1　连续时间控制模型

用微分方程组描述的控制系统的一般形式为

$$\dot{\boldsymbol{x}}=\boldsymbol{f}(\boldsymbol{x},\boldsymbol{u},t),\quad \boldsymbol{x}(t_0)=\boldsymbol{x}_0;$$

$$\boldsymbol{y}=\boldsymbol{g}(\boldsymbol{x},\boldsymbol{u},t),$$

其中 $\boldsymbol{x}$ 是 n 维状态向量，$\boldsymbol{u}$ 是 m 维控制向量，$\boldsymbol{y}$ 是 r 维输出向量.

当 $\boldsymbol{f}$ 和 $\boldsymbol{g}$ 都是 $\boldsymbol{x}$ 和 $\boldsymbol{u}$ 的线性函数时，控制系统称为线性控制系统，否则称为非线性控制系统. 线性控制系统的一般形式是

$$\dot{\boldsymbol{x}}=\boldsymbol{A}(t)\ \boldsymbol{x}+\boldsymbol{B}(t)\ \boldsymbol{u},\tag{6.1}$$

$$\boldsymbol{y}=\boldsymbol{C}(t)\boldsymbol{x}+\boldsymbol{D}(t)\ \boldsymbol{u},\tag{6.2}$$

其中 $\boldsymbol{A}(t),\boldsymbol{B}(t),\boldsymbol{C}(t),\boldsymbol{D}(t)$ 分别是 $n\times n,n\times m,r\times n,r\times m$ 矩阵.

线性控制系统具有很多优点，比较容易处理，因此可在一定精度范围内用线性模型近似时，尽量采用近似线性模型.

当线性控制系统式(6.1)、(6.2)中的矩阵 $\boldsymbol{A},\boldsymbol{B},\boldsymbol{C},\boldsymbol{D}$ 均为常数矩阵时，控制系统称为定常线性控制系统或非时变线性控制系统，其一般形式为

$$\dot{\boldsymbol{x}}=\boldsymbol{A}\boldsymbol{x}+\boldsymbol{B}\boldsymbol{u},\tag{6.3}$$

$$\boldsymbol{y}=\boldsymbol{C}\boldsymbol{x}+\boldsymbol{D}\boldsymbol{u}.\tag{6.4}$$

关于控制系统的稳定性、能控性、能观测性可参看文献[26]. 最优控制问题是

一个求泛函极值的问题,即在已给状态方程

$$\dot{\boldsymbol{x}}=\boldsymbol{f}(\boldsymbol{x},\boldsymbol{u},t),\quad \boldsymbol{x}(t_0)=\boldsymbol{x}_0$$

和目标函数 $$J(\boldsymbol{u})=\theta(\boldsymbol{x}(t_f),t_f)+\int_{t_0}^{t_f}L(\boldsymbol{x},\boldsymbol{u},t)\mathrm{d}t,$$

求最优控制 $\boldsymbol{u}(t)\in U$ 使 $J(\boldsymbol{u})$ 最小或最大.

下面介绍几种典型的最优控制问题.

1° 最短时间问题. 最短时间问题要求将系统的状态由初始状态 $\boldsymbol{x}_0$ 转移到指定的状态 $\boldsymbol{x}_f$ 所用的时间最短,即求 $\boldsymbol{u}(t)$,使得在它的作用下 $\boldsymbol{x}(t_f)=\boldsymbol{x}_f$,且

$$J(\boldsymbol{u})=\int_{t_0}^{t_f}\mathrm{d}t=t_f-t_0$$

最小.

2° 最小能量问题. 最小能量问题要求将系统的状态由初始状态 $\boldsymbol{x}_0$ 转移到指定的状态 $\boldsymbol{x}_f$ 所用的能量最小,即求 $\boldsymbol{u}(t)$ 使在它的作用下 $\boldsymbol{x}(t_f)=\boldsymbol{x}_f$,并使

$$J(\boldsymbol{u})=\int_{t_0}^{t_f}\boldsymbol{u}^{\mathrm{T}}\boldsymbol{R}\boldsymbol{u}\mathrm{d}t$$

最小. 这里的 $\boldsymbol{R}$ 是加权矩阵,以体现对不同的控制变量所耗能量不同的重视程度.

3° 状态调节器问题. 当系统状态 $\boldsymbol{x}(t)$ 偏离平衡状态 $\boldsymbol{x}=\boldsymbol{0}$ 时,可用状态变量的二次方和的积分衡量误差的积累. 状态调节器问题的目标函数可取为

$$J(\boldsymbol{u})=\frac{1}{2}[\boldsymbol{x}(t_f)]^{\mathrm{T}}\boldsymbol{F}\boldsymbol{x}(t_f)+\frac{1}{2}\int_{t_0}^{t_f}(\boldsymbol{x}^{\mathrm{T}}\boldsymbol{Q}\boldsymbol{x}+\boldsymbol{u}^{\mathrm{T}}\boldsymbol{R}\boldsymbol{u})\mathrm{d}t.$$

其中 $\boldsymbol{F},\boldsymbol{Q},\boldsymbol{R}$ 是加权矩阵,$[\boldsymbol{x}(t_f)]^{\mathrm{T}}\boldsymbol{F}\boldsymbol{x}(t_f)$ 体现对终点偏差的重视,$\boldsymbol{u}^{\mathrm{T}}\boldsymbol{R}\boldsymbol{u}$ 对控制能量加以约束.

4° 跟踪问题. 当要求输出轨线 $\boldsymbol{y}(t)$ 跟踪给定的轨线 $\boldsymbol{y}_d(t)$ 时,目标函数可取为

$$J(\boldsymbol{u})=\frac{1}{2}[\boldsymbol{y}(t_f)-\boldsymbol{y}_d(t_f)]^{\mathrm{T}}\boldsymbol{F}[\boldsymbol{y}(t_f)-\boldsymbol{y}_d(t_f)]$$
$$+\frac{1}{2}\int_{t_0}^{t_f}[(\boldsymbol{y}-\boldsymbol{y}_d)^{\mathrm{T}}\boldsymbol{Q}(\boldsymbol{y}-\boldsymbol{y}_d)+\boldsymbol{u}^{\mathrm{T}}\boldsymbol{R}\boldsymbol{u}]\mathrm{d}t.$$

例 6.1.1 倒摆的控制模型[26] 设一倒摆安装在小车上,如图 6.1 所示. 这是空间起飞助推器的姿态控制模型,其功能是使空间助推器保持在竖直位置. 这里仅考虑二维问题,认为倒摆只在图 6.1 所示的平面内运动. 倒摆靠加于小车上的控制力 u 使它保持竖直位置.

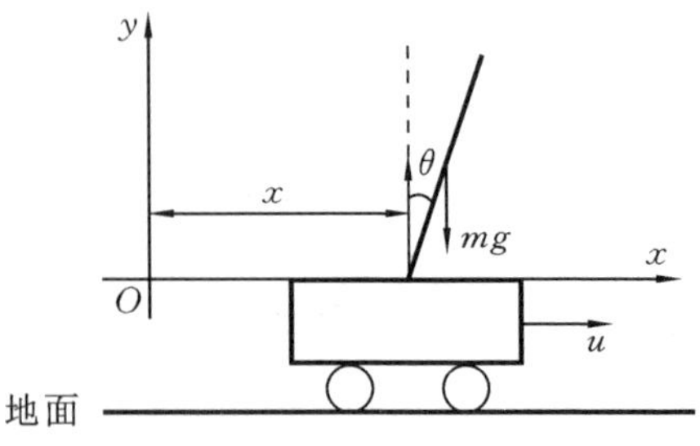

图 6.1

当 θ 很小并忽略摆杆的转动惯量时,描述小车与倒摆运动的微分方程为

$$m_{车}\ddot{x}=u-m_{杆}g\theta,\qquad(6.5)$$

$$m_{车}l\ddot{\theta}=(m_{车}+m_{杆})g\theta-u,\qquad(6.6)$$

其中$m_{车}=2$ kg 为小车的质量，$m_{杆}=0.1$ kg 为摆杆的质量，$l=0.5$ m 为摆杆的长度，$g=9.81\ \mathrm{m\cdot s^{-2}}$. 选取状态变量 $x_1=\theta, x_2=\dot{\theta}, x_3=x, x_4=\dot{x}$，则式(6.6)和式(6.5)化为状态方程组

$$\begin{cases}\dot{x}_1=x_2,\\ \dot{x}_2=20.601x_1-u,\\ \dot{x}_3=x_4,\\ \dot{x}_4=-0.4905x_1+0.5u.\end{cases}$$

令 $\boldsymbol{x}=(x_1,x_2,x_3,x_4)^{\mathrm{T}}$，系统的输出向量为 $\boldsymbol{y}=(\theta,x)^{\mathrm{T}}$，于是得到倒摆的控制模型为

$$\dot{\boldsymbol{x}}=\begin{pmatrix}0&1&0&0\\20.601&0&0&0\\0&0&0&1\\-0.4905&0&0&0\end{pmatrix}\boldsymbol{x}+\begin{pmatrix}0\\-1\\0\\0.5\end{pmatrix}\boldsymbol{u},\quad \boldsymbol{y}=\begin{pmatrix}1&0&0&0\\0&0&1&0\end{pmatrix}\boldsymbol{x}.$$

6.1.2 无约束最优控制问题的求解方法

已给系统的状态方程

$$\dot{\boldsymbol{x}}=\boldsymbol{f}(\boldsymbol{x},\boldsymbol{u},t),\quad \boldsymbol{x}(t_0)=\boldsymbol{x}_0$$

和目标函数

$$J(\boldsymbol{u})=\theta(\boldsymbol{x}(t_f),t_f)+\int_{t_0}^{t_f}L(\boldsymbol{x},\boldsymbol{u},t)\mathrm{d}t,$$

无约束最优控制问题是：求最优控制 $\boldsymbol{u}(t)$，使 $J(\boldsymbol{u})$最小或最大. 这里 t_f 已给定.

无约束最优控制问题的求解原理参看相关文献，此处只给出其求解方法：

1° 构造哈密顿(Hamilton)函数

$$H(\boldsymbol{x},\lambda,\boldsymbol{u},t)=L(\boldsymbol{x},\boldsymbol{u},t)+\lambda^{\mathrm{T}}\boldsymbol{f}(\boldsymbol{x},\boldsymbol{u},t),$$

令$\dfrac{\partial H}{\partial \boldsymbol{u}}=0$ 解出 $\boldsymbol{u}=\boldsymbol{u}^*(\boldsymbol{x},\lambda,t)$.

2° 求解两点边值问题的常微分方程组

$$\begin{cases}\dot{\boldsymbol{x}}=\boldsymbol{f}(\boldsymbol{x},\boldsymbol{u},t),\quad \boldsymbol{x}(t_0)=\boldsymbol{x}_0,\\ \dot{\lambda}=-\dfrac{\partial H}{\partial \boldsymbol{x}},\quad \lambda(t_f)=\dfrac{\partial\theta(\boldsymbol{x}(t_f),t_f)}{\partial \boldsymbol{x}(t_f)},\end{cases}$$

得到 $\boldsymbol{x}=\boldsymbol{x}^*(t),\lambda=\lambda^*(t)$.

3° 最优控制 $\boldsymbol{u}^*=\boldsymbol{u}(\boldsymbol{x}^*(t),\lambda^*(t),t)$.

例 6.1.2 已给系统的状态方程

$$\dot{x}=-x+u,\quad x(0)=1$$

和目标函数

$$J(\boldsymbol{u})=\frac{1}{2}\int_0^1(x^2+u^2)\mathrm{d}t,$$

求 $u(t)$，将状态 $x(0)=1$ 转移到 $x(1)=0$，并使 $J(u)$最小.

解 构造哈密顿函数

$$H(x,\lambda,u,t)=\frac{1}{2}(x^2+u^2)+\lambda(-x+u),$$

令$\frac{\partial H}{\partial \boldsymbol{u}}=0$ 解得 $u=-\lambda$.

将 $u=-\lambda$ 代入后得到两点边值问题的常微分方程组

$$\begin{cases}\dot{x}=-x+u=-x-\lambda, & x(0)=1,\\ \dot{\lambda}=-x+\lambda, & x(1)=0.\end{cases}$$

由第一个方程微分得到

$$\ddot{x}+\dot{x}+\dot{\lambda}=0,$$

以$\dot{\lambda}=-x+\lambda$ 及$\lambda=-x-\dot{x}$ 代入上式,得

$$\ddot{x}-2x=0,$$

再应用边界条件 $x(0)=1$ 及 $x(1)=0$ 得

$$x(t)=\frac{e^{-\sqrt{2}}e^{\sqrt{2}t}-e^{\sqrt{2}}e^{-\sqrt{2}t}}{e^{-\sqrt{2}}-e^{\sqrt{2}}},$$

由此得

$$u(t)=-\lambda=x+\dot{x}=\frac{(\sqrt{2}+1)e^{-\sqrt{2}}e^{\sqrt{2}t}+(\sqrt{2}-1)e^{\sqrt{2}}e^{-\sqrt{2}t}}{e^{-\sqrt{2}}-e^{\sqrt{2}}}.$$

6.1.3 离散时间控制模型

用差分方程组描述的控制系统的状态方程和输出方程

$$\boldsymbol{x}(k+1)=\boldsymbol{f}(\boldsymbol{x}(k),\boldsymbol{u}(k),k),$$
$$\boldsymbol{y}(k)=\boldsymbol{g}(\boldsymbol{x}(k),\boldsymbol{u}(k),k).$$

类似连续时间控制模型,离散时间线性控制系统的一般形式是

$$\boldsymbol{x}(k+1)=\boldsymbol{A}(k)\boldsymbol{x}(k)+\boldsymbol{B}(k)\boldsymbol{u}(k),$$
$$\boldsymbol{y}(k)=\boldsymbol{C}(k)\boldsymbol{x}(k)+\boldsymbol{D}(k)\boldsymbol{u}(k),$$

离散时间定常线性控制系统的一般形式是

$$\boldsymbol{x}(k+1)=\boldsymbol{A}\boldsymbol{x}(k)+\boldsymbol{B}\boldsymbol{u}(k), \tag{6.7}$$
$$\boldsymbol{y}(k)=\boldsymbol{C}\boldsymbol{x}(k)+\boldsymbol{D}\boldsymbol{u}(k).$$

由式(6.7)可得

$$\boldsymbol{x}(k)=\boldsymbol{A}^k\boldsymbol{x}(0)+\sum_{j=0}^{k-1}\boldsymbol{A}^{k-j-1}\boldsymbol{B}\boldsymbol{u}(j). \tag{6.8}$$

离散时间系统最优控制问题的一般提法是:求最优控制系列

$$\boldsymbol{u}(k_0),\ \boldsymbol{u}(k_0+1),\cdots,\boldsymbol{u}(k_f-1),$$

使目标函数 $J(\boldsymbol{u})=\theta(\boldsymbol{x}(k_f),k_f)+\sum_{k=k_0}^{k_f-1}L(\boldsymbol{x}(k),\boldsymbol{u}(k),k)$

最小或最大.

离散时间系统最优控制问题的解法有泛函极值、动态规划方法,这里不作介绍.以下通过具体例子介绍 lingo 软件的求解方法.

例 6.1.3 设离散系统的状态方程为

$$x(k+1)=1.3x(k)-0.3u(k),\quad x(0)=5,$$

求 $u(k)$满足 $0.5\leqslant u(k)\leqslant 1$,并使目标函数

$$J(u)=\sum_{k=0}^{3}0.25[x(k)+u(k)]$$

最小.

解 用 lingo 软件求得最优控制系列为 $u(0)=1,u(1)=0.5,u(2)=0.5,u(3)=0.5$,其源代码如下:

```
MODEL:
SETS:
    ZTBL/1..5/:x; !定义状态变量大小;
    SRBL/1..4/:u; !定义输入变量大小;
ENDSETS
MIN = @SUM(SRBL(K): 0.25*(x(K) + u(K))); !目标函数;
    x(1)=5; !边值条件;
    @FOR(SRBL(K): x(K+1) = 1.3*x(K) - 0.3*u(K)); !状态方程;
    @FOR(SRBL(K): u(K) > 0.5 ); !约束条件;
    @FOR(SRBL(K): u(K) < 1 ); !约束条件;
END
```

例 6.1.4 生产-库存-销售系统的控制模型 设某厂计划生产某一种产品,考虑其生产的管理问题.设第 k 季度该产品(单位:件)的生产量为 $u(k)$,库存量为 $x(k)$,销售量为$s(k)$.这里假设完全按订货量销售,因此 $s(k)$是已知函数.那么该系统的状态方程为

$$x(k+1)=x(k)+u(k)-s(k),$$

假设生产费用为 $0.005u^2(k)$,库存费用等于 $x(k)$,那么四个季度的总费用(单位:元)是

$$J(u)=\sum_{k=0}^{3}[0.005u^2(k)+x(k)].$$

现设年初的库存量为 $x(0)=0$,四个季度的订货量分别为 600,700,500,1200 件.求最优生产策略 $u(0),u(1),u(2),u(3)$,使 $x(4)=0$(满足销售并到年底没有积压)并且使总费用最小.

解 用 lingo 软件求解,其源代码如下:

```
MODEL:
SETS:
    ZTBL/1..5/:x; !定义状态变量大小;
    SRBL/1..4/:u,S; !定义输入变量大小;
ENDSETS
DATA:
    S = 600   700   500   1200; !订单;
ENDDATA
MIN = @SUM(SRBL(K): (0.005 * u(K) * u(K) + x(K))); !目标函数;
    x(1) = 0; x(5) = 0; !边值条件;
    @FOR(SRBL(K): x(K+1) = x(K) + u(K) - S(K)); !状态方程;
END
```

得最优生产策略为

$$u(0)=600,\quad u(1)=700,\quad u(2)=800,\quad u(3)=900,$$

相应的库存量为

$$x(0)=0,\quad x(1)=0,\quad x(2)=0,\quad x(3)=300,\quad x(4)=0.$$

在这一管理策略下,总费用为 11800 元. 如果每个季度都按订货量生产,此时每个季度的库存量是 0,总费用为 12700 元,比最优策略要多用 900 元.

从以上两个例子可以看出,离散时间定常线性控制系统的最优控制问题,是一个线性约束、线性或二次目标的规划问题,可用 lingo 软件求解. 对于连续时间控制系统,最好将其近似线性化,用差商近似代替微商离散化. 如定常线性控制系统的状态方程(6.3)可近似化为

$$\frac{\boldsymbol{x}((k+1)T)-\boldsymbol{x}(kT)}{T}=\boldsymbol{A}\boldsymbol{x}(kT)+\boldsymbol{B}\boldsymbol{u}(kT),$$

这里,T 是计算机控制系统的采样周期. 不妨设 $T=1$,则

$$\boldsymbol{x}(k+1)=(\boldsymbol{I}+\boldsymbol{A})\boldsymbol{x}(k)+\boldsymbol{B}\boldsymbol{u}(k).$$

例 6.1.1 中倒摆的控制模型中状态方程离散化为

$$\boldsymbol{x}(k+1)=\begin{pmatrix}1 & 1 & 0 & 0\\ 20.601 & 1 & 0 & 0\\ 0 & 0 & 1 & 1\\ -0.4905 & 0 & 0 & 1\end{pmatrix}\boldsymbol{x}(k)+\begin{pmatrix}0\\ -1\\ 0\\ 0.5\end{pmatrix}u(k). \tag{6.9}$$

设 $\boldsymbol{x}(0)=(0.1,0,0,0)^{\mathrm{T}}$,倒摆的跟踪问题是求最优控制 $u(0),u(1),u(2),\cdots$,使

$$J(u)=\sum_{k=0}^{\infty}\left[u^2(k)+x^2(1,k)+(x(3,k)-3)^2\right]$$

最小.

由式(6.9)可知，当 $u(k)=0, \boldsymbol{x}(k)=(0,0,3,0)^{\mathrm{T}}$ 时，$\boldsymbol{x}(k+1)=\boldsymbol{x}(k)=(0,0,3,0)^{\mathrm{T}}$. 根据式(6.8)，令 $k=4$，可得

$$\boldsymbol{x}(4)=\boldsymbol{A}^4\boldsymbol{x}(0)+\sum_{j=0}^{3}\boldsymbol{A}^{3-j}\boldsymbol{B}u(j).$$

将 $\boldsymbol{x}(0)=(0.1,0,0,0)^{\mathrm{T}}$，$\boldsymbol{A}=\begin{pmatrix}1 & 1 & 0 & 0\\ 20.601 & 1 & 0 & 0\\ 0 & 0 & 1 & 1\\ -0.4905 & 0 & 0 & 1\end{pmatrix}$，$\boldsymbol{B}=\begin{pmatrix}0\\ -1\\ 0\\ 0.5\end{pmatrix}$

代入上式，并令 $\boldsymbol{x}(4)=(0,0,3,0)^{\mathrm{T}}$ 求得结果如表 6.1 所示.

表 6.1

k	0	1	2	3	4	5	6	…	∞
$u(k)$	2.3594	1.5622	−3.9076	−0.014	0	0	0	…	0
$x(1,k+1)$	0.1	0.1	−0.1993	−0.0007	0	0	0	…	0
$x(2,k+1)$	0	−0.2993	0.1986	0.0007	0	0	0	…	0
$x(3,k+1)$	0	0	1.1306	2.9934	3	3	3	…	3
$x(4,k+1)$	0	1.1306	1.8627	0.0066	0	0	0	…	0

另外，状态调节器问题或跟踪问题也可以对部分状态变量或部分输出变量加以约束限制.

6.2 模糊控制器

在很多控制系统中，存在着不同程度的不确定因素，包括模型误差和外部干扰影响. 模糊控制理论以模糊数学为基础，以模糊集、模糊关系、模糊推理来模仿人的思维来判断、综合、推理、处理和解决常规方法难以解决的问题. 模糊控制实际上是一种非线性控制，从属于智能控制的范畴. 模糊控制不要求知道被控对象的精确数学模型，例如一个不懂控制论的小孩就可以毫不费力地在手指上竖起一根竹竿，使它不倒. 模糊控制鲁棒性强（即抗干扰能力强），根据实际系统的输入输出结果数据，参考现场操作人员的运行经验，就可对系统进行实时控制. 模糊控制的基本原理可用图 6.2 表示.

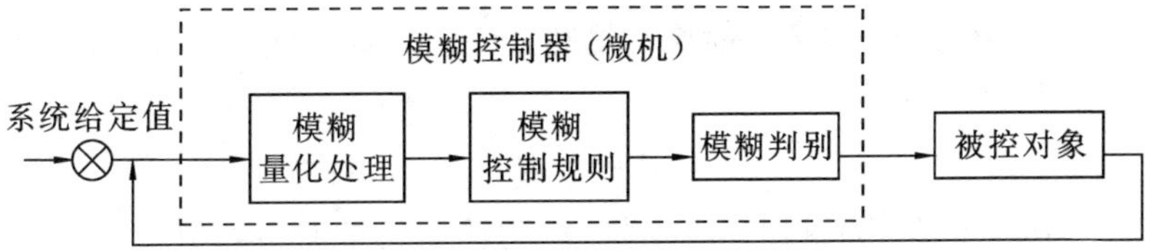

图 6.2

在本节中所提到的输入和输出变量是针对模糊控制器而言的,因此含义和6.1节相反,要控制的变量就是输出变量 u,即 6.1 节中的输入变量.

6.2.1 模糊量化处理

设计模糊控制器时,一般先要将系统的输入变量偏差、偏差变化率进行模糊量化处理.把系统输入变量偏差及偏差变化率的实际变化范围称为这些变量的基本论域.

设输入变量偏差的基本论域为$[-X_e, X_e]$,一般定义输入变量偏差的量化论域为$\{-6,-4,-2,0,2,4,6\}$,它表示

{负大(NB),负中(NM),负小(NS),零(O),正小(PS),正中(PM),正大(PB)},

定义输入变量偏差的量化比例因子为 $K_e=X_e/6$.

对于任意输入变量偏差 $x\in[-X_e, X_e]$,负大、负中、负小、零、正小、正中、正大这 7 个模糊子集的隶属函数一般定义为

$$e_j(x)=\exp\left[-\left(\frac{x-a_j}{\sigma}\right)^2\right], \tag{6.10}$$

其中,a_j 分别取$-6K_e,-4K_e,-2K_e,0,2K_e,4K_e,6K_e$,$\sigma$ 取适当的正数.由此将输入变量偏差 x 模糊化为一个模糊向量

$$\begin{aligned}\underset{\sim}{E}(x)&=(e_1(x),e_2(x),e_3(x),e_4(x),e_5(x),e_6(x),e_7(x))\\&=(e_1,e_2,e_3,e_4,e_5,e_6,e_7).\end{aligned}$$

其中 $e_1,e_2,e_3,e_4,e_5,e_6,e_7$ 分别表示 x 属于模糊子集负大、负中、负小、零、正小、正中、正大的隶属度.

同理,将输入变量偏差变化率的基本论域$[-X_c, X_c]$的量化论域定义为

$$\{-6,-4,-2,0,2,4,6\},$$

输入变量偏差变化率的量化比例因子定义为 $K_c=X_c/6$.输入变量偏差变化率的模糊化方法同输入变量偏差的模糊化方法一样.

类似地,将输出变量的基本论域$[-Y_u, Y_u]$的量化论域也定义为

$$\{-6,-4,-2,0,2,4,6\},$$

输出控制变量的比例因子定义为 $K_u=Y_u/6$.

6.2.2 模糊控制规则

文献[27]介绍了 20 多条模糊控制规则,这里仅使用模糊推理:"如果有模糊集 $\underset{\sim}{A}$,则有模糊集 $\underset{\sim}{B}$."即

$$\underset{\sim}{B}=\underset{\sim}{A}\circ \boldsymbol{R}, \tag{6.11}$$

其中 $\underset{\sim}{B}=(b_1,b_2,\cdots,b_7)$为输出模糊向量,$\underset{\sim}{A}$ 为输入变量的实际值 a 模糊化后的模糊向量$(a_1,a_2,\cdots,a_7)$,模糊关系矩阵 $\boldsymbol{R}=(r_{ij})_{7\times 7}$ 可采用量化论域中的元素-6,

$-4,-2,0,2,4,6$ 分别属于模糊子集负大、负中、负小、零、正小、正中、正大的隶属度，即可用下述公式

$$r_{ij}=\exp\left[-\left(\frac{d_j-d_i}{2}\right)^2\right],$$

这里 $d_1,d_2,d_3,d_4,d_5,d_6,d_7$ 分别为量化论域中的元素 $-6,-4,-2,0,2,4,6$，计算结果如表 6.2 所示.

表 6.2

	−6	−4	−2	0	2	4	6
负大	1.0000	0.3679	0.0183	0.0001	0	0	0
负中	0.3679	1.0000	0.3679	0.0183	0.0001	0	0
负小	0.0183	0.3679	1.0000	0.3679	0.0183	0.0001	0
零	0.0001	0.0183	0.3679	1.0000	0.3679	0.0183	0.0001
正小	0	0.0001	0.0183	0.3679	1.0000	0.3679	0.0183
正中	0	0	0.0001	0.0183	0.3679	1.0000	0.3679
正大	0	0	0	0.0001	0.0183	0.3679	1.0000

表 6.2 表示模糊向量 $\underset{\sim}{B}$ 与模糊向量 $\underset{\sim}{A}$ 成近似正比关系.

例 6.2.1 若输入模糊向量

$$\underset{\sim}{A}=(0,0.0019,0.1054,0.7788,0.7788,0.1054,0.0019),$$

按式(6.11)计算，先取小后取大，则输出模糊向量

$$\underset{\sim}{B}=(0.0183,0.1054,0.3679,0.7788,0.7788,0.3679,0.1054).$$

现在，我们用倒摆的控制问题(例 6.1.1)来解释上述模糊控制规则. 只考虑摆杆的偏向角 θ：当摆杆向右偏移一点(正小)，则施加在小车上的作用力向右一点(正小)；当摆杆向左偏移一点(负小)，则施加在小车上的作用力向左一点(负小).

对于实际偏向角 θ 值，将其模糊化成模糊向量 $\underset{\sim}{A}=(a_1,a_2,\cdots,a_7)$，按式(6.11)计算输出模糊向量 $\underset{\sim}{B}=(b_1,b_2,\cdots,b_7)$. $b_1,b_2,\cdots,b_7$ 分别表示施加在小车上的作用力(即控制输出变量)u 属于模糊子集负大、负中、负小、零、正小、正中、正大的隶属度.

6.2.3 单输入变量的模糊判别

由模糊控制算法式(6.11)得出的是量化论域$\{-6,-4,-2,0,2,4,6\}$上的模糊集，但被控对象只能接受精确值的控制量，这就需要进行输出信息的模糊判别，也就是要把模糊量转化为精确量. 常用的方法有如下三种：

1° 最大隶属度法. 应用最大隶属原则思想，选取隶属度最大的元素作为控制量 u，即若

$$b_j=\max\{b_1,b_2,\cdots,b_7\},$$

则取 $u=c_j$ 为控制量.

2° 加权平均法.加权平均法将输出模糊向量归一化后作为输出控制量量化论域中各元素的权重,即应用公式

$$u=\left(\sum_{k=1}^{7} b_k d_k\right)\Big/\left(\sum_{k=1}^{7} b_k\right).$$

3° 中位数法.把输出的模糊集的隶属度用线段连接的曲线与横坐标轴所围成的面积平分成两部分的数,称为中位数,将中位数作为控制量 u.

例 6.2.2 设输出模糊集为

$$\underset{\sim}{B}=(0.0183,0.1054,0.3679,0.7788,0.7788,0.3679,0.1054).$$

按最大隶属度法,则取 $u=(c_4+c_5)/2=(0+2)/2=1$ 为控制量.

按加权平均法,则取 $u=2.3943/2.5225=0.9492$ 为控制量.

按中位数法,模糊集的隶属度曲线与横坐标轴所围成的面积为

$$S=0.0183+2\times(0.1054+0.3679+0.7788+0.7788+0.3679)+0.1054$$
$$=4.9213,$$

由于 $$0.0183+2\times(0.1054+0.3679)+0.7788=1.7437<S/2,$$
$$0.0183+2\times(0.1054+0.3679+0.7788)+0.7788=3.3013>S/2,$$

因此中位数应在 c_4 与 c_5 之间,即 0 与 2 之间,并满足方程

$$1.7437+0.7788u=S/2.$$

取 $u=(S/2-1.7437)/0.7788\approx 0.9206$ 为控制量.

由例 6.2.2 可见,对同一个模糊子集而言,不同的判别方法会得到不同的结果.究竟哪个结果好,要由实践来检验.最大隶属度法简单易行,但利用输出信息量太少.加权平均法和中位数法都利用了全部输出信息,但中位数法计算量较大.按上述方法计算出控制量后,再将控制量 u 乘以该控制变量的比例因子 K_u 后,得到该控制变量的实际输出值 uK_u.

6.2.4 多输入变量的模糊判别

此时,每一个输出变量将对应多个输出的模糊集 $\underset{\sim}{B}_1,\underset{\sim}{B}_2,\cdots,\underset{\sim}{B}_n$,下面给出两种处理方法:

1° 先令 $\underset{\sim}{B}=\underset{\sim}{B}_1\cup\underset{\sim}{B}_2\cup\cdots\cup\underset{\sim}{B}_n$,然后按单输入变量的模糊判别处理.

2° 先将模糊集 $\underset{\sim}{B}_1,\underset{\sim}{B}_2,\cdots,\underset{\sim}{B}_n$ 分别按单输入变量的模糊判别方法得到 u_1,$u_2,\cdots,u_n$,然后进行加权平均处理.

6.3 单输入单输出模糊控制器的设计

单输入单输出模糊控制器,即仅有一个输入变量和一个输出控制量的模糊控

制器，应用较为广泛. 例如锅炉压力与加热的关系、汽轮机转速与阀门开度的关系、卫星姿态与作用力的关系、飞机或轮船的航向与舵的关系等，均可应用单输入单输出模糊控制器来控制.

设计模糊控制器时，必须明确模糊控制需要完成的任务，搞清楚输入变量偏差及偏差变化率与输出控制量之间的近似关系.

6.3.1　模糊控制器的设计(一)

1° 根据实际经验确定各变量的基本论域及量化论域，从而确定输入变量偏差的量化比例因子 K_e、输入变量偏差变化率的量化比例因子 K_c 及输出控制量的比例因子 K_u.

2° 确定输入变量偏差及偏差变化率的模糊化方法，偏差变化率的计算公式为

$$x_c(k)=x_e(k)-x_e(k-1),$$

即偏差变化率等于当前时刻偏差减去前一时刻偏差，从而将输入变量偏差 x_e 及偏差变化率 x_c 模糊化.

3° 确定输入变量偏差及偏差变化率与输出控制量之间的模糊关系矩阵 $\boldsymbol{R}_e$ 和 $\boldsymbol{R}_c$，根据式(6.11)计算出相应的输出模糊向量.

4° 确定模糊判别方法.

例 6.3.1　倒摆的模糊控制器的设计(一)　倒摆的原理如图 6.1 所示. 这里仅考虑一个输入变量：摆杆的偏向角 θ，即控制施加在小车上的作用力，使摆杆的偏向角 θ(单位：rad)保持在$(-0.2,0.2)$内，即摆杆向左、右偏移都不超过 11°.

由于倒摆的控制系统要求精度高，可将摆杆的偏向角 θ、θ 的变化率以及控制施加在小车上的作用力都量化为 121 个等级. 量化论域都为

$$\{d_j\}=\{-6,-5.9,-5.8,\cdots,-0.1,0,0.1,\cdots,5.8,5.9,6\}.$$

量化比例因子分别为 $K_e=0.05,K_c=0.05,K_u=1.3$.

摆杆的偏向角 θ 及 θ 的变化率与控制施加在小车上的作用力之间的模糊关系矩阵

$$\boldsymbol{R}_e=\boldsymbol{R}_c=\boldsymbol{R}=(r_{ij})_{121\times 121},\quad r_{ij}=\exp[-(d_j-d_i)^2].$$

摆杆的偏向角 $\theta=x_e$ 的变化率 x_c 的计算公式为

$$x_c(k)=x_e(k)-x_e(k-1).$$

摆杆的偏向角 θ 及 θ 的变化率 x_c 的模糊化公式分别如下：

$$F_e(j)=\exp\left\{-\left[\frac{x_e-d(j)K_e}{0.05}\right]^2\right\},$$

$$F_c(j)=\exp\left\{-\left[\frac{x_c-d(j)K_c}{0.05}\right]^2\right\}.$$

摆杆的偏向角 θ 及 θ 的变化率相应的输出模糊向量计算公式如下：

$$U_e = F_e \circ \boldsymbol{R}, \quad U_c = F_c \circ \boldsymbol{R}.$$

采用加权平均法进行模糊判别得到相应的输出控制量计算公式如下：

$$u_e = \sum_{k=1}^{121} F_e(k) d_k \Big/ \sum_{k=1}^{121} F_e(k), \quad u_c = \sum_{k=1}^{121} F_c(k) d_k \Big/ \sum_{k=1}^{121} F_c(k).$$

施加在小车上的作用力的计算公式如下：

$$u = (0.8u_e + 0.2u_c) K_u.$$

倒摆的 MATLAB 计算机仿真程序如下：

```
A=[1,1,0,0;20.601,1,0,0;0,0,1,1;-0.4905,0,0,1]; B=[0,-1,0,0.5]'; %仿真矩阵
x(1,1)=0.1;x(2,1)=0;x(3,1)=0;x(4,1)=0; %赋初值
d=-6:0.1:6; m=length(d); %量化论域
Ke=0.05; Kc=0.05; Ku=1.3; %量化比例因子
for(i=1:m)for(j=1:m)R(i,j)=exp(-(d(j)-d(i))^2);end;end %模糊关系矩阵
for(k=1:200) %进行 200 次仿真实验
    xe=x(1,k);xc=0; %计算输入变量偏差
    if(k>1)xc=x(1,k)-x(1,k-1);end %计算输入变量偏差的变化率
    for(j=1:m)Fe(j)=exp(-((xe-d(j)*Ke)/0.05)^2);end
    if(xe<-6*Ke)Fe(1)=1;
    elseif(xe>6*Ke)Fe(m)=1;end %以上将输入变量偏差模糊化
    for(j=1:m)Fc(j)=exp(-((xc-d(j)*Kc)/0.05)^2);end
    if(xc<-6*Kc)Fc(1)=1;
    elseif(xc>6*Kc)Fc(m)=1;end %以上将输入变量偏差变化率模糊化
    Ue=Max_min(Fe,R);Uc=Max_min(Fc,R);%先取小后取大,Max_min是自编函数
    ue=sum(Ue*d')/sum(Ue);uc=sum(Uc*d')/sum(Uc); %加权平均法模糊判别
    u(k)=(0.8*ue+0.2*uc)*Ku; %计算实际输出量
    x(:,k+1)=A*x(:,k)+B*u(k); %由倒摆运动方程进行仿真
end
t=1:201; y=x(1,:); plot(t,y); %输出摆杆偏向角变化图形如图 6.3 所示
```

图 6.3 是按上述方法进行 200 次仿真试验得到的. 当仿真试验次数增加时(读者不妨自己一试)，摆杆的偏向角 θ(单位：rad)在(−0.05,0.15)内呈周期性变化，周期大约 70 次.

模糊控制器设计时的注意事项：

1° 本方法适用于精度要求不太高的控制系统，如家用电器等.

2° 量化论域的等级不一定选 7 个，根据实际情况可多可少.

3° 比例因子 K_e，K_c，K_u 的确定是最困难的. K_e 越小，系统上升时间越短，K_e 越大，系统过渡过程越长. K_c 越小，系统反应越迟钝，K_c 越大，系统反应越灵敏. 实

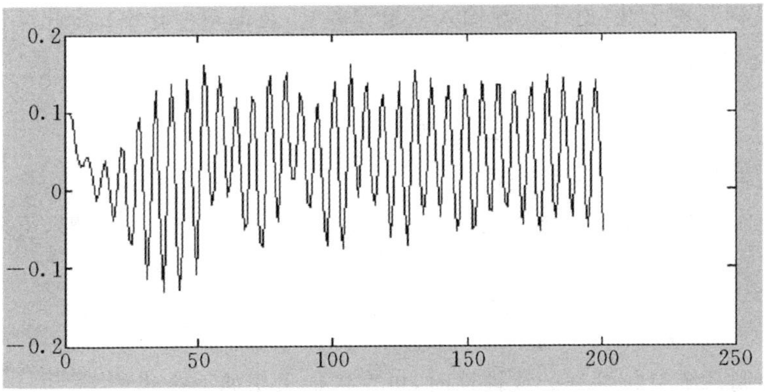

图 6.3

践表明,K_c 有十分明显的抑制超调作用. K_u 越大,系统上升时间越短,但越易导致振荡;K_u 过小易使系统动态过程变长. 在实际应用中,可动态调整比例因子 K_e, K_c, K_u.

6.3.2 模糊控制器的设计(二)

由图 6.3 可看出,虽然摆杆的偏向角 θ(单位:rad)保持在(−0.05,0.15)内,即摆杆向左偏移没有超过 3°,向右偏移没有超过 9°,但还是不够理想. 对于精度要求比较高的单输入单输出控制系统,可采用下述方法设计模糊控制器.

1° 根据实际经验或试验得到输出控制量与输入变量偏差的一组数据,并由

$$x_c(k)=x_e(k)-x_e(k-1)$$

计算输入变量偏差变化率,将输入变量偏差及偏差变化率从小到大排列(表 6.3). 这就是说,将输入变量偏差划分为 n 个等级,输入变量偏差变化率划分为 m 个等级.

表 6.3

x_c	x_e			
	e_1	e_2	…	e_n
c_1	u_{11}	u_{12}	…	u_{1n}
c_2	u_{21}	u_{22}	…	u_{2n}
⋮	⋮	⋮		⋮
c_m	u_{m1}	u_{m2}	…	u_{mn}

2° 建立输入变量偏差及偏差变化率各等级的隶属函数 $d_{ij}(x_e,x_c)$. 隶属函数 $d_{ij}(x_e,x_c)$应当满足:当$(x_e,x_c)\in[e_j,e_{j+1}]\times[c_i,c_{i+1}]$时,除了 d_{ij}, $d_{i,j+1}$, $d_{i+1,j}$, $d_{i+1,j+1}$外,其他各等级的隶属度都为零,特别当$(x_e,x_c)=(e_j,c_i)$时,$d_{ij}=1$,其他各等级的隶属度都为零.

3° 模糊判别方法：对于实际输入变量偏差 x_e 及偏差变化率 x_c，计算各等级的隶属度 d_{ij}，然后应用公式

$$u=\left(\sum_{i=1}^{m}\sum_{j=1}^{n}d_{ij}u_{ij}\right)\Big/\left(\sum_{i=1}^{m}\sum_{j=1}^{n}d_{ij}\right).$$

将 u 作为控制变量的实际输出值.

当控制系统有较好的线性性，且 $(x_e,x_c)\in[e_j,e_{j+1}]\times[c_i,c_{i+1}]$ 时，可采用如下公式：

$$u=u_{ij}+\frac{(x_e-e_j)(u_{i,j+1}-u_{ij})}{2(e_{j+1}-e_j)}+\frac{(x_c-c_i)(u_{i+1,j}-u_{ij})}{2(c_{j+1}-c_j)}.$$

当控制系统有特别好的线性性时，更直接地采用如下公式：

$$u=ax_e+bx_c.$$

例 6.3.2　倒摆的模糊控制器的设计(二)　原理同例 6.3.1. 由于倒摆的控制系统有特别好的线性性，可直接采用下列公式

$$u=20.75x_e+0.25x_c.$$

倒摆的 MATLAB 计算机仿真程序如下：

```
A=[1,1,0,0;20.601,1,0,0;0,0,1,1;-0.4905,0,0,1]; B=[0,-1,0,0.5]'; %仿真矩阵
x(1,1)=0.3;x(2,1)=0;x(3,1)=0;x(4,1)=0; %赋初值
for(k=1:200) %进行 200 次仿真实验
    xe=x(1,k);xc=0; %计算输入变量偏差
    if(k>1)xc=x(1,k)-x(1,k-1);end %计算输入变量偏差的变化率
    u(k)=20.75*xe+0.25*xc; %计算实际输出量
    x(:,k+1)=A*x(:,k)+B*u(k); %由倒摆运动方程进行仿真
end
t=1:201; y=x(1,:); plot(t,y); %输出摆杆偏向角变化图形如图 6.4 所示
```

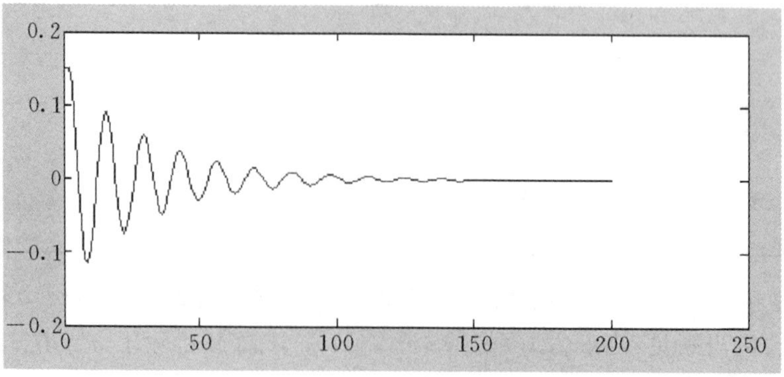

图 6.4

习 题 6

1. 已给系统的状态方程为

$$x(k+1)=x(k)+u(k),\quad x(0)=1,$$

求 $u(k)$，$k=0,1,\cdots,9$，使 $x(10)=0$，并使目标函数

$$J(u)=\frac{1}{2}\sum_{k=0}^{9}u^2(k)$$

最小.

2. 人造卫星的姿态控制[26] 当人造卫星在运行过程中偏离要求的基准姿态时，需要通过其自身的喷嘴产生的推力进行矫正，在其示意图(图 6.5)中，A、B 是位于卫星上对称配置的喷嘴，喷嘴喷出的燃料燃烧时作用于卫星的反作用力为 $F/2$，l 是力臂，$\theta(t)$ 是在时刻的偏离角(卫星轴线偏离基准线的角度). 设 I 为卫星绕其质心的转动惯量，则描述卫星运动的微分方程为

$$I\ddot{\theta}=lF \quad 或 \quad \ddot{\theta}=lF/I.$$

令控制为 $u(t)=lF/I$，则得到微分方程为 $\ddot{\theta}=u(t)$.

(1) 写出人造卫星姿态控制的定常线性控制系统；

(2) 将上述定常线性控制系统转化为离散时间控制系统；

(3) 运用本书所讲的两种方法设计人造卫星姿态控制的模糊控制器.

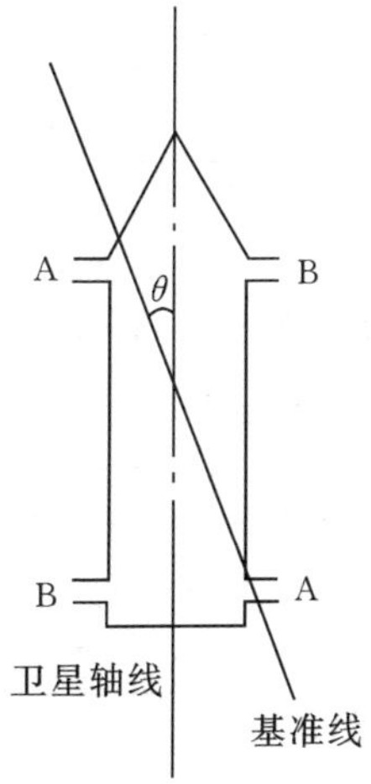

图 6.5

3. 倒摆的模糊控制器的设计 运用本书所讲的两种方法设计倒摆的模糊控制器，除了使摆杆的偏向角 θ(单位：rad)保持在(−0.2，0.2)内外，并要求小车的水平运动距离 x(单位：m)保持在(2，5)内.

部分习题参考答案

习题 1

2. (1) $\mathscr{T}(U)=\{\varnothing,\{0\},\{1\},\{0,1\}\}$;

(2) $\{\varnothing$,{红},{绿},{黄},{红,绿},{红,黄},{绿,黄},{红,绿,黄}$\}$.

3. (1) $\chi_A(x)=\begin{cases}1, & x\in(2,5),\\ 0, & x\notin(2,5);\end{cases}$

(2) $A=\{2,3,5,7\}$, $\chi_A(x)=\begin{cases}1, & x\in A,\\ 0, & x\notin A;\end{cases}$

(3) $A=\{(x,y)\mid x^2+y^2\leqslant 1\}$, $\chi_A(x,y)=\begin{cases}1, & x^2+y^2\leqslant 1,\\ 0, & \text{其他}.\end{cases}$

4. $\chi_{A\cup B}(6)=1$, $\chi_{A\cap B}(6)=0$, $\chi_{A^C}(6)=1$.

5. (1) $A^*=\{1,2,3,4,5,6,7,8,9,10\}=E$, $\quad B^*=\{1,3,5,7,9\}$;

(2) $G=\{(1,1),(2,1),(3,3),(4,3),(5,5),(6,5),(7,7),(8,7),(9,9),(10,9)\}$.

6. (1) $A^*=\{1,2,3,6\}$;

(2) $G=\{(1,6),(2,3),(3,2),(6,1)\}$;

(3) $f^{-1}:1\to 6, 2\to 3, 3\to 2, 6\to 1$. 可知 $f=f^{-1}$.

7. $R=\{(a,b)\mid a\mid b$(a 整除 b)$\}=\{(2,12),(3,3),(3,9),(3,12),(4,12),(13,13)\}$.

8.

二元关系	自反性	对称性	传递性
$xRy: x\mid y$	√	×	√
$xRy: x,y$ 同为正或负	√	√	√
$xRy: \lvert x-y\rvert=1$	×	√	×

9. 提示：$P_1=\{1,2,3,\cdots,9\}$, $P_2=\{10,11,12,\cdots,99\}$, $P_3=\{100,101,102,\cdots,999\}$, $\cdots$.

14. $\underset{\sim}{C}=[\text{不大}]=\underset{\sim}{A}^C=\frac{1}{1}+\frac{1}{2}+\frac{1}{3}+\frac{0.8}{4}+\frac{0.6}{5}+\frac{0.4}{6}+\frac{0.2}{7}+\frac{0}{8}+\frac{0}{9}+\frac{0}{10}$,

$\underset{\sim}{D}=[\text{不小}]=\underset{\sim}{B}^C=\frac{0}{1}+\frac{0.2}{2}+\frac{0.4}{3}+\frac{0.6}{4}+\frac{0.8}{5}+\frac{1}{6}+\frac{1}{7}+\frac{1}{8}+\frac{1}{9}+\frac{1}{10}$,

$\underset{\sim}{E}=[\text{或大或小}]=\underset{\sim}{A}\cup\underset{\sim}{B}$

$=\frac{1}{1}+\frac{0.8}{2}+\frac{0.6}{3}+\frac{0.4}{4}+\frac{0.4}{5}+\frac{0.6}{6}+\frac{0.8}{7}+\frac{1}{8}+\frac{1}{9}+\frac{1}{10}$,

$\underset{\sim}{F}=[\text{不大也不小}]=\underset{\sim}{A}^C\cap\underset{\sim}{B}^C=\frac{0}{1}+\frac{0.2}{2}+\frac{0.4}{3}+\frac{0.6}{4}+\frac{0.6}{5}+\frac{0.2}{7}+\frac{0}{8}+\frac{0}{9}+\frac{0}{10}$.

15. $(\underset{\sim}{A}\cup\underset{\sim}{A}^c)(x)=\begin{cases}1-x, & 0\leqslant x\leqslant\frac{1}{2},\\ x, & \frac{1}{2}<x\leqslant 1,\end{cases}\quad(\underset{\sim}{A}\cap\underset{\sim}{A}^c)(x)=\begin{cases}x, & 0\leqslant x\leqslant\frac{1}{2},\\ 1-x, & \frac{1}{2}<x\leqslant 1.\end{cases}$

16. 二曲线交点 $x^{*}=\frac{3}{2}$， $\underset{\sim}{A}^{C}=\int_{R}\frac{1-\exp\left[-\left(\frac{x-1}{2}\right)^{2}\right]}{x}$，

$$\underset{\sim}{A}\cup\underset{\sim}{B}=\int_{(-\infty,\frac{3}{2}]}\frac{\exp\left[-\left(\frac{x-1}{2}\right)^{2}\right]}{x}+\int_{(\frac{3}{2},+\infty)}\frac{\exp\left[-\left(\frac{x-2}{2}\right)^{2}\right]}{x},$$

$$\underset{\sim}{A}\cap\underset{\sim}{B}=\int_{(-\infty,\frac{3}{2}]}\frac{\exp\left[-\left(\frac{x-2}{2}\right)^{2}\right]}{x}+\int_{(\frac{3}{2},+\infty)}\frac{\exp\left[-\left(\frac{x-1}{2}\right)^{2}\right]}{x}.$$

17. $\underset{\sim}{A}\cap\underset{\sim}{B}$（“商誉高且价格合理”）$=(0.7,0.4,0.4,0.7,0.4,0.5,0.4,0.3)$，

$\underset{\sim}{A}\cup\underset{\sim}{B}$（“商誉高或价格合理”）$=(0.8,0.6,0.6,0.8,0.6,0.5,0.6,0.7)$.

18. (1) $\underset{\sim}{D}$（不滞销商品）$=\underset{\sim}{A}^{C}=\frac{0}{u_1}+\frac{0.9}{u_2}+\frac{1}{u_3}+\frac{0.4}{u_4}+\frac{0.5}{u_5}+\frac{0.6}{u_6}$；

(2) $\underset{\sim}{C}\subseteq\underset{\sim}{D}$；

(3) $\underset{\sim}{A}\cap\underset{\sim}{C}$（“又滞销又畅销的商品模糊集”）$=\frac{0}{u_1}+\frac{0.1}{u_2}+\frac{0}{u_3}+\frac{0.4}{u_4}+\frac{0.4}{u_5}+\frac{0.4}{u_6}$；

(4) $A_{0.5}=\{u_1,u_4,u_5\}$， $B_{0.5}=\{u_3\}$， $C_{0.5}=\{u_2,u_3,u_6\}$，

$A_{0.7}=\{u_1\}$， $B_{0.7}=\varnothing$， $C_{0.7}=\{u_2,u_3\}$.

19. $A_{0.1}=\{a,b,c,d,e,f\}$，$A_{0.6}=\{a,c,d,e\}$，$A_{0.9}=\{a,d\}$.

20. $A_{\frac{1}{e}}=\{x\mid -1\leqslant x\leqslant 1\}$，$A_1=\{0\}$，$A_0=\{x\mid -\infty<x<+\infty\}$.

21. $A_{0.75}=\left\{x\,\middle|\,-\frac{1}{2\sqrt{3}}\leqslant x\leqslant\frac{1}{2\sqrt{3}}\right\}$.

26. $\underset{\sim}{A}=0.1A_{0.1}\cup 0.3A_{0.3}\cup 0.5A_{0.5}\cup 0.9A_{0.9}\cup 1A_1$.

27. $\underset{\sim}{A}=\frac{0.1}{u_1}+\frac{0.3}{u_2}+\frac{0.9}{u_3}+\frac{0.2}{u_4}+\frac{0.1}{u_5}+\frac{1}{u_6}+\frac{0.9}{u_7}+\frac{0.2}{u_8}$.

28. $f(\underset{\sim}{A})=\frac{0.8}{y_1}+\frac{0.9}{y_2}+\frac{0}{y_3}$，

$f^{-1}(\underset{\sim}{B})=\frac{0.6}{x_1}+\frac{0.6}{x_2}+\frac{0.9}{x_3}+\frac{0.6}{x_4}+\frac{0.9}{x_5}+\frac{0.9}{x_6}$，

$f^{-1}(f(\underset{\sim}{A}))=\frac{0.8}{x_1}+\frac{0.8}{x_2}+\frac{0.9}{x_3}+\frac{0.8}{x_4}+\frac{0.9}{x_5}+\frac{0.9}{x_6}$，

$f(f^{-1}(\underset{\sim}{B}))=\frac{0.6}{y_1}+\frac{0.9}{y_2}+\frac{0}{y_3}$.

31. $\underset{\sim}{A}(1.65)=0.125$， $\underset{\sim}{A}(1.70)=0.5$， $\underset{\sim}{A}(1.75)=0.875$.

习题 2

1. $\boldsymbol{A}\circ\boldsymbol{B}=\begin{pmatrix}0.4 & 0.4\\ 0.7 & 0.3\\ 0.6 & 0.6\end{pmatrix}$， $\boldsymbol{A}\circ\boldsymbol{B}^{C}=\begin{pmatrix}0.4 & 0.3\\ 0.7 & 0.7\\ 0.7 & 0.9\end{pmatrix}$.

2. $(\boldsymbol{R}_1\cup\boldsymbol{R}_2)\circ(\boldsymbol{R}_3\circ\boldsymbol{R}_5)=\begin{pmatrix}0.5 & 0.4 & 0.5\\ 0.5 & 0.4 & 0.8\\ 0.5 & 0.4 & 0.8\end{pmatrix}$，$(\boldsymbol{R}_1^{C}\circ(\boldsymbol{R}_3\cap\boldsymbol{R}_4))\circ\boldsymbol{R}_6=\begin{pmatrix}0.3 & 0.6 & 0.6\\ 0.3 & 0.6 & 0.6\\ 0.3 & 0.6 & 0.6\end{pmatrix}$.

9. $t(\boldsymbol{A})=\begin{pmatrix}0.5 & 0.8\\ 0.5 & 0.5\end{pmatrix}$.

10. $\boldsymbol{R}=\begin{pmatrix}1 & 0.50 & 0.50 & 0.25 & 0.25\\ 0.50 & 1 & 0.25 & 0.25 & 0\\ 0.50 & 0.25 & 1 & 0.25 & 0.75\\ 0.25 & 0.25 & 0.25 & 1 & 0.50\\ 0.25 & 0 & 0.75 & 0.50 & 1\end{pmatrix}$,$\boldsymbol{R}$ 具有自反性及对称性,但没有传递性.

13. $\boldsymbol{R}_1\circ\boldsymbol{R}_2=\begin{pmatrix}0.6 & 0.3\\ 0.3 & 0.3\\ 0.8 & 0.3\\ 0.4 & 0.3\end{pmatrix}$.

18. $t(\boldsymbol{R})=\begin{pmatrix}1 & 0.2 & 0.2 & 0.3\\ 0.2 & 1 & 0.2 & 0.2\\ 0.2 & 0.2 & 1 & 0.2\\ 0.3 & 0.2 & 0.2 & 1\end{pmatrix}$.

19. $t(\boldsymbol{R})=\boldsymbol{R}^4=\begin{pmatrix}1 & 0.6 & 0.6 & 0.8\\ 0.6 & 1 & 0.7 & 0.6\\ 0.6 & 0.7 & 1 & 0.6\\ 0.8 & 0.6 & 0.6 & 1\end{pmatrix}$.

20. $t(\boldsymbol{R})=\boldsymbol{R}^2=\begin{pmatrix}1 & 0.9 & 0.7 & 0.9 & 0.9 & 1.0 & 0.9\\ 0.9 & 1 & 0.7 & 1.0 & 1.0 & 0.9 & 1.0\\ 0.7 & 0.7 & 1 & 0.7 & 0.7 & 0.7 & 0.7\\ 0.9 & 1.0 & 0.7 & 1.0 & 1 & 0.9 & 1.0\\ 1.0 & 0.9 & 0.7 & 0.9 & 0.9 & 1 & 0.9\\ 0.9 & 1.0 & 0.7 & 1.0 & 1.0 & 0.9 & 1\end{pmatrix}$.

21. $t(\boldsymbol{R})=\boldsymbol{R}^4=\begin{pmatrix}1 & 0.9 & 0.7 & 0.7 & 0.9 & 1.0 & 0.7\\ 0.9 & 1 & 0.7 & 0.7 & 0.9 & 0.9 & 0.7\\ 0.7 & 0.7 & 1 & 0.7 & 0.7 & 0.7 & 0.7\\ 0.7 & 0.7 & 0.7 & 1 & 0.7 & 0.7 & 0.9\\ 0.9 & 0.9 & 0.7 & 0.7 & 1 & 0.9 & 0.7\\ 1.0 & 0.9 & 0.7 & 0.7 & 0.9 & 1 & 0.7\\ 0.7 & 0.7 & 0.7 & 0.9 & 0.7 & 0.7 & 1\end{pmatrix}$.

23. $t(\boldsymbol{R})=\boldsymbol{R}^4=\begin{pmatrix}1 & 0.52 & 0.79 & 0.52 & 0.52 & 0.52 & 0.79\\ 0.52 & 1 & 0.52 & 0.81 & 0.66 & 0.65 & 0.52\\ 0.79 & 0.52 & 1 & 0.52 & 0.52 & 0.52 & 0.79\\ 0.52 & 0.81 & 0.52 & 1 & 0.66 & 0.65 & 0.52\\ 0.52 & 0.66 & 0.52 & 0.66 & 1 & 0.65 & 0.52\\ 0.52 & 0.65 & 0.52 & 0.65 & 0.65 & 1 & 0.52\\ 0.79 & 0.52 & 0.79 & 0.52 & 0.52 & 0.52 & 1\end{pmatrix}$.

24. $t(\boldsymbol{R})=\boldsymbol{R}^4=\begin{pmatrix}1 & 0.41 & 0.41 & 0.59\\ 0.41 & 1 & 0.55 & 0.41\\ 0.41 & 0.55 & 1 & 0.41\\ 0.59 & 0.41 & 0.41 & 1\end{pmatrix}$.

25. $t(\boldsymbol{R})=\boldsymbol{R}^4=\begin{pmatrix}1 & 0.87 & 0.87 & 0.87\\ 0.87 & 1 & 0.92 & 0.88\\ 0.87 & 0.92 & 1 & 0.88\\ 0.87 & 0.88 & 0.88 & 1\end{pmatrix}$.

26. $\boldsymbol{R}=\begin{pmatrix}1 & 0.91 & 0.95 & 0.94 & 0.93\\ 0.91 & 1 & 0.96 & 0.86 & 0.85\\ 0.95 & 0.96 & 1 & 0.90 & 0.89\\ 0.94 & 0.86 & 0.90 & 1 & 0.99\\ 0.93 & 0.85 & 0.89 & 0.99 & 1\end{pmatrix}$.

27. $t(\boldsymbol{R})=\boldsymbol{R}^8=\begin{pmatrix}1 & 0.67 & 0.65 & 0.67 & 0.67 & 0.67 & 0.66 & 0.66\\ 0.67 & 1 & 0.65 & 0.84 & 0.70 & 0.68 & 0.66 & 0.66\\ 0.65 & 0.65 & 1 & 0.65 & 0.65 & 0.65 & 0.65 & 0.65\\ 0.67 & 0.84 & 0.65 & 1 & 0.70 & 0.68 & 0.66 & 0.66\\ 0.67 & 0.70 & 0.65 & 0.70 & 1 & 0.68 & 0.66 & 0.66\\ 0.67 & 0.68 & 0.65 & 0.68 & 0.68 & 1 & 0.66 & 0.66\\ 0.66 & 0.66 & 0.65 & 0.66 & 0.66 & 0.66 & 1 & 0.80\\ 0.66 & 0.66 & 0.65 & 0.66 & 0.66 & 0.66 & 0.80 & 1\end{pmatrix}$.

28. $t(\boldsymbol{R})=\boldsymbol{R}^4=\begin{pmatrix}1 & 0.352 & 0.041 & 0.041 & 1.000 & 0.041\\ 0.352 & 1 & 0.041 & 0.041 & 0.352 & 0.041\\ 0.041 & 0.041 & 1 & 0.059 & 0.041 & 0.059\\ 0.041 & 0.041 & 0.059 & 1 & 0.041 & 0.070\\ 1.000 & 0.352 & 0.041 & 0.041 & 1 & 0.041\\ 0.041 & 0.041 & 0.059 & 0.070 & 0.041 & 1\end{pmatrix}$.

习题 3

2. $x=20$ ℃时，气温属“不冷”状态.

3. $x_1=6$，属 A_1=“通货稳定”； $x_2=21.7$，属 A_3=“中度通货膨胀”.

4. 37.1 ℃体温属“正常体温”类型.

6. $\underset{\sim}{B}$ 与 $\underset{\sim}{A}_5$ 最贴近.

7. $\underset{\sim}{B}$ 与 $\underset{\sim}{A}_3$ 最贴近.

8. $\underset{\sim}{E}$ 与 $\underset{\sim}{A}_2$ 最贴近.

9. 用贴近度判别，此人属于民族 G_1.

10. $s_{甲}=0.9965$，$s_{乙}=0.5$.

11. 预评分 $s=77.4$ 分.

习题 4

1. 排法：d,f,e,c,a,b.

2. (1) F-优先关系定序法：x_3,x_2,x_1； (2) 相对比较法：x_3,x_2,x_1. 待识别图像是字母 c.

3. $T_R(\underset{\sim}{A})=(1,0,1,1)=\{y_1,y_3,y_4\}$， $T_R(\underset{\sim}{B})=(0.7,0.2,0.7,0)=\frac{0.7}{y_1}+\frac{0.2}{y_2}+\frac{0.7}{y_3}$.

4. $T_R(\underset{\sim}{A})=(0.3,1,0.7)=\frac{0.3}{y_1}+\frac{1}{y_2}+\frac{0.7}{y_3}$， $T_R(\underset{\sim}{B})=(0.3,0.6,0.1)=\frac{0.3}{y_1}+\frac{0.6}{y_2}+\frac{0.1}{y_3}$.

5. $\underset{\sim}{B}=f(\underset{\sim}{A})=\frac{1}{a}+\frac{0.4}{b}+\frac{0.7}{c}$， $f^{-1}(\underset{\sim}{B})=\frac{1}{x_1}+\frac{1}{x_2}+\frac{1}{x_3}+\frac{0.4}{x_4}+\frac{0.4}{x_5}+\frac{0.7}{x_6}$.

6. $f(\underset{\sim}{A})(y)=\begin{cases}2/3+\sqrt{2(y-1)}/3, & 1\leqslant y\leqslant 3/2,\\ 2-\sqrt{2(y-1)}, & 3/2<y<3,\\ 0, & \text{其他}.\end{cases}$

7. 用 $M(\wedge,\vee)$ 计算，$\boldsymbol{A}_1\circ\boldsymbol{R}=(0.3,0.5,0.2,0.2)$，$\boldsymbol{A}_2\circ\boldsymbol{R}=(0.2,0.3,0.4,0.3)$.

8. 满意的权重为 $\underset{\sim}{A}_4$.

9. 南宁地区不适宜种橡胶，万宁地区很适宜种橡胶.

10. 学生对教师的综合评判为 $\underset{\sim}{B}=(0.33,0.42,0.17,0.08)$.

11. (1) 解集 $\boldsymbol{X}=(0.6,[0,0.6],[0,1],[0,1])\cup([0,0.6],0.6,[0,1],[0,1])\cup([0,0.6],[0,0.6],[0.6,1],[0,1])$；

(2) 解集 $\boldsymbol{X}=([0.6,1],[0,0.6],[0,1],[0,0.6],[0,1])\cup([0,1],0.6,[0,1],[0,0.6],[0,1])\cup([0,1],[0,0.6],[0,1],0.6,[0,1])$；

(3) 解集 $\boldsymbol{X}=([0.7,1],[0,0.4],[0,0.4],0.5)$；

(4) 解集 $\boldsymbol{X}=([0,0.6],0.6)\cup(0.6,[0.5,0.6])$；

(5) 解集 $\boldsymbol{X}=(0.5,0.8,[0.7,1],[0,0.4],[0,0.4])\cup(0.5,0.8,[0.7,1],0.4,[0,0.4])\cup(0.5,0.8,[0.7,1],[0,0.4],0.4)$.

12. (1) $\boldsymbol{W}=(0.1994,0.7352,0.0654)$，$\lambda_{\max}=3.0724$，$C=0.0625$；

(2) $\boldsymbol{W}=(0.3648,0.3427,0.2926)$，$\lambda_{\max}=5.7452$，$C=2.3666$；

(3) $\boldsymbol{W}=(0.1097,0.6116,0.2195,0.0592)$，$\lambda_{\max}=4.0104$，$C=0.0038$；

(4) $\boldsymbol{W}=(0.5002,0.2783,0.1497,0.0718)$，$\lambda_{\max}=4.0078$，$C=0.0029$.

习题 5

1. (1) 模糊最优解 $\boldsymbol{x}=(0,411.41,0)^{\mathrm{T}}$，模糊最优值为 1645.65；

(2) 模糊最优解 $\boldsymbol{x}=(6.44,0,0.67)^{\mathrm{T}}$，模糊最优值为 7.78.

2. 选购原料 B_2、B_3、B_5 分别为 6700 kg、200 kg、2400 kg 较好.

3. 种植玉米 74.5 hm^2，养奶牛 17 头，养鸡 2722 只，秋冬季派约 154 人·日外出干活.

习题 6

1. $u(0)=u(1)=\cdots=u(9)=-1/10$.

2. (1) $\dot{\boldsymbol{x}}=\begin{pmatrix}0&1\\0&1\end{pmatrix}\boldsymbol{x}+\begin{pmatrix}0\\1\end{pmatrix}u$； (2) $\boldsymbol{x}(k+1)=\begin{pmatrix}1&1\\0&1\end{pmatrix}\boldsymbol{x}(k)+\begin{pmatrix}0\\1\end{pmatrix}u(k)$.

参考文献

[1] Zadeh L A. Fuzzy sets. Information and Control[J]. 1965(8):338-353.

[2] 楼世博. 模糊集之父——L. A. Zadeh[J]. 模糊数学,1985(3):115-116.

[3] 刘应明,任平. 模糊性——精确性的另一半[M]. 北京:清华大学出版社;广州:暨南大学出版社,2000.

[4] 朱梧槚,贺仲雄,袁相琬. 对 Fuzzy 数学及其基础的几点看法[J]. 模糊数学,1984(3):103-108.

[5] 张南纶. 随机现象的从属特性与概率特性[J]. 武汉理工大学学报,1981(1).

[6] 朱永庚. Fuzzy 聚类的 Boole 矩阵法[J]. 数学的实践与认识,1988(3):79-81.

[7] 肖辞源. 工程模糊系统[M]. 北京:科学出版社,2004.

[8] 曾文艺,张颜,宋雯彦. 研究生招生中的模糊聚类分析方法[J]. 北京师范大学学报(自然科学版),2001,37(4):436-439.

[9] 谢季坚,邝幸泉,李启文. 亚洲玉米螟测报的数学模型[J]. 生物数学学报,1992,7(3):38-43.

[10] 陈蓓菲,朱鹏立,陈潮. 大学生体质水平的等级划分与模糊识到[J]. 福建农学院学报,1992(2):237-240.

[11] 刘来福. 模糊数学在冬小麦亲本分类中的应用[J]. 北京师范大学学报,1979(3):78-85.

[12] 刘为仁. 模糊综合评判在农业经营决策中的应用[J]. 广西农学院学报,1989,8(2):53-57.

[13] 朱培昌,郑国清. 用模糊数学方法进行企业分类及经济效益评价[J]. 河南农业大学学报,1989,23(2):138-144.

[14] 张德舜. 花卉适宜栽培地的模糊识别[J]. 园艺学报,1990,17(3):233-237.

[15] 吴扬,杨青. 基于 AHP 和模糊数学的建筑节能性能评估[J]. 建筑经济,2007(3):48-50.

[16] 郭喜东. 综合评判悬铃木在天津市种植的适应度[J]. 模糊数学,1983(2):99-102.

[17] 谢朝晖. 企业核心竞争力研究:C 公司——基于核心竞争力的企业发展战略研究[D]. 武汉大学商学院,2004.

[18] 杨艳生,史德明. 模糊关系方程在土壤侵蚀预报中的应用尝试[J]. 模糊数学,1984(3):83-86.

[19] 汪培庄. 模糊集合论及其应用[M]. 上海:上海科学技术出版社,1983.

[20] 罗承忠. 模糊集引论(上册)[M]. 2 版. 北京:北京师范大学出版社,2005.
[21] 谢季坚. 农业科学中的模糊数学方法[M]. 武汉:华中理工大学出版社,1993.
[22] 刘承平. 数学建模方法[M]. 北京:高等教育出版社,2002.
[23] 方述诚,汪定伟. 模糊数学与模糊优化[M]. 北京:科学出版社,1997.
[24] 李荣钧. 模糊多准则决策理论与应用[M]. 北京:科学出版社,2002.
[25] 张曾科. 模糊数学在自动化技术中的应用[M]. 北京:清华大学出版社,1997.
[26] 王翼. 现代控制理论[M]. 北京:机械工业出版社,2005.
[27] 何平,王鸿绪. 模糊控制的设计及应用[M]. 3 版. 北京:科学出版社,2007.
[28] 李洪兴,汪培庄. 模糊数学[M]. 北京:国防工业出版社,1994.
[29] 韩立岩,汪培庄. 应用模糊数学[M]. 2 版. 北京:首都经济贸易大学出版社,1998.
[30] LOWEN R. Mathematics and fuzziness. Part Ⅰ[J]. Fuzzy Sets and Systems,1988,27(1):1-3.
[31] LOWEN R. Mathematics and fuzziness. Part Ⅱ[J]. Fuzzy Sets and Systems,1989,30(1):1-3.
[32] Франс Д ж,Торндн Д ж Х М. Математические модепи в сепьском хозяйстве[М]. Москва:Агропромиздат,1987.

附录　MATLAB 编程简介及本书中部分算法的源代码程序

MATLAB 编程方法比较通俗，一些简单的算术和函数运算可直接在命令窗口中提示符“>>”下输入，按回车键(Enter)即可执行其操作. 如“3+5”、“3-5”、“3*5”、“3/5”、“3^5”、“3/5+1”、“3/(5+1)”、“3/5*2”、“3/(5*2)”、“3/5^2”、“(3/5)^2”、“sin(3.14/6)”等按回车键后可显示其结果. 加(+)、减(–)、乘(*)、除(/)、幂(^)运算的优先级别是：首先进行幂运算，其次进行乘除运算，然后进行加减运算.如果要强调某种运算先执行，只要加上括号即可. 括号可以多次嵌套使用，但必须匹配. MATLAB 中的矩阵运算也很通俗，当矩阵 A 和 B 同型时，“2*A+3*B”、“4*A-5*B”表示矩阵的线性运算. 它会自动地使得 A 和 B 矩阵的相应元素相加减. 当矩阵 A 和 B 的维数相容(A 的列数等于 B 的行数)时，“A*B”表示矩阵的乘法运算.

多条命令（语句）可以放在同一行，但为了阅读方便，一般是一条语句占一行. 如果多条语句放在同一行，则中间必须用逗号或分号隔开，逗号要求显示结果，分号不显示结果.

MATLAB 还可以很方便地产生等步长一维数组，命令语句为 x=a:b:c，其中 a 为起始值，b 为步长，为 c 终止值. 步长可以为正值，也可以为负值，缺省时步长默认为 1，即命令语句 x=a:c 等同于 x=a:1:c.

关系与操作符<、<=、>、>=、= =、~=分别表示“小于、小于或等于、大于、大于或等于、等于、不等于”，逻辑操作符&、|、~分别表示“与、或、非”.

本书中的源程序代码，在控制流程时只用了“for-end 结构”和“while-end 结构”循环语句，“if-else-end 结构”条件转移语句. 在执行 for 和 while 循环语句时，仅利用“if + break 结构”中止该循环过程和“if+ continue 结构”跳过该条件后循环. 源程序代码中除了常用数学函数和屏幕输出函数外，没有用 MATLAB 的其他库函数.

1. F_tj.m

```
function [y]=F_tj(A,m0)%定义函数
%函数功能: 模糊统计
%A,n 行 2 列样本数据;m0,划分区间个数
%%返回值: y,各区间频率
[n,m]=size(A);%获得矩阵的行列数
Amin=A(1,1);Amax=A(1,2);%赋初值
for(i=1:n)%计算 A 的最小值与最大值
    if(A(i,1)>A(i,2))z=A(i,2);A(i,2)=A(i,1);A(i,1)=z;end
    if(A(i,1)<Amin)Amin=A(i,1);end%A 的最小值
    if(A(i,2)>Amax)Amax=A(i,2);end%A 的最大值
end
```

```
x=Amin:(Amax-Amin)/m0:Amax;%等差数组
for(k=1:m0+1)z=0;%统计频数与频率
      for(i=1:n)if(x(k)>=A(i,1)&x(k)<=A(i,2))z=z+1;end;end
      y(k)=x/n;
end
Bar(y);%模糊统计直方图,或用 plot(x,y)画出折线图
```

2. Max_Min.m

```
function [C]=Max_Min(A,B)%定义函数
%函数功能: 模糊矩阵的合成运算,先取小后取大
[m,s]=size(A);[i,n]=size(B);%获得矩阵的行列数
if(i~=s)C=[ ];return;end%输入数据有误
for(i=1:m)for(j=1:n)C(i,j)=0;
      for(k=1:s)x=B(k,j);
            if(A(i,k)<x)x=A(i,k);end
            if(C(i,j)<x)C(i,j)=x;end
      end
end;end
```

3. F_JISjBzh.m

```
function [X]=F_JISjBzh(cs,X)%定义函数
%函数功能: 模糊聚类分析--数据标准化变换
%cs=0,不变换;cs=1,标准差变换;cs=2,极差变换
%X,数据矩阵
if(cs==0)return;end
[n,m]=size(X);%获得矩阵的行列数
if(cs==1)%平移·标准差变换
      for(k=1:m)xk=0;
            for(i=1:n)xk=xk+X(i,k);end
            xk=xk/n;sk=0;
            for(i=1:n)sk=sk+(X(i,k)-xk)^2;end
            sk=sqrt(sk/n);
            if(sk>0.000001)
                  for(i=1:n)X(i,k)=(X(i,k)-xk)/sk;end
            end
```

```
        end
else%平移·极差变换
        for(k=1:m)xmin=X(1,k);xmax=X(1,k);
                for(i=1:n)
                        if(xmin>X(i,k))xmin=X(i,k);end
                        if(xmax<X(i,k))xmax=X(i,k);end
                end
                if(xmax>xmin)xmax=xmax-xmin;
                        for(i=1:n)X(i,k)=(X(i,k)-xmin)/xmax;end
                else
                        for(i=1:n)X(i,k)=0;end
                end
        end
end
```

4. F_JIR.m

```
function [n,R]=F_JIR(cs,X)%定义函数
%函数功能:模糊聚类分析--建立模糊相似矩阵
%cs=1,数量积法
%cs=2,夹角余弦法
%cs=3,相关系数法
%cs=4,指数相似系数法
%cs=5,最大最小法
%cs=6,算术平均最小法
%cs=7,几何平均最小法
%cs=8,直接欧几里得距离法
%cs=9,直接海明距离法(绝对值减数法)
%cs=10,直接切比雪夫距离法
%cs=11,倒数欧几里得距离法
%cs=12,倒数海明距离法(绝对值倒数法)
%cs=13,倒数切比雪夫距离法
%cs=14,指数欧几里得距离法
%cs=15,指数海明距离法(绝对值指数法)
%cs=16,指数切比雪夫距离法
%X,数据矩阵
```

```
%返回值: n,模糊相似矩阵的阶数; R,模糊相似矩阵
[n,m]=size(X);%获得矩阵的行列数
if(cs==1)maxM=0;%数量积法
    for(i=1:n)for(j=1:n)if(j~=i)x=0;
        for(k=1:m)x=x+X(i,k)*X(j,k);end
        if(maxM<x)maxM=x;
        elseif(maxM<-x)maxM=-x;end
    end;end;end
    maxM=maxM+1;
    for(i=1:n)for(j=1:n)
        if(i==j)R(i,j)=1;
        else R(i,j)=0;
            for(k=1:m)R(i,j)=R(i,j)+X(i,k)*X(j,k);end
            R(i,j)=R(i,j)/maxM;
            if(R(i,j)<0)R(i,j)=(R(i,j)+1)/2;end
        end
    end;end
elseif(cs==2)%夹角余弦法
    for(i=1:n)for(j=1:n)xi=0;xj=0;
        for(k=1:m)xi=xi+X(i,k)^2;xj=xj+X(j,k)^2;end
        s=sqrt(xi*xj);
        R(i,j)=0;
        for(k=1:m)R(i,j)=R(i,j)+X(i,k)*X(j,k);end
        R(i,j)=R(i,j)/s;
        if(R(i,j)<0)R(i,j)=(R(i,j)+1)/2;end
    end;end
elseif(cs==3)%相关系数法
    for(i=1:n)for(j=1:n)xi=0;xj=0;
        for(k=1:m)xi=xi+X(i,k);xj=xj+X(j,k);end
        xi=xi/m;xj=xj/m;xis=0;xjs=0;
        for(k=1:m)xis=xis+(X(i,k)-xi)^2;xjs=xjs+(X(j,k)-xj)^2;end
        s=sqrt(xis*xjs);R(i,j)=0;
        for(k=1:m)R(i,j)=R(i,j)+abs((X(i,k)-xi)*(X(j,k)-xj));end
        R(i,j)=R(i,j)/s;
    end:end
```

```
elseif(cs==4)%指数相似系数法
    for(i=1:n)for(j=1:n)R(i,j)=0;
        for(k=1:m)xk=0;
            for(z=1:n)xk=xk+X(z,k);end
            xk=xk/n;sk=0;
            for(z=1:n)sk=sk+(X(z,k)-xk)^2;end
            sk=sk/n;R(i,j)=R(i,j)+exp(-0.75*(X(i,k)-X(j,k))^2/sk);
        end
        R(i,j)=R(i,j)/m;
    end;end
elseif(cs<=7)%最大最小法 算术平均最小法 几何平均最小法
    for(i=1:n)for(j=1:n)fz=0;fm=0;
        for(k=1:m)
            if(X(j,k)<0)n=0;R=[ ];return;end
            if(X(j,k)<X(i,k))fz=fz+X(i,k);
            else fz=fz+X(j,k);end
        end
        if(cs==5)%最大最小法
            for(k=1:m)if(X(i,k)>X(j,k))fm=fm+X(i,k);else fm=fm+X(j,k);end;end
        elseif(cs==6)for(k=1:m)fm=fm+(X(i,k)+X(j,k))/2;end%算术平均最小法
        else for(k=1:m)fm=fm+sqrt(X(i,k)*X(j,k));end;end%几何平均最小法
        R(i,j)=fz/fm;
    end;end
elseif(cs<=10)C=0;%直接距离法
    for(i=1:n)for(j=i+1:n)d=0;
        if(cs==8)for(k=1:m)d=d+(X(i,k)-X(j,k))^2;end
            d=sqrt(d);%欧几里得距离
        elseif(cs==9)for(k=1:m)d=d+abs(X(i,k)-X(j,k));end%海明距离
        else%切比雪夫距离
            for(k=1:m)if(d<abs(X(i,k)-X(j,k)))d=abs(X(i,k)-X(j,k));end;end
        end
        if(C<d)C=d;end
    end;end
    C=1/(1+C);
    for(i=1:n)for(j=1:n)d=0;
```

```
            if(cs==8)for(k=1:m)d=d+(X(i,k)-X(j,k))^2;end
                d=sqrt(d);%欧几里得距离
            elseif(cs==9)for(k=1:m)d=d+abs(X(i,k)-X(j,k));end%海明距离
            else%切比雪夫距离
                for(k=1:m)if(d<abs(X(i,k)-X(j,k)))d=abs(X(i,k)-X(j,k));end;end
            end
            R(i,j)=1-C*d;
        end;end
    elseif(cs<=13)minM=Inf;%倒数距离法
        for(i=1:n)for(j=i+1:n)d=0;
            if(cs==11)for(k=1:m)d=d+(X(i,k)-X(j,k))^2;end
                d=sqrt(d);%欧几里得距离
            elseif(cs==12)for(k=1:m)d=d+abs(X(i,k)-X(j,k));end%海明距离
            else%切比雪夫距离
                for(k=1:m)if(d<abs(X(i,k)-X(j,k)))d=abs(X(i,k)-X(j,k));end;end
            end
            if(minM>d)minM=d;end
        end;end
        if(minM<0.000001)n=0;R=[ ];return;end
        minM=0.9999*minM;
        for(i=1:n)for(j=1:n)d=0;
            if(j==i)R(i,j)=1;continue;end
            if(cs==11)for(k=1:m)d=d+(X(i,k)-X(j,k))^2;end
                d=sqrt(d);%欧几里得距离
            elseif(cs==12)for(k=1:m)d=d+abs(X(i,k)-X(j,k));end%海明距离
            else%切比雪夫距离
                for(k=1:m)if(d<abs(X(i,k)-X(j,k)))d=abs(X(i,k)-X(j,k));end;end
            end
            R(i,j)=minM/d;
        end;end
    else for(i=1:n)for(j=1:n)d=0;%指数距离法
        if(cs==14)for(k=1:m)d=d+(X(i,k)-X(j,k))^2;end
            d=sqrt(d);%欧几里得距离
        elseif(cs==15)for(k=1:m)d=d+abs(X(i,k)-X(j,k));end%海明距离
        else%切比雪夫距离
```

```
            for(k=1:m)if(d<abs(X(i,k)-X(j,k)))d=abs(X(i,k)-X(j,k));end;end
        end
        R(i,j)=exp(-d);
end;end;end
```

5. F_DtJlt.m

```
function [lmd,xhsz,flsz,flrlsz]=F_DtJlt(n,R)%定义函数
%函数功能: 模糊聚类分析--动态聚类图
%n,模糊相似矩阵的阶数; R,模糊相似矩阵
%返回值: lmd,分类水平数组; xhsz,最终序号数组
%返回值: flsz,分类数数组; flrlsz,子类容量数组
for(i=1:n)R(i,i)=1;%修正错误
    for(j=i+1:n)
        if(R(i,j)<0)R(i,j)=0;elseif(R(i,j)>1)R(i,j)=1;end
        R(i,j)=round(10000*R(i,j))/10000;%保留 4 位小数
        R(j,i)=R(i,j);
    end
end
js0=0;
while(1)%求传递闭包
    R1=Max_Min(R,R);js0=js0+1;
    if(R1==R)break;else R=R1;end
end
lmd(1)=1;k=1;
for(i=1:n)for(j=i+1:n)pd=1;%找出所有不相同的元素
    for(x=1:k)if(R(i,j)==lmd(x))pd=0;break;end;end
    if(pd)k=k+1;lmd(k)=R(i,j);end
end;end
for(i=1:k-1)for(j=i+1:k)if(lmd(i)<lmd(j))%从大到小排序
    x=lmd(j);lmd(j)=lmd(i);lmd(i)=x;
end;end;end
for(x=1:k)%按 lmd(x)分类,分类数为 flsz(x),临时用 Sz 记录元素序号
    js=0;flsz(x)=0;
    for(i=1:n)pd=1;
        for(y=1:js)if(Sz(y)==i)pd=0;break;end;end
```

```
            if(pd)
                for(j=1:n)if(R(i,j)>=lmd(x))js=js+1;Sz(js)=j;end;end
                flsz(x)=flsz(x)+1;
            end
        end
    end
    for(i=1:k-1)for(j=i+1:k)if(flsz(j)==flsz(i))flsz(j)=0;end;end;end
    fl=0;%排除相同的分类
    for(i=1:k)if(flsz(i))fl=fl+1;lmd(fl)=lmd(i);end;end
    for(i=1:n)xhsz(i)=i;end
    for(x=1:fl)%获得分类情况,对分类元素进行排序
        js=0;flsz(x)=0;
        for(i=1:n)pd=1;
            for(y=1:js)if(Sz(y)==i)pd=0;break;end;end
            if(pd)if(js==0)y=0;end
                for(j=1:n)if(R(i,j)>=lmd(x))js=js+1;Sz(js)=j;end;end
                flsz(x)=flsz(x)+1;
                Sz0(flsz(x))=js-y;
            end
        end
        js0=0;
        for(i=1:flsz(x))
            for(j=1:Sz0(i))Sz1(j)=Sz(js0+j);end
            for(j=1:n)for(y=1:Sz0(i))
                if(xhsz(j)==Sz1(y))js0=js0+1;Sz(js0)=xhsz(j);end
            end;end
        end
        for(i=1:n)xhsz(i)=Sz(i);end
    end
    for(x=1:fl)%获得分类中每一子类的元素个数
        js=0;flsz(x)=0;
        for(i=1:n)pd=1;
            for(y=1:js)if(Sz(y)==i)pd=0;break;end;end
            if(pd)if(js==0)y=0;end
                for(j=1:n)if(R(i,j)>=lmd(x))js=js+1;Sz(js)=j;end;end
```

```
            flsz(x)=flsz(x)+1;Sz0(flsz(x))=js-y;
        end
    end
    js0=1;
    for(i=1:flsz(x))y=1;
        for(j=1:flsz(x))
            if(Sz(y)==xhsz(js0))flrlsz(x,i)=Sz0(j);js0=js0+Sz0(j);break;end
            y=y+Sz0(j);
        end
    end
end
xhsz,flsz,lmd,flrlsz
F_dtjltx=figure('name','动态聚类图','color','w');
axis('off');
Kd=30;Gd=40;
if(n<20)lx=60;else lx=80;end
if(flsz(1)==n)y=fl*Gd+Gd;text(24,y+Gd/2+8,'λ');
    for(i=1:n)
        text(lx-5+i*Kd-0.4*Kd*(xhsz(i)>9),y+Gd/2+8,int2str(xhsz(i)));
        line([lx+i*Kd,lx+i*Kd],[y,y-Gd]);hxsz(i)=lx+i*Kd;
    end
    text(lx*1.5+n*Kd,y+Gd/2+8,'分类数');
    js0=1;js1=0;
    text(16,y-Gd/2,'1.0000');
    for(i=1:flsz(1))js1=flrlsz(1,i)-1;
        if(js1)line([hxsz(js0),1+hxsz(js0+js1)],[y,y]);end
        line([(hxsz(js0+js1)+hxsz(js0))/2,(hxsz(js0+js1)+hxsz(js0))/2],[y,y-Gd]);
        hxsz(i)=(hxsz(js0+js1)+hxsz(js0))/2;js0=js0+js1+1;
    end
    text(lx*1.5+n*Kd,y-Gd/2,int2str(flsz(1)));
else y=fl*Gd;text(24,y,'λ');
    for(i=1:n)
        text(lx-5+i*Kd-0.4*Kd*(xhsz(i)>9),y,int2str(xhsz(i)));
        line([lx+i*Kd,lx+i*Kd],[y-Gd/4,y-Gd/2]);hxsz(i)=lx+i*Kd;
    end
```

```
        text(lx*1.5+n*Kd,y,'分类数');
        js0=1;js1=0;y=y-Gd/2;
        text(16,y-Gd/2,'1.0000');
        for(i=1:flsz(1))js2=0;js1=js1+flrlsz(1,i);
                for(j=1:n)js2=js2+1;
                        if(js2==js1)break;end
                end
                if(j~=js0)line([hxsz(js0),1+hxsz(j)],[y,y]);end
                line([(hxsz(js0)+hxsz(j))/2,(hxsz(js0)+hxsz(j))/2],[y,y-Gd]);
                hxsz(i)=(hxsz(js0)+hxsz(j))/2;js0=j+1;
        end
        text(lx*1.5+n*Kd,y-Gd/2,int2str(flsz(1)));
end
for(x=2:fl)js0=1;js1=0;y=y-Gd;
        text(16,y-Gd/2,num2str(lmd(x)));
        for(i=1:flsz(x))js2=0;js1=js1+flrlsz(x,i);
                for(j=1:flsz(x-1))js2=js2+flrlsz(x-1,j);
                        if(js2==js1)break;end
                end
                if(j~=js0)line([hxsz(js0),1+hxsz(j)],[y,y]);end
                line([(hxsz(js0)+hxsz(j))/2,(hxsz(js0)+hxsz(j))/2],[y,y-Gd]);
                hxsz(i)=(hxsz(js0)+hxsz(j))/2;js0=j+1;
        end
        text(lx*1.5+n*Kd,y-Gd/2,int2str(flsz(x)));
end
```

6. F_JlJsFtjl.m

```
function F_JlJsFtjl(BzhX,lmd,xhsz,flsz,flrlsz)%定义函数
%函数功能: 模糊聚类分析--确定最佳阈值
%BzhX,标准化后数据矩阵; lmd,分类水平数组
%xhsz,最终序号数组; flsz,分类数数组; flrlsz,子类容量数组
[n,m]=size(BzhX);%获得矩阵的行列数
if(n<=4|m<2)return;end
jls=length(xhsz);%获得数组的长度
if(jls~=n)return;end
```

```
jls=length(flsz);%获得数组的长度
if(jls<=2)return;end
for(i=1:m)X_(i)=0;%计算总体样本的中心向量
    for(j=1:n)X_(i)=X_(i)+BzhX(j,i);end
    X_(i)=X_(i)/n;
end
x=1+(flsz(1)==n);
while(x<jls)Xj_=[];js0=0;
    for(i=1:flsz(x))%计算各子类的中心向量
        for(j=1:m)Xj_(i,j)=0;
            for(k=1:flrlsz(x,i))Xj_(i,j)=Xj_(i,j)+BzhX(xhsz(js0+k),j);end
            Xj_(i,j)=Xj_(i,j)/flrlsz(x,i);
        end
        js0=js0+flrlsz(x,i);
    end
    js0=0;Fz=0;Fm=0;%计算 F-统计量
    for(i=1:flsz(x))F=0;
        for(j=1:m)F=F+(Xj_(i,j)-X_(j))^2;end
        Fz=Fz+flrlsz(x,i)*F;
        for(k=1:flrlsz(x,i))
            for(j=1:m)Fm=Fm+(BzhX(xhsz(js0+k),j)-Xj_(i,j))^2;end
        end
        js0=js0+flrlsz(x,i);
    end
    F=Fz*(n-flsz(x))/(Fm*(flsz(x)-1));%F-统计量值
    Fa=finv(0.95,flsz(x)-1,n-flsz(x));%F-分布查表值
    if(F>Fa)%屏幕输出相关信息
        fprintf('λ=%6.4f,\t 分类数 r=%g,\t',lmd(x),flsz(x));
        fprintf('F-统计量值 F=%3.2f,\t',F);
        fprintf('F-分布临界值 F0.05(%g,%g)=%3.2f,\t',flsz(x)-1,n-flsz(x),Fa);
        fprintf('相对差值=%3.2f\n',(F-Fa)/Fa);
    end
    x=x+1;
end
```

7. F_Jlfx.m

```
function F_Jlfx(bzh,cs,X)%定义函数
%函数功能: 模糊聚类分析
%bzh,数据标准化类型; cs,建立模糊相似矩阵的方法; X,原始数据矩阵
X=F_JlSjBzh(bzh,X);
[n,R]=F_JlR(cs,X);
if(n<5)return;end
[lmd,xhsz,flsz,flrlsz]=F_DtJlt(n,R);
F_JlJsFtjl(X,lmd,xhsz,flsz,flrlsz);
```

8. Mhgxfg_Zdj.m

```
function [z,Xmax]=Mhgxfg_Zdj(R,B)%定义函数
%函数功能: 判别模糊关系方程 XoR=B 或 RoX=B 是否有解
%返回值: z=0,没有解; z=1,有解; Xmax,最大解
%参考例子: [z,Xmax]=Mhgxfg_Zdj([0.3,0.5,0.2;0.2,0,0.2;0,0.6,0.1],[0.2,0.4,0.2]);
[m,n]=size(R);[m0,k]=size(B);%获得矩阵的行列数
if(m==m0&m)z=1;m=n;n=m0;m0=k;%模糊关系方程类型为 RoX=B
    R=R';B=B';%模糊矩阵的转置运算
elseif(n==k&n)z=0;%模糊关系方程类型为 XoR=B
else z=0;Xmax=[];return;end%输入数据有误
Xmax=ones(m0,m);%表示 Xmax 的元素全为 1
for(i=1:m0)for(j=1:m)for(k=1:n)%计算最大解
    if(R(j,k)>B(i,k)&Xmax(i,j)>B(i,k))Xmax(i,j)=B(i,k);end
end;end;end
X=Max_Min(Xmax,R);
for(i=1:m0)%判别模糊关系方程是否有解
    for(j=1:n)if(X(i,j)~=B(i,j))i=0;break;end;end
end
if(i&z)Xmax=Xmax';%模糊关系方程 RoX=B 有解
elseif(i)z=1;%模糊关系方程 XoR=B 有解
elseif(z)z=0;Xmax=Xmax';end%模糊关系方程 RoX=B 没有解
%else,模糊关系方程 XoR=B 没有解
```

9. AHP_Hf.m

```
function [lmdmax,W]=AHP_Hf(A)%定义函数
```

```
%函数功能: 和法求解判断矩阵 A 的最大特征值及归一化后的特征向量
%返回值: lmdmax,最大特征值; W,归一化后的特征向量
%参考例子: [lmdmax,W]=AHP_Hf([1,1/5,1/3;5,1,3;3,1/3,1]);
[m,n]=size(A);%获得矩阵的行列数
lmdmax=0;
if(m~=n|n<3)W=[ ];return;end%输入数据有误
for(i=1:n)%检验 A 是否为判断矩阵
    if(A(i,i)~=1)W=[ ];return;end%输入数据有误
    for(j=i+1:n)x=A(i,j);
        if(x<=0|x*A(j,i)~=1)W=[ ];return;end%输入数据有误
    end
end
for(j=1:n)x=0;%列向量归一化
    for(i=1:n)x=x+A(i,j);end
    for(i=1:n)B(i,j)=A(i,j)/x;end
end
for(i=1:n)W(i,1)=0;%计算最大特征值相应的特征向量
    for(j=1:n)W(i)=W(i)+B(i,j);end%行和
end
W=W/n;%特征向量归一化
for(i=1:n)lmdmax=lmdmax+A(i,:)*W/W(i);end
lmdmax=lmdmax/n;
```

10. Lp_Ljdf.m

```
function [j,x,s]=Lp_Ljdf(A,b,c,T)%定义函数
%函数功能: 两阶段法求解线性规划
%A,技术系数矩阵; b,资源限量向量; c,价值系数向量; T,约束条件类型数组
%向量 b 的维数必须等于矩阵 A 的行数 m,向量 c 的维数必须等于矩阵 A 的列数 n
%向量 T 的 1 至 m 个分量分别表示 m 个约束条件,0 表示 = ,1 表示≤,2 表示≥
%向量 T 的第 m+1 个分量,0 表示 min,1 表示 max
%返回值: j,最优值; x,最优解; s,返回值类型
%参考例子: [j,x,s]=Lp_Ljdf([2,3;0,4],[26,13],[1,3],[2,2,0]);
x=[ ];[m,n]=size(A);%获得矩阵的行列数
if(m==0)s=3;j=0;return;end
[i,j]=size(c);%获得矩阵的行列数
```

```
if(j==1)c=c';j=i;i=1;end
if(j~=n|i~=1)s=3;fprintf('\n 错误: 向量 c 的维数不等于矩阵 A 的列数\n\n');return;end
[i,j]=size(b);%获得矩阵的行列数
if(i==1)b=b';i=j;j=1;end
if(i~=m|j~=1)s=3;fprintf('\n 错误: 向量 b 的维数不等于矩阵 A 的行数\n\n');return;end
[i,j]=size(T);%获得矩阵的行列数
if(i==1)i=j;j=1;end
if(i<=m|j~=1)s=3;fprintf('\n 错误: 数组 T 的维数<m+1\n\n');return;end
for(i=1:m)if(T(i)~=0&T(i)~=1&T(i)~=2)s=3;
    fprintf('\n 错误: 数组 T 的第%d 个分量不是 0,1 或 2\n\n',i);return
end;end
if(T(m+1)~=0&T(m+1)~=1)s=3;fprintf('\n 错误: 数组 T 的第%d 个分量不是 0 或 1\n\n',m+1);return;end
s=m;Control=T(m+1);
for(i=1:s)%化为标准型 Ax≤b
    if(T(i)==0)m=m+1;T(i)=n+i;%记录基变量的序号
        A(m,:)=-A(i,:);b(m,1)=-b(i);T(m)=n+m;
    elseif(T(i)==1)T(i)=n+i;%记录基变量的序号
    else T(i)=n+i;A(i,:)=-A(i,:);b(i)=-b(i);end%不等式反向
end
jsjd=0.000001;%设置计算精度
AsA=zeros(1,n);%n 维零数组
AsB=1:m;%m 维等差数组
B_1=eye(m);%m 阶单位矩阵
for(r=1:m)if(b(r)+jsjd<0)s=0;break;end;end
if(s==0)while(1)%第一阶段,求可行解
    for(j=1:n)if(AsA(j)==0&B_1(r,:)*A(:,j)+jsjd<0)s=j;break;end;end
    if(s)
        if(T(r)<=n)AsA(T(r))=0;else AsB(T(r)-n)=0;end
        AsA(s)=r;T(r)=s;fds=B_1(r,:)*A(:,s);
        B0_1=eye(m);B0_1(:,r)=-B_1*A(:,s)/fds;B0_1(r,r)=1/fds;
    else
        for(j=1:m)if(AsB(j)==0&B_1(r,j)+jsjd<0)s=j;break;end;end
        if(s==0)s=1;fprintf('\n 该线性规划问题没有可行解\n');return;end
        if(T(r)<=n)AsA(T(r))=0;else AsB(T(r)-n)=0;end
        T(r)=n+s;AsB(s)=r;fds=B_1(r,s);
```

```
        B0_1=eye(m);B0_1(:,r)=-B_1(:,s)/fds;B0_1(r,r)=1/fds;
    end
    B_1=B0_1*B_1;%换基
    for(j=1:n)r=AsA(j);
        if(r>0&B_1(r,:)*b+jsjd<0)s=0;break;end
    end
    if(s)
        for(j=1:m)r=AsB(j);
            if(r>0&B_1(r,:)*b+jsjd<0)s=0;break;end
        end
        if(s)break;end
    end
end;end
if(Control)c=-c;end
for(i=1:m)if(T(i)<=n)cB(i)=c(T(i));else cB(i)=0;end;end
while(1)s=0;jblz=B_1*b;%第二阶段,求最优解
    for(j=1:n)if(AsA(j)==0&cB*B_1*A(:,j)-c(j)>jsjd)s=j;break;end;end
    if(s)r=0;As=B_1*A(:,s);
        for(i=1:m)if(As(i)>jsjd)fds=jblz(i)/As(i);
            if(r==0|fds0>fds)fds0=fds;r=i;
            elseif(fds<jsjd&T(i)<T(r))fds0=0;r=i;end
        end;end
        if(r)cB(r)=c(s);
            if(T(r)<=n)AsA(T(r))=0;else AsB(T(r)-n)=0;end
            AsA(s)=r;T(r)=s;B0_1=eye(m);fds=As(r);
            for(i=1:m)B0_1(i,r)=-As(i)/fds;end
            B0_1(r,r)=1/fds;B_1=B0_1*B_1;%换基
        else s=2;fprintf('\n 该线性规划问题没有最优解\n');return;end
    else
        for(j=1:m)if(AsB(j)==0&cB*B_1(:,j)>jsjd)s=j;break;end;end
        if(s)r=0;
            for(i=1:m)if(B_1(i,s)>jsjd)fds=jblz(i)/B_1(i,s);
                if(r==0|fds0>fds)fds0=fds;r=i;
                elseif(fds<jsjd&T(i)<T(r))fds0=0;r=i;end
            end;end
```

```
                if(r)cB(r)=0;
                    if(T(r)<=n)AsA(T(r))=0;else AsB(T(r)-n)=0;end
                    T(r)=n+s;AsB(s)=r;B0_1=eye(m);fds=B_1(r,s);
                    for(i=1:m)B0_1(i,r)=-B_1(i,s)/fds;end
                    B0_1(r,r)=1/fds;B_1=B0_1*B_1;%换基
                else s=2;fprintf('\n 该线性规划问题没有最优解\n');return;end
            else x=zeros(n,1);j=(1-2*Control)*cB*B_1*b;
                fprintf('\n 该线性规划问题的最优值为%g,最优解如下\n',j);
                for(i=1:n)if(AsA(i)>0)x(i)=jblz(AsA(i));
                    if(x(i))fprintf('       x%-4d= %g\n',i,x(i));end
                end;end;return
            end
        end
    end
```

11. Fuzzy_Lp.m

```
function [z,x]=Fuzzy_Lp(A,b,c,T)%定义函数
%函数功能: 求解模糊线性规划
%A,技术系数矩阵; b,资源限量矩阵; c,价值系数向量; T,约束条件类型数组
%矩阵 b 的行数必须等于矩阵 A 的行数 m,第二列表示伸缩指标
%向量 c 的维数必须等于矩阵 A 的列数 n
%向量 T 的 1 至 m 个分量分别表示 m 个约束条件,0 表示 = ,1 表示≤,2 表示≥
%向量 T 的第 m+1 个分量,0 表示 min,1 表示 max
%返回值: z,模糊最优值; x,模糊最优解
%参考例子: [z,x]=Fuzzy_Lp([1,1,1;1,-6,1;1,-3,-1],[8,2;6,1;-4,0.5],[1,-4,6],[1,2,0,1]);
[m0,n0]=size(A);%获得矩阵的行列数
[z,x,i]=Lp_Ljdf(A,b(:,1),c,T);
if(i)return;end
Control=T(m0+1);m=m0;
for(i=1:m0)
    if(T(i)==1)b1(i)=b(i,1)+b(i,2);
    elseif(T(i)==2)b1(i)=b(i,1)-b(i,2);
    else m=m+1;T(m)=2;T(i)=1;b1(i)=b(i,1)+b(i,2);
        A(m,:)=A(i,:);b(m,:)=b(i,:);b1(m)=b(m,1)-b(m,2);
    end
```

```
end
T(m+1)=Control;
[z0,x]=Lp_Ljdf(A,b1,c,T);
m=m+1;A(m,:)=c;T(m)=Control+1;b(m,1)=z;b1(m)=z;b(m,2)=abs(z0-z);T(m+1)=1;
n=n0+1;cc=zeros(1,n);cc(n)=1;
for(i=1:m)A(i,n)=(3-2*T(i))*b(i,2);end
[z,x]=Lp_Ljdf(A,b1,cc,T);
z=0;for(j=1:n0)z=z+c(j)*x(j);end
fprintf('\n 原模糊线性规划问题的模糊最优值为%g,模糊最优解如下\n',z);
for(j=1:n0)if(x(j))fprintf('      x%-4d= %g\n',j,x(j));end;end
```

12. Dmb_Lp.m

```
function [z,x]=Dmb_Lp(A,b,c,T)%定义函数
%函数功能: 求解多目标线性规划
%A,技术系数矩阵; b,资源限量向量; c,价值系数矩阵; T,约束条件类型数组
%向量 b 的维数必须等于矩阵 A 的行数 m,矩阵 c 的列数必须等于矩阵 A 的列数 n
%向量 T 的 1 至 m 个分量分别表示 m 个约束条件,0 表示 = ,1 表示≤,2 表示≥
%向量 T 的第 m 个以后分量分别表示目标函数的最优情况,0 表示 min,1 表示 max
%返回值: z,模糊最优值; x,模糊最优解
%参考例子: [z,x]=Dmb_Lp([1,3,2;1,4,-1],[10,6]',[1,2,-1;2,3,1],[1,2,0,1]);
[m0,n0]=size(A);%获得矩阵的行列数
[mc,n]=size(c);
if(m0==0|n~=n0)z=[];x=[];return;end
for(i=1:mc)cc=c(i,:);Opt(i)=T(m0+i);T(m0+1)=Opt(i);
    [z,x,p]=Lp_Ljdf(A,b,cc,T);
    if(p)return;end
    for(j=1:mc)z0(i,j)=c(j,:)*x;end
end
for(j=1:mc)for(i=1:mc-1)if(z0(i,j)~=z0(mc,j))j=0;break;end;end;end
if(j)return;end
m=m0;n=n0+1;
for(i=1:mc)m0=m0+1;A(m0,:)=c(i,:);end
for(i=1:mc)m=m+1;b(m)=z0(i,i);T(m)=Opt(i)+1;
    for(j=1:mc)if((b(m)-z0(j,i))*(1-2*Opt(i))<0)b(m)=z0(j,i);end;end
    A(m,n)=b(m)-z0(i,i);
```

```
end
T(m+1)=1;cc=zeros(1,n);cc(n)=1;
[z,x]=Lp_Ljdf(A,b,cc,T);
z=zeros(1,mc);
for(i=1:mc)for(j=1:n0)z(i)=z(i)+c(i,j)*x(j);end;end
fprintf('\n 原多目标线性规划问题的模糊最优值分别为');
for(i=1:mc)fprintf('z%d=%g, ',i,z(i));end
fprintf('模糊最优解如下\n');
for(j=1:n0)if(x(j))fprintf('      x%-4d= %g\n',j,x(j));end;end
```

13. Mhmb_Lp.m

```
function [x]=Mhmb_Lp(A,b,c,T)%定义函数
%函数功能: 求解模糊目标线性规划
%A,技术系数矩阵; b,资源限量向量; c,价值系数矩阵; T,约束条件类型数组
%向量 b 的维数必须等于矩阵 A 的行数 m,矩阵 c 的列数必须等于矩阵 A 的列数 n
%矩阵 c 的第 1 行表示价值系数中间值,第 2 行表示左伸缩指标,第 3 行表示右伸缩指标
%向量 T 的 1 至 m 个分量分别表示 m 个约束条件,0 表示 = ,1 表示≤,2 表示≥
%向量 T 的第 m+1 个分量,0 表示 min,1 表示 max
%返回值: x,模糊最优解
%参考例子; [x]=Mhmb_Lp([6,2],[21],[20,10;3,2;4,1],[1,1]);
[m0,n0]=size(A);%获得矩阵的行列数
cc(1,:)=c(1,:);cc(2,:)=c(1,:)-c(2,:);cc(3,:)=c(1,:)+c(3,:);
T(m0+2)=T(m0+1);T(m0+3)=T(m0+1);
[z,x]=Dmb_Lp(A,b,cc,T);
fprintf('\n 原模糊目标线性规划问题的模糊最优解如下\n');
for(j=1:n0)if(x(j))fprintf('      x%-4d= %g\n',j,x(j));end;end
```